元素之思：
探索化学世界的奥秘

Ideology of Elements:
Explore the Mysteries of the Chemical World

季甲 著

化学工业出版社

·北京·

内容简介

《元素之思：探索化学世界的奥秘》以化学元素为切入点，按周期表中的族分章，阐述了各元素的发现历史与中英文名称由来，以带领读者回溯科学探索的历程，感受科学家们的智慧与坚持；通过深入讲解元素的基本性质，用通俗易懂的语言解析复杂的化学原理，让读者轻松理解元素的本质特征。同时，本书巧妙地将元素知识与生活实际、科学前沿相结合，从氢能源汽车、北京冬奥会火炬，到锂电池、原子钟；从詹姆斯·韦伯太空望远镜中的铍元素，到点亮 21 世纪的氮化镓炫彩之光，涵盖了能源、科技、生活、文化等多个领域。书中还融入了一些历史事件与科学典故，如锡疫轶事、诺贝尔化学奖背后的元素故事等，在阅读过程中不仅能收获知识，还能感受到化学的无穷魅力。

来，阅读本书吧，让我们开启一场充满惊喜与收获的化学元素探秘之旅！

图书在版编目（CIP）数据

元素之思：探索化学世界的奥秘 / 季甲著．
北京 ： 化学工业出版社，2025. 6. -- ISBN 978-7-122
-48259-4
Ⅰ．O6-42
中国国家版本馆 CIP 数据核字第 2025HM7404 号

责任编辑：宋林青　李　琰
责任校对：杜杏然
装帧设计：刘丽华

出版发行：化学工业出版社
　　　　（北京市东城区青年湖南街 13 号　邮政编码 100011）
印　　装：河北京平诚乾印刷有限公司
787mm×1092mm　1/16　印张 25¾　彩插 1　字数 566 千字
2025 年 6 月北京第 1 版第 1 次印刷

购书咨询：010-64518888
售后服务：010-64518899
网　　址：http://www.cip.com.cn
凡购买本书，如有缺损质量问题，本社销售中心负责调换。

定　　价：118.00 元　　　　　　　　　　版权所有　违者必究

在科技革新与社会演进的浪潮中，化学作为支撑现代文明的基础学科，其教育范式正经历着深刻的转型。当实验室的玻璃仪器与数字技术产生碰撞，当元素周期表与可持续发展目标形成对话，教育者需要以更开阔的视野重构教学体系，使知识传授过程成为塑造完整人格的重要载体。

当代化学教育者承担着双重使命：既要夯实学生的专业根基，又需在分子结构与宏观世界间架设理解的桥梁。这源于学科本身的特性——化学不仅解码物质变化的奥秘，更深度参与着人类对生命健康、环境保护、能源开发等重大命题的探索。化学与物理学、材料学、生命科学等领域的交叉融合，要求化学教育突破传统框架。未来的化学人，应当是左手握着实验数据，右手托着人文关怀的实践者。让化学教育呈现出超越技术层面的深层意蕴，让更多人领略到化学的魅力与价值，培养既懂专业又有人文情怀的人才，是化学教育工作者的核心追求。

《元素之思：探索化学世界的奥秘》一书，正是对这一问题的深刻思考和实践探索，它不仅是一部传授化学元素知识的教育创新之作，更是一部别开生面的科普读物。本书以化学元素为切入点，通过深入挖掘化学元素知识，将化学教育与科学普及有机结合，旨在培养读者的科学精神、人文素养和社会责任感。作者注重从化学元素的发现、性质、应用等多个方面出发，引导读者理解科学探索的过程和方法，感受科学家的精神风貌，从而激发他们的爱国情怀和创新意识，为其未来的成长和发展奠定坚实的基础。

作者也关注到当前社会面临的环境问题和资源挑战，将绿色化学和可持续发展的理念融入其中，引导读者树立正确的价值观和人生观。通过学习化学元素，读者不仅能够掌握物质世界的奥秘，更能够认识到自身在社会发展中的责任和使命。同时，作为科技工作者，作者秉承"要把科学普及放在与科技创新同等重要的位置"的理念，大力推动科学普及工作，这在本书内容中多有体现。比如，在深入探讨每个化学元素的核心内容之前，作者精心提炼了与该元素紧密相关的人物、事件以及相应的名言名句和图片资料，并将这些著名语句巧妙融入正文当中；针对每种元素，作者都精心绘制了其发现或发展历史时间图；此外，为方便读者理解相关内容，作者亦将创新绘制的大量彩色图片或思维导图融入书中。

可以说，化学既是探索物质世界的钥匙，也是理解人类文明的镜子。从古代的炼丹术到现代的新能源革命，化学这门学科一直在推动着社会前行。

在未来的日子里，期待作者持续深耕化学教学一线阵地，不断探索创新的教学方法与手段，为培养更多具备科学素养和人文情怀的优秀学子贡献智慧与力量；也期待更多年轻人带着创新思维与责任意识投身其中，用化学的力量点亮我们更安全、更可持续的未来。

教育部长江学者特聘教授

国家杰出青年基金获得者

国家级教学名师

2025 年 5 月 1 日

在科技飞速发展的当今时代，化学作为一门基础学科，深刻影响着人类社会的方方面面。从新能源的开发利用到环境问题的治理，从新材料的研制到医药健康的进步，化学的身影无处不在。然而，大众对化学的认知往往停留在"复杂的"反应方程式和"危险的"实验上，对其背后的科学智慧和社会价值缺乏深入了解。打破专业壁垒，搭建起化学知识与大众认知之间的桥梁，让大众正确了解化学、感知化学甚至喜欢化学，是化学工作者的一份责任和使命。

元素化学以其独特的学科特质，天然具备知识传承与价值教育的双重属性。《元素之思：探索化学世界的奥秘》一书以"族"为基本单元，涵盖所有主族元素。各主族分列专章，诸元素独立成节。同时兼顾过渡元素，将副族及第Ⅷ族中的部分元素合并成章。每章聚焦特定元素，不仅解析其物理化学特性，更通过多维视角展现科学发现背后的思维方法与社会价值：既追溯元素发现史中的人类探索精神，又剖析技术创新中的伦理抉择；既阐释物质变化的客观规律，又融入跨文化科技对话的深层思考。这种立体化的知识建构方式，使读者在掌握元素周期律本质的同时，能够自然形成科学思维与社会责任的双重认知体系。

本书突破传统著作写作范式，开创性地将德育元素融入专业知识的解构过程。通过政治认同、家国情怀、文化传承、法治意识等维度与化学知识的有机融合，引导读者在元素认知中感悟科技报国的深层内涵。本书用青少年喜闻乐见的形式展现元素科学的奇妙世界，在激发探索热情的同时，培养科技伦理的审辨思维，让每个读者都能成为既懂科学原理又有社会担当的现代公民。本书注重将科普知识和专业知识相结合，以展现化学魅力，普及化学知识，提高读者的科学素养。

作为跨学科教育的创新实践，本书可供化学教师、大中专院校理工类专业学生、广大化学爱好者阅读，亦可作为化学、物理学、生物学、材料学、药学、环境科学、食品科学等理工学科教师从事教学改革的案例库和参考书。书中丰富的科技史话为青少年提供了丰富、生动的化学知识，为科普工作者及科技爱好者搭建了理解化学社会价值的认知框架。期待通过这种专业性与普及性兼具的书写方式，在传播化学魅力的同时，推动公众科学精神的培育，为创新型国家建设做出一点贡献。

本书的出版恰逢科技伦理备受关注的新时代，我们深信，唯有让科学回归人文关怀，让技术承载社会责任，才能真正实现科技创新与可持续发展的和谐统一。这既是化学教育的应有之义，更是本书始终秉持的创作宗旨。

在写作过程中，作者参考了大量文献资源并尽量给出了出处，但仍可能存在引用疏漏，在此对相关作者深表歉意。同时，受作者认知和历史资料繁杂的限制，书中难免存在不妥之处，恳请广大读者不吝指正。

季甲

2025年1月

目录
Contents

第二章
碱土金属元素
（ⅡA族）

第三章
硼族元素
（ⅢA 族）

**第四章
碳族元素
（ⅣA 族）**

115

第五章
氮族元素
（VA 族）

第六章
氧族元素
(VIA族)

207

第七章
卤族元素
（ⅦA 族）

243

第八章
稀有气体元素
（ⅧA族）

第九章
过渡金属元素（部分副族和Ⅷ族元素）

—— 319

元素／之思

Ideology of Elements:
Explore the Mysteries of the Chemical World

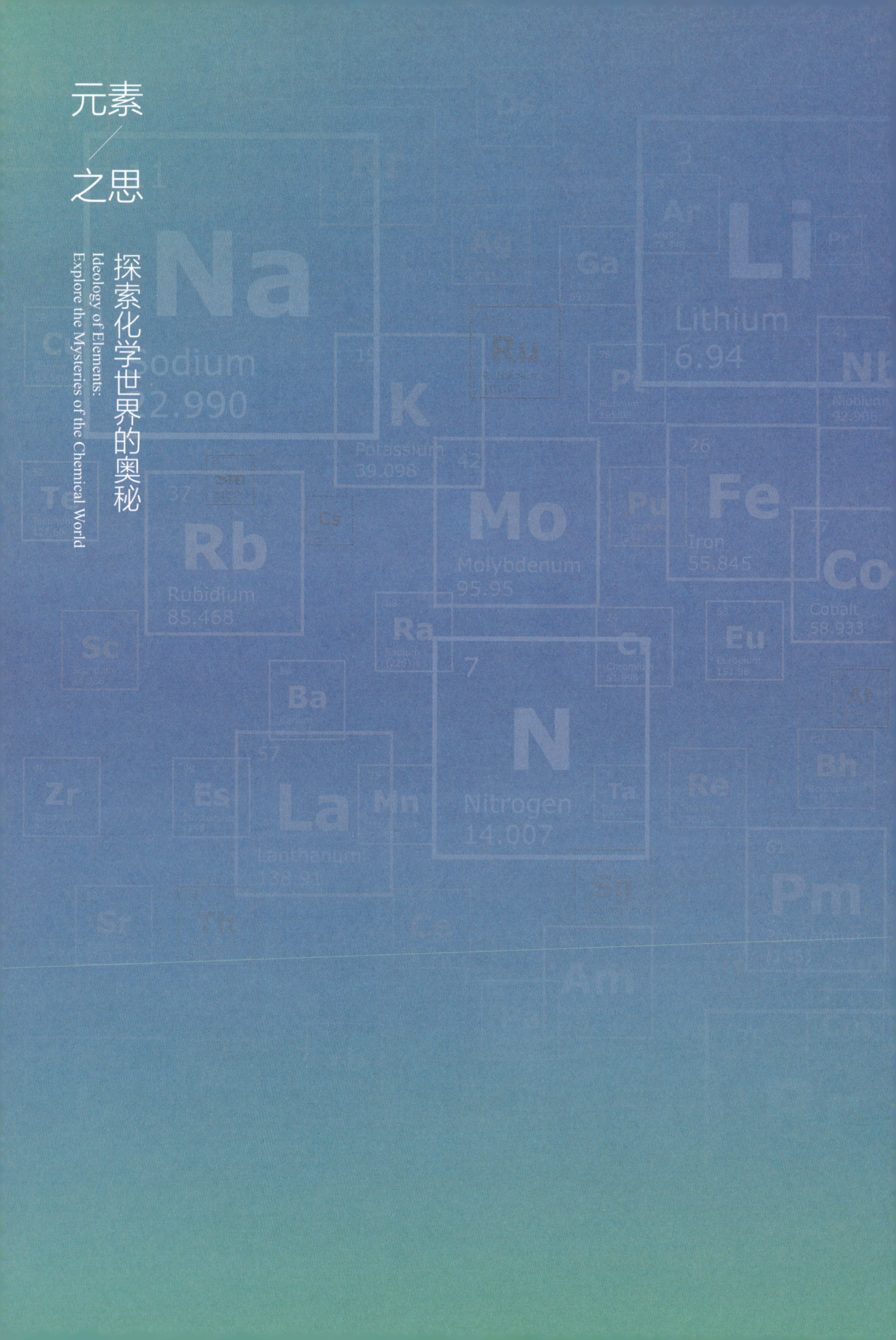

探索化学世界的奥秘

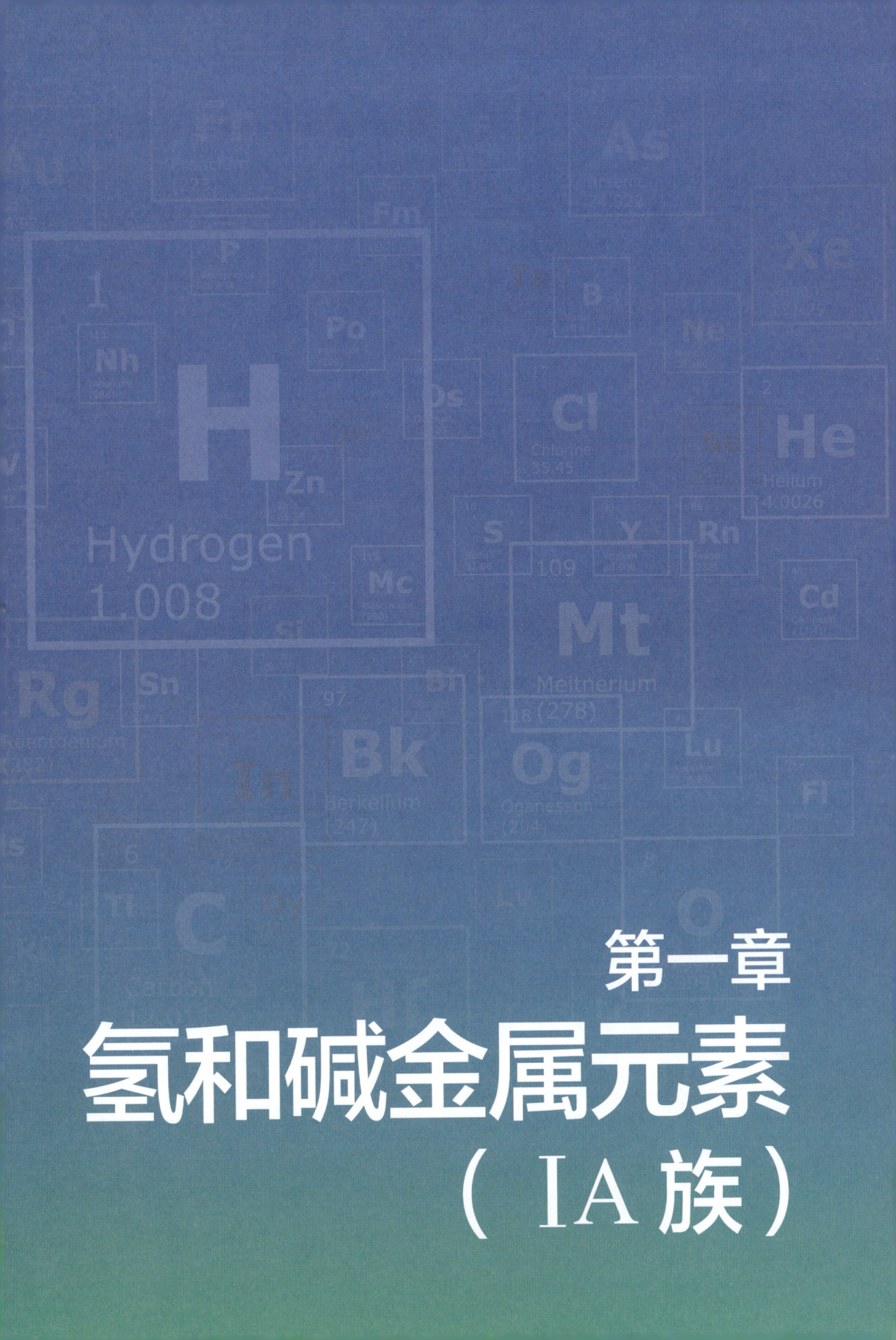

第一章

氢和碱金属元素

（IA族）

H

国家需要我，我一定全力以赴。

——于敏[1]

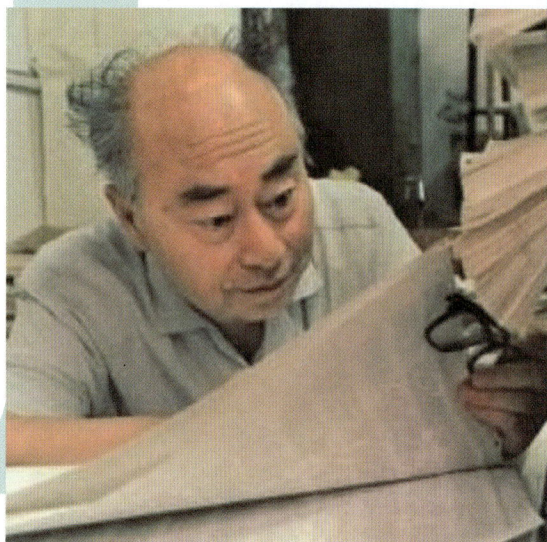

于敏在科研室查阅计算数据
图片源自学习强国网站[2]

[1] 于敏，中国"氢弹之父"，著名核物理学家，中国科学院学部委员（院士），国家最高科技奖获得者，"共和国勋章"获得者。

[2] 共和国勋章获得者于敏：国家需要我，我一定全力以赴——学习强国

一、氢（H）

1. 氢元素发现历史与中英文名称由来

16～17世纪，一些医生、药剂师偶然发现，金属落到酸里面，会产生气体，这种气体用火点燃可以燃烧。18世纪，英国化学家约瑟夫·普利斯特利（Joseph Priestley，1733—1804）发明了排水集气法，此法可以把这种可燃气体收集起来，对此的研究才开始深入起来。1766年，亨利·卡文迪什（Henry Cavendish，1731—1810）用纯氧代替空气进行试验，他不仅证明试管里的露珠就是水，还证明2体积的"可燃气体"与1体积的氧气恰好化合生成水。可惜的是，当时水是一种元素的思想根深蒂固，卡文迪什又是燃素学说的笃信者，结合当时的燃素学说理论，卡文迪什认为：

可燃气体＝水＋燃素

氧气＝水－燃素

因此，可燃气体＋氧气＝水

1783年，安东尼·拉瓦锡（Antoine Lavoisier）认真研究卡文迪什、普利斯特利等人的实验后，分析得出结论：金属铁、锌与酸作用后生成的气体，可在氧气中燃烧形成水；水分解后又可以得到氧气和这种气体。拉瓦锡正确阐明了这种气体的本质并给未知元素起了一个响亮的名字"水素"。氢元素的英文命名为Hydrogen，源于希腊文"hydro+genes"，意为"水＋生成"。[1] 由于氢气密度比空气密度小得多，清末著名科学家、中国近代化学的启蒙者徐寿将之译为"轻气"。现代采用"轻"的含义，并把它放进"气"字头里面，构成一个新词"氢气"，意思是"很轻很轻的气体"。

1931年，哈罗德·克莱顿·尤里（Harold Clayton Urey）提出氢含有一种重同位素，它的质量数为2。由于这个同位素的重量是氢的两倍，科学家们试图用物理方法分离重氢。1932年，美国科学家尤里、费迪南德·格拉夫·布里克维德（Ferdinand Graft Brickwedde）和乔治·莫斯利·墨非（George Moseley Murphy）蒸发液态氢，利用光谱研究剩余的气体，在其中找到了重氢。1934年，科学家马克·奥立芬特（Mark Oliphent）、保罗·哈特克（Paul Harteck）和欧内斯特·卢瑟福（Ernest Rutherford）发现"氚（tritium）"。"氕（protium）"被指定用于氢的主要同位素。在大气中，直到1941年才发现重氢，命名"氘（deuterium）"，来源于希腊文deuteros，意思是"第二个，另一个"。下图是氢元素的发现及发展历史时间轴。

2. 氢元素基本性质

氢（H）位于第一周期第ⅠA族，为非金属元素，是宇宙中最丰富的元素。基态电子组态为$1s^1$。氢元素单质氢气是一种极易燃烧、无色透明、无臭无味的气体，密度0.09 g/L，是空气密度1.29 g/L的1/14，是最轻的气体。氢气是合成氨和甲醇等工业产品的主要原料，还作为重要还原剂用于冶炼金属。除稀有气体元素外，氢几乎可以和所有元素生成化合物[2]。

| 16～17世纪 | 1766年 | 1783年 | 1931年 | 1932年 | 1934年 | 1941年 |

偶然发现，金属落到酸里面，会产生可以燃烧的气体。

拉瓦锡：该气体，可在氧气中燃烧形成水；水分解后又可以得到氧和这种气体。

蒸发液态氢，利用光谱研究剩余的气体，找到了重同位素。

在大气中找到了"氚"。

卡文迪什认为：可燃气体=水＋燃素

尤里提出氢含有一种质量数为2的重同位素。

发现"氘"。

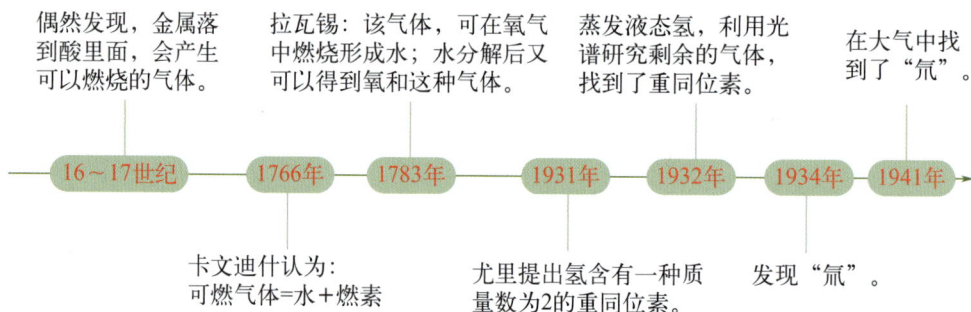

氢元素的发现及发展史 ❶

3. 卡文迪什——最富有的学者，最博学的富翁

根据卡文迪什在1766年的论文《论人造空气》（*On Factitious Airs*）中的描述，点燃氢气和空气混合气体会发生爆炸。卡文迪什配制了不同比例的氢气-空气混合气体，并发现当氢气和空气的体积比为3:7时，爆炸最强烈。这个比例对应的氢气与氧气体积比为2.04:1，非常接近水中氢和氧元素的比例。当时，卡文迪什并不知道氧气的存在。氧气发现后，他利用一套可以用电火花点火的装置来精确测定氢气和氧气的反应比例，最终得到的比例为2.02:1。

卡文迪什虽为贵族，生活却相当简朴，终身未娶。卡文迪什的一生都在实验室和图书馆中度过，在化学、热学、电学方面进行过许多实验探索。由于他淡泊名利，所以对于发表实验结果以及得到发现优先权很少关心，致使其许多成果一直未被公开发表。

1810年，卡文迪什离世后，他的侄子齐治将遗留的20捆实验笔记妥善保存于书橱之中，未被打扰。这些珍贵的手稿在书橱中静置了长达70年之久。由于卡文迪什严谨的科研作风和他对物理学的重大贡献，1874年剑桥大学建立了一座物理实验室，以卡文迪什的名字命名，这就是著名的卡文迪什实验室，它在几十年内，一直是世界现代物理学的一个重要研究中心。当另一位电学巨匠麦克斯韦受聘为剑桥大学教授，并肩负起筹建卡文迪什实验室的重任时，那些满载智慧与心血的笔记得以重见天日。在仔细研读这位前辈于百年前留下的手稿后，麦克斯韦决定暂时搁置自己的研究项目，全身心投入整理这份珍贵遗产的工作之中，使得卡文迪什那闪耀的思想光芒得以延续至今。

虽然拉瓦锡命名了氢元素，但拉瓦锡本人及化学史上人们依然把氢元素的发现归功于卡文迪什。拉瓦锡视名利如浮云，认为在氢元素方面的成就，不过是在前代科学家实验的基础上完成的。从这种意义上讲，这些实验不过是巨人肩膀上的实验，而他则是站在巨人肩膀上的人。

---

❶ 图中时间轴主体颜色设计理念采用氢气的"气瓶颜色标志"——瓶体颜色：淡绿；字体颜色：大红。

1874年建成的卡文迪什实验室航拍图
图片源自剑桥大学卡文迪什实验室官方网站

4. 氘与诺贝尔化学奖

氘[3]是氢的同位素，又称重氢，由一个质子、一个中子和一个电子组成。1932年，尤里通过蒸馏液氢，提取出一种氢的同位素，其质量是普通氢的两倍。它被称为氘，也就是重氢。氘的化学符号为D或^2H，常温下氘气是一种无色、无味的可燃性气体，氘的同位素丰度为0.015%，在普氢中的含量很少，且大多以重水（D_2O）即氧化氘形式存在于海水与普通水中。所谓的重水即含有氘的水，已证明它具有与普通水不同的其他化学性质。此外氘在核技术中亦具有举足轻重的地位。1934年诺贝尔化学奖授予了尤里，以表彰他"发现重氢"。

5. 氢能源

氢气可通过多种方式制取，作为能源的优点众多。其燃烧热值高，能释放出大量的能量，为各种设备和机

哈罗德·克莱顿·尤里
（Harold Clayton Urey）
图片源自诺贝尔奖官方网站

器提供强劲动力。氢气燃烧后的产物是水，对环境极为友好，不会产生二氧化碳等温室气体，有助于缓解全球变暖问题。它在储存和运输方面也具有一定优势，可液化或压缩后进行储存和运输，且能量密度相对较高，这使得它在能源领域的应用更加安全可靠。

（1）氢能源汽车

氢动力汽车作为新能源汽车的一种，主要分为氢内燃汽车和氢燃料电池汽车两大类。氢内燃汽车（hydrogen internal combustion engine vehicle，HICEV）利用内燃机燃烧氢气（通常通过甲烷分解或水电解获得）与空气中的氧气产生动力，从而推动车辆行驶。氢燃料电池汽车（fuel cell engine vehicle，FCEV）则是通过燃料电池使氢气或含氢物质与空气中的氧气反应生成电能，进而驱动电动机，实现车辆的动力输出。在这类车辆中，发电机将氢的化学能转化为机械能，这一过程既可以是通过内燃机中的氢气燃烧来实现，也可以通过燃料电池中氢气与氧气的反应来驱动电动机。

2020年10月20日，国务院办公厅印发《新能源汽车产业发展规划（2021—2035年）》（国办发〔2020〕39号），要求深化新能源汽车国家战略实施，推动中国新能源汽车产业高质量可持续发展，加速建设汽车强国。文件指出，有序推进氢燃料供给体系建设至关重要。一方面，需提升氢燃料制储运的经济性，依据各地实际情况，应用工业副产氢及可再生能源制氢技术，加快先进适用储氢材料的产业化步伐。开展高压气态、深冷气态、低温液态及固态等多种形式储运技术的示范应用，探索氢燃料运输管道建设，逐步降低氢燃料储运成本。同时，健全氢燃料制储运、加注等标准体系，加强氢燃料安全研究，强化全链条安全监管。另一方面，要推进加氢基础设施建设。建立并完善加氢基础设施的管理规范，引导企业根据氢燃料供给和消费需求合理布局加氢设施，提高安全运行水平。支持利用现有场地和设施，开展油、气、氢、电综合供给服务。

（2）首次使用氢能源的奥运火炬——北京冬奥会火炬"飞扬"

北京冬奥会于2022年2月4日至2月20日举行。本届冬奥会在火炬燃料的选择上实现了创新，首次采用氢能作为火炬燃料，与以往使用液化天然气或丙烷等气体的奥运会不同。氢能，作为环保燃料的佼佼者，其燃烧过程仅释放纯水，杜绝了碳排放，实现了真正的零污染。这一特性完美契合了北京冬奥会所倡导的绿色、低碳与可持续发展理念，进一步体现了奥林匹克精神与"绿色""环保"理念的结合。

在奥运历史上，主火炬的点燃方式各具特色，而北京冬奥会的主火炬以微火、屏幕显示以及空中舞动这种独特的方式呈现于全球观众面前。借助科技力量，实现了冰与火的完美融合。

采用微火设计的目的在于更好地展现绿色低碳与可持续发展的理念。以往的奥运火炬通常火焰旺盛，能源消耗较大。而北京冬奥会选用绿色能源——氢气作为燃料，通过微火设计，使得氢气消耗量每小时小于2立方米。

6. 氢弹

（1）何为氢弹

氢弹，又称热核武器。氢弹的基本原理是利用原子弹作为初级引爆，产生的高温高

北京冬奥会火炬——"飞扬"

图片源自搜狐网 新华社记者 张涛 摄

"微火"照亮世界——北京冬奥会主火炬

图片源自新华社 曹灿 摄

压引发氘和氚的核聚变反应，同时会释放巨大能量来进行杀伤破坏，属于威力强大的大规模杀伤性武器。联合国安全理事会五大常任理事国（美、俄、中、英、法）合法拥有热核武器。

热核反应基本公式：

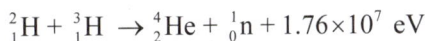

$$_1^2\mathrm{H} + {}_1^3\mathrm{H} \rightarrow {}_2^4\mathrm{He} + {}_0^1\mathrm{n} + 1.76\times10^7 \ \mathrm{eV}$$

即：氘+氚→氦+中子+能量。

（2）于敏方案

于敏是"共和国勋章"获得者、"两弹一星"功勋奖章得主、国家最高科学技术奖获得者。他为国铸核盾，隐姓埋名二十余载，却不愿被称为"氢弹之父"。于敏，一个曾绝密28年的名字，为我国氢弹突破作出卓越贡献[1]。

朝鲜战争期间，在美国核威胁的阴影下，中国科学家于敏的人生轨迹迎来了关键转折。1951年，于敏加入钱三强领导的近代物理所，投身原子核理论研究，并成功提出原子核相干结构模型，为我国在该领域的发展打下基础。

随着1952年美国氢弹的成功爆炸和1961年苏联"沙皇炸弹"的震撼试爆，氢弹技术成为国家安全的重要保障。1961年，钱三强将氢弹理论研究的重任交给了于敏。尽管这一决定打乱了他原本的科研计划，于敏却毫不犹豫地接受了这一任务，毅然转行。自那以后，于敏开始了长达28年的秘密科研生涯。他的工作和名字成为国家最高机密，他放弃了个人的科研成就，默默无闻地为国家的核武器研究贡献着自己的智慧和力量。于敏的无私奉献和卓越贡献，成为中国核武器发展史上不可磨灭的一笔。

研制氢弹，中国完全是从一张白纸开始的。科研人员只知道氢弹的释放能量是原子

---

[1] 我们为什么一定要搞出氢弹来，他说——科普中国网

弹的几十倍甚至上百倍，至于怎么造氢弹，最核心的问题是什么，谁也说不清楚。中国的氢弹研制历程是一部充满挑战与奋斗的史诗。在1964年我国成功爆炸第一颗原子弹后，周恩来总理迅速部署氢弹的研发工作，并设定了1968年前的试验目标。面对巨大的时间压力和技术上的种种未知，科研人员不畏艰难，勇往直前。

上海拥有当时中国唯一一台运算能力达5万次的计算机，然而，该计算机95%的时间需优先用于原子弹设计的计算任务。1965年，于敏领导其团队在上海开展了为期百日的密集研发活动。在这期间，于敏及其团队充分利用剩余的5%计算资源，并辅以算盘和计算尺等传统工具进行辅助计算。在极其有限的计算机使用时间和资源匮乏的条件下，他们依靠着坚定的意志和不懈的努力，终于找到了氢弹自持热核燃烧的关键技术，为我国氢弹的研制奠定了坚实的理论基础。

1967年6月17日，罗布泊沙漠深处，我国成功进行了氢弹试验。自首颗原子弹爆炸至氢弹试验成功，美国历时逾七年，苏联耗时四年，而中国仅用了两年零八个月[4]。于敏团队创造了从原子弹到氢弹的最短研制时间纪录。

于敏的功绩得到了国家的高度认可，他本人却始终保持谦逊，淡泊名利。接受采访时，于敏院士曾说：“国家需要我，我一定全力以赴。”他家客厅中挂着的“淡泊以明志，宁静以致远”，正是他一生追求的真实写照。于敏的事迹激励着我们，为了国家的繁荣和强大，我们每个人都应该贡献自己的力量。

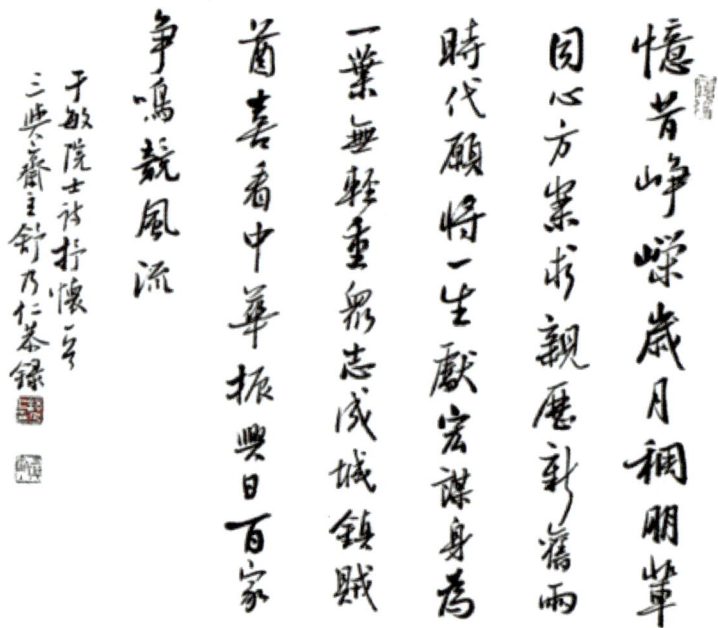

舒乃仁先生❶所书于敏院士《抒怀》七律诗
图片源自学习强国网站❷

---

❶ 舒乃仁，字盛，号大予、三与斋主，现任中国书画家联谊会主席。
❷ 科学家日历│于敏：“简历”只有13个字，名字曾是国家最高机密。

"忆昔峥嵘岁月稠，朋辈同心方案求，亲历新旧两时代，愿将一生献宏谋；身为一叶无轻重，众志成城镇贼酋，喜看中华振兴日，百家争鸣竞风流。"73岁那年，于敏以一首题为《抒怀》的诗总结了自己沉默而又不凡的一生[1]。

参考文献

[1] 沙国平，张连英.化学元素的发现及其命名探源[M].成都：西南交通大学出版社，1996.

[2] 高胜利，杨奇.化学元素新论[M].北京：科学出版社，2019.

[3] 何丽丽.束缚条件下氢同位素分子的量子蒙特卡洛研究[D].长春：吉林大学，2018.

[4] "氢弹之父"于敏的故事[J].军事文摘，2023，（18）：42-45.

---

❶ 愿将一生献宏谋——送别于敏侧记——中国科学院

如果没有可充电电池，便携和无处不在的电子产品就不可能取得进步❶。

我的研究最重要的未来应用是将现代社会从对化石燃料储存的能源的依赖中解放出来❷。

——约翰·古迪纳夫❸

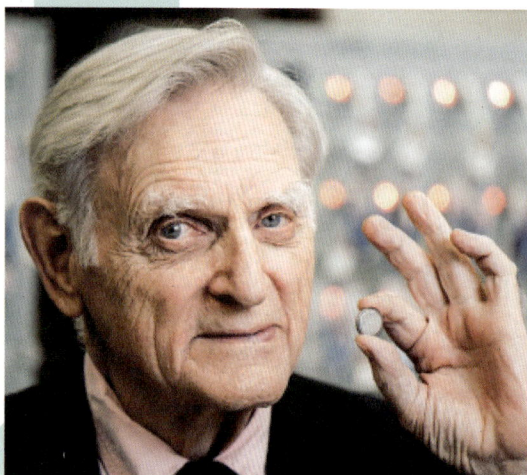

约翰·古迪纳夫（John Goodenough）
图片源自得克萨斯大学奥斯汀分校官方网站 马克·布朗 摄

❶ Progress in portable and ubiquitous electronics would not be possible without rechargeable batteries.
Goodenough, J.B. How we made the Li-ion rechargeable battery[J]. Nat Electron 2018，1：204.

❷ The most important future applications of my research are the emancipation of modern society from its dependence on the energy stored in fossil fuels.
John B. Goodenough. Author Profile[J]. Angew Chem Int Ed，2019，（58）：26-28.

❸ 约翰·古迪纳夫（John Goodenough，1922—2023），2019年诺贝尔化学奖得主。1980年，古迪纳夫开发了一种采用氧化钴阴极的锂电池，该电池在分子水平上具有可容纳锂离子的空间。这种阴极比早期的电池具有更高的电压。古迪纳夫的贡献对于锂离子电池的开发至关重要。

二、锂（Li）

1. 锂元素发现历史与中英文名称由来

18世纪90年代，在瑞典小岛上发现了第一块锂矿石——透锂长石（$LiAlSi_4O_{10}$）。当将其投入火中灼烧时，会发出浓烈的紫红色火焰。斯德哥尔摩的约翰·奥古斯特·阿尔费得森[1]（Johan August Arfwedson，1792—1841）于1817年对其进行了研究，并推断其中含有一种以前未知的金属元素，他将其命名为Lithium（英文命名，源于希腊文"lithos"，意为"石头"[2]），并意识到这是一种新的碱金属元素。然而阿尔费得森未能通过电解法将其分离出来。

1821年，威廉·托马斯·布兰德（William Thomas Brande）成功电解出了微量的锂，但不足以进行实验。直到1855年，德国化学家罗伯特·威廉·本生（Robert Wilhelm Bunsen，1811—1899）和英国化学家奥古斯塔斯·马西森（Augustus Matthiessen）合作电解氯化锂，才成功获得了大块的锂。下图是锂元素的发现历史时间轴。

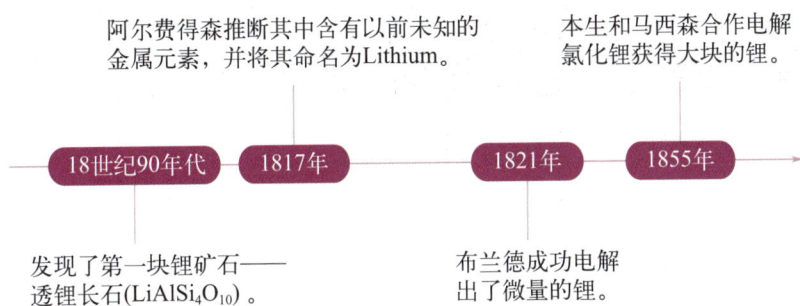

阿尔费得森推断其中含有以前未知的金属元素，并将其命名为Lithium。

本生和马西森合作电解氯化锂获得大块的锂。

| 18世纪90年代 | 1817年 | | 1821年 | 1855年 |

发现了第一块锂矿石——透锂长石($LiAlSi_4O_{10}$)。

布兰德成功电解出了微量的锂。

锂元素的发现史❶

由于lithos的第一个音节发音"里"，且锂元素为金属元素，现代中文用表示金属的"金"字旁加上"里"字发音而造出"锂"这个字。

2. 锂元素基本性质

锂（Li）位于第二周期第ⅠA族，为金属元素，是自然界最轻的金属。单质锂的密度仅为0.534 g/cm^3，所以被封在固体石蜡或凡士林中保存，或者封于惰性气体中。锂的基态电子组态为$[He]2s^1$。锂单质是一种银白色的金属，和钠一样，它的质地很软，可以用刀切开。锂单质非常活泼，在空气中就能和氮气、氧气反应，形成氮化物和氧化物层把自己包裹起来。因锂单质密度小，反应放出的能量高，锂是做电池的好材料。锂基酯可用作圆珠笔尖、汽车机械润滑。医学上碳酸锂可用作精神类药物。另外，锂的化合物可用作玻璃和陶瓷的添加剂，以帮助改善材料性能。锂的同位素锂-6也是重要的核工业原料[3]。

---

❶ 图中时间轴主体颜色设计理念采用锂元素发生焰色反应呈现的紫红色。

3. 中国大型科学装置与富锂恒星的发现

中国科学院国家天文台科研团队依托大科学装置郭守敬望远镜发现了一颗奇特天体，它的锂元素含量约是同类天体的3000倍，绝对锂丰度高达4.51，是目前人类已知锂元素丰度最高的恒星。这一重要天文发现于北京时间2018年8月7日凌晨在国际科学期刊《自然·天文》（*Nature Astronomy*）上在线发布[4]。

右图中的巨大火球是这颗恒星的示意图，它从白色圆形区域的星场中被发现。左下角为这颗恒星的光谱。照片背景是这颗恒星附近区域的真实银河照片。

郭守敬望远镜
图片源自新华网

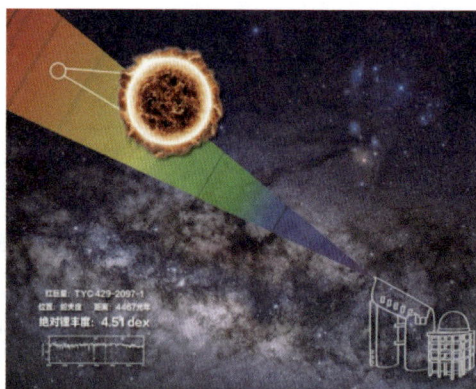

富锂巨星（恒星的暮年阶段）示意
图片源自中新社

据业界专家透露，这颗恒星是迄今为止人类已知的锂元素丰度最高的天体。这一重大天文发现彻底颠覆了我们对天体中锂元素的认知，将国际上对锂含量观测的极限提高了一倍。同时，这一成果在理论上为锂元素的合成以及现有恒星演化理论提供了全新的视角和观点。

4. "足够好"或"不够好"

（1）因锂离子电池获得诺贝尔化学奖的科学家

2019年诺贝尔化学奖被联合授予约翰·古迪纳夫（John Goodenough）、斯坦利·惠廷汉姆（Stanley Whittingham）和吉野彰（Akira Yoshino）[5]，以表彰他们"对开发锂离子电池所作出的突出贡献"。

古迪纳夫出生在德国耶拿，父母是美国人。在耶鲁大学学习数学后，他在第二次世界大战期间作为一名气象工作者在美国军队服役。之后他在芝加哥大学学习，并于1952年获得物理学博士学位。随后，他在美国的麻省理工学院和英国的牛津大学工作。自1986年以来，他一直在得克萨斯大学奥斯汀分校任教。

电能储存是解决世界能源供应问题的一个关键因素。由于锂元素具有很强的释放电子的趋势，因此在电池中有很大应用潜能。1980年，古迪纳夫发明了一种锂电池，其阴极是氧化钴，在分子水平上，它有容纳锂离子的空间。这种阴极比早期的电池产生的电压更高。目前，这种电池被广泛应用于电子设备，例如手机和电动汽车等领域，古迪纳夫的贡献对锂离子电池的发展至关重要。

古迪纳夫在其重要学术著作中表示："如果没有可充电电池，便携和无处不在的电子产品就不可能取得进步。我的研究最重要的未来应用是将现代社会从对化石燃料储存的能源的依赖中解放出来。"

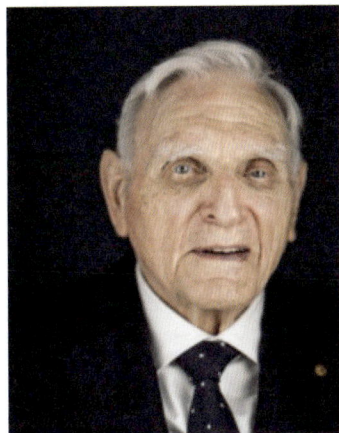

约翰·古迪纳夫
（John Goodenough）
图片源自诺贝尔奖官方网站

斯坦利·惠廷汉姆
（Stanley Whittingham）

吉野彰
（Akira Yoshino）

惠廷汉姆出生在英国的诺丁汉。他曾就读于牛津大学，并于1968年获得博士学位。在美国斯坦福大学获得博士后奖学金后，他曾在埃克森美孚和斯伦贝谢石油公司工作，1988年成为纽约州立大学宾厄姆顿分校的教授。在20世纪70年代，惠廷汉姆在锂电池中开发了一种新的阴极。这种阴极是由二硫化钛制成的，它在分子水平上也可以容纳锂离子。

吉野彰出生于日本水田。在京都大学学习技术后，他于1972年开始在旭化成化学公司工作，他的非学术生涯一直与旭化成有关。2005年，他在旭化成建立了自己的实验室。吉野彰2005年在大阪大学获得博士学位，2017年起担任名古屋大学教授。石油焦是一种在分子水平上具有容纳锂离子空间的碳材料，1985年吉野彰发明了一种以石油焦为负极材料的电池，并成为第一个商业上可行的锂离子电池。

2019年10月9日，瑞典皇家科学院宣布2019年诺贝尔化学奖时，惠廷汉姆77岁，吉野彰71岁，而97岁的古迪纳夫也创造了诺奖最高龄获奖者的纪录。三位科学家对事业、对科研的执着正是科技不断发展革新的原动力。

(2) 何为锂电池

锂电池是一类由锂金属或锂合金为负极材料、使用非水电解质溶液的电池[6]。锂电池大致可分为两类：锂金属电池和锂离子电池。锂金属电池通常是不可充电的，且内含金属态的锂。锂离子电池不含金属态的锂，是一种二次电池（可充电电池），它主要依靠锂离子在正极和负极之间移动来工作，在充放电过程中，锂离子在正、负极之间往返嵌入和脱嵌，实现化学能与电能的相互转化。由于锂离子电池具有能量密度高、自放电率低、循环寿命长、无记忆效应等优点，被广泛应用于便携式电子设备、电动汽车、储能系统等领域。

当外部电源对锂离子电池充电时，在电场作用下，正极中的锂离子脱嵌，经过电解液穿过隔膜流向负极，并嵌入负极材料中。同时，为保持电中性，正极的电子也经过外电路流向负极。随着锂离子不断从正极脱嵌并嵌入负极，正极电位不断升高，负极电位不断降低，电池电压不断升高直至达到充电截止电压。例如，对于正极材料为钴酸锂、负极材料为石墨的锂离子电池，充电时正极发生反应 $LiCoO_2 - xLi^+ - xe^- \rightleftharpoons Li_{1-x}CoO_2$，锂离子从钴酸锂中脱出，使钴酸锂的氧化态升高。

当电池连接外部负载进行放电时，由于正、负极之间存在电位差，锂离子从负极脱嵌，经过电解液通过隔膜又流向并嵌入正极。随着锂离子的脱出，负极电位逐渐增加，正极电位不断降低，电池电压不断降低，同时负极电子经过外电路流向正极，为外部负载提供电能，直至达到放电截止电压。在上述例子中，放电时负极发生反应 $xLi^+ + xe^- + 6C \rightleftharpoons Li_xC_6$，锂离子嵌入石墨中，石墨形成锂碳化合物。

在锂离子电池的未来发展中，研发更高比容量、更高电压的正极材料，如高镍三元正极材料，以提高电池的能量密度，是一个重点方向。同时，要探索新型负极材料，如硅基材料，其理论比容量极高，但需解决体积膨胀等问题以实现大规模应用。采用固态电解质替代传统液态电解质也是重要发展方向。固态电解质能提高电池安全性，抑制锂枝晶生长，且电化学窗口宽，可匹配高电压电极材料，有望大幅提升电池能量密度。目前，聚合物、无机氧化物、硫化物等固态电解质材料的研发不断取得进展，需进一步提高离子电导率和降低成本。

当然，开发叠片式、卷绕式等新型电池结构，提高空间利用率和电池性能；发展先进制造工艺，运用先进的涂布、辊压、封装等工艺设备，以及在线检测和质量控制技术，提高电池一致性和生产效率，降低生产成本；发展快速充电技术，实现智能电池管理等都需要不断突破。

锂离子电池研究涉及材料科学、化学、物理、电化学等多学科。未来，多学科交叉融合将不断深入，为电池技术发展提供强大理论支持和创新动力，推动在材料设计、机理研究、性能优化等方面取得更多突破。

（3）锂电池充电常识

关于新购置的锂离子电池"激活"问题，存在一种普遍误解，即认为初次充电需持续超过12 h并重复三次以激活电池。此观念实则源自镍电池（如镍镉和镍氢电池）的使用经验，并不适用于锂离子电池。锂电池与镍电池在充放电特性上存在显著差异，过度充电或深度放电均可能对锂电池尤其是液态锂离子电池造成严重损害。

由于锂电池本身的特性，决定了它几乎没有记忆效应，锂电池充满后继续连在充电器上不会再有充电效果，且电池将在危险的边缘徘徊。日常使用中，应尽量避免长充深充或过充过放，以延长锂电池的使用寿命。

5. LiOH在航天中的应用

（1）利用LiOH吸收CO_2

还记得初中化学中那个与锂元素相关的经典题目吗？载人航天飞船中通常用LiOH代替NaOH来吸收航天员呼吸产生的CO_2，写出LiOH与CO_2反应的化学方程式（答案：$CO_2 + 2LiOH \longrightarrow Li_2CO_3 + H_2O$）；阐述在载人航天飞船中用氢氧化锂代替氢氧化钠吸收CO_2的优点（答案：由于锂为最轻的金属元素，故吸收同样多的二氧化碳，所用氢氧化锂的质量比氢氧化钠少）。

钱学森先生曾经说过："航天器一个零件减少一克重量都是贡献。"虽然氢氧化钠便宜易得，也可以吸收CO_2，但是在航天领域重量增加所耗费的能源，远比LiOH的成本高。因此，将LiOH应用到航天领域的优点显而易见。

（2）利用LiOH制氧

2013年，有学者研究了一种利用月球矿物资源进行现场制氧的锂还原-LiOH电解循环技术路线。该方法以金属锂作为还原剂，将月球矿物中的氧转移到锂化合物中，锂化合物与还原产物分离并转化为LiOH，电解熔融LiOH获得氧、水和金属锂，收集氧气，水和金属锂再循环使用。化学热力学数据分析表明采用该技术路线可以利用锂离子固体电解质，在500～600 ℃下实现LiOH电解，获得氧、水和金属锂。采用该技术路线有望从月球的主要矿物，尤其是钛铁矿中获得氧气[6]。

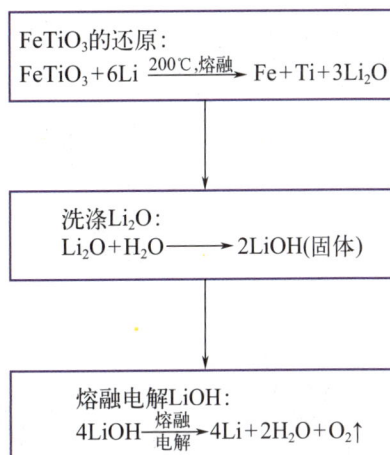

$FeTiO_3$的还原：
$$FeTiO_3 + 6Li \xrightarrow{200℃,熔融} Fe + Ti + 3Li_2O$$

洗涤Li_2O：
$$Li_2O + H_2O \longrightarrow 2LiOH(固体)$$

熔融电解LiOH：
$$4LiOH \xrightarrow[电解]{熔融} 4Li + 2H_2O + O_2\uparrow$$

锂还原-LiOH电解循环技术路线

参考文献

[1] 沙国平，张连英.化学元素的发现及其命名探源[M].成都：西南交通大学出版社，1996.

[2] 刘元玲.锂矿资源争夺战背后的里子与面子[J].世界环境，2023，（03）：18-21.

[3] 徐鹏晖.锂元素你知多少[J].知识就是力量，2021，（01）：76-79.

[4] 刘强，赵刚，闫宏亮.我国科研人员利用LAMOST发现锂丰度最高的巨星[J].中国科学基金，2018，32（05）：458.

[5] 刘杨，刘文博，郑锋，等.2019年诺贝尔化学奖的三位"锂电教父"[J].自然杂志，2019，41（06）：407-413.

[6] 张全生，郭东莉，夏骥.为月球资源就地应用的LiOH电解制氧技术分析和实验观察[J].航天医学与医学工程，2013，26（03）：211-214.

吾人今日只有前进，赴汤蹈火，亦所弗顾，其实目前一切困难，在事前早已见及，故向来未抱丝毫乐观，只知责任所在，拼命为之而已。❶

——侯德榜❷

侯德榜
图片源自中国化工博物馆官方网站

❶ 只知责任所在拼命为之而已 http://www.chemmuseum.com/zt/Responsibility.html

❷ 侯德榜（1890—1974），福建闽侯人。1890年8月9日生于福建闽侯，1974年8月26日逝于北京。侯德榜一生在化工技术上有三大贡献。第一，揭开了索尔维法的秘密。第二，创立了中国人自己的制碱工艺——侯氏制碱法。第三，发展了中国小化肥工业。侯德榜被誉为中国近现代化学工业奠基人，中国纯碱之父，中国重化学工业开拓者。

三、钠（Na）

1.钠元素发现历史与中英文名称由来

钠元素的发现历史可以追溯到18世纪初。1702年，德国化学家格奥尔格·恩斯特·施塔尔（Georg Ernst Stahl，1660—1734）把"碱"分成天然的和人造的两种，即碱（Na_2CO_3）和钾灰（K_2CO_3）。1799年，意大利物理学家亚历山德罗·伏特（Alessandro Volta，1745—1827）发明了电池，随后各国的化学家们成功利用电池电解分解水。英国化学家汉弗莱·戴维（Humphry Davy）在1807年进行了一系列电解实验，发现了一种新元素——钾。通过进一步的研究，戴维成功地从苛性草木灰中提取出了这种新元素，并将其命名为"Potassium"，以表明这是一种真正的元素。几天后，戴维又电解了无水碳酸钠，在阴极产生金属钠单质[1]。其电解产物及原理如下：

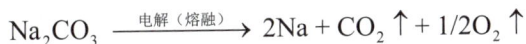

$$Na_2CO_3 \xrightarrow{\text{电解（熔融）}} 2Na + CO_2\uparrow + 1/2O_2\uparrow$$

钠元素的发现历史见下图。

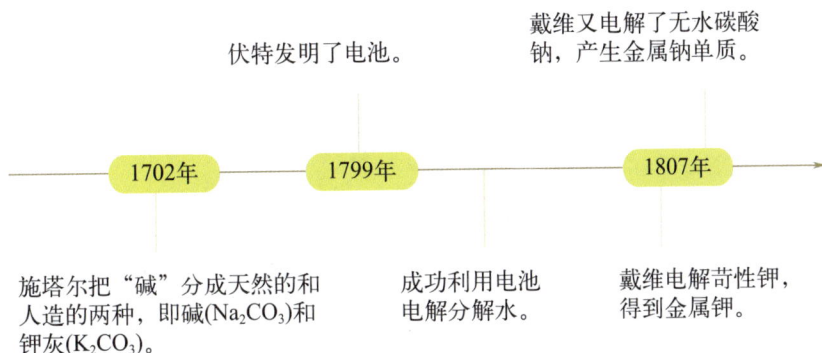

伏特发明了电池。

戴维又电解了无水碳酸钠，产生金属钠单质。

| 1702年 | 1799年 | 1807年 |

施塔尔把"碱"分成天然的和人造的两种，即碱(Na_2CO_3)和钾灰(K_2CO_3)。

成功利用电池电解分解水。

戴维电解苛性钾，得到金属钾。

钠元素的发现史 ❶

因为钾是电解熔融KOH（potash）得到的，而钠是电解无水Na_2CO_3（soda）得到的，戴维将钾和钠分别命名为Potassium和Sodium，形成了钾元素和钠元素的英文名称。钠的化学符号Na来自它的拉丁文名称natrium，原意是"苏打"。把元素名称翻译为中文，一般都是从拉丁文进行音译，用造新字的办法来解决。要求新造的固态金属元素中文名称用金字旁，并且要求元素名与拉丁名谐音，如有可能同时要求考虑会意[2]。Natrium的第一个音节发音"那"，现代中文用"金"字旁加上"内（nà，音纳，古同纳。有受纳，进针之意）"字而造出"钠"这个字。

2.钠元素基本性质

钠（Na）位于第三周期第ⅠA族，为碱金属元素，基态电子组态为[Ne]$3s^1$。钠单质

---

❶　图中时间轴主体颜色设计理念采用钠元素发生焰色反应呈现的黄色。

是银白色立方体结构金属，新切面有银白色光泽，容易在空气中氧化转变为暗灰色。钠高度活泼，与水、空气和乙醇均能发生反应。钠的还原性极强，能把金属氧化物还原为金属，经常用于稀有金属的生产。[3]

3. 侯氏制碱法与索尔维制碱法

侯德榜，名启荣，字致本，是著名科学家，侯氏制碱法的创始人。他在给范旭东的信上写道："吾人今日只有前进，赴汤蹈火，亦所弗顾，其实目前一切困难，在事前早已见及，故向来未抱丝毫乐观，只知责任所在，拼命为之而已。"

"侯氏制碱法"也被称为"联合制碱法"，其基本原理是以氯化钠、二氧化碳、氨和水为原料，制取纯碱，副产氯化铵。纯碱是基本化工原料，用量大，在国民经济中占重要地位。氯化铵主要用作农肥，但它的质量影响着纯碱工业的发展。"侯氏制碱法"主要化学反应方程式如下：

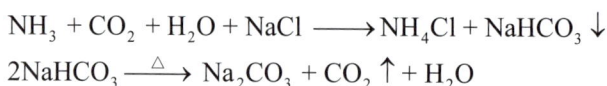

$$NH_3 + CO_2 + H_2O + NaCl \longrightarrow NH_4Cl + NaHCO_3\downarrow$$

$$2NaHCO_3 \xrightarrow{\triangle} Na_2CO_3 + CO_2\uparrow + H_2O$$

工业上生成碳酸钠的方法有氨碱法和联合制碱法。氨碱法是1862年由比利时人索尔维提出的，也称索尔维制碱法，其主要化学反应方程式如下：

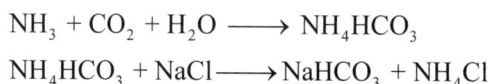

$$NH_3 + CO_2 + H_2O \longrightarrow NH_4HCO_3$$

$$NH_4HCO_3 + NaCl \longrightarrow NaHCO_3 + NH_4Cl$$

溶解度较小的$NaHCO_3$析出后，加热分解得到Na_2CO_3；

$$2NaHCO_3 \xrightarrow{\triangle} Na_2CO_3 + CO_2\uparrow + H_2O$$

$$2NH_4Cl + Ca(OH)_2 \longrightarrow 2NH_3 + CaCl_2 + 2H_2O$$

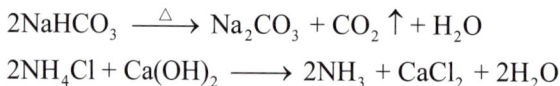

氨可以循环使用，同时得到副产物$CaCl_2$。

联合制碱法基本原理与氨碱法相同，该法特点在于将制碱工业和合成氨工业结合起来。下表是氨碱法与联合制碱法的特点对比，从中可以看出，联合制碱法中需要的CO_2是由合成氨原料气即H_2和CO混合气中的CO转化而来的，剔除了煅烧石灰石生成CO_2的工业过程。联合制碱法保留了氨碱法的优点，改变了滤液处理方法，使食盐的利用率从原来的70%提高到96%，且得到的副产物NH_4Cl是有用的化学原料和农业氮肥，用途较广[4]。

氨碱法与联合制碱法的特点对比

对比	氨碱法（索尔维制碱法）	联合制碱法（侯氏制碱法）
原料CO_2来源	CO_2由煅烧$CaCO_3$生成，为额外步骤	合成氨中焦炭与水蒸气反应生成的CO转化为CO_2
原料NH_3来源	$Ca(OH)_2$与NH_4Cl反应产生	合成氨工业生成，与制碱工业联合生产
循环物质	CO_2和NH_3	CO_2和NaCl
滤液处理方法	$Ca(OH)_2 + 2NH_4Cl \rightarrow 2NH_3 + CaCl_2 + 2H_2O$	通NH_3加NaCl
副产物	$CaCl_2$	NH_4Cl

对比	氨碱法（索尔维制碱法）	联合制碱法（侯氏制碱法）
NaCl利用率	70%	96%
显著特点	NaCl利用率低，副产物用途不大	大大地提高NaCl利用率，副产物NH_4Cl用途广泛

4.一座叫"NaCl"的城市——盐城

盐城，西周前为"淮夷"地。西汉高帝六年（前201年），始建盐渎县。民国三十四年（1945年），抗日战争胜利，中国军队收复盐城。民国三十六年（1947年）10月底，盐城获得解放。

（1）中国海盐博物馆

中国海盐博物馆于2006年1月23日经国务院批准成立，是全国唯一一座全面反映中国海盐历史文明的大型专题博物馆，坐落于盐城市区古代著名的人工运盐河——串场河与宋代捍海名堤——范公堤之间，占地面积6万平方米，场馆建筑面积1.8万平方米。2008年11月18日建成并对外开放。经过升级改造后于2019年5月28日重新开放。新的基本陈列《海盐华章》由"引海制盐""行盐四方""盐政春秋""海盐兴城"四个部分组成，同时设《煮海之歌》与《环海盐趣》两个反映海盐文化与世界盐业概况的专题厅以及一个常设临时展厅，旨在全方位、多角度地收藏、保护和研究中国海盐文化历史资料，集中展示中国海盐文化的优秀成果与时代风采。

（2）蕴含化学结构理念的博物馆设计

中国海盐博物馆建筑外观以银白色正六面盐结晶体造型点缀，宛若串串盐晶散落串场河畔。博物馆的设计理念完美体现了NaCl的晶体结构及阴阳离子的配位关系。[5]

中国海盐博物馆俯瞰图
图片源自中国海盐博物馆官方网站

5. 库伦爆炸

（1）钠与水的反应实验

钠是一种活泼的金属元素，它与水的反应是中学阶段的经典实验之一。当钠与水接触时，会发生剧烈的化学反应，生成氢氧化钠（NaOH）和氢气（H_2）。以下是反应的化学方程式：

$$2Na + 2H_2O \longrightarrow 2NaOH + H_2\uparrow$$

NaCl的晶体结构

钠与水接触后会迅速与水反应，产生热量，使钠熔化成小球，并在水面上四处移动，发出嘶嘶声。这是因为生成的氢气从溶液中逸出，同时钠的熔点较低，反应放热使钠熔化。这个反应非常剧烈，因此在实验室中进行时需要采取适当的安全措施。

（2）钠与水反应发生爆炸的原因

该实验后期偶有轻微爆炸的现象发生，人们对爆炸的原因有多种不同解释：有学者认为是金属钠的熔点很低，与水反应放出的热量使金属熔化为液态，更有利于反应的进行，同时也可能导致产生的 H_2 闪燃而发生爆炸；或是反应产物过氧化钠与水接触生成的氧气和氢气混合燃烧导致的爆炸；或是反应放出大量的热使水迅速蒸发，常温下的水瞬间变为水蒸气，体积急剧膨胀导致爆炸的发生；或是钠与水反应的产物氢氧化钠受热形成无色透明的熔融状态小球，该小球与水接触后因外部急速降温导致内外受热不均而引发爆炸。以上爆炸均容易理解，不需要引入新的概念或者理论。由于实验仪器设备或操作方式的不尽相同，各种爆炸原因均可能现实存在。

捷克化学家菲利普·梅森（Philip Mason）、帕维尔·荣格维斯（Pavel Jungwirth）等使用室温下保持液体状态的钠钾合金装在注射器注入水中，利用超高速摄影和计算方法进行研究，认为是熔融钠球与水接触的瞬间，电子从熔融钠球转移到水中产生钠离子，钠离子之间相互排斥导致的库伦爆炸。[6]

多电子分子或原子在吸收足够能量后，导致电子从束缚状态中逃逸出来，形成带正电的离子。在这个过程中，由于电子的突然移除，剩余的正电荷核心之间的库伦排斥力迅速增加，导致分子或原子内部的电子云迅速膨胀并最终分裂成多个碎片，这便是库伦爆炸（Coulomb explosion）。库伦爆炸的核心机制是电荷排斥力导致的物理性结构破坏，本质上是物理变化。

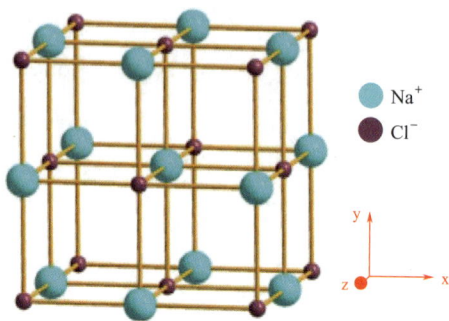

参考文献

[1] 沙国平，张连英. 化学元素的发现及其命名探源[M]. 成都：西南交通大学出版社. 1996.

[2] 王琳. 近现代化学元素名称研究[D]. 大连：辽宁师范大学，2015.

[3] 高胜利，杨奇. 化学元素新论[M]. 北京：科学出版社，2019.

[4] 宋天佑，徐家宁，程功臻，王莉. 无机化学[M]. 北京：高等教育出版社，2019.

[5] 季甲，侯银玲，刘英，等. 无机化学中钠元素教学课程融入思政素材[J]. 科技资讯，2024，22（02）：13-16.

[6] 李元华，叶永谦. 钠与水反应爆炸原因的实验再探究[J]. 化学教学，2022，（06）：65-67+80.

啊，最宏伟、最高贵的大自然！
我不是用这样的爱崇拜着你
吗，就像从未有过的凡人一样？
崇拜你非凡创造的壮丽，探
寻你隐秘而玄妙的道路。
作为诗人，作为哲人，作为
智者？❶

——汉弗莱·戴维❷

汉弗莱·戴维（Humphry Davy）
图片源自英国皇家学会官方网站

❶ Oh, most magnificent and noble Nature!Have I not worshipped thee with such a love, As never mortal man before displayed?Adored thee in thy majesty of visible creation, And searched into thy hidden and mysterious ways. As Poet, as Philosopher, as Sage?
quoted from John Davy's "Fragmentary Remains" Davy Notebooks https: //digitalcollections.lancaster.ac.uk/collections/davy/1

❷ 汉弗莱·戴维（Humphry Davy，1778—1829），英国著名化学家，首任英国皇家化学会主席（1801—1825）。除了科学研究，他还是一位多产的诗人。

四、钾（K）

1.钾元素发现历史与中英文名称由来

钾盐以硝石（硝酸钾，KNO_3）、明矾（十二水合硫酸铝钾，$KAl(SO_4)_2 \cdot 12H_2O$）、草木灰（碳酸钾，K_2CO_3）的形式已经被认知了几个世纪。它们被用于火药，燃料和肥皂的制造[1]。公元前16世纪，埃及人用钾与苏打制造玻璃，又把植物灰的浸出液（不纯的 K_2CO_3）用作有效的洗涤剂。1807年10月6日，戴维在密闭的坩埚中电解潮湿的苛性钾，得到了银白色的金属钾[2]。钾的名称来源于拉丁文 kalium，原意是"碱"。钾元素的英文名称为 Potassium，是草木灰（ash）置于壶（pot）中当碱用的意思。中国科学家在命名此元素时，因其活泼性在当时已知的金属中居首位，故用"金"字旁加上表示首位的"甲"字而造出"钾"这个字[2]。下图是钾元素的发现历史时间轴。

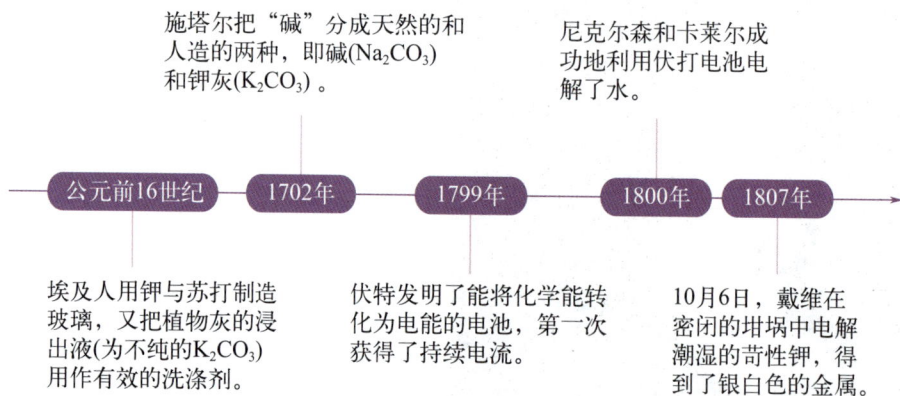

施塔尔把"碱"分成天然的和人造的两种，即碱(Na_2CO_3)和钾灰(K_2CO_3)。

尼克尔森和卡莱尔成功地利用伏打电池电解了水。

| 公元前16世纪 | 1702年 | 1799年 | 1800年 | 1807年 |

埃及人用钾与苏打制造玻璃，又把植物灰的浸出液（为不纯的K_2CO_3）用作有效的洗涤剂。

伏特发明了能将化学能转化为电能的电池，第一次获得了持续电流。

10月6日，戴维在密闭的坩埚中电解潮湿的苛性钾，得到了银白色的金属。

钾元素的发现史❶

2.钾元素基本性质

钾（K）位于第四周期第ⅠA族，为碱金属元素，基态电子组态为 $[Ar]4s^1$。钾单质是银白色体心立方结构的金属，质软且轻，熔点低，是金属活动性顺序表中最"活泼"的金属，在自然界中以化合物的形式广泛分布于陆地和海洋中。在生物体中，钾可以调节动物体内的离子平衡并参与糖和蛋白质代谢，是人体肌肉组织和神经组织的重要成分。钾也是植物生长的三大营养元素之一，它可以增强植物抗病虫害和抗倒伏的能力。在工业上，钾盐则是制造化肥及生活用品肥皂的主要原料[3]。

3.世界上最早利用焰色反应鉴定钾盐的中国学者

陶弘景（456—536），字通明，自号华阳隐居，谥贞白先生，丹阳秣陵（今江苏南

---

❶ 图中时间轴主体颜色设计理念采用钾元素发生焰色反应呈现的浅紫色。

京）人[4]。南朝齐、梁时道教学者、炼丹家、医药学家。

陶弘景对现代化学的贡献之一是在《本草经集注》中记载了硝石（硝酸钾）的火焰分析法："先时有人得一种物，其色理与朴硝大同小异，胐胐如握雪不冰。强烧之，紫青烟起，仍成灰，不停沸，如朴硝，云是真消石也。"[5] 所谓"紫青烟起"是钾盐所特有的性质。陶弘景这一记载，是世界化学史上焰色反应法钾盐鉴定的最早记录。

4.天使与魔鬼——超氧化钾

超氧化钾KO_2[6]又称为"化学氧自救器"，主要用于煤矿井下救急。它和人呼出的二氧化碳接触产生氧气，相应的化学反应式为：

$$4KO_2 + 2CO_2 \longrightarrow 2K_2CO_3 + 3O_2$$

KO_2可作为氧气源用于防毒面具、呼吸面罩、飞船、潜艇等密闭系统的氧气再生剂，还被用于制备65型钾空气再生药板。中华人民共和国国家军用标准《65型-钾空气再生药板》（GJB 984—90）规定该药板用于海军潜艇的空气再生，亦适用于其他需要再生密闭室内空气的体系。

此外，超氧化钾是一级氧化剂，遇易燃物、有机物、还原剂等会引起燃烧甚至爆炸，遇水或水蒸气产生大量热量，同样可能发生爆炸。超氧化钾吸湿性极强，与水剧烈反应生成氢氧化钾、过氧化氢和氧气。中华人民共和国公安部编制的《易制爆危险化学品名录》（2017年版），KO_2名列其中。虽然KO_2可用于生成O_2供人类呼吸，但是其易爆化学性质使得使用KO_2时要异常小心，以免发生危险。

5.戴维与戴维灯

瓦斯爆炸必须同时具备以下基本条件：一是瓦斯浓度在爆炸界限内，一般为5%～16%；二是混合气体中氧的浓度不低于12%；三是足够能量的高温火源，一般为650～750 ℃。

物质发生燃烧是需要条件的：可燃物、助燃物以及引火源，三者缺一不可。对于煤矿开采场所来说，瓦斯即可燃物，而空气就是天然的助燃物，所缺的就是引火源。煤矿中的瓦斯如果碰到普通的具有明火的灯具，可能会发生燃烧或者爆炸。戴维灯的原理其实很简单，外面一层金属网，氧气可以通过金属网进入到火焰，因此不会影响灯具的燃烧。由于金属是热的良导体，火焰燃烧产生的热量持续被传导和散发，导致罩子与外界接触面的温度维持在较低水平，低于瓦斯的着火点。因此，即便灯具外部存在大量瓦斯，也不会发生爆炸。也就是这个灯具具有防爆功能。这个灯具是戴维发明的，因此被很多矿工亲切地称为戴维灯。

但金属网罩使戴维灯的光线过于微弱，甚至低于蜡烛，这使得它最终更倾向于被认为是一种检验气体的科学仪器，而不是一种照明的灯具。一些煤矿继续采用蜡烛照明，仅依靠戴维灯判断何时熄灭蜡烛，何时逃离矿洞。此外，其结构上的缺陷以及较高的使用要求，也使矿工很难正确可靠地使用它。这些问题直到19世纪末电灯的出现和广泛应用才得以解决。

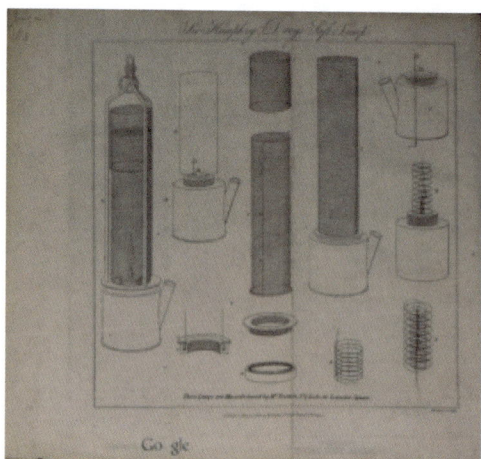

戴维灯的设计图
图片源自戴维1818年著作《煤矿工人安全灯和火焰研究》

戴维灯的实物图❶
图片源自英国皇家学会官方网站

戴维还是一位多产的诗人。在其所著《Fragmentary Remains》中有如下诗句："啊，最宏伟、最高贵的大自然！我不是用这样的爱崇拜着你吗，就像从未有过的凡人一样？崇拜你非凡创造的壮丽，探寻你隐秘而玄妙的道路。作为诗人，作为哲人，作为智者？"

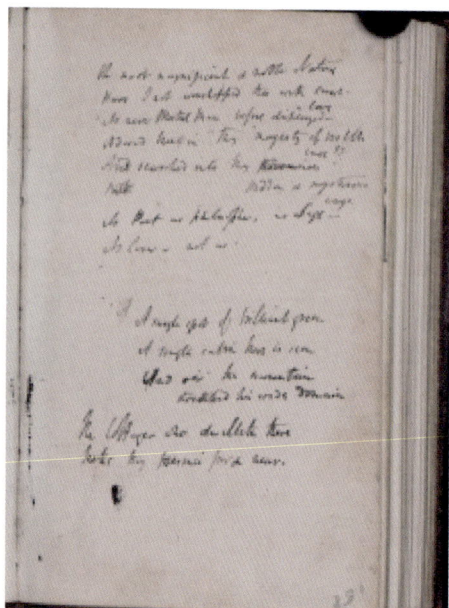

戴维笔记本中亲笔书写的其所创作诗歌
图片源自英国皇家学会官方网站

---

❶ 1815年制，核心组成部件为铜合金储油基座和铁丝网。

6.青海盐湖——钾肥的重要原料产地

青海省拥有众多盐湖资源，其中代表性的有察尔汗盐湖、茶卡盐湖、大柴旦盐湖以及东台吉乃尔湖和西台吉乃尔湖。这些盐湖不仅资源丰富，而且还具有独特的自然景观，可进行旅游观光。青海盐湖中含有丰富的钾资源，主要以可溶性钾盐的形式存在，包括氯化钾（KCl）、硫酸钾（K_2SO_4）和光卤石（$KCl·MgCl_2·6H_2O$）等。氯化钾是最常见的钾盐矿物之一，易溶于水；硫酸钾则常用作农业肥料；光卤石是一种含钾、镁的复盐矿物，是盐湖中钾元素的重要载体之一。这些钾盐矿物在盐湖卤水中通过蒸发结晶作用富集，形成可开采的钾盐矿床。

察尔汗盐湖一角（无人机照片）
图片源自网易官方网站，廖祖平　摄

参考文献

[1] 叶超.五元体系Li^+，Na^+，K^+，Sr^{2+}//Br-H_2O及部分子体系308 K相平衡研究[D].成都：成都理工大学，2020.

[2] 袁振东，马铭阳.钾元素概念的发展史及其意义[J].化学教育（中英文），2020，41（22）：109-113.

[3] 吴茂江.钾与人体健康[J].微量元素与健康研究，2011，28（06）：61-62.

[4] 徐建新.陶弘景医学养生思想研究[D].沈阳：辽宁中医药大学，2023.

[5] 田甜，肖相如.陶弘景所载硝类药物辨析[J].辽宁中医杂志，2010，37（05）：904-906.

[6] 杨乐，李志杰，田林，等.载人航天器CO_2清除技术分析与任务模式设计[J].真空与低温，2022，28（02）：212-218.

"天下难事，必作于易；天下大事，必作于细。"原子钟是精密技术，做原子钟是个精细活，必须大处着眼，小处着手，把每个技术细节都做到极致。大处着眼，就是眼睛盯着国际前沿，心里装着国家需求，不计较个人得失，坐得住冷板凳，耐得住寂寞。小处着手，就是用科学严谨的态度去解决每一个问题，迎难而上，不走捷径，注重细节，精益求精。我们倾注 20 年的心血，就干了星载铷原子钟这一件事。但这付出值得，因为从此我国有了自己的星载原子钟技术，我们也实现了"让中国的北斗用上最好的原子钟"的梦想。

——梅刚华[1]

梅刚华
图片源自中国科学院官方网站

[1] 梅刚华，我国星载原子钟技术的开创者之一，北斗系统星载原子钟主要研制者。

五、铷（Rb）

1.铷元素发现历史与中英文名称由来

十九世纪五十年代初，德国汉堡的化学家罗伯特·威廉·本生（Robert Wilhelm Bunsen，1811—1899）发明了一种燃烧煤气的灯——本生灯。

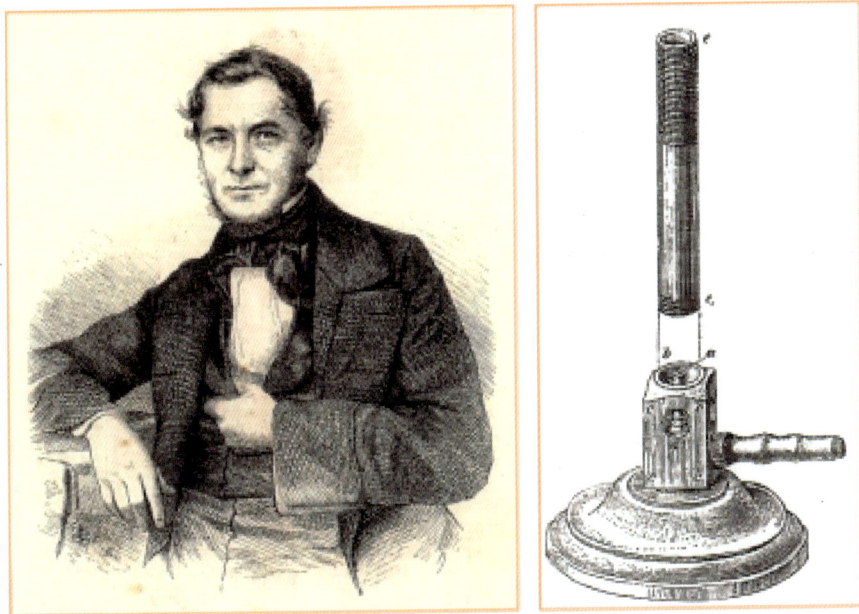

罗伯特·威廉·本生（Robert Wilhelm Bunsen）与本生灯的原始燃烧器
图片源自 William B. Jensen 学术论文[1]

1860年，德国化学家本生和德国物理学家古斯塔夫·罗伯特·基尔霍夫（Gustav Robert Kirchhoff，1824—1887）找到了一种可靠的探索和分析物质成分的方法——光谱分析法。1861年，本生在一种矿泉水里和锂云母矿石中，发现了一种产生红色光谱线的未知元素。这个新发现的元素就用它的光谱线的颜色命名为 Rubidium，源于拉丁文"rubidus"，意为"深红色，火焰的颜色"[2]。中国科学家在命名该元素时，鉴于拉丁文"ruidus"的首个音节发音为"如"，遂采用"金"字旁与"如"字组合的方式，创造了"铷"这一汉字。

1863年，本生制得金属铷。1882年，俄国化学家尼古拉·尼古拉耶维奇·别凯托夫（Nikolay Nikolayevich Beketov，1826—1911）利用铝与氢氧化铷作用得金属铷[3]，反应式为：

$$6RbOH + 4Al \longrightarrow 6Rb + 2Al_2O_3 + 3H_2 \uparrow$$

下图为铷元素的发现历史时间轴。

本生发明了一种燃烧煤气的灯——本生灯。

本生在一种矿泉水里和锂云母矿石中，发现了一种产生红色光谱线的未知元素。

别凯托夫利用铝与氢氧化铷作用得金属铷。

| 19世纪50年代 | 1860年 | 1861年 | 1863年 | 1882年 |

本生与基尔霍夫找到了探索和分析物质成份的方法——光谱分析法。

本生制得金属铷。

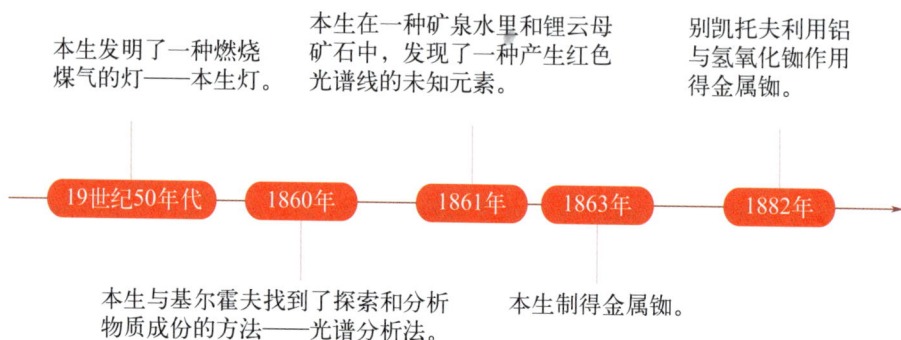

铷元素的发现史 ❶

2.铷元素基本性质

铷（Rb）位于第五周期第ⅠA族，为碱金属元素，基态电子组态为[Kr]5s^1。单质铷是柔软、蜡状的银白色轻金属，密度仅为1.53 g/cm^3，熔点39.3 ℃，略高于体温，可以与水银形成汞剂，与钠、钾、铯、金、锑、铋形成合金。单质铷的化学性质与其他碱金属相似，在光的作用下易放出电子，可用以制造光电管。铷的性质介于其上方的钾与下方的铯之间，极为活泼，化学反应比钠、钾更为剧烈，在空气中接触氧气迅速氧化、自燃，生成多种氧化物并立即失去金属光泽。遇水在表面发生爆炸，甚至接触到-100 ℃以下的冰块也会发生爆炸。铷元素有45种同位素，从铷-71至铷-102。在这些同位素中，仅铷-85是稳定的。需要注意的是，自然界中存在的铷-87具有放射性。

铷金属样本
图片源自缪煜清学术论文[4]

铷蒸气在温度达到180 ℃时呈现绛红色，当温度高于250 ℃时则转变为橙黄色。RbN$_3$化合物凭借此特性被应用于烟花中紫红色的呈现。铷化合物可作为常温固体电解质材料，其中碘化铷银（RbAg$_4$I$_5$）在已知离子晶体中展现出最高的室温离子电导率，其数值接近稀硫酸溶液的导电水平。该特性使其在超薄电池及全固态电池领域具有应用潜力，同时可拓展至航天推进系统，适用于火箭与导弹发射装置的电源组件开发。[4]

3.北斗系统的"中国芯"

（1）铷原子钟

人造地球卫星发射系统、导航技术、运载火箭导航、导弹系统、无线通信、电视转

---

❶ 图中时间轴主体颜色设计理念采用光谱分析法中铷元素的光谱线特征颜色——红色。

播、收发分置雷达以及全球定位系统等空间技术的发展，对频率与时间基准的长期和短期准确度及稳定性提出了更高要求。铷原子钟以极高的准确度著称，其走时误差370万年不超过1秒。

铷原子钟利用^{87}Rb的超精细能级跃迁频率（6834682608Hz）来测量时间。铷原子钟是卫星导航系统应用最多的星载原子钟，GPS系统、Galileo（伽利略）系统和我国北斗系统均大量采用，其原因：一是相对星载氢原子钟和铯原子钟而言，铷原子钟具有体积小、功耗低、可靠性高、卫星环境适应性强等优点，制造和使用成本相对较低；二是频率漂移率可以通过与星-地原子钟之间的同步操作加以扣除，对定位精度影响较小；三是作为影响卫星导航系统定位授时精度的关键因素，铷原子钟的频率稳定度近年来有了极大提升，能够满足高精度定位和授时应用需求。

（2）北斗系统中使用的星载铷原子钟

星载原子钟对导航系统的定位精度至关重要，20世纪90年代中国在此领域技术空白，中国科学院梅刚华领导的团队是中国最早从事星载原子钟研究的团队之一。梅刚华通过无数次试验，历经二十余年的技术攻关，实现了从无到有，再到国际领先。作为北斗卫星导航系统星载原子钟的主要研制者，梅刚华成功研发了具有完全自主知识产权的星载铷原子钟，为北斗系统装备了"中国心"。他的团队先后研发出三代星载铷原子钟产品，克服了引进受挫和技术瓶颈，中国星载铷钟技术已达到国际先进水平[5]。

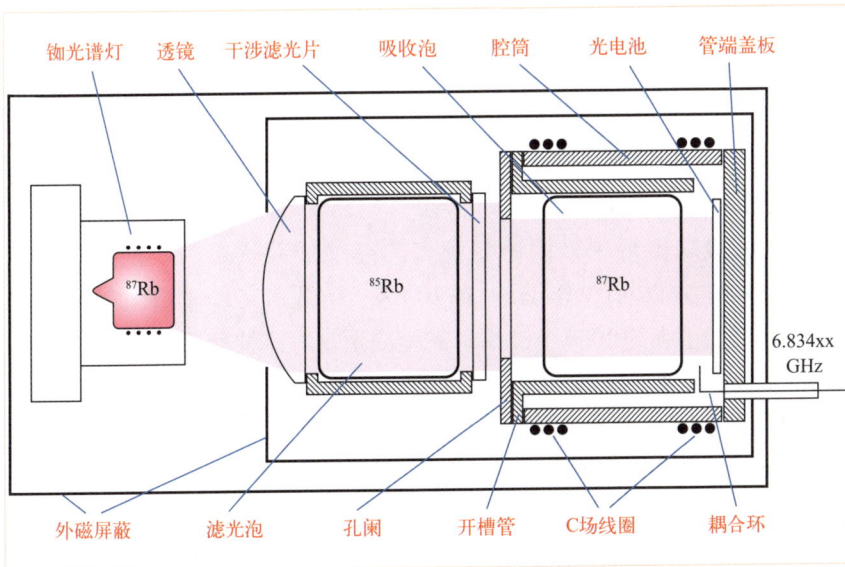

铷光谱灯　透镜　干涉滤光片　吸收泡　腔筒　光电池　管端盖板

^{87}Rb　　^{85}Rb　　^{87}Rb　　6.834xx GHz

外磁屏蔽　滤光泡　孔阑　开槽管　C场线圈　耦合环

铷原子频率标准设计中物理系统的结构（中文翻译系作者引用时补充）
图片源自梅刚华学术论文[6]

频率稳定度是衡量原子钟或任何振荡器性能的关键指标之一，它描述了振荡器输出频率随时间的稳定性。在频率稳定度的表述中，"$10^{-14}\tau^{-1/2}$"表示频率的相对变化（即频率的波动）与时间的平方根成反比。

这里的"τ"通常表示观测时间，单位是秒。"10^{-14}"是一个无量纲的比例常数，表示频率相对于其标称值的波动大小。因此，"$10^{-14}\tau^{-1/2}$"意味着：当观测时间τ增加时，频率的相对变化会随着时间的平方根的增加而减小。这个指标越小，表示振荡器的频率随时间的稳定性越好。

例如，如果一个原子钟的频率稳定度是"$10^{-14}\tau^{-1/2}$（$1\sim100$ s）"，那么在 1 s 的观测时间内，它的频率可能会有最多10^{-14}的相对变化。如果观测时间增加到 100 s，那么频率的相对变化会减小到原来的 1/10，因为 100 的平方根是 10。

商用小型化铷原子钟的频率稳定度通常在"$10^{-11}\tau^{-1/2}$"到"$10^{-12}\tau^{-1/2}$"的范围内，而梅刚华团队研制的新型铷原子钟的频率稳定度达到了更高的"$10^{-14}\tau^{-1/2}$"水平，这是一个非常显著的技术突破。

梅刚华认为："'天下难事，必作于易；天下大事，必作于细。'原子钟是精密技术，做原子钟是个精细活，必须大处着眼，小处着手，把每个技术细节都做到极致。大处着眼，就是眼睛盯着国际前沿，心里装着国家需求，不计较个人得失，坐得住冷板凳，耐得住寂寞。小处着手，就是用科学严谨的态度去解决每一个问题，迎难而上，不走捷径，注重细节，精益求精。我们倾注 20 年的心血，就干了星载铷原子钟这一件事。但这付出值得，因为从此我国有了自己的星载原子钟技术，我们也实现了'让中国的北斗用上最好的原子钟'的梦想。"

4.铷原子与玻色-爱因斯坦凝聚态

1924 年，印度物理学家玻色对光粒子作了重要的理论计算。他把他的结果寄给爱因斯坦，爱因斯坦把这个理论计算扩展到了某种类型的原子。爱因斯坦预言，如果这种气体原子被冷却到非常低的温度，所有的原子会突然聚集在尽可能低的能量状态。这个过程类似于从气体中形成液滴的过程，因此称为凝聚。

70 年后的 1995 年，才成功实现了爱因斯坦预言的这种极端状态。埃里克·康奈尔（Eric Cornell）和卡尔·维曼（Carl Wieman）在 20 nK（纳开尔文），即绝对零度以上 0.000 000 02 K 的温度下，产生了大约 2000 个铷原子的纯凝聚物。这种凝聚态被称为玻色-爱因斯坦凝聚态，简称为 BEC。

铷元素在这项研究中起到了关键作用，因为它的原子能级结构适合进行激光冷却实验，使科学家能够实现并观察到 BEC 这一物质状态。2001 年诺贝尔物理学奖被授予康奈尔、维曼和沃尔夫冈·凯特勒（Wolfgang Ketterle），以表彰他们"在碱金属原子的稀薄气体中实现了玻色-爱因斯坦凝聚，以及对玻色-爱凝聚态性质的早期基础研究"。

BEC 的实现让科学家们可以控制原子的运动，深化了对量子统计规律和量子相干性的理解，有助于探索超流、超导等物理现象，并且这项对物质的新"控制"技术将在精密测量和纳米技术等领域带来革命性的应用。

埃里克·康奈尔
（Eric Cornell）
图片源自诺贝尔奖官方网站

卡尔·维曼
（Carl Wieman）

沃尔夫冈·凯特勒
（Wolfgang Ketterle）

参考文献

[1] William B. Jensen. The Origin of the Bunsen Burner[J]. J Chem Educ，2005，82：518.

[2] 沙国平，张连英. 化学元素的发现及其命名探源[M]. 成都：西南交通大学出版社，1996.

[3] 窦雨晴，袁振东，李猛. 铯元素的发现及其概念的发展[J]. 化学通报，2024，87（10）：1234-1240.

[4] 缪煜清，欧阳瑞镯，李钰皓. 铷元素科学研究与应用进展[J]. 有色金属材料与工程，2023，44（02）：11-15.

[5] 张翀，杨婷婷. [爱国情 奋斗者]为北斗系统装上"中国心"[N]. 工人日报. 2019-8-13（01）.

[6] Cui Jiaqi , Ming Gang , Wang Fang ; et al. Realization of a Rubidium Atomic Frequency Standard With Short-Term Stability in $10^{-14}\tau^{-1/2}$ Level[J]. IEEE Transactions on Instrumentation and Measurement. 2024,73:1-7.

秒是铯-133原子基态的两个超精细能级之间跃迁所对应的辐射的9192631770个周期的持续时间。

——第十三届国际计量大会（1967年）

2017年8月31日国际计量学术盛会"从实物到量子——原子时诞生50周年"学术报告会举行

图片源自中国计量科学研究院

六、铯（Cs）

1. 铯元素发现历史与中英文名称由来

1846年，弗赖堡（Freiberg）的冶金学教授卡尔·弗里德里希·普拉特勒（Karl Friedrich Plattner, 1800—1858）在分析一种含铯量高达30%~36%的碱金属矿石铯榴石时，得出各成分的量总和为92.753%，不到100%，他认为是水分丢失造成的，把这个矿石视为硫酸钠和硫酸钾的混合物，没有进一步研究，导致了他与铯失之交臂。铯最终被古斯塔夫·罗伯特·基尔霍夫（Gustav Robert Kirchhoff, 1824—1887）和罗伯特·威廉·本生（Robert Wilhelm Bunsen, 1811—1899）于1860年在德国的海德堡发现。1861年11月，本生提取到了氯化铯。1881年，波恩大学的考尔·希欧多尔·赛特伯格（Carl Theodor Setterberg）教授通过电解熔融的氰化铯（CsCN）获取了铯单质[1]。1882年，俄罗斯化学家别凯托夫（Nikolay Nikolayevich Beketov）利用镁还原铝酸铯，获得金属铯，反应式为：

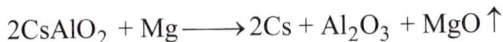

$$2CsAlO_2 + Mg \longrightarrow 2Cs + Al_2O_3 + MgO\uparrow$$

基尔霍夫和本生以拉丁文"coesius"（意为天蓝色，铯元素的谱线颜色）命名这个元素为Caesium[2]。需要注意的是铯也存在焰色反应，特征颜色为紫红色。中国科学家在命名此元素时，因其英文Caesium首个音节发音近似为"色"，故用"金"字旁加上"色"字而造出"铯"这个字。下图是铯元素的发现历史时间轴。

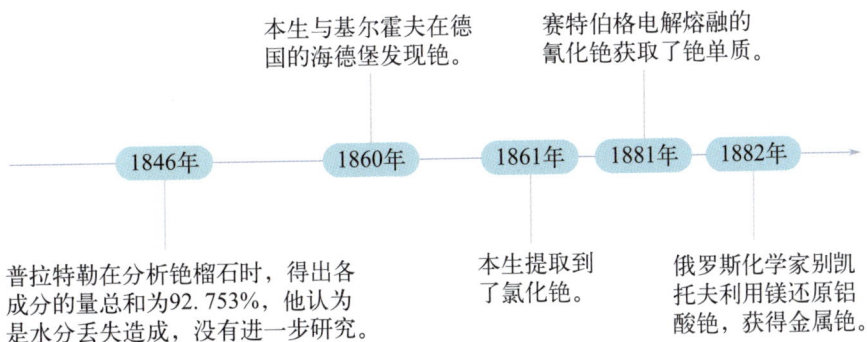

本生与基尔霍夫在德国的海德堡发现铯。

赛特伯格电解熔融的氰化铯获取了铯单质。

| 1846年 | 1860年 | 1861年 | 1881年 | 1882年 |

普拉特勒在分析铯榴石时，得出各成分的量总和为92.753%，他认为是水分丢失造成，没有进一步研究。

本生提取到了氯化铯。

俄罗斯化学家别凯托夫利用镁还原铝酸铯，获得金属铯。

铯元素的发现史 ❶

2. 铯元素基本性质

铯（Cs）位于第六周期第ⅠA族，为碱金属元素，基态电子组态为$[Xe]6s^1$。铯呈金黄色，质软，熔点低，化学性质极为活泼。铯元素作为利用光谱分析技术发现的第一个新元素，在化学元素发现史上有着重要意义，它的发现为化学元素的发现开拓了新的路径。

---

❶ 图中时间轴主体颜色设计理念采用光谱分析法中铯元素的光谱线特征颜色——天蓝色。

铯因为其独特且优异的光电性能，吸收红外线的能力，可用在红外望远镜的制造，边防定时巡逻、军事侦察、军舰的夜航等[3]。

3. 长眼睛的金属

（1）显著的光电性质

金属铯和铷还有一种特殊的性质，就是对光线特别敏感。即使是在极其微弱的光照之下，它们也会被光激发而放出电子，这是由它们的原子结构所决定的。例如：铷原子核外有37个电子，主要分布在5个电子层上；而铯原子核外有55个电子，主要分布在6个电子层上。它们共同的特点是最外层只有1个电子。

由于铯和铷的原子半径都比较大，原子核对最外层的1个电子的吸引力比较弱，因此这个电子很容易从光子那里获得能量后逸出。铯和铷的这种对光的敏感性甚至超过了人的眼睛。

科学家利用铯和铷的光敏性，实现了光能与电能的转换。例如，将金属铯或铷喷涂在银片上，便可制成光电管。当光线照到铯或铷的表面时，银片上就可以有电流输出。这样，光电管把光信号转变成了电信号，它是电视机、通信设备中不可缺少的元件。光照越强，输出电流越大。因此可以根据电流的大小来判断光线的强弱，就像人的眼睛能够辨别光的强弱一样。所以有人戏称铷和铯是"长眼睛的金属"[4]。

（2）光电倍增管及铯光电管

中华人民共和国电子工业部发布强制性标准《GDB-221型光电倍增管》（SJ 2384—1983），已于1984年5月1日实施至今。其中GDB-221型光电倍增管采用钠钙玻璃光窗、侧窗式不透明锑钾铯光电阴极和直列式静电聚焦倍增系统，具有8级倍增极。该管光谱响应范围为300～700 nm，峰值波长为420 ± 20 nm，用于把微弱光信号变为电信号。

目前，光电转化技术已在电影、电视、通信、仪表和自动化控制等领域得到了广泛的应用。例如，铯光电管是电视摄像机的心脏，它可将图像的光信号转变为电信号后加以储存，并能随时还原为图像。应用铯光电管制成的火灾自动报警系统，能够自动监视仓库、森林以及车间等场所的安全。一旦发生火灾，火光即可通过铯光电管转化为电流，然后发出警报。在用铯制成的光学元件上再配上一套红外辐射光源，就可制成红外线望远镜，它能在黑暗中看清目标，因而可以应用于侦察、巡逻和监视等活动中。铯光电管还可应用于天文、遥测等许多其他领域。

4. 铯与原子时标准

在1960年以前，时间单位秒被定义为平均太阳日的1/86400。"平均太阳日"的确切定义留给了天文学家。然而，测量表明，地球自转的不规则性使这个定义不能令人满意。为了更精确地定义时间单位，第11届国际计量大会（CGPM，1960）采用了国际天文学联合会以回归年1900年为基础的定义。然而，实验工作已经表明，以原子或分子的两个能级之间的跃迁为基础的原子级时间标准，可以更精确地实现和再现。考虑到一个非常精确的时间单位的定义对于科学和技术来说是必不可少的，第13届CGPM（1967）根据铯-133原子基态超精细跃迁的频率选择了秒的新定义。

1967年10月，第13届国际计量大会决议采纳基于原子跃迁的"原子秒"，取代原有的"天文秒"，对国际单位制中的"秒"进行了重新定义，即"秒是铯-133原子基态的两个超精细能级之间跃迁所对应的辐射的9192631770个周期的持续时间。[5]"此举标志着原子时的诞生，开启了以量子定义时间的新时代。自原子时问世以来，时间频率测量的准确度提升了一千万倍，成为目前测量最为精确的物理量之一，直接促进了卫星导航定位产业的

FOCS 1型铯原子钟
图片源自刘天雄学术论文[6]

发展。此外，原子时的引入为国际单位制（SI）向量子化过渡铺平了道路，标志着计量学从依赖实物标准向量子基准转变的重要里程碑。

铯原子钟是以铯原子束为频率参考的被动原子频率标准，其工作原理是让微波场与铯原子相互作用产生鉴频信号，利用鉴频信号将微波频率锁定在铯原子基态的超精细能级上，从而实现基准频率信号的输出，输出信号与原子跃迁频率具有同等水平的相对频率偏差和长期稳定度。铯原子钟主要包括铯原子谐振器、微波频率单元和电路控制单元等组成部分。我国国家标准《铯原子钟技术要求及测试方法》（GB/T 39724—2020）已于2020年12月14日发布，2021年7月1日正式实施。上图是FOCS 1型铯原子钟。

参考文献

[1] 郑德. 铯的发现过程及其应用[M]. 北京：冶金工业出版社，1999.

[2] 沙国平，张连英. 化学元素的发现及其命名探源[M]. 成都：西南交通大学出版社，1996.

[3] 黎诗宏. 甲基卡稀有金属矿田伟晶岩接触变质带铯元素分布特征及赋存状态[D]. 绵阳：西南科技大学，2017.

[4] 骆昌芹. 有"眼睛"的金属[J]. 少儿科技，2022，（Z1）：47.

[5] 冯俊杰，苏红，高洁，等. 历届国际计量大会梗概（续）[J]. 中国计量，2007，（02）：45-48.

[6] 刘天雄. 第十五讲"GPS时"是什么回事？（上）[J]. 卫星与网络，2013，（04）：64-71.

我还未意识到我的钫元素现在已经有9个兄弟姐妹了。这是一个由"短小"成员组成的大家庭，很快就要庆祝它的30周年了！然而，我的"大儿子"仍然是"最高"的！❶

——玛格丽特·凯瑟琳·佩丽❷

玛格丽特·凯瑟琳·佩丽（Marguerite Catherine Perey）

图片源自Adlof学术论文❸

---

❶ I was not aware that my francium now had 9 brothers and sisters. What a large family of short-sized members which will soon celebrate its 30 years! And my eldest still remains the tallest!

该段文字写于1968年，是即将在1969年庆祝"钫"元素发现30周年之际，佩丽得知存在9种半衰期短于 ^{223}Fr 的22分钟的人工钫同位素后有感而发。

❷ 玛格丽特·凯瑟琳·佩丽，法国物理学家，1909年10月19日出生，1975年5月13日逝世。她是居里夫人的学生，1939年发现了元素钫。1962年，她成为首位当选法国科学院院士的女性。

❸ Adlof J P, Kauffman G B. Francium（Atomic Number 87）, the Last Discovered Natural Element[J]. Chem Educator, 2005，10：387–394.

七、钫（Fr）

1.钫元素发现历史与中英文名称由来

　　1870年，门捷列夫根据周期律预言87号元素应该与它的同族元素铯相像，并把它称为"类铯"。1913年，英国科学家约翰·阿诺德·克朗斯顿（John Arnold Cranston）在研究锕-228的时候，发现它除了能够放出β粒子变成钍-228以外，还有极微的α衰变。1914年，奥地利维也纳的三位科学家斯特凡·迈耶（Stefan Meyer）、维克多·弗朗茨·赫斯（Victor Franz Hess）和弗里德里希·阿道夫·帕内特（Friedrich Adolf Paneth）在研究放射性的锕-227时发现：新纯化的锕辐射α粒子后形成新的物质，如果外推到零时刻，新生成的物质质量具有确定的数值；而且相同的锕在空气中放射移动范围为3.5 cm的β粒子。1939年，法国女科学家玛格丽特·凯瑟琳·佩丽（Marguerite Catherine Perey，1909—1975）发现衰变的锕-227的1%放射出α粒子，并转变成质量数为223的87号元素的原子，即钫[1]。

$$\ce{^{227}_{89}Ac} \xrightarrow{\alpha} \ce{^{223}_{87}X} \text{（X为"类铯"，即现代元素钫）}$$

　　佩丽进行了多次实验，结果都相同，并且测定了新元素的半衰期为22 min。为了纪念她的祖国法兰西，1939年1月她把原子序数为87的元素命名为"Francium"[2]。

　　1968年2月25日，佩丽得知存在9种半衰期短于$\ce{^{223}Fr}$的22分钟的人工钫同位素后，她在寄给让·皮埃尔·阿德洛夫（Jean-Pierre Adloff）的信中写道："我还未意识到我的钫元素现在已经有9个兄弟姐妹了。这是一个由'短小'成员组成的大家庭，很快就要庆祝它的30周年了！然而，我的'大儿子'仍然是'最高'的！"[3]

　　中国科学家在命名此元素时，因其首音节发音为"方"，故使用了"钫"这个字。"钫"字在该元素发现之前早就存在了，《说文·金部》："钫，方钟也。"满城汉墓出土之铜钫有刻铭："中山内府铜钫一，容四斗，重十五斤八两。第一。卅四年中郎柳市雒阳。"[4]下图是钫元素的发现历史时间轴。

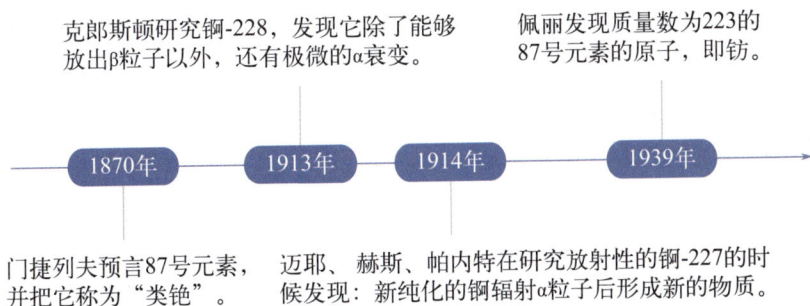

克郎斯顿研究锕-228，发现它除了能够放出β粒子以外，还有极微的α衰变。

佩丽发现质量数为223的87号元素的原子，即钫。

| 1870年 | 1913年 | 1914年 | 1939年 |

门捷列夫预言87号元素，并把它称为"类铯"。

迈耶、赫斯、帕内特在研究放射性的锕-227的时候发现：新纯化的锕辐射α粒子后形成新的物质。

钫元素的发现史

2.钫元素基本性质

钫（Fr）位于第七周期第ⅠA族，为碱金属元素，基态电子组态为[Rn]7s^1。钫在大自然中极为罕见，地壳中含量约为30 g。它是除了砹之外第二稀有的元素。钫元素是最重的碱金属元素，也是最不稳定的碱金属，化学性质活泼。

3.谁是金属性最强的元素？钫还是铯？

在元素周期表中，同主族元素的原子核外电子层数从上而下逐渐增加，原子半径也逐渐增大，这一变化使得元素的失电子能力增强，得电子能力相应减弱。因此，金属性由上至下表现出递增趋势，而非金属性则呈现递减趋势。

目前普遍认为铯是碱金属元素中金属性最强的，然而，这与钫作为第七周期元素，比铯多一个电子层的事实似乎不符。尽管钫位于铯之下，但其金属性并未超过铯。

第一电离能为基态气态原子释放最外层单个电子所需的能量。第一电离能越低，表明原子越易于释放电子，金属性越强。从电子结构来看，钫和铯都具有一个外层电子，这使得它们在化学反应中容易失去这个电子，形成+1价的阳离子。根据元素周期律，钫的原子半径较大，其外层电子距离原子核更远，受到的吸引力较弱，钫的电离能应该比铯低，更容易失去电子。但事实上，铯的第一电离能为3.894 eV，钫的为4.073 eV，钫元素的电离能更大，故钫元素的价电子比铯更难失去，金属性弱于铯[5]。

4.与钫元素有关的吉尼斯世界纪录

吉尼斯世界纪录，英文名称Guinness World Records，简称GWR，GWR是记录全球破纪录事件的权威机构，在英国、美国、中国、日本和阿联酋设有办事处，官方审查员在世界各地核实记录。GWR的宗旨是让世界变得更有趣，更愉快，更积极。因此，GWR鼓励去探索和分享不可思议的发现。以下是几个载入吉尼斯世界纪录史册的与钫元素有关的有趣事例。

（1）在实验室中制备的最大的钫原子簇

据估计，整个地壳中只有大约30 g的钫，因此从未对大体量的钫元素进行过研究，并且钫也没有实际用途。2002年12月，纽约州立大学石溪分校（State University of New York at Stony Brook）的科学家们利用石溪分校超导直线加速器上的重离子核聚变反应堆制造出了钫原子，并将30多万个钫原子一起捕获在了一个磁光阱中。

（2）最不稳定的自然存在的元素钫

钫是元素周期表中最不稳定的自然存在的元素。钫最稳定的同位素钫-223的半衰期只有22 min，而第二不稳定的自然存在的元素砹的半衰期为8.5 h。由于这种极快的衰变速度，衰变产生的高温立即使样品气化，因而从未观察到有实际意义的大量的钫固体。

参考文献

[1] Perey M. L'élément 87：AcK，dérivé de l'actinium[J]. Journal de Physique et le Radium，1939，10（10）：435-438.

[2] 湜介. 难以捉摸的元素砹和钫[J]. 科学大众，1964，（07）：266-267.

[3] Jean-Pierre Adlof，George B. Kauffman. "Francium（Atomic Number 87），the Last Discovered Natural Element"[J]. Chem. Educator，2005，10，387–394.

[4] 贾文忠. 说"钫"[J]. 收藏界，2013，（12）：108-109.

[5] 孙雨晗，田红玉. 铯与氟——元素金属性与非金属性之最[J]. 化学教育（中英文），2022，43（05）：102-106.

元素／之思

Ideology of Elements:
Explore the Mysteries of the Chemical World

探索化学世界的奥秘

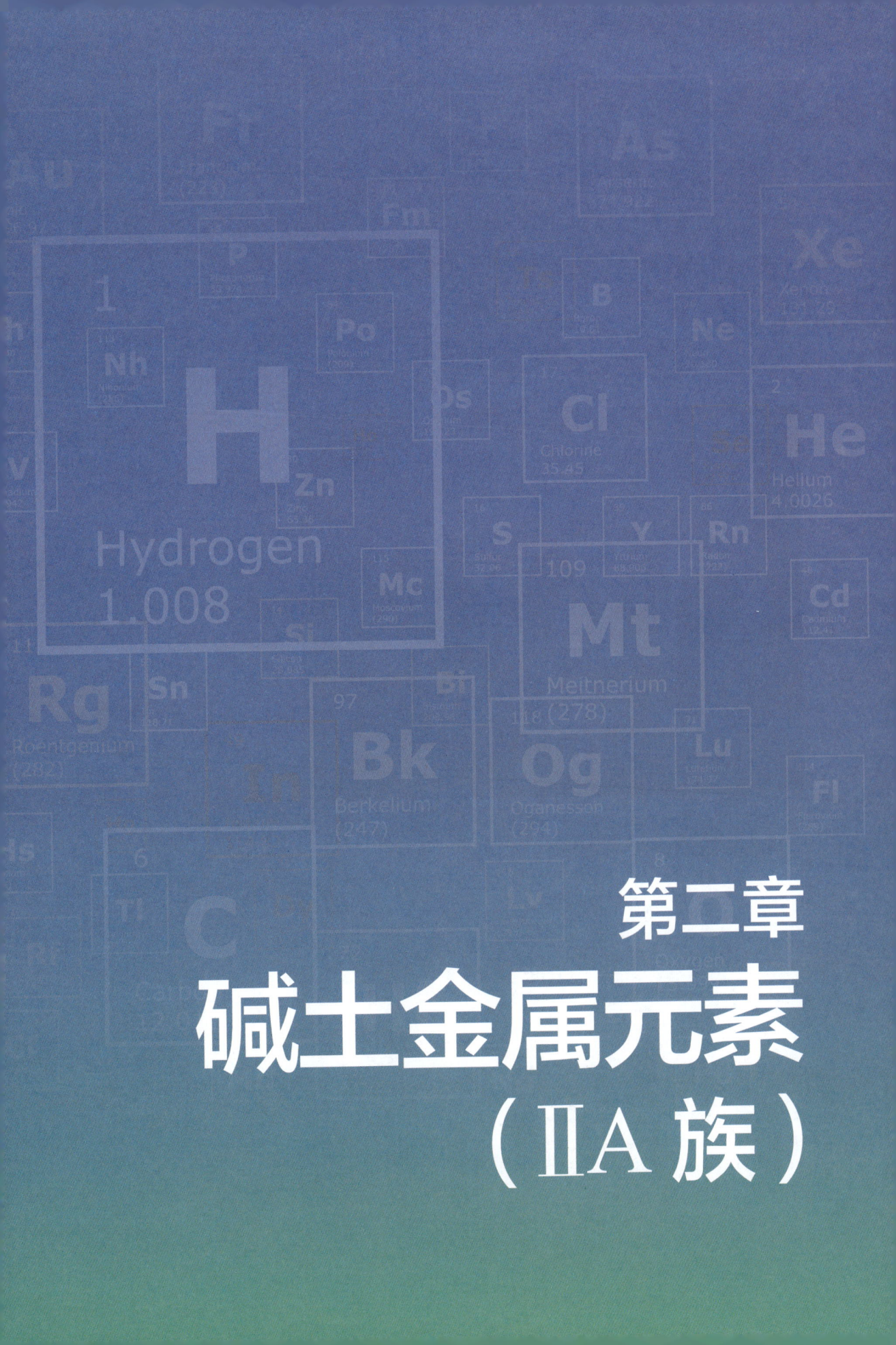

第二章

碱土金属元素

（ⅡA 族）

如果数学、物理、化学老师能将他们讲的内容与科学结合起来，告诉孩子们，自己正在讲述的科学发明的发现对于那个时代来说，有什么意义，我想孩子们会更感兴趣。❶

——谢建新❷

2020年10月10日谢建新（右一）为"中国铍产业技术创新战略联盟"揭牌
图片源自宁夏回族自治区工业和信息化厅官方网站

❶ 谢建新：把论文写在车间、写在现场——新京报。
❷ 谢建新，材料加工工程专家，主要从事金属凝固、加工和热处理及其关键装备的研究。2015年当选中国工程院院士。

一、铍（Be）

1.铍元素发现历史及其中英文名称由来

  1779年，绿柱石的研究工作已经展开，其中柏林科学院的化学教授阿恰德（Achard）是早期研究该矿物的科学家之一。18世纪末，法国化学家路易斯·尼古拉斯·沃克兰（Louis Nicolas Vauquelin，1763—1829）应法国矿物学家勒内·茹斯特·阿羽伊（René Just Haüy）的请求，对绿柱石及祖母绿进行化学分析。经过深入研究，沃克兰发现这两种矿物的化学成分完全相同，并从中识别出一种新元素。1798年2月15日，沃克兰在法国科学院正式宣读了他关于发现新元素铍的论文。然而，直到三十年后的1828年，德国化学家弗里德里希·维勒（Friedrich Wöhler，1800—1882）才通过使用金属钾还原熔融状态下的氯化铍（$BeCl_2$），成功制得了单质铍。

  沃克兰将他发现的元素命名为Glucinium，这一名称源自希腊文glykys，意为"甜"，因为铍的盐类具有甜味。由于钇的盐类同样具有甜味，后来维勒将其重新命名为Beryllium，这一名称来源于铍的主要矿石绿柱石的英文名称beryl[1]。

  古代的一种长矛称为铍。也就是"铍"字虽然古代就有，但与化学元素并无关系，结合绿柱石的英文名称beryl的首音节发音，假借"铍"字作为化学元素名称，类似于新造汉字。

  下图是铍元素的发现历史时间轴。

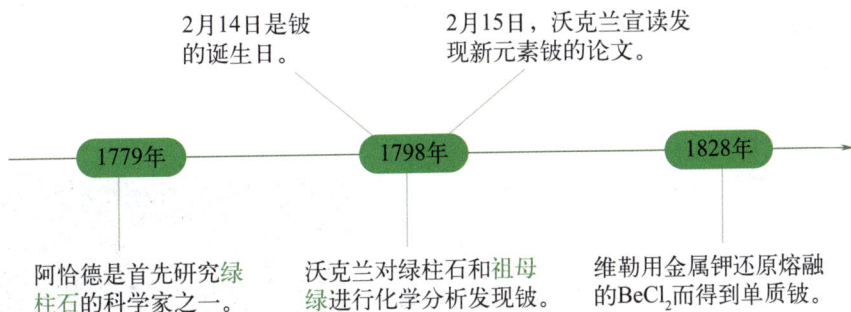

2月14日是铍的诞生日。

2月15日，沃克兰宣读发现新元素铍的论文。

1779年   1798年   1828年

阿恰德是首先研究绿柱石的科学家之一。

沃克兰对绿柱石和祖母绿进行化学分析发现铍。

维勒用金属钾还原熔融的$BeCl_2$而得到单质铍。

铍元素的发现史❶

2.铍元素基本性质

  铍（Be）位于第二周期第ⅡA族，为碱土金属元素，基态电子组态为[He]$2s^2$。铍单质具有银白色金属光泽，是自然界中最轻的碱土金属，因其密度低、熔点高、X射线透射性好等优异性能，在国防、核能物理等尖端领域广泛应用，被称为"空间金属"和"金属玻璃"。氧化铍陶瓷属于特种陶瓷，具有高耐火度、高热导率以及优良的核性能，主要用于高级耐火材料和原子能反应堆，作为高热导率材料，在各种大功率电子器件和集成电路

---

❶ 图中时间轴主体颜色设计理念采用含铍祖母绿宝石的颜色。

上应用广泛[2]。

3.让人亦爱亦恨的铍元素

（1）绿柱石——美丽的含铍宝石

绿柱石是一种铍铝硅酸盐矿物，化学式$Be_3Al_2(Si_6O_{18})$，具玻璃光泽，摩氏硬度7.5～8，具不完全解理，相对密度2.63～2.91。绿柱石属六方晶系，常见六方柱状晶体，柱面上有时具有稀疏的纵纹，常常有粗大的晶体产出，少数呈放射状或不规则块状集合体。绿柱石家族中的祖母绿是由于其内部含铬（Cr）或钒（V）而呈翠绿色，海蓝宝石因含二价铁呈透明的天蓝色，铯绿柱石因含铯（Cs）而呈玫瑰红色或粉红色，红色绿柱石因含锰（Mn）所致，金绿柱石因含三价铁（Fe）和少量氯（Cl）而带黄色或金黄色。

绿柱石
现藏于云南省博物馆，季甲 摄

新疆海蓝宝石原石
图片源自崔师源学术论文[3]

海蓝宝石琢型
图片源自中国地质博物馆官方网站

祖母绿，英文为emerald，其名称源自波斯语中的"zumurud"，意为绿宝石。该词随后演变为拉丁语"smaragdus"，并经历了讹传，形成了esmeraude和emeraude等变体，最终定型为现今的英文拼写形式。在汉语中，这一名称是音译波斯语而来的。在我国古代，这种宝石还有"子母绿"和"助水绿"等别称。在香港地区，它则被称为"吕宋绿"。

祖母绿被誉为"绿宝石之王"，是国际珠宝界公认的四大名贵宝石之一（包括红宝石、蓝宝石、祖母绿以及钻石）。凭借其独特的绿色调及非凡魅力，加之流传于世的神秘传说，祖母绿在西方文化中备受推崇。

麻栗坡祖母绿于20世纪90年代在云南文山麻栗坡县猛硐瑶族乡大风丫口的钨矿中被发现。该矿是目前世界上为数不多的大型祖母绿矿床之一，也是国内罕见的可以产祖母绿的矿床。

与方解石等共生的祖母绿
图片源自中国地质博物馆官方网站

绿柱石主要产于花岗伟晶岩中，伟晶岩中的绿柱石单晶体，个体可以很大，重达数十吨。气体-高温热液或热液矿床中也有产出。共生矿物除长石、石英外，尚有黄晶、锂辉石、锡石、铌铁矿、细晶石、电气石、方解石等。绿柱石是提取铍的最主要矿物原料。

（2）铍化合物的毒性

铍及其化合物，包括BeO、BeF_2、$BeCl_2$、BeS及$Be(NO_3)_2$等，具有明显的毒性。金属铍作为一种全身性毒物，其毒性程度受多种因素影响，包括进入生物体的途径、不同铍化合物的物理化学特性以及实验动物的种类等。通常情况下，可溶性铍化合物的毒性高于难溶性铍化合物；通过静脉注射摄入时毒性最大，其次是呼吸道吸入，而经口摄入或皮肤接触的毒性相对较小。铍进入人体后，难溶性的氧化铍主要沉积于肺部，可能导致肺炎。可溶性的铍化合物则倾向于在骨骼、肝脏、肾脏和淋巴结等部位积累，并能够与血浆蛋白结合形成复合物，进而引发器官或组织病变甚至癌变。值得注意的是，铍从人体内排出的速度非常缓慢，因此，在处理含铍材料及其化合物时应采取严格的防护措施以避免潜在风险。

世界卫生组织国际癌症研究机构（IARC）2012年公布的致癌物清单中将"铍和铍的化合物"列为1类致癌物。

4. 铍铝性质比较——结构决定性质

在周期表中，铍处于ⅡA族，与ⅢA族中的铝处于对角线位置，它们有着十分相似的性质。例如，酸性介质中铍的还原电极电势为$-1.847\ V$，铝的还原电极电势为$-1.676\ V$，二者标准电极电势相近，都是活泼金属；二者都是亲氧元素，金属表面易形成氧化物保护膜，都能被浓HNO_3钝化；二者均为两性金属，氢氧化物也均呈两性；氧化物BeO和Al_2O_3都具有高熔点、高硬度；$BeCl_2$和$AlCl_3$都是缺电子的共价型化合物，通过桥键形成聚合分子；铍盐、铝盐都易水解，水解显酸性；碳化铍Be_2C像Al_4C_3一样，水解时产生甲烷，如Be_2C和Al_4C_3的水解反应方程式为：

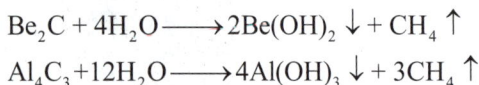

$$Be_2C + 4H_2O \longrightarrow 2Be(OH)_2\downarrow + CH_4\uparrow$$

$$Al_4C_3 + 12H_2O \longrightarrow 4Al(OH)_3\downarrow + 3CH_4\uparrow$$

5. 太空望远镜中的黑科技

詹姆斯·韦伯太空望远镜（James Webb Space Telescope，简称JWST）是人类迄今为止制造的最大、最复杂、最强劲、最具有想象力的太空望远镜，其发射及运行标志着天文学与宇宙学研究进入新纪元。

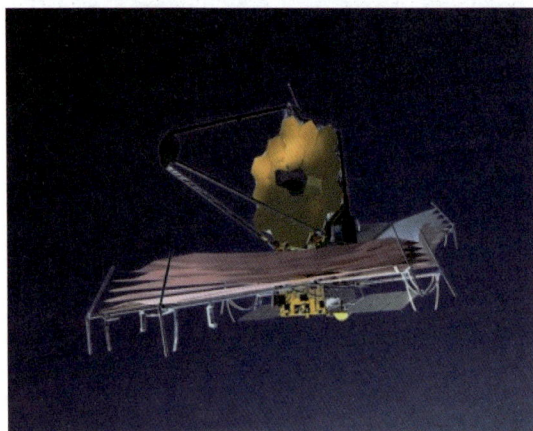

詹姆斯·韦伯太空望远镜
图片源自科普中国网站

2021年12月25日，詹姆斯·韦伯太空望远镜搭乘欧空局阿里安5-ECA火箭成功升空，前往150万千米外的"日-地拉格朗日2点"。

2022年7月11日，在"离家"半年多后，韦伯望远镜为人类寄回了第一张"明信片"——迄今为止最深、最清晰的遥远宇宙红外图像。

太空望远镜在制造、发射及运行过程中，需应对极端的温度变化。其核心组件的工作环境温度逼近绝对零度，对镜面材料有着极高要求，包括高抗弯刚度、优异的热稳定性、高热导率、高反射率、低密度、微小的温度形变以及化学惰性等特性。

金属铍既坚固又轻便，并且有极出色的热性能，受热后的形变小，因此铍可被用来制作太空望远镜的反射镜面，也用在飞机坦克的火控系统及光学引导系统中。

JWST的镜面由18个六边形镜片组成，每个镜片的直径是$1.32\ m$。韦伯望远镜总重约$6.5\ t$，比它的前身哈勃太空望远镜轻了一半，但观测能力却有巨大提升。铍的使用在减轻望远镜重量的同时，还保持了所需的结构强度和刚性，这对于望远镜在发射和在轨运行过程中的稳定性至关重要。在精度方面，最终镜片的制造加工精度需达到$10\ nm$级别，相当于A4纸厚度的万分之一。

让JWST保持低温是另一个挑战。为了看到早期宇宙中的第一批恒星和星系，天文学家必须观测它们发出的红外光，并使用针对这种光而优化的望远镜和仪器。因为热的物体会发出红外光或热量，如果韦伯的镜子与哈勃太空望远镜的温度相同，那么来自遥远星系的微弱红外光就会消失在镜子本身发出的红外光中。因此，JWST需要保持低温（温度约为50 K），镜子作为一个整体必须能够承受极冷的温度并保持其形状。为了让韦伯保持低温，它将被送入远离地球的深空，并且使用遮阳板为镜子和仪器遮挡太阳的热量。

鉴于上述严苛标准，韦伯太空望远镜的镜片主要采用了碱土金属铍作为材料。

6. 优良的中子反射材料与高端奢侈品的结合体

（1）铍中子反射镜

铍-9的原子核里有4个质子和5个中子，铍对于高能中子具有大的散射截面，对中子具有强反射能力。这个特性被用在了氢弹的设计中，当弹头中的钚-239发生内爆时，包裹在其周围的铍层会将绝大多数的中子约束在氘化锂的周围，以促使产生更多的氚，从而使聚变反应更加彻底。在氢弹引爆的过程中，铍内壳充当了中子反射镜。这种反射镜利用铍材料的特定物理特性，能够有效地反射中子，减少中子在传输过程中的损失。

铍中子反射镜的应用范围广泛，包括中子散射实验、材料科学研究、生物医学成像以及核废料检测等领域。在这些应用中，铍中子反射镜不仅提高了中子利用率，还有助于提升实验数据的质量和准确性。

（2）高端铍喇叭

铍喇叭是利用铍材料作为振膜的高音单元，主要应用于高端音响系统，尤其是在Hi-Fi音响和专业音频设备中。它们常用于构建高音单元，以提升音质和音效。

金属铍的密度为钛的2.5倍，铝的1.5倍，而其硬度则分别是钛的3倍和铝的5倍。在质量相同的情况下，铍单元的硬度是钛或铝单元的7倍。此外，声波在铍球顶单元中的传播速率比钛单元快3倍，比铝单元快2.5倍。由于铍的低密度与高弹性模量，铍振膜能够迅速响应声音信号，确保高频响应的清晰与准确。铍的热稳定性使其在高功率输出下仍能维持稳定的性能，防止热变形，从而保障声音的纯净度与可靠性。在机械性能方面，铍展现出极高的抗拉强度和疲劳强度，使得铍喇叭能在长期使用后依然保持声音表现的一致性。

铍材料价格较高，而且铍粉尘对人体具有一定的毒性，因此加工过程需要特殊的安全措施，造成铍喇叭价格偏高。尽管价格高昂和加工难度大，但对于音质有极高要求的用户来说，铍喇叭是提升音响系统性能的重要组件。随着材料科学的进步和加工技术的发展，未来铍喇叭可能会有更多的应用和发展。

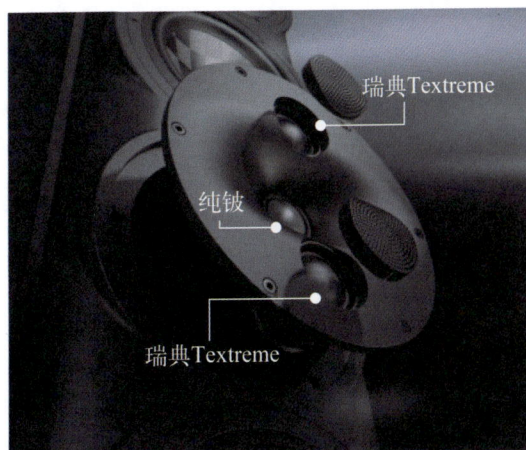

铍高音＋碳纤维音箱
图片源自《家庭影院技术》[4]

7. 中国铍产业技术创新战略联盟

铍材料不仅是航空航天、核工业等关键领域的重要材料，也是推动新材料技术发展、产业技术创新和高质量发展的关键因素。加强铍材料的研究和应用，中国有望在全球制造业中占据更加重要的地位。

2020年10月10日，中国铍产业技术创新战略联盟在银川正式成立，该联盟致力于促进铍产业内的协同创新，旨在提高技术水平和推动高质量发展。中国工程院院士谢建新院士为"中国铍产业技术创新战略联盟"揭牌。谢建新曾说："如果数学、物理、化学老师能将他们讲的内容与科学结合起来，告诉孩子们，自己正在讲述的科学发明的发现对于那个时代来说，有什么意义，我想孩子们会更感兴趣。"

中国铍产业技术创新战略联盟的成立，标志着中国在铍材料领域的产业技术创新和高质量发展迈出了重要一步，联盟的成立有助于整合产学研用各方资源，加强科技创新合作，推动铍产业技术进步和产业高质量发展，符合《中国制造2025》中提出的产业转型升级和创新驱动发展战略。

参考文献

[1] 沙国平，张连英. 化学元素的发现及其命名探源 [M]. 成都：西南交通大学出版社，1996.

[2] 许德美，秦高梧，李峰，等. 国内外铍及含铍材料的研究进展 [J]. 中国有色金属学报，2014，24（05）：1212-1223.

[3] 崔师源，申佳奇，许博. 三个产地海蓝宝石的宝石矿物学特征 [J]. 中国宝玉石，2022，（04）：2-8+14.

[4] PerListen 旗舰书架箱 S5m：当铍高音遇到碳纤维 [J]. 家庭影院技术，2023，（04）：43-47.

科研是非常有魅力的，要让学生在科研中找到乐趣。❶

——潘复生❷

潘复生院士在国际镁科学与技术奖（International Magnesium Science and Technology Award）2023年度奖励大会致辞

图片源自国家镁合金材料工程技术研究中心官方网站

❶ 王欣悦. 让"镁"走进千家万户[N]. 人民日报，2023-01-03（006）.

❷ 潘复生，中国工程院院士，国家镁合金材料工程技术研究中心荣誉主任，国家储能技术产教融合平台首席科学家。

二、镁（Mg）

1.镁元素发现历史与中英文名称由来

1755年，英国的约瑟夫·布莱克（Joseph Black）第一个确认了镁元素。1792年，安东·鲁普雷希特（Anton Rupprecht）加热苦土和木炭的混合物时首次制得不纯净的镁金属。纯净但非常小量的金属镁在1808年由戴维电解氧化镁制得。法国科学家安东尼·亚历山大·布鲁图斯·布西（Antoine Alexander Brutus Bussy）在1831年使用氯化镁和钾反应制取了相当大量的金属镁，之后他开始研究它的特性。1931年，镁元素被命名为Magnesium，元素符号是Mg，Magnesium这个名称源自希腊城市美格尼西亚（Magnesia），因为这个城市附近出产氧化镁。

20世纪30年代初，麦考鲁姆（McCollum）及其同事首次用鼠和狗作为实验动物，系统观察了镁缺乏的反应。1934年，首次发表了少数人在不同疾病的基础上发生镁缺乏的临床报道，证实镁是人体的必需元素[1]。

中国科学家在命名此元素时，因其英文Magnesium首个音节发音为"美"，故用"金"字旁加上"美"字而造出"镁"这个字。其中声旁"美"亦有金属的银白色光泽之美或者镁燃烧产生的耀眼白光之美。下图是镁元素的发现及发展历史时间轴。

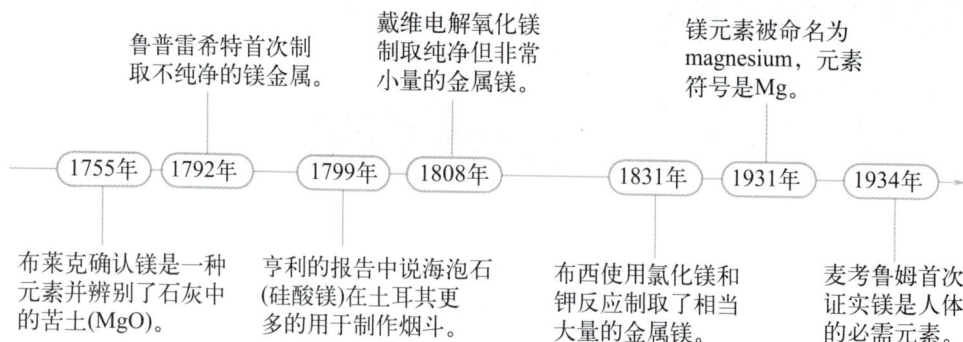

| 1755年 | 1792年 | 1799年 | 1808年 | 1831年 | 1931年 | 1934年 |

- 鲁普雷希特首次制取不纯净的镁金属。
- 戴维电解氧化镁制取纯净但非常小量的金属镁。
- 镁元素被命名为magnesium，元素符号是Mg。
- 布莱克确认镁是一种元素并辨别了石灰中的苦土(MgO)。
- 亨利的报告中说海泡石（硅酸镁）在土耳其更多的用于制作烟斗。
- 布西使用氯化镁和钾反应制取了相当大量的金属镁。
- 麦考鲁姆首次证实镁是人体的必需元素。

镁元素的发现及发展史 ❶

2.镁元素基本性质

镁（Mg）位于第三周期第ⅡA族，为碱土金属元素，基态电子组态为$[Ne]3s^2$。单质镁为银白色金属，有光泽，有延展性。金属镁最大的应用就是制造合金，其质轻、坚硬、表面光洁，是制造汽车、飞机、门窗的理想材料[2]。

---

❶ 图中时间轴主体颜色设计理念采用镁元素发生焰色反应呈现的无色。

3. "镁"丽元素

(1) 生命中的必需元素

镁作为生命必需元素，在人体内以20～30 g的总含量分布于骨骼（60%～70%）、软组织（27%）及细胞外液（<1%），其生理功能贯穿代谢、神经、骨骼及心血管系统。作为300余种酶的辅助因子，镁通过形成Mg-ATP复合物激活糖酵解、三羧酸循环等核心代谢通路，并参与DNA/RNA合成与蛋白质代谢。在骨骼系统中，镁通过调控甲状旁腺激素和维生素D活性促进钙沉积，维持骨密度。在神经系统中，镁与钙、钾协同调节神经肌肉兴奋性，抑制神经元异常放电。镁通过拮抗钙内流、扩张血管平滑肌降低外周阻力，稳定心肌膜电位以预防心律失常，从而降低心脑血管疾病风险。膳食镁（成人推荐300～350 mg/d）通过小肠被动扩散与主动运输吸收（吸收率约30%），其代谢由肾脏精密调控（血镁1.4～2.4 mg/dL）。绿叶蔬菜、坚果及全谷物为镁的优质来源，长期缺乏可致骨质疏松、神经肌肉亢进及代谢紊乱。

(2) 镁与古老的摄影模式

早期照相用的闪光灯是用燃烧镁粉的方法来发光的，所以称为镁光灯，现在已被电子闪光灯取代。最初的镁粉燃烧闪光灯像一个铁铲，并且与成桶的包装好的镁粉一起出售（见右图）。使用时把镁粉撒在金属架里，手持手柄，手柄上有弹簧控制的激发器，像玩具枪一样，预先把激发器拉下来卡住。拍摄时先把相机的镜头盖拿开，开始曝光，这时再高举爆炸发光器，托架的背板向后，拇指拨动激发器，激发器在弹簧的作用下向上弹起，激发托架上面的引信，镁粉燃烧爆炸。由于有金属背板遮挡，光亮大部分射向被摄者，然后再适时地盖上镜头盖，拍摄完毕。事隔一百多年后的今天，我们仍然可以想象当时的场面有多么壮观：奇形怪状的金属托架、笨重的木制相机、头钻到黑布里聚焦、巨大的爆炸声响、烁目的光芒闪亮、烟尘腾空而起……

铁铲形镁粉燃烧闪光灯与桶装镁粉

4.让中国"镁梦"走向世界

我国对镁的研究处于全球领先地位。2021年，潘复生院士团队成功制得全球第一款安时级镁电池电芯，标志着镁电池从理论成为现实[3]；2023年2月，宜安科技宣布全球第一款可降解纯镁骨钉完成了临床试验病例入组；2023年4月，上海汽车会展中心展示了全球第一批镁基固态储运氢车（MH-100T）；2023年6月，由重庆美利信科技股份有限公司、重庆大学国家镁中心、重庆博奥镁铝金属制造有限公司等单位联合开发，在美利信科技8800 T压铸系统上，成功试制出镁合金超大型汽车压铸结构件；2023年12月，中铝郑州轻研合金科技有限公司成功制出规格为2550 mm×120 mm的镁合金大锻板；等[4]。

全球首辆吨级镁基固态储运氢车的公开亮相，标志着中国工程院院士丁文江及其团队在镁合金研究方面取得重大突破。丁文江院士指出，安全高效的氢能储运技术是氢能应用的关键，而中国的镁资源丰富，占全世界镁资源的50%左右，金属镁产量约占世界的90%，这为中国发展氢能产业提供了天然优势。

新型镁合金储氢技术的原理是通过将氢气储存在镁合金材料里进行长距离运输，而非传统的气态形式。具体来说，该技术首先将镁制成气态镁（即镁蒸气），然后快速冷却至固态，同时将氢气填充进去。丁文江院士团队研究出了吨级的固态储氢工程化技术，并以车辆的形式呈现。与传统高压气态长管拖车相比，吨级镁基固态储运氢车的最大储氢量可达1吨，是传统方式的4倍，运输成本仅约三分之一。

吨级镁基固态储运氢车在测试基地测试充放氢性能
图片源自中国工程院官方网站

参考文献

[1] 马凤楼，赵法仿，郭俊生，等. 矿物质，不可少[J]. 科学世界，2008，（01）：12-41.

[2] 周公度，叶宪曾，吴念祖. 化学元素综论[M]. 北京：科学出版社，2012.

[3] 杨骏. "镁电池"技术重庆领先[N]. 重庆日报，2024-04-11（004）.

[4] 中国有色金属工业协会镁业分会. 2023年镁行业大事件[N]. 中国有色金属报，2024-01-16（007）.

人类DNA里的氮元素，牙齿中的钙元素，血液内的铁元素，还有吃掉的苹果派里的碳元素，都是曾经大爆炸时的恒星散落后组成的。所以我们每一个人都是星尘。[1]

——卡尔·萨根[2]

卡尔·萨根（Carl Sagan）
图片源自康奈尔大学卡尔·萨根研究所

[1] The nitrogen in our DNA，the calcium in our teeth，the iron in our blood，the carbon in our apple pies were made in the interiors of collapsing stars. We are made of star stuff. Carl Sagan. Cosmos[M]. Random house，New York，1980.

[2] 卡尔·萨根（Carl Sagan，1934—1996），曾担任康奈尔大学天文学和空间科学大卫·邓肯教授一职，也是行星研究实验室主任，获得过美国国家航空航天局（NASA）颁发的杰出科学成就奖章和杰出公共服务奖章（两次）。由于他在科学、文学、教育和环境保护上的突出贡献，萨根博士获得了普利策奖、奥斯特奖和其他许多奖项。

（美）卡尔·萨根著，虞北冥译. 宇宙[M]. 上海：上海科学技术文献出版社，2022.

第二章
碱土金属元素（ⅡA族）

三、钙（Ca）

1.钙元素发现历史与中英文名称由来

很长一段时间里，化学家们将从含碳酸钙的石灰石焙烧获得的钙的氧化物当作是不可再分割的物质。1789年拉瓦锡发表的元素表中就列有钙。1800年，英国科学家威廉·尼克尔森（William Nicholson，1753—1815）和安东尼·卡莱尔（Anlhony Carlisle，1768—1840）首次利用电流分解了水[1]。1808年，戴维开始对氧化钙进行电解。戴维刚开始选用的方法并不理想，所以无法将金属钙分离出来。直到1808年5月，戴维从约恩斯·雅各布·贝齐里乌斯（Jons Jakob Berzelius，1779—1848）和瑞典皇家医生蓬丁共同电解生石灰和水银的混合物取得钙的实验中获得了启发。他将湿润的生石灰和氧化汞按3∶1的比例混合后，放置在一铂片上，与电池的正极相接，然后又在混合物中作一洼穴，灌入水银，插入一铂丝，与电池的负极相接，得到较大量钙汞合金。钙汞合金经蒸馏得到了银白色的金属钙。钙元素的英文命名Calcium，源于拉丁文"calx"，意为"石灰"[2]。中国科学家在命名此元素时，因其拉丁文calx中首个音节发音为"丐"，且为金属元素，故用"金"字旁加上"丐"字而造出"钙"这个字。下图是钙元素的发现历史时间轴。

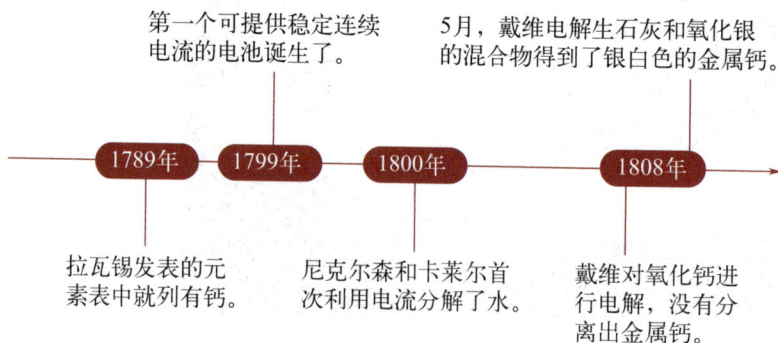

第一个可提供稳定连续电流的电池诞生了。

5月，戴维电解生石灰和氧化银的混合物得到了银白色的金属钙。

| 1789年 | 1799年 | 1800年 | 1808年 |

拉瓦锡发表的元素表中就列有钙。

尼克尔森和卡莱尔首次利用电流分解了水。

戴维对氧化钙进行电解，没有分离出金属钙。

钙元素的发现史❶

2.钙元素基本性质

钙（Ca）位于第四周期第ⅡA族，为碱土金属元素，基态电子组态为[Ar]$4s^2$。钙单质是银白色软金属。金属钙常用作清除剂，从真空管中清除空气，冶金工业中被用作脱硫剂、脱碳剂。钙的性质很活泼，在空气中能很快与氧化合生成氧化钙，与氮化合生成氮化钙，在热水中剧烈反应生成氢氧化钙和氢气。

---

❶ 图中时间轴主体颜色设计理念采用钙元素发生焰色反应呈现的砖红色。

3. "钙果"漫谈

(1) 富含钙元素的欧李

欧李[3]是双子叶植物纲蔷薇科樱属植物，因果实含钙高又称高钙果，是我国特有的水果品种。欧李酸甜可口，风味独特，营养丰富，其中钙和铁的含量在水果中居首位，每100 g果肉中含钙360 mg、铁58 mg。

欧李中的钙以多种形态存在，包括水溶性钙、果胶钙、磷酸钙、草酸钙以及残余的硅酸钙。在这些形态中，果胶钙是构成细胞壁的主要钙形式，而草酸钙和大部分磷酸钙则主要沉淀在液泡内。值得注意的是，果胶钙和水溶性钙属于活性钙，尤其是水溶性钙，它对于钙离子的转移及吸收利用具有重要作用。[5]

欧李
图片源自杨亚蒙学术论文[4]

(2) 科学补钙

钙是维持人体健康不可或缺的矿物质之一，对于骨骼和牙齿的强健、神经传导、肌肉功能以及血液凝固都至关重要。许多人在日常生活中未能充分摄入足够的钙，导致身体出现各种问题。因此，了解如何科学补钙显得尤为重要。

饮食调整是补钙的首要途径。增加富含钙的食物摄入，如牛奶、奶酪、酸奶、绿叶蔬菜（如西兰花、羽衣甘蓝、菠菜）和豆类产品，可以有效提升日常钙的摄入量。此外，坚果和种子（比如杏仁、芝麻）也是优质的钙源。适量食用这些食物，不仅能够补充钙质，还能带来其他营养素的补充，实现营养的均衡。

除了食物来源，适当晒太阳也有助于身体制造维生素D，进而促进钙的吸收。维生素D在钙质吸收过程中扮演着至关重要的角色，其缺乏将导致即便摄入充足钙质，人体亦无法有效利用。因此，每天保证一定时间的户外活动，接受阳光照射，对于提高钙的吸收率至关重要。

对于那些无法通过饮食和日常活动获取足够钙量的个体，考虑使用钙补充剂也是一种选择。在选择钙补充剂时，应注意其含钙量、吸收率以及是否含有辅助吸收的维生素D。同时，遵循医生的建议，不要过量服用，因为过量的钙补充剂可能会引起消化系统问题，长期过量还可能增加心脏病和肾结石的风险。

运动也是促进钙吸收和骨骼健康的有效方式。定期进行负重运动，如走路、跑步、瑜伽和举重，可以刺激骨骼生长，增强骨密度。特别是对儿童和青少年，适量的运动不仅能帮助补钙，还能促进骨骼的正常发育。

避免一些不利于钙吸收和骨骼健康的生活方式同样重要。吸烟和过度饮酒都会干扰身体对钙的吸收和利用，减少这些生活方式可以显著提高补钙的效果。同时，限制过多摄入咖啡因和盐分也有助于保护骨骼健康，因为这两者都可能增加钙的流失。

科学补钙是一个多方面的过程，涉及饮食、生活习惯、运动乃至适当的补充剂使用。通过上述方法的综合运用，可以有效保障身体对钙的需求，促进骨骼健康，从而维护整体的健康状态。

4.古诗《石灰吟》中蕴含的化学变化

《石灰吟》是明代政治家、文学家于谦所撰七言绝句。此诗以物喻志，运用象征手法，表面咏颂石灰，实则借物抒情，寄寓诗人高洁之理想。全诗笔法精炼，一气呵成，语言质朴自然，不事雕琢，感染力甚强；尤以作者积极进取之人生态度与大无畏之凛然正气，启迪人心，激励后人。

石灰吟

于谦（明）

千锤万凿出深山，烈火焚烧若等闲。

粉骨碎身浑不怕，要留清白在人间。

石灰石的主要化学成分是 $CaCO_3$。生石灰化学式为 CaO，是白色无定形固体，由石灰石煅烧而成。《石灰吟》中蕴含的化学反应方程式为：

$$CaCO_3 \longrightarrow CaO + CO_2 \uparrow$$

生石灰遇水碎裂，并放出大量的热，成为熟石灰 $Ca(OH)_2$。熟石灰是一种重要的建筑材料，它与黏土、砂子调成砂浆，用于堆砌砖石，因为熟石灰在脱水固化过程中可与空气中的 CO_2 反应生成坚固的 $CaCO_3$。

5.石膏——中国古代应用广泛的含钙物质

石膏属于单斜晶系矿物，其主要成分为硫酸钙（$CaSO_4$）的水合物。作为一种多功能的工业与建筑材料，石膏广泛应用于水泥缓凝、建筑、模型制作、硫酸生产、纸张填料及油漆填料等领域。石膏及其制品因其独特的微孔结构和加热脱水特性，展现出卓越的隔音、隔热和防火性能。

天然二水石膏 $CaSO_4 \cdot 2H_2O$ 又称为生石膏，经过煅烧、磨细可得 β 型半水石膏 $CaSO_4 \cdot 0.5H_2O$，即建筑石膏（又称熟石膏、灰泥）。若煅烧温度为 190 ℃ 可得模型石膏，其细度和白度均比建筑石膏高。若将生石膏在 400～500 ℃ 或高于 800 ℃ 下煅烧，即得地板石膏，其凝结、硬化较慢，但硬化后强度、耐磨性和耐水性均较普通建筑石膏为好。

石膏可以入药，生用具有清热泻火、除烦止渴之功

石膏

图片源自吉林大学《无机化学》（第四版）数字课程资源

效；煅用具有敛疮生肌、收湿、止血之功效。

据明朝李时珍《本草纲目》第九卷记载"石膏"亦称细理石，又名"寒水石"，主治中风寒热，有解肌发汗，除口干舌焦、头痛牙疼等功能，乃祛瘟解热之良药。在中国古代，人们也用天然石膏制成枕头。唐代薛逢即有《石膏枕》诗，描述了石膏枕的形貌、性质和用途。石膏性大寒，用石膏磨制而成的石膏枕，以寒克热能自然调节脑神经和人脑正常温度，使脑血管正常工作，可有效地控制血压升高。[6]

石膏枕

薛逢（唐）

表里通明不假雕，冷于春雪白于瑶。

朝来送在凉床上，只怕风吹日炙销。

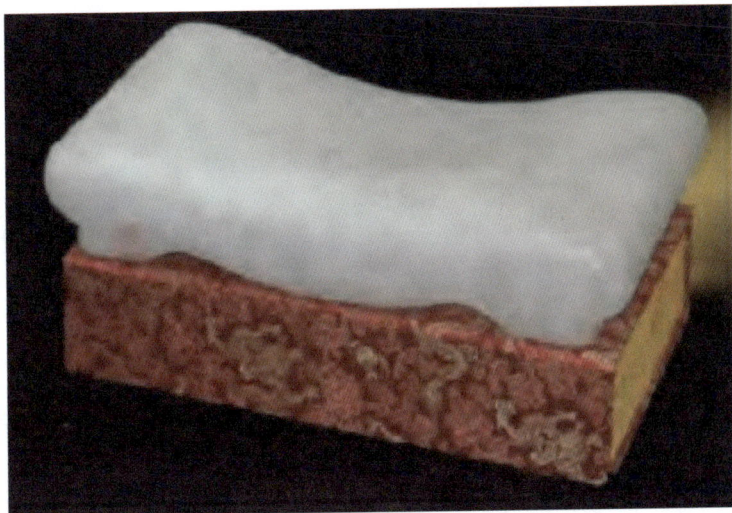

石膏枕头
图片源自杨天成学术论文[7]

6. 焰色反应

焰色反应，亦称焰色测试或焰色试验，是某些金属及其化合物在无色火焰中吸收能量，电子跃迁至高能态，返回基态时释放特定波长的光，呈现特征颜色的现象。不同金属元素因能级差异发射不同颜色的光，如钠发黄色光、钾发紫色光（需钴玻璃滤光）、锂发洋红色光、钡发黄绿色光。通常，样本以粉末或小块形式存在。

焰色反应属于物理变化范畴，不涉及新物质的生成，是物质原子内部电子能级的变化，即原子中电子能量状态的改变，并不改变物质的结构和化学性质。在化学分析中，该技术常用于检测化合物中是否含有特定金属。此外，焰色反应也被应用于烟花制造中，通过有意识地添加特定金属元素，以增强焰火的色彩效果。节日焰火中那绚丽的砖红色就来自于钙元素。

下图是常见化学元素的焰色反应呈现颜色及对应色卡，按照颜色变化分别呈现。第一行左至右 Cs 至 Pb，焰色反应由紫色渐变为绿色；第二行右至左 Tl 至 Sr 焰色反应由绿色渐变为红色。需要注意的是金属镁和三价铁焰色反应为无色。

元素符号	Cs	Li	K	Rb	In	Cu(Ⅰ)	Cu(Ⅱ)	Zn	Cu(Ⅱ)	Pb
元素名称	铯	锂	钾	铷	铟	铜（没卤素）	铜(Ⅱ)（有卤素）	锌	铜(Ⅱ)（没卤素）	铅
焰色	紫红	紫红	浅紫	紫	蓝	浅蓝	蓝绿	蓝绿	祖母绿	绿

元素符号	Fe(Ⅲ)	Mg	Sr	Ca	Na	Ba	Mo	Mn(Ⅱ)	Sb	Tl
元素名称	铁(Ⅲ)	镁	锶	钙	钠	钡	钼	锰	锑	铊
焰色	无色	无色	洋红	砖红	黄	黄绿	黄绿	黄绿	浅绿	绿

常见化学元素的焰色反应呈现颜色及对应色卡

参考文献

[1] 尚瑞雨，袁振东. 从简单土质物质到现代化学元素：钙元素的发现及其概念的发展[J]. 化学教育（中英文），2023，44（11）：123-127.

[2] 沙国平，张连英. 化学元素的发现及其命名探源[M]. 成都：西南交通大学出版社，1996.

[3] 高伟强. 推介五个果树种植项目[J]. 农村新技术，2023，（02）：53-54.

[4] 杨亚蒙，韦静波，郭红娜，等. 欧李新品种洛欧1号的选育[J]. 中国果树，2024，（08）：152-153.

[5] 马建军，张立彬，杜彬，等. 欧李果实采后不同形态钙的质量分数及组成变化[J]. 浙江农林大学学报，2012，29（03）：401-406.

[6] 冯琳. 神奇的魔法师——石膏[J]. 大众科学，2021，（07）：42-43.

[7] 杨天成，杨炀，屈春花，等. 梦游矿物中药王国[J]. 大学化学，2024，39（09）：94-101.

霜中影，迷离见。梦留痕，
石一片❶。

——谭嗣同❷

谭嗣同

❶ 出自：[清]谭嗣同撰，何执编. 谭嗣同集[M]. 长沙：岳
麓书社，2012.
❷ 谭嗣同，字复生，号壮飞，湖南浏阳人。1898年被光绪
任命为军机章京，推行新政。政变发生后，放弃逃生机
会，慷慨就义。

四、锶（Sr）

1.锶元素发现历史与中英文名称由来

1787年，在苏格兰斯特朗丁（Strontian）附近的铅矿里发现了一种新矿物，将其称为strontianite。1790年，苏格兰的内科医生克劳福德（Crawford）全面研究了这种矿物并得出如下结论：用盐酸和这种矿物作用时，得到的盐和氯化钡不同，它较易溶于水，晶体有不同的形状。他断定这种矿物中含有一种以前不知道的土（氧化物）。1791年末，苏格兰化学家荷普（Hope）参与了这种矿物的研究，证明这种新土不是钙土和钡土的混合物。拉瓦锡提出这种新土具有金属性，但是直到1808年戴维才成功地证明了这一点。戴维提出电解制备金属锶的方法不能得到足够纯的产品。1924年，丹纳（Danner）用金属铝或镁还原锶的氧化物才得到纯锶。锶元素以其发现地命名为Strontium。中国科学家在命名此元素时，因其首音节发音为"思"，故用"金"字旁加上"思"来表示它。锶在《康熙字典》中音蚣（sōng），表示铁器。

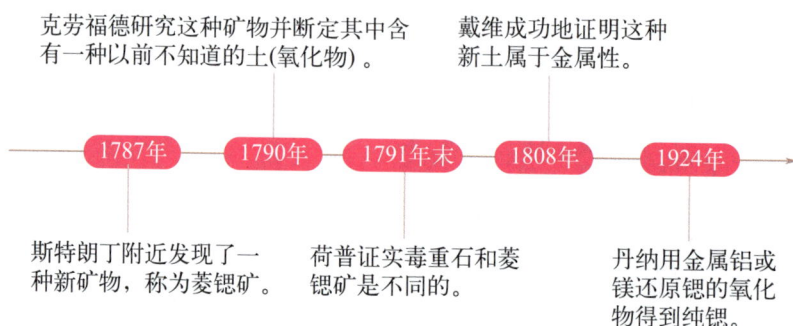

克劳福德研究这种矿物并断定其中含有一种以前不知道的土(氧化物)。

戴维成功地证明这种新土属于金属性。

| 1787年 | 1790年 | 1791年末 | 1808年 | 1924年 |

斯特朗丁附近发现了一种新矿物，称为菱锶矿。

荷普证实毒重石和菱锶矿是不同的。

丹纳用金属铝或镁还原锶的氧化物得到纯锶。

锶元素的发现史 ❶

2.锶元素基本性质

锶（Sr）位于第五周期第ⅡA族，为碱土金属元素，基态电子组态为$[Kr]5s^2$。锶单质是一种银白色蜡状金属，在自然界中以化合物形式存在。锶是维持生命活动的必需微量元素。锶盐$[Sr(NO_3)_2$或$SrCO_3]$在火焰中能发出鲜艳的红光，是制作信号弹、焰火的原料。$SrTiO_3$是一种人造宝石，其硬度虽比天然钻石小，但因具有较高的色散能力，用它做成的饰品光灿夺目。铁酸锶$[SrO(Fe_2O_3)]$是永久性陶瓷磁体，具有高矫顽力，耐高温和耐腐蚀，可用于马达的电刷上。氟化锶有杀菌作用，用作牙膏的配料，又能补充人体所需的氟。[1]

---

❶ 图中时间轴主体颜色设计理念采用锶元素发生焰色反应呈现的洋红色。

3.天青"锶"等烟雨，菊花石在等你

（1）富锶矿天青石

锶是碱土金属中丰度第二小的元素，在自然界以化合态存在，主要的矿石有天青石（$SrSO_4$），菱锶矿（$SrCO_3$）。

（2）偏爱菊花石的谭嗣同

菊花石的主要成分是天青石，是一种独特的岩石类型，其特征在于黑色基底上镶嵌有类似白色菊花花瓣的纹理。这些"花朵"通常呈现乳白色，具有清晰的纹理，大小不一且错落有致[2]。

天青石
图片源自吉林大学《无机化学》（第四版）数字课程资源

菊花石"硕菊" ❶
图片源自张超学术论文[2]

锶作为菊花石的核心元素，主要通过海相盐沉积或热液活动在岩石裂隙中富集。在高温高压环境下，锶矿物以细小颗粒分散于岩石中，由于表面能较高而处于不稳定状态。根据热力学规律，这些颗粒通过"溶解-扩散-再结晶"的方式向稳定的大颗粒（如燧石构成的"花蕊"）聚集，形成凝聚中心以降低系统能量。锶与钙的化学相似性使其易于通过类质同象替换参与矿物晶格重组，而富锶流体的持续补给为结晶提供了物质基础。

在结晶过程中，锶矿物从凝聚中心向外生长时存在各向异性，某些晶面因原子排列优势或流体扩散通道差异而优先发育，形成初始凸起。这些凸起部位因更易捕获周围溶解的锶离子（类似树木顶端获取更多光照），通过正反馈效应加速生长，最终形成放射状排列的柱状或片状晶体群。菊花石的形成与锶元素密切相关。[3]

谭嗣同的故乡湖南浏阳盛产菊花石，谭嗣同对菊花石很是偏爱，因此将其书房命名

---

❶ 产自湖南省浏阳市，其特点是岩石基底与花瓣色质对比鲜明，白色花瓣硕大无比，现藏于山西地质博物馆。

为"石菊影庐"。石菊影庐见证了谭嗣同思想的成熟和学术成就的取得，谭嗣同在石菊影庐中创作了许多著作，其中最著名的是《石菊影庐笔识》。在《石菊影庐笔识》中，谭嗣同赞美菊花石"温而缜，野而文"，这也正是他对自己学术品格的期许。谭嗣同为菊花石砚所作砚铭《菊花石瘦梦砚铭》中曾书："霜中影，迷离见。梦留痕，石一片❶"。这几句砚铭反映出谭嗣同内心深处一种细腻、深沉而又略带惆怅的情感，借菊花石营造出一种空灵、悠远的意境。

4. 锶-90和锶-87m❷：小差别，大不同

锶-90和锶-87m，同是锶的同位素，两者之间仅有3个中子的差别，但其性质及应用却有巨大差别。

锶-90作为β射线的放射源，对人体有明显危害，其半衰期长达25年。在核试验过程中，该同位素由铀产生，并以粉尘形式存在，一旦被人体吸入，会对健康造成长期影响。

锶-87m可释放γ射线，其半衰期仅为2.8 h，且能迅速从人体排出，人体所承受的辐射剂量相对较小，因此在医学领域展现出应用价值。将锶-87m引入患者体内，待其被骨骼吸收后，利用辐射检测器可以精确测定其在人体骨骼中的位置，进而识别出潜在的异常情况。

5. 锶与人体健康

作为人体必需的微量元素，锶通过多重生物机制参与健康调控。其核心作用首先体现在骨骼系统中，锶元素化学性质及电荷分布与钙高度相似，可选择性替代羟基磷灰石中的钙原子，形成结构更致密的锶掺杂矿化物。这种晶体结构的改变不仅可降低牙本质小管通透性以缓解敏感症状，同时可增加骨基质密度，为改善骨质疏松提供物理基础。

此外，锶在肠道吸收过程中与钠离子形成竞争性拮抗，可降低钠离子吸收效率，这一机制直接关联心血管疾病风险的下降。最新研究还提示，锶可能通过调节脂蛋白代谢关键酶活性，干预低密度脂蛋白氧化过程，从而在动脉粥样硬化预防中发挥潜在作用。[4]

我国富锶产品种类相对有限。在无核泄漏及核工业废物排放的情境下，锶对人体不构成危害。国内人群不存在摄入超量锶的风险，多数情况下，锶的摄入量可能远低于实际所需。

6. 时间定义的继任者——锶原子光钟

（1）锶原子"光钟"与铯原子"喷泉钟"

时间单位秒作为国际单位制中测量精度最高的基本单位，在科学研究和工程技术领域扮演着至关重要的角色。当前，用于复现秒定义的计量装置主要是铯原子喷泉钟，其系

---

❶ 其注曰：砚制极小，厚才分许，任石形之天然，无取雕琢，觚棱宛转，不可名以方圆，色泽黯淡，有凋敝可怜之意，残菊一，大如指，名之曰："瘦梦"。

❷ 在核物理学中，同位素的命名中带有"m"通常表示该同位素处于激发态（metastable state）。具体到锶-87m，这里的"m"表示锶-87处于激发态，它比稳定的基态具有更高的能量。这种激发态的同位素并不稳定，会通过释放能量（通常是γ射线）向低能级或基态跃迁，这个过程称为衰变。

统不确定度最高为 4.3×10^{-16}（E-16 量级），已逐渐难以满足高精尖科学研究需求。相比之下，基于中性原子的光晶格钟技术取得了显著进展，稳定度已进入 E-19 量级，系统不确定度则达到 E-18 量级。[5]

我国科研团队设计的锶原子（^{87}Sr 中性原子）光钟系统不确定度为 4×10^{-18}（相当于 72 亿年仅偏差 1 秒），是目前综合指标最优的光钟之一。[6]

在所有光钟的标准频率推荐值里，锶原子光钟性能尤为突出，其绝对频率推荐值的不确定度是最小的，而且也是测量复现性最好的。因此，锶原子光钟是修改国际秒定义的重要候选者之一。国际计量机构已制定出针对 2017 年国际秒定义变更的详细路线图，并计划在 2028 年前完成使用光钟技术对国际秒定义的重新定义工作。

(2)"钟"匠中的大国工匠

在举世闻名的西安市临潼区秦始皇兵马俑所在地，地铁从西安主城区驶来后在华清池站折向北行的一部分原因是要避开东侧约两公里外的中国科学院国家授时中心，以免有可能影响从这里产生并保持的中国的国家标准时间——北京时间。

张首刚现任中科院国家授时中心首席科学家、中心主任，在他的领导下，团队实现了我国标准时间与国际标准的偏差从 100 ns 减小到 5 ns 内，使得我国标准时间的整体性能位居世界前列。

张首刚在法国巴黎天文台学习期间，参与了世界上第一台铯原子喷泉钟的改造。回国后，他来到国家授时中心，主持原子钟研发与标准时间研究。尽管当时条件艰苦，但他从零开始，搭建平台、招募人才，最终建立了拥有近百名中青年科研人员的量子频标研究室，并发展成为中科院重点实验室。

张首刚表示，造钟是值得一生为之付出的事业，因为这是国家的战略需求；造钟也是一生干不完的事业，因为各行各业的发展进步对原子钟性能，包括使用便捷度的要求无止境[7]。下图为张首刚在锶原子空间光钟实验室工作。

张首刚在锶原子空间光钟实验室工作

图片源自新华社 张博文 摄

参考文献

[1] 周公度，叶宪曾，吴念祖. 化学元素综论 [M]. 北京：科学出版社，2012.

[2] 张超，郝彧. 石之菊 [J]. 自然资源科普与文化，2023，（01）：36-41.

[3] 李文君，段中满，刘德镒. 会"开花"的石头 会找矿的"花朵" [J]. 国土资源导刊，2009，6（03）：87-89.

[4] 位秀丽，张秀琴，周毅德. 锶与人体健康关系 [J]. 微量元素与健康研究，2020，37（05）：70-72.

[5] 王叶兵. 锶原子光钟的研制和评估 [D]. 中国科学院大学（中国科学院国家授时中心），2019.

[6] 崔兴毅. 把时间精确到72亿年仅偏差1秒 [N]. 光明日报，2024-01-29（008）.

[7] 造钟是值得一生为之付出的事业——记中国科学院国家授时中心主任、首席科学家张首刚和他的团队 [J]. 中国产经，2022，（05）：62-69.

Ba

人们常说起有一种博洛尼亚石，说是把它置于阳光之下，它便吸收阳光，到了夜间它就会发一会儿光。❶

——歌德❷

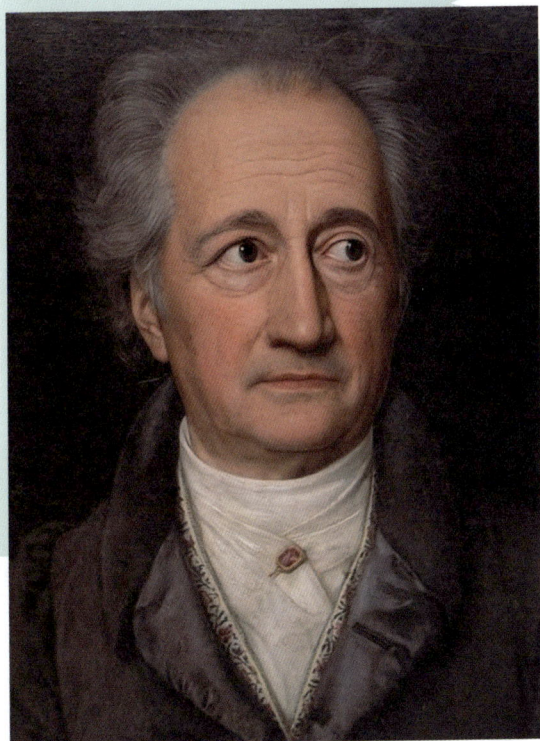

歌德肖像
图片源自方振宁学术论文❸

---

❶ 歌德著. 少年维特的烦恼[M]. 陈慧译. 成都：四川文艺出版社，2016.

❷ 歌德（1749—1832）出生于德国的法兰克福市，家境富裕，从小受文学熏陶，是18世纪中叶至19世纪初德国

和欧洲最重要的剧作家、诗人、思想家。

❸ 方振宁. 具有艺术性和建筑性的植物结构——卡尔·布洛斯菲尔德的《大自然的奇迹》一书的启示[J]. 建筑师，2023，（03）：105-112.

五、钡（Ba）

1.钡元素发现历史与中英文名称由来

　　钡元素的发现归功于几位科学家的共同贡献。最初在1602年，意大利博洛尼亚的一位制鞋工人文森佐·卡西奥劳罗（Vincenzo Casciorolus）注意到含硫酸钡的重晶石在黑暗中可以发光，这一现象在当时引起了学者们的兴趣。之后，瑞典化学家卡尔·威尔海姆·舍勒（Carl Wilhelm Scheele）在1774年发现了氧化钡，称之为"baryta"（重土），并在1776年通过加热这一新土的硝酸盐，获得了纯净的氧化物。1779年，舍勒首次证明从重晶石所得的氧化物是与石灰不同的物质，他将重晶石、木炭粉和蜂蜜三者调成糊状，然后加热使硫酸盐还原成硫化物，将所得硫化物溶于盐酸中，加入过量碳酸钾，即产生沉淀。该沉淀物不同于碳酸钙，密度大，因此确定重晶石中含有一新元素。最终，英国化学家戴维在1808年通过电解氧化钡（BaO）和氧化汞（HgO）熔融盐的混合物制得钡汞齐，经过蒸馏去汞后，得到了金属钡[1]。钡的英文名称源自希腊文barys，意为"重的"[2]，这是基于钡和它的矿物具有较大的密度这一主要特征，故钡以"Barium"命名，元素符号是Ba。中国科学家在命名此元素时，因其希腊文barys中首个音节发音为"贝"，故用"金"字旁加上"贝"而造出"钡"这个字。下图是钡元素的发现历史时间轴。

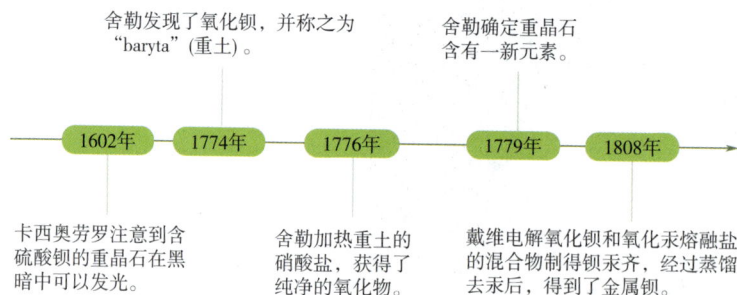

钡元素的发现史 ❶

2.钡元素基本性质

　　钡（Ba）位于第六周期第ⅡA族，为碱土金属元素，基态电子组态为$[Xe]6s^2$。钡单质是银白色金属，稍具金属光泽和延展性，在自然界储量丰富，分布广泛，主要以重晶石（硫酸钡）和毒重石（碳酸钡）形式存在[3]。金属钡主要用作电子管、显像管中的消气剂，以及轴承合金的成分。

　　钡在空气中缓慢氧化，生成氧化钡，氧化钡为无色立方晶体。钡燃烧时发出绿色火焰，生成过氧化钡。钡的化合物可用于产生烟火中的绿色（即焰色反应）。

---

❶　图中时间轴主体颜色设计理念采用钡元素发生焰色反应呈现的黄绿色。

$$2Ba + O_2 \xrightarrow{\hspace{1cm}} 2BaO \quad （氧化）$$
$$2BaO + O_2 \xrightarrow{\hspace{1cm}} 2BaO_2 \quad （燃烧）$$

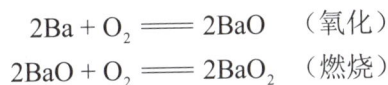

3. 重要钡化合物与人类生产生活

(1) 有毒可溶性钡化合物和无毒医用钡餐

氯化钡与硝酸钡易溶于水，经口摄入后毒性较大。氢氧化钡可溶于大量的热水中，但溶液冷却后即结晶为 $Ba(OH)_2 \cdot 8H_2O$。碳酸钡难溶于水（其25℃时的 K_{sp} 为 8×10^{-9}）。经口摄入的碳酸钡和氢氧化钡，会在胃酸作用下转化为可溶性的 $BaCl_2$。硫化钡易溶于水，其毒性也较大[4]。

钡对人类来说不是必需元素而是有毒元素，食入可溶性钡化合物会引起钡中毒。那么，大家经常听到的医院消化功能检查中的钡餐是否有毒呢？钡餐造影，亦称为消化道钡剂造影，是一种利用硫酸钡作为造影剂，在X射线透视下观察消化道是否存在病变的检查手段。钡餐为药用硫酸钡悬浊液，由于硫酸钡不溶于水（K_{sp} 为 1.1×10^{-10}）及脂质、不和胃酸反应的特性，不会被胃肠道黏膜吸收，因此对人体基本无害。

(2) 重晶石及其矿产资源

重晶石[5]是以硫酸钡（$BaSO_4$）为主要成分的非金属矿产品（化学成分：BaO 65.7%，SO_3 34.3%。成分中有 Sr、Pb 和 Ca 类质同象替代），纯重晶石显白色、有光泽，由于杂质及混入物的影响也常呈灰色、浅红色、浅黄色等，结晶情况非常好的重晶石还可以透明晶体出现。

白色的纯重晶石晶体
图片源自布鲁斯·凯恩克劳斯学术论文[6]

混入杂质的浅黄色重晶石晶体
图片源自中国地质博物馆官方网站

重晶石广泛用作石油、天然气钻探泥浆的加重剂，在钡化工、填料等领域的消耗逐年增长。中国的重晶石资源相当丰富，分布于全国21个省（区），总保有储量矿石达到3.6亿吨，位居世界首位。中国重晶石资源不仅储量大，而且品位高，中国在重晶石资源方面的优势地位明显。

贵州拥有丰富的重晶石矿资源，约占全国总储量的60%，是中国第二大重晶石生产基地，这些资源主要分布在天柱、麻江、黄平、凯里和施秉五个市县。特别值得一提的是，天柱县大河边重晶石矿区被认定为特大型矿床，已探明D级储量超过1亿吨；麻江县内探明D级储量为1600万吨；黄平、凯里及施秉三地合计探明D级储量约为1000万吨左右。[7]

（3）钛酸钡的应用

钛酸钡（$BaTiO_3$）作为一种半导体材料，其禁带宽度（3.3 eV）与TiO_2（3.2 eV）相近，具备光催化分解水的能力和良好的化学稳定性，因此在光催化领域展现出潜力。在机电转换领域，钛酸钡的压电性能被用于能量收集装置。基于$BaTiO_3$纳米材料的柔性能量收集器，最大输出达60 V和1.1 μA。钛酸钡不仅作为光催化剂在污染物降解中发挥作用，其铁电与压电特性还被用于开发高效催化机制和新型能量收集器件，体现了多学科交叉的应用潜力。[8]

4.始于战国时期的中国紫、中国蓝和中国深蓝

（1）传统无机颜料

无机颜料是由金属氧化物、硫化物、硅酸盐等无机化合物形成的着色材料，具有耐光、耐热、耐酸碱，不易与介质发生反应（如朱砂、赭石）的高化学稳定性。因晶体结构致密（如石青、石绿），具有不易褪色、色彩持久等特性。

唐卡是藏传佛教传统绘画艺术，其颜料多取自天然矿物，通过精细加工制成。例如朱砂（HgS，红色颜料），因其鲜艳且稳定，可用于描绘佛像服饰。石青，即蓝铜矿，化学式$2CuCO_3·Cu(OH)_2$；石绿，即孔雀石，化学式$CuCO_3·Cu(OH)_2$。二者分别呈现深蓝和翠绿色，用于背景和装饰。这些颜料需经研磨、淘洗、分层提取，工艺复杂，体现了古代工匠对材料性质的深刻理解。

（2）中国古代人造硅酸铜钡颜料

硅酸铜钡颜料是中国古代人工制备的一类无机颜料，是古代先民的智慧结晶，也是历史发展的阶段性产物。目前发现的中国古代硅酸铜钡颜料包括三种：中国紫（$BaCuSi_2O_6$）、中国蓝（$BaCuSi_4O_{10}$）和中国深蓝（$BaCu_2Si_2O_7$），这三种颜料在战国晚期至东汉晚期的中国大量使用。

科研人员通过现代方法模拟制备了中国紫、中国蓝和中国深蓝矿物颜料。三种硅酸铜钡颜料的合成是在900 ℃至1100 ℃的温度范围内在空气气氛中进行的，为无机固相反应。制备高纯度的中国紫和中国深蓝颜料具有挑战性，常伴随原料、中间产物或其他反应产物的混杂。相比之下，制备纯净的中国蓝颜料可行性较高，这与古代颜料样品的分析结果相符，进一步证实了中国蓝在化学上具有较高的稳定性。

在模拟制备过程中，烧制温度的微小变化可能导致无法获得预期的硅酸铜钡颜料。

因此，温度控制在硅酸铜钡颜料的制备中至关重要。除了温度控制之外，原料的纯度和配比也是影响最终产物质量的重要因素。原料中的杂质可能会干扰化学反应的正常进行，导致产物中出现不希望的相或降低其性能。因此，需使用高纯度的原料并精确控制各组分的比例。在整个制备流程中，反应时间不足可能导致反应不完全，而反应时间过长则可能引起过度烧结或不必要的副反应，这些都会对硅酸铜钡颜料的性能产生负面影响。通过优化反应时间，可以在保证充分反应的同时避免不必要的能量消耗和材料浪费。[9]

5. 会发光的博洛尼亚石

博洛尼亚石是历史上著名的一种发光材料。这种石头（重晶石）在没有外部激发源的情况下也能在黑暗中发光，这引起了欧洲化学家的研究兴趣。这种银白色的石料在意大利博洛尼亚附近的帕代诺山被发现。最初，人们以为它可能是传说中的点金石，能够将贱金属变为黄金，但后来确认它实际上是硫酸钡，一种重晶石矿物。博洛尼亚石的超长磷光后来被证实主要来自杂质掺杂，是由于激发能的存储和三重态引起的发光的缓慢释放。

在《少年维特的烦恼》中，博洛尼亚石被提及作为一个象征性的物品。歌德对博洛尼亚石的描述是："人们常说起有一种博洛尼亚石，说是把它置于阳光之下，它便吸收阳光，到了夜间它就会发一会儿光。"维特在书中发现了这种石头，并对其产生了兴趣，因为它在白天吸收阳光后，能够在夜晚发出光芒。这个特性使得维特将其视为希望和梦想的象征，他希望自己能够像博洛尼亚石一样，即使在黑暗中也能发光，保持希望和乐观。

参考文献

[1] 沙国平，张连英. 化学元素的发现及其命名探源 [M]. 成都：西南交通大学出版社，1996.

[2] 高胜利，杨奇. 化学元素新论 [M]. 北京：科学出版社，2019.

[3] 王江贤，赵爽，袁兴程. 钡元素的发现及其概念的发展 [J]. 化学教育（中英文），2025，46（04）：126-129.

[4] 袁诗璞. 第九讲——钡与砷 [J]. 电镀与涂饰，2011，30（10）：57-60.

[5] 重晶石 [J]. 城市地质，2023，18（04）：39.

[6] 布鲁斯·凯恩克劳斯，尼古拉斯·贝克斯，托马斯·摩尔，等. 恩奇瓦宁矿场南非北开普省卡拉哈里锰矿区上篇 [J]. 宝藏，2022，（10）：42-71.

[7] 李占远. 我国重晶石资源分布与开发前景 [J]. 中国非金属矿工业导刊，2004，（05）：86-88.

[8] 刘念奇. 钛酸钡基复合材料性能及其应用研究 [D]. 天津城建大学，2018.

[9] 张治国，马清林，梅建军，等. 中国古代人造硅酸铜钡颜料模拟制备研究 [J]. 中国国家博物馆馆刊，2012，（02）：128-140.

自 X 线之研究，而得钼线；由钼线之研究，而生电子说。由是而关于物质之观念，候一震动，生大变象[1]。

——鲁迅[2]

1933 年鲁迅像

❶ 出自鲁迅《说铂》篇，其中"铂"即"镭"。
鲁迅.《鲁迅全集（第七卷）》集外集、集外集拾遗 [M].
北京：人民文学出版社，2005.
❷ 鲁迅（1881 年 9 月 25 日—1936 年 10 月 19 日），原名周樟寿，后改名周树人，字豫山，后改字豫才，浙江绍兴人。中国著名文学家、思想家、革命家、教育家、美术家、书法家、民主战士，新文化运动的重要参与者，中国现代文学的奠基人之一。

六、镭（Ra）

1. 镭元素发现历史与中英文名称由来

1871年，门捷列夫曾预言镭的存在。1898年，居里夫妇与贝蒙特（Bemont）向法国科学院提交的报告"关于沥青铀矿中含的一种新的强放射性物质"中宣布发现了一种新放射性元素，这种新的元素被命名为镭，1898年12月26日为镭的诞生日。1902年3月28日，玛丽·居里（Marie Curie）报道镭的原子量是225.9（与当今的数值226.02极为接近）。1910年，玛丽·居里和她的同事德比尔纳（Debierne）将含有0.106 g氯化镭的溶液电解，金属镭在汞阴极上析出，生成汞齐。将汞齐放入铁制容器中，并在氢气流中除去汞。最后，在容器底部闪烁着一些银白色的金属颗粒。经过不懈的努力，居里夫人终于制得了金属镭。次年，居里夫人获诺贝尔化学奖以表彰她发现钋和镭，分离出镭并研究其性质。

镭的显著特征是它放出一种被称为镭射气的放射性气体（即氡Radon），镭被命名为"Radium"，是根据拉丁文radius而来的，即"放射""射线"的意思[1]，元素符号为Ra。中国科学家在命名此元素时，因"镭"元素为金属元素，取其拉丁文radius中首个音节发音"雷"，故用"金"字旁加上"雷"字而造出"镭"这个字。下图是镭元素的发现历史时间轴。

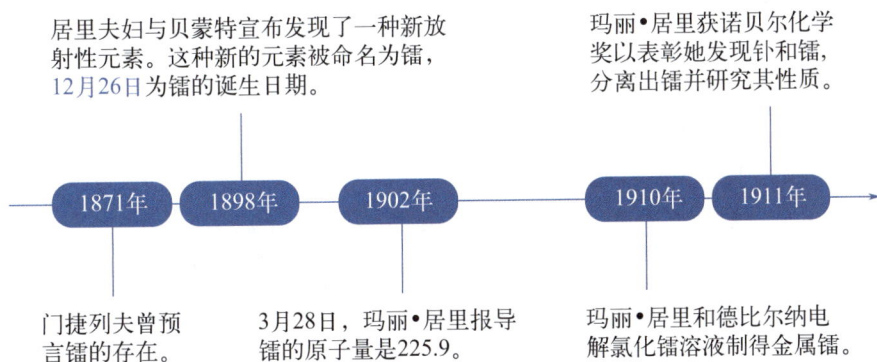

居里夫妇与贝蒙特宣布发现了一种新放射性元素。这种新的元素被命名为镭，12月26日为镭的诞生日期。

玛丽·居里获诺贝尔化学奖以表彰她发现钋和镭，分离出镭并研究其性质。

| 1871年 | 1898年 | 1902年 | 1910年 | 1911年 |

门捷列夫曾预言镭的存在。

3月28日，玛丽·居里报导镭的原子量是225.9。

玛丽·居里和德比尔纳电解氯化镭溶液制得金属镭。

镭元素的发现历史

2. 镭元素基本性质

镭（Ra）位于第七周期第ⅡA族，为碱土金属元素，基态电子组态为[Rn]$7s^2$。镭化学性质活泼，类似于钙和钡。其与水接触时剧烈反应产生$Ra(OH)_2$和H_2。镭是碱土金属中密度最大的成员，导电性能优异，新鲜断面呈现金属光泽，但易与空气中的氮气反应生成氮化镭（Ra_3N_2）。作为前核工业时代最具标志性的放射性元素，镭在1975年前全球总产量仅4公斤，其中医疗领域癌症治疗消耗量占比达85%，充分体现了其在当时科学技术体系中的核心地位与稀缺性。

3.说鈤——文学家的自然科学作品

伟大的革命家、思想家、文学家鲁迅是非常重视自然科学的。关于自然科学，他有许多卓越的见解。他在早期还专门写过几篇自然科学的重要文章，《说鈤[rì]》就是其中的一篇。《说鈤》中有云："自 X 线之研究，而得鈤线；由鈤线之研究，而生电子说。由是而关于物质之观念，倏一震动，生大变象。"[2]翻译为现代汉语即："通过对 X 射线的研究，发现了鈤线；通过鈤线的研究，产生了电子理论。由此，关于物质的观念突然发生了震动，产生了巨大的变化。"鲁迅的《说鈤》，是我国最早介绍居里夫人发现镭的经过的文章。《说鈤》写于 1903 年，并于同年 10 月发表于当时的革命杂志《浙江潮》。鲁迅发表《说鈤》，和居里夫妇发现镭仅距五年时间，而和从沥青矿中提纯镭并初步测定其原子量为 225，时间仅距一年。鲁迅把这一新发现的元素，译为"鈤"，意思是说像太阳一样自动发光、发热，含有巨大的能量。

《浙江潮》杂志封面
图片源自浙江新闻网站

4.中国镭学创始人

郑大章博士是中国镭学研究的创始人之一，为安徽合肥东乡撮镇人（现属肥东县）。

1920 年，郑大章自北师大附中毕业后，随即赴法国勤工俭学，并在巴黎大学深造。完成巴黎大学的学士学位后，郑大章进入镭学研究所居里夫人研究室，专攻放射化学。他的导师是两度荣获诺贝尔奖的世界著名物理学家与化学家居里夫人。在居里夫人的指导下，郑大章更加勤奋精进，于 1933 年 12 月通过由居里夫人亲自主持的论文答辩，荣获法国国家物理化学博士学位。

1934 年，郑大章学成归国。郑大章的好友、先他回国的学长严济慈任国立北平研究院物理研究所所长，他邀请刚回国的郑大章筹建镭学研究所。尽管当时物质条件极为匮乏，但郑大章凭借恒心与毅力，历经艰辛，从计划制定、资料查阅到设备筹备，不遗余力地奔波努力，最终成功创立了中国第一所镭学研究所。

正当郑大章准备在镭学研究领域大展身手之际，日本侵略军的铁蹄踏入了中国。七七事变后，华北沦陷，汉奸王揖唐等人筹组伪政权。王揖唐与郑大章有亲戚关系，且为同乡长辈，因此力邀郑大章出任伪教育部长。郑大章坚决拒绝，展现了高尚的情操与坚定的民族气节。随后，郑大章与其助手退往上海租界，在极其艰难的条件下继续进行镭学研究。遗憾的是，由于长期劳累和生活贫困，郑大章积劳成疾，最终于 1941 年因心脏病突发不治身亡，享年仅37岁[3]。

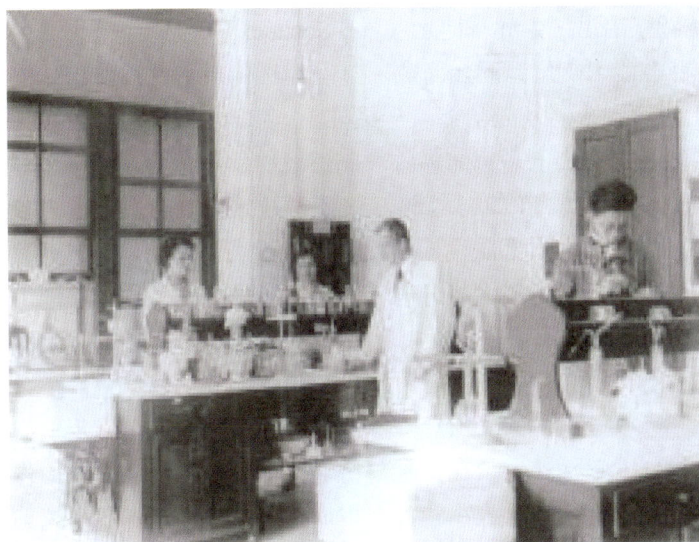

郑大章在居里实验室（右一，1930年7月）
图片源自李艳平学术论文[4]

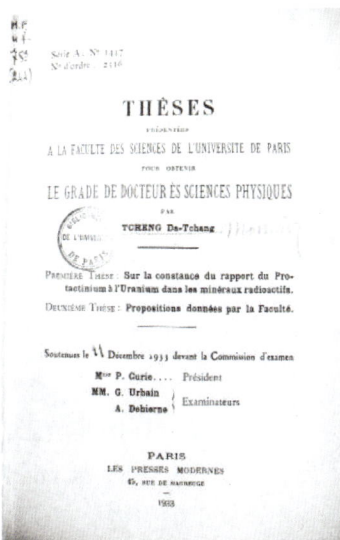

郑大章博士论文封面
图片源自李艳平学术论文[4]

5.镭射与放射的区别

尽管"镭射"听起来与"镭的辐射"相似，但两者并无关联。镭射，亦称激光，是"laser"一词的音译，它涉及原子在受激状态下通过电子能级跃迁释放的能量，表现为光子束。值得注意的是，能够产生激光的元素众多，远不止镭一种。

而"放射"就复杂多了，"放射"这个术语在不同的学科领域有不同的定义。在物理学中，放射通常指的是能量以电磁波或粒子的形式从放射源向外传播，包括了可见光、无线电波、X射线、伽马射线等电磁辐射，以及电子、质子、中子等粒子辐射。在医学领域，放射指的是使用放射性同位素或X射线等进行诊断或治疗的过程。放射诊断包括X射线成像、CT扫描、PET扫描等，而放射治疗则使用放射性物质来治疗疾病，如癌症。在生物学中，放射可以指生物体的辐射反应，比如植物的向光性生长，即植物茎向光源生长的特性。在环境科学中，放射可能指的是自然界或人为活动产生的放射性物质的释放，如核事故或核试验导致的放射性物质泄漏。在天文学中，放射可以指从天体（如恒星或星系）发出的电磁辐射。

6.镭姑娘事件

一战时期美国镭公司（United States Radium Corporation）将镭应用于夜光产品的生产上，并雇佣大批女工进行产品涂装。由于长期暴露在放射性环境中，该公司大批女工出现镭中毒症状甚至因此死亡。事情一经公开便产生了强烈的社会影响，史称"镭姑娘事件"

（Radium Girls）[5]。

20世纪10年代，受到巨大商业利益的驱动，美国迅速将镭的实验室研究转向商业化生产。1913年，具备化学和医学背景的冯·索乔基博士（von Sochocky）发明了一种名为"Undark"的镭夜光涂料。该涂料由镭和硫化锌混合而成，其利用镭的放射性质使硫化物产生荧光效果，涂于手表数字上可实现夜间发光功能。一经推出，"Undark"便引发了市场的强烈需求，包括英格索尔手表公司在内的多家知名钟表制造商纷纷与索乔基签订了订购协议。随后，索乔基创立了美国镭公司。自1915年起，该公司开始向政府提供夜光仪表盘、炮狙瞄准器及专为潜艇、飞行员及地面部队设计的夜光野外手表等产品。军方订单成为其主要收入来源之一。特别是在第一次世界大战期间，随着军方需求量激增，美国镭公司在奥兰治增设了新的提取与加工设施，并招募了大量女性员工负责为夜光表盘上漆工作。

在美国镭公司的涂装工作室中，每位女工配备有一个装有24个表盘的托盘以及专用于为表盘数字上色的"Undark"涂料。该涂料存放在直径与普通铅笔相仿的小瓶内。操作过程中，女工们需将粉末从瓶中取出，置于顶针大小的陶瓷坩埚里，加入适量水和阿拉伯树胶作为黏合剂，随后使用小玻璃棒进行搅拌，直至形成类似油漆般的物质。为了确保笔尖更加流畅地工作，在完成一个表盘的着色后，她们通常会习惯性地用舌头轻舔笔尖，然后继续利用剩余的涂料对下一个表盘进行涂色处理。

由于认知局限，在长达十年的生产周期中，公司未对从事"镭姑娘"工作的员工采取必要的防护措施，这些员工也未意识到镭的潜在危害。根据1916至1925年间在美国镭公司任职的女工回忆，最初她们可以使用水清洗刷子，但随后这一做法被禁止，以防止涂料浪费。对于这些女工而言，镭不仅是一种新奇的物质，还被用于个人美容和艺术创作：她们将"Undark"涂料涂抹于头发、用作指甲油，甚至带回家中进行绘画。然而，在缺乏适当防护的情况下，辐射逐渐引发了健康问题。尽管遭受身体上的痛苦，但这些"镭姑娘"对病因一无所知。自1922年首例因辐射导致的死亡案例以来，已逾百年。该事件因其深远的社会影响至今仍受到广泛关注。

女工为夜光表盘涂抹"Undark"涂料
图片源自胡丽云学术论文[6]

7. 镭元素的放射性与核医学应用

（1）居里夫人早期开展的镭治疗工作

居里夫人认为科学研究是一项公益事业，并支持其应用。她和她的丈夫发现，与健康细胞相比镭可以更快地破坏患病细胞，因此可以用镭辐射治疗肿瘤。现在，镭已经用于医学，它能够抑制癌细胞的繁殖，是治疗癌症的手段之一。但是，居里夫人却因长期接触放射性物质而患上了白血病，于1934年7月4日逝世。

（2）镭在现代核医学中的研究与探索

镭的放射性同位素在核医学中的应用正在不断扩展，科学家们正在探索新的治疗策略和药物载体，以提高治疗效果并减少副作用。

$[^{223}Ra]RaCl_2$（Xofgo®）是第一个也是目前唯一一个获得FDA（Food and Drug Administration，美国食品和药物管理局）和EMA（European Medicines Agency，欧洲药品管理局）批准的α-放射性示踪剂。

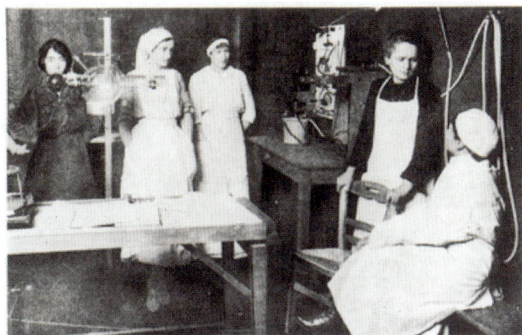

1916年，玛丽·居里（右二）向护士解释镭治疗的潜在好处
图片源自诺贝尔奖官方网站

它在核医学中主要用于治疗由去势抵抗性前列腺癌引起的骨骼转移。尽管已批准使用，但广泛使用 $^{223}Ra/^{224}Ra$ 作为放射性治疗药物仍然不太可能，除非找到一种稳定螯合或与活体组织配位的方法。迄今为止，已经探索了几种支架，主要是螯合剂和纳米颗粒，以结合镭放射性核素并保留其放射性子体，目的是选择性地将放射输送到癌细胞。不幸的是，现在还没有发现具备所有这些特性的载体，仍然需要进行大量的工作来研究新的选择，以促使结合具有足够稳定性的 Ra^{2+} 用于临床应用。这种选择性地将放射性同位素携带到特定肿瘤靶点的方法将是一项重大突破，能够为使用基于 Ra^{2+} 的TAT（Targeted alpha therapy，α-放射靶向治疗）方法治疗癌症开辟新的路径[7]。

参考文献

[1] 高胜利，杨奇. 化学元素新论[M]. 北京：科学出版社，2019.

[2] 鲁迅.《鲁迅全集（第七卷）》集外集、集外集拾遗[M]. 北京：人民文学出版社，2005.

[3] 刘缉之. 忆中国镭学创始人郑大章博士[J]. 江淮文史，1995，（02）：114-115.

[4] 李艳平. 郑大章在巴黎大学镭研究所[J]. 科学文化评论，2011，8（02）：30-35.

[5] 胡丽云. 20世纪初"镭姑娘事件"研究[D]. 合肥：中国科学技术大学，2022.

[6] 胡丽云，王安轶. 科技应用与潜在风险20世纪早期"镭姑娘事件"的问题及警示[J]. 科学文化评论，2022，19（01）：51-66.

[7] Franchi S，Asti M，Di Marco V，et al. The Curies' Element: State of the Art and Perspectives on the Use of Radium in Nuclear Medicine[J]. EJNMMI Radiopharmacy and Chemistry，2023，8：38.

元素／之思

Ideology of Elements:
Explore the Mysteries of the Chemical World

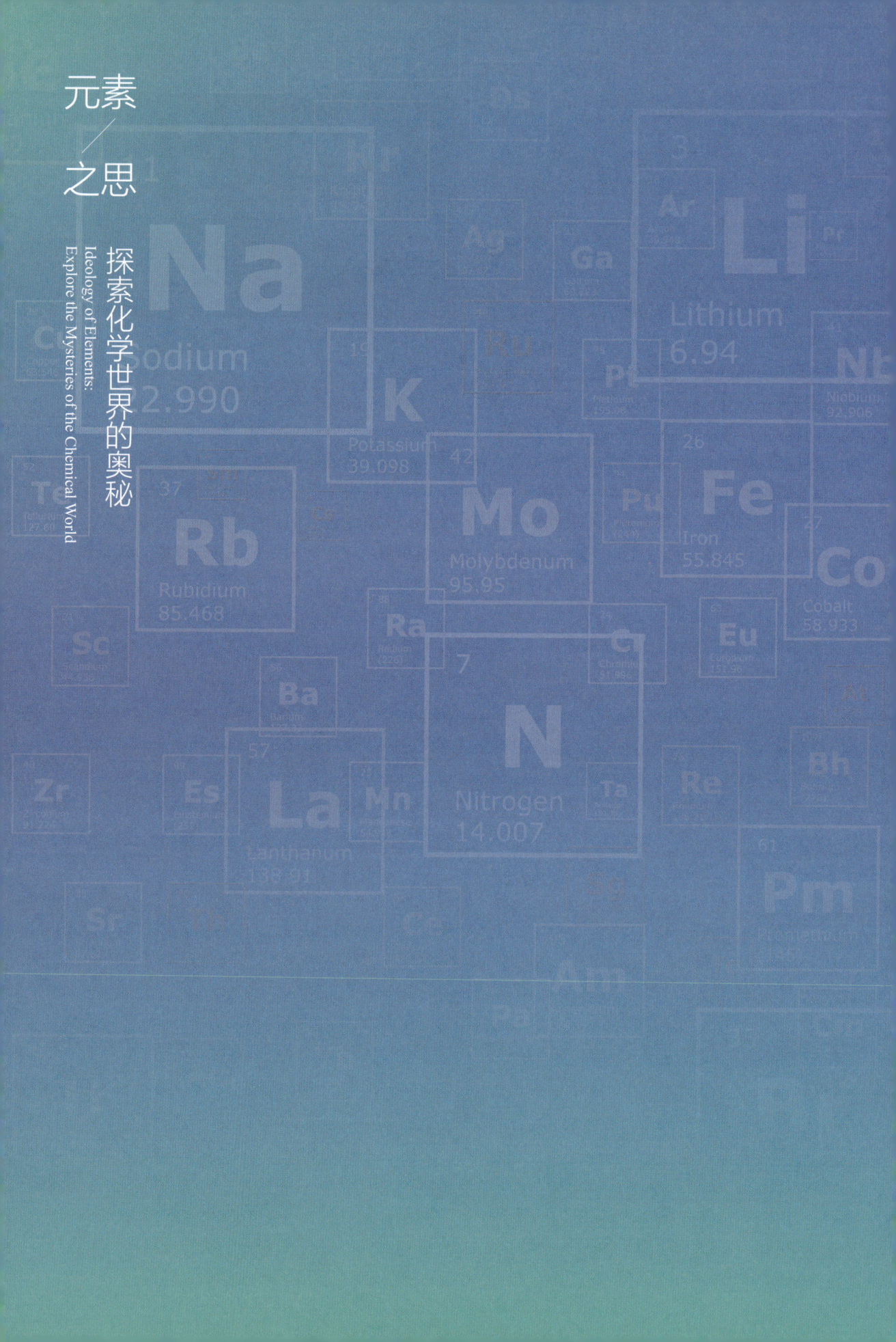

探索化学世界的奥秘

第三章

硼族元素
（ⅢA族）

得到诺贝尔奖，是一个科学家最大的荣誉。我是在旧中国长大的，因此想借这个机会向在发展国家的青年们强调实验工作的重要性。中国有一句古话："劳心者治人，劳力者治于人。"这种落后的思想，对在发展国家的青年们有很大的害处。由于这种思想，很多在发展国家的学生们都倾向于理论的研究，而避免实验工作。事实上，自然科学理论不能离开实验的基础，特别，物理学是从实验产生的。我希望由于我这次得奖，能够唤起在发展国家的学生们的兴趣，而注意实验工作的重要性。

——丁肇中[1]

丁肇中
图片源自学习强国网站

[1] 丁肇中（Samuel C. C. Ting），男，1936年1月27日生于美国密歇根州安阿伯城，祖籍山东日照，美籍华裔物理学家，麻省理工学院教授。

一、硼（B）

1.硼元素发现历史与中英文名称由来

公元1000年时，硼砂已用于焊接金属。然而，大家对天然硼砂的组成在很长一段时间里是不清楚的。1702年，德裔化学家、医生威廉·荷柏格（Wilhelm Homberg，1652—1715，生于爪哇，长期在法国科学院工作）用硼砂和硫酸一起加热，首先得到硼酸。它就是医药上使用的"荷柏格镇静盐"。1747年，法国化学家巴隆（Baron）试图测定硼砂组成[1]。他发现硼砂含有荷柏格盐和苏打，这是非常正确的，今天我们知道硼砂是硼酸的钠盐（$Na_2B_4O_7$）。1808年6月21日，盖·吕萨克（Gay Lussac）和路易·雅克·泰纳（Louis Jacques Thenard）宣布用金属钾还原硼酸时发现一种新的化学元素；同年6月30日，戴维宣布发现硼。硼是由几位科学家共同发现的。他们是：法国化学家盖·吕萨克、泰纳和英国化学家戴维[2]。他们把这个新元素命名为"Boron"和"Boracium"，来源于阿拉伯语borax（硼砂）一词，原意是"焊剂"的意思。中国科学家在命名此元素时，采用了传抄古文字的做法。"硼"字为形声字，从石，朋声。下图是硼元素的发现历史时间轴。

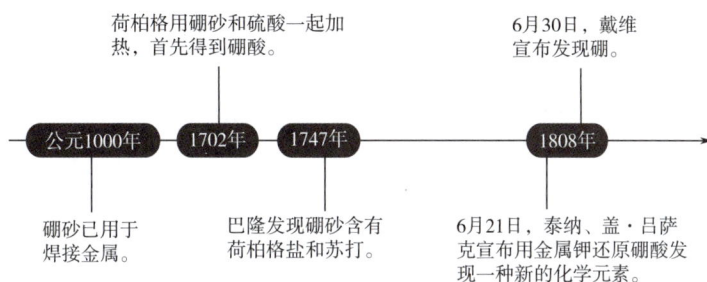

荷柏格用硼砂和硫酸一起加热，首先得到硼酸。

6月30日，戴维宣布发现硼。

| 公元1000年 | 1702年 | 1747年 | 1808年 |

硼砂已用于焊接金属。

巴隆发现硼砂含有荷柏格盐和苏打。

6月21日，泰纳、盖·吕萨克宣布用金属钾还原硼酸发现一种新的化学元素。

硼元素的发现史 ❶

2.硼元素基本性质

硼（B）位于第二周期第ⅢA族，为非金属元素，基态电子组态为$[He]2s^22p^1$。无定形硼呈现黑色粉末状，晶态硼则以黑色至银灰色晶体形式存在，其硬度仅次于金刚石。相较于晶态结构的化学惰性，无定形硼展现出更强的反应活性。硼在高温下易与氧、氮、硫及卤素单质发生反应，并能与绝大多数金属结合生成金属硼化物。

3.硼砂与食品安全

硼砂一般含有十个结晶水，化学式为$Na_2B_4O_7·10H_2O$，分子量381.37。作为含硼矿物及化合物中的重要一员，硼砂通常为含有无色晶体的白色粉末状，具有良好的水溶性。在工业与日常生活中，硼砂的应用范围广泛，不仅可作为清洁剂、化妆品和杀虫剂的有效成分，还常用于配制缓冲溶液以及制备其他硼化合物。

❶ 图中时间轴主体颜色设计理念采用晶体硼的黑灰色。

硼砂样品
图片源自吉林大学《无机化学》（第四版）数字课程资源

硼砂能够增强食品的韧性和脆度，改善食品的保水性及保鲜防腐。在传统食品加工过程中，硼砂曾被作为一种添加剂使用，例如在制作粽子和油条时添加少量硼砂以改善口感，在面条、腐竹中加入以提高其韧性；甚至在猪肉上撒硼砂以达到防腐保鲜的效果。

然而，人体若摄入过量硼，可能会引发多脏器的蓄积性中毒现象。科学研究已经证实硼砂是一种致癌物质。很多国家已禁止将其用作食品添加剂。鉴于其对消费者健康构成的危害，禁止硼砂在任何形式食品加工中的使用。

4. 硼医学——传统医学与科技前沿的有机结合

（1）硼中医药学

硼砂可用作中药。明代李中梓《雷公炮制药性解》中有云："蓬砂色白味辛，端入肺部，痰嗽等证，皆肺火也，故咸治之。"[3]明代倪朱谟所著《本草汇言》亦说："此剂淡渗清化，如诸病属气闭而呼吸不利，痰结火结者，用此立清。"[4]

硼砂还可用于其他中医方剂，例如冰硼散。其组成为：冰片五分，硼砂（煅）五钱，朱砂五分，玄明粉五钱。出自《外科正宗》[5]卷二。冰硼散具有清热解毒，消肿止痛之功效，主治热毒肿痛证。

硼砂可外用也可内服。外用可清热解毒、消肿防腐，多研成细末撒布或调敷；但内服毒性显著，过量易致呕吐、肾损，需谨慎，不宜过量或久服。

（2）现代硼医疗

现代硼医疗主要指硼中子俘获治疗（Boron Neutron Capture Therapy，简称BNCT）。BNCT是一种新型的癌症治疗技术，它结合了药物靶向治疗和中子照射治疗的特点，具有精准治疗的优势。相对于通常的手术治疗、放疗、化疗，具有治疗周期短的优势。含硼药物是BNCT技术实现肿瘤靶向性的关键。[6]

含硼药物的发展已历经三代变革，其核心目标在于提升靶向性与疗效。第一代药物以无机硼化合物（如硼酸钠、硼酸）为主，因代谢快、肿瘤选择性差，导致正常组织损伤严重，于20世纪60年代被淘汰。第二代药物通过分子设计优化，引入硼苯丙氨酸（BPA）和巯基十二硼烷二钠（BSH）等有机硼载体。BPA通过氨基酸转运蛋白靶向肿瘤细胞，与果糖结合后提高水溶性；BSH则利用多硼原子增强载硼量，两者在脑胶质瘤和头颈癌治疗中展现显著疗效，并获FDA批准用于临床试验。第三代药物结合纳米技术与新型硼化学，开发含硼氨基酸衍生物（如FBY）、碳硼烷笼状化合物及纳米胶束载体（如BPN）。碳硼烷通过多硼原子提升载量，纳米载体则增强肿瘤穿透性和生物相容性，同时整合成像功能实现诊疗一体化，目前多处于临床前研究阶段。未来，第三代药物有望突破BNCT治疗瓶颈，拓展适应证并提升精准性。[7]

5.硼墨烯——石墨烯的好兄弟

（1）硼墨烯的理论预测

石墨烯，作为一种具有革命性潜力的材料，其碳原子以六边形排列形成蜂窝状结构。这种独特的结构赋予了它超越钢铁的强度和优于铜的导电性能，因此受到了科学界的广泛关注，并被认为有潜力彻底改变纳米技术和电子技术领域。

随着石墨烯的发现，研究人员开始探究周期表中与碳相邻的元素硼是否也能形成类似的单原子层平面结构。由于硼原子比碳原子少一个电子，它无法形成类似于石墨烯的蜂窝状结构。理论上，如果硼能够形成单原子层平面结构，其原子将排列成三角形，并在中心形成六边形的空洞。

研究人员发现，36个硼原子能够形成具有高度对称性的六边形单原子层平面结构，其中心位置存在一个完美的六边形空穴。2014年，清华大学李隽教授提出了一种创新的理论方法，旨在确定团簇的结构和稳定性。基于此理论，布朗大学与清华大学展开合作，运用超级计算机对B_{36}的结构进行了模拟，并计算了其电子结合能谱。研究结果显示，具有六边形缺孔的结构在理论上最为稳定，且该结构的理论模拟光谱与实验结果高度一致。下图是由平面六边形B_{36}单元构成的单原子厚度硼墨烯的部分结构示意。

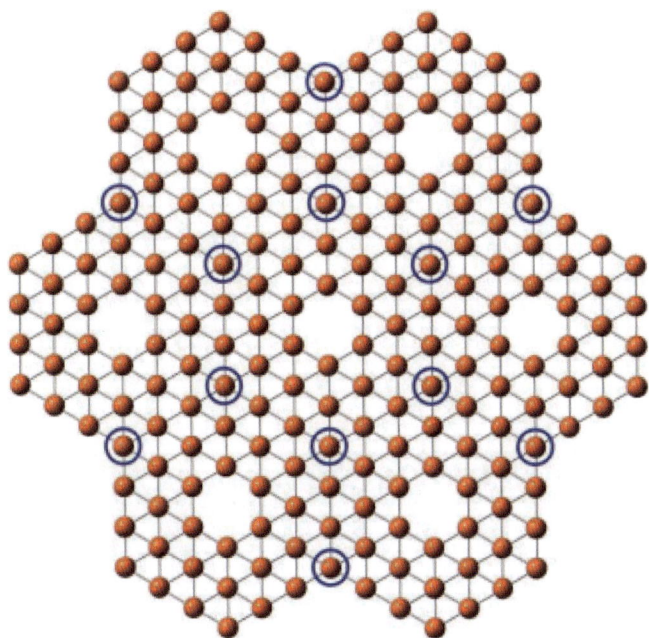

由平面六边形B_{36}单元构成的单原子厚度硼墨烯的部分结构示意 ❶
图片源自李隽学术论文[8]

---

❶ 圆圈表示B_{36}单元中由三个单元共享的顶点原子。

B_{36}结构的成功模拟，证实了六边形空穴在稳定二维硼墨烯中的关键作用，进一步表明在适当条件下制备硼墨烯的可能性。鉴于硼—硼键的强度与碳—碳键相似，硼墨烯展现出潜在的广泛应用前景。硼资源丰富且原子量低、质量轻，具有良好的经济性，其电学性能可能更为优越。由于硼的特殊电子结构，科学家预测硼墨烯在纳米尺度上展现出显著的金属性质，这一点与其三维形态或非晶态硼的非金属半导体属性形成鲜明对比。值得注意的是，鉴于硼墨烯兼具金属性与原子级厚度的双重优势，它为从高性能电子产品到高效光伏能源转换技术的开发开辟了广阔的应用前景[9]。

（2）首例硼墨烯的成功制备

2015年，一个由美国、中国和俄罗斯的国际研究团队成功克服了各种挑战，制造了硼墨烯，并展示了这种二维硼片的第一个实例。他们的制造方法可以被世界各地的其他实验室轻松复制，为涉及硼墨烯的科学研究和技术发展打开了大门。

该研究团队使用一种低成本的技术在超高真空室内生长硼墨烯，以保持实验条件的清洁并避免可能的污染材料。他们选择银作为硼墨烯生长的基底层，因为银与硼的化学反应不活跃。通过电子束蒸发器加热硼材料，使其蒸发并最终沉积在银上。实验表明，生长可以在450 ℃到700 ℃的温度范围内实现，但当银的温度维持在大约550 ℃时，硼墨烯的生长效果最佳[10]。

硼墨烯的成功制备彰显了当代化学家的卓越能力。基于现有材料的性能表现，并受到元素周期表的启发，科学家们通过精密计算勾勒出未知材料的蓝图。随后，研究人员巧妙地将硼原子从传统结构中解放出来，重新排列成前所未有的阵列。尽管使用激光操纵硼原子的过程仍显繁琐，但这一实践验证了相关假设，并为新材料的开发开辟了新途径。值得一提的是，在硼科学研究的最前沿，中国及华裔学者的贡献日益显著[11]。

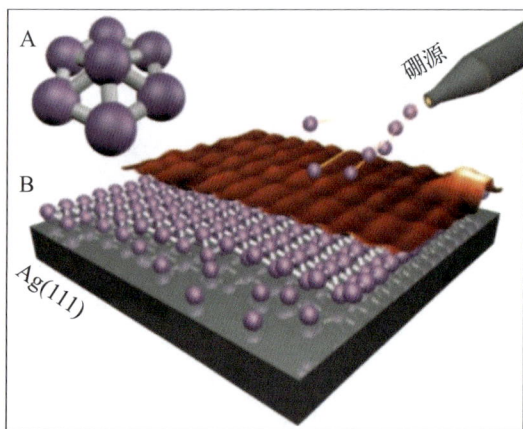

硼墨烯片层的生长和原子尺度表征❶
图片源自 Andrew J. Mannix 学术论文[10]

6.因硼走上诺贝尔奖领奖台的科学家

（1）硼烷与诺贝尔化学奖

1976年诺贝尔化学奖获得者是哈佛大学教授威廉·利普斯科姆（William Lipscomb）。利普斯科姆于1919年出生，1941年从美国肯塔基大学毕业，同年进入加州理工学院攻读物理，1942年师从里纳斯·鲍林（Linus Pauling）学习物理化学，1946年获理学博士。1946～1958年在明尼苏达大学任教，1959年任哈佛大学教授直至退休。1976年，因在硼烷结构方面的研究贡献荣获诺贝尔化学奖。

---

❶ （A）变形的B_7簇和（B）扫描隧道显微镜视域下计算机模拟的原子结构模型和硼墨烯生长示意图。

威廉·利普斯科姆（William Lipscomb）
图片源自诺贝尔奖官方网站

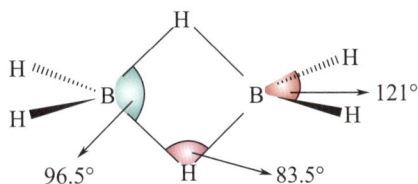

硼烷的结构式

（2）含硼有机物与诺贝尔化学奖

在化学反应中，由原子组成的分子相遇并形成新的化合物。通过化学反应，可以在实验室中合成自然界不存在的化合物。20世纪50年代后期，赫伯特·查尔斯·布朗（Herbert Charles Brown）发明了一种方法，用含有硼元素的化合物与碳化合物反应生成其他碳化合物，这些反应可以用来制造药物和其他产品。例如，布朗制备出一类全新的化合物——有机硼烷，它是由乙硼烷与烯烃反应而得到的。反应式如下：

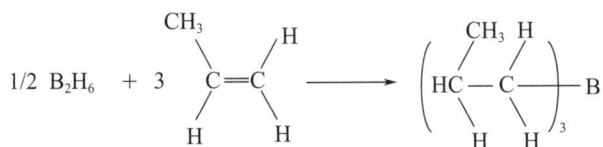

赫伯特·查尔斯·布朗
（Herbert Charles Brown）
图片源自普渡大学官方网站

1979年诺贝尔化学奖授予布朗和乔治·维蒂希（Georg Wittig），以表彰他们"分别将含硼化合物和含磷化合物发展成为有机合成中的重要试剂"。

7. 诺贝尔颁奖典礼上用中文演讲的华裔科学家丁肇中

（1）与利普斯科姆同年获得诺贝尔奖的丁肇中

1976年的诺贝尔物理学奖颁给了丁肇中和伯顿·里克特（Burton Richter），他们因

083

"在发现一种新的重基本粒子方面的开创性工作"而获奖。

1974年，丁肇中教授所领导的小组在美国纽约州布鲁克海文国家重点实验室利用质子加速器发现了一种新的基本粒子。这种粒子不带电，寿命比当时已发现的新粒子长1000倍，丁肇中将其命名为"J粒子"。几乎同时，里克特领导的小组在美国加利福尼亚州的斯坦福直线加速器中心也发现了这种粒子，并取名为"ψ粒子"。后来科学家们确认J粒子和ψ粒子是同一种粒子，遂将其重新命名为"J/ψ粒子"。"J/ψ粒子"的发现大大推动了粒子物理学的发展，它是人类发现的第4种夸克的束缚态粒子，为夸克模型提供了关键验证，使人类对物质基本结构的认知推向了新的维度。

1976年12月10日，在诺贝尔奖颁奖典礼上，丁肇中先是用中文，后又用英文发表了演讲。丁肇中先生在世界瞩目的诺贝尔奖领奖台上使用中文演讲，向全世界展示了中文的魅力和中华文化的深厚底蕴，也以这种方式表达了对祖国的热爱和对自己华人身份的自豪，为全球华人树立了榜样。他在演讲中强调了实验工作的重要性，希望借此唤起发展中国家学生对实验工作的重视。

> 国王，皇后陛下，皇族们，各位朋友：
>
> 得到诺贝尔奖，是一个科学家最大的荣誉，我是在旧中国长大的，因此想借这个机会向在发展国家的青年们强调实验工作的重要性。
>
> 中国有一句古话："劳心者治人，劳力者治于人。"这种落后的思想，对在发展国家的青年们有很大的害处。由于这种思想，很多在发展国家的学生们都倾向于理论的研究，而避免实验工作。
>
> 事实上，自然科学理论不能离开实验的基础，特别，物理学是从实验产生的。
>
> 我希望由于我这次得奖，能够唤起在发展国家的学生们的兴趣，而注意实验工作的重要性。

1976年12月10日丁肇中在诺贝尔奖晚宴上的演讲中文答词
图片源自1976年诺贝尔奖，编辑威廉·奥德伯格，[诺贝尔基金会]，斯德哥尔摩，1977年

(2) 阿尔法磁谱仪测量宇宙线中的硼元素

宇宙线是来自宇宙空间的高能粒子流，其成分和起源一直是天体物理学研究的重要课题。硼元素在宇宙线中主要存在于次级宇宙线中，是宇宙线之间相互碰撞产生的。通过研究宇宙线中硼元素的相关信息，可以帮助我们了解宇宙线的传播过程、加速机制以及宇宙的演化等。

阿尔法磁谱仪（Alpha Magnetic Spectrometer，简称 AMS）实验的一个重要目标是通过精确测量宇宙线中不同能量级别的硼和碳元素的比例，来寻找宇宙线通向地球的路径中可能存在湍流的证据，进而加深对宇宙线传播机制的理解。

在地表上方约 400 公里的高度，阿尔法磁谱仪（AMS）测量与地球大气相互作用之前的原始宇宙线
图片源自东南大学网站

2016 年 12 月 9 日，丁肇中主持的阿尔法磁谱仪项目发布了 5 年太空实验的结果和突破。据相关资料显示，此次 AMS 公布的多项实验结果对此前人类关于宇宙线的普遍认知形成了颠覆性影响。其中，AMS 通过精确测量铍 - 硼流强比例，获取了有关宇宙线在星系间传播时间的重要信息，并测得银河系宇宙线的年龄约为 1200 万年，此乃人类首次获得宇宙线相对准确的年龄数据。同样重要的是，硼 - 碳流强比没有任何显著的结构，与很多宇宙线模型的预言不同。[12]

2023 年 5 月，丁肇中在中国科学院高能物理研究所主办的高能论坛中表示："但 AMS 得到的数据，与目前宇宙线的理论都不符合。我们需要一个新的、全面的宇宙模型来解释。"他举例指出，在 AMS 开展实验前，宇宙线理论认为所有碳均为一级宇宙线，所有硼均为二级宇宙线，故而硼 / 碳比例是宇宙线理论中的重要参数。然而，AMS 的最新实验结果推翻了这一观点，其研究表明碳并非纯粹的一级宇宙线，这致使未来研究者需对硼 / 碳比例在宇宙线模型中的意义重新考量。[13]

参考文献

[1] 魏兴华，袁振东.硼元素概念的发展史[J].化学教育（中英文），2022，43（04）：124-128.

[2] 高胜利，杨奇.化学元素新论[M].北京：科学出版社，2019.

[3]（明）李中梓.雷公炮制药性解[M].北京：中国中医药出版社，2000.

[4]（明）倪朱谟编著，戴慎，陈仁寿，虞舜点校.本草汇言[M].上海：上海科学技术出版社，2005.

[5] 陈实功.外科正宗[M].北京：人民卫生出版社，2007.

[6] 郑丽丽，陈奎，吴鸣，等.用于硼中子俘获治疗的含硼药物研究现状与热点前沿：基于文献计量的分析与思考[J].科学通报，2022，67（14）：1532-1545.

[7] Grams R J，Santos W L，Scorei I R，et al. The Rise of Boron-Containing Compounds：Advancements in Synthesis，Medicinal Chemistry，and Emerging Pharmacology[J]. Chemical Reviews，2024，124（5）：2441-2511.

[8] Piazza Z A，Hu H S，Li W L，et al. Planar Hexagonal B_{36} as a Potential Basis for Extended Single-atom Layer Boron Sheets[J]. Nat Commun，2014，5：3113.

[9] 房琳琳.单原子厚度硼墨烯"出生"[N].科技日报，2015-12-19（001）.

[10] Mannix A J，Zhou X F，Kiraly B，et al. Synthesis of Borophenes：Anisotropic，Two-dimensional Boron Polymorphs[J]. Science，2015，350：1513-1516.

[11] 何屹.美中科学家成功验证硼墨烯的可行性[N].科技日报，2014-01-30（001）.

[12] 王延斌，冯刚，车慧卿.阿尔法磁谱仪5年太空实验结果发布[N].科技日报，2016-12-10（001）.

[13] 都芃.诺奖得主丁肇中：中国科学家可以主持最前沿的实验物理[N].科技日报，2023-05-17（001）.

然而，我们可以从更高的角度来看待实验艺术。它把自己塑造成一种独特的创造性艺术，不仅是为了观察外部世界或发现其本质，同时也是为了把我们的思想转化为创造性活动，从而产生一种更和谐、更生动、更有力的关于自然不断发展的知识。它的特点是创造性的处理方式，它不仅发生在人们处理周围的客观物质对象的时候，而且它也完全存在于我们独处时的独立的内在思想。如果我们设想一个点，它允许自己移动，以便描绘一条线；或者一条线绕着它的一个端点移动，以便与另一个端点一起描绘一个圆，这除了是一种实验思想外，还能是什么呢？微分和积分的计算完全存在于这样的思想实验和这样的思考中。

——汉斯·克里斯蒂安·奥斯特[1]

汉斯·克里斯蒂安·奥斯特（Hans Christian Oersted）
图片来源于哈佛大学官方网站

[1] 汉斯·克里斯蒂安·奥斯特（Hans Christian Oersted，1777年8月14日—1851年3月9日），丹麦物理学家、化学家和文学家，金属铝的发现者。

二、铝（Al）

1.铝元素发现历史与中英文名称由来

铝是地球上位于氧和硅后第三丰富的元素，地壳中几乎每个地方都可找到它（至少存在250种矿物）。1754年，德国化学家马格拉夫（Marggraf）把纯碱加到明矾的溶液中，得到致密的白色沉淀，他称为"矾土"。马格拉夫还观察到把硫酸加入这个"土"中，又得到明矾，由此，他确定了明矾的组成。纯碱加到明矾的溶液中，得到致密白色沉淀的反应方程式为：

$$3Na_2CO_3 + 2KAl(SO_4)_2 + 3H_2O \stackrel{}{=\!=\!=} 2Al(OH)_3\downarrow + 3CO_2\uparrow + K_2SO_4 + 3Na_2SO_4$$

直到马格拉夫的实验以后三十年，才弄清楚铝土是一种未知元素的氧化物。拉瓦锡提议把它称为"矾土"，并且列入他的元素表中。在一段时间内没有人试图去分离出这个元素的游离状态。

进行第一次尝试的是戴维和贝齐里乌斯，他们借助电流分解铝土，但是却无效果，反而是戴维建议把这个元素叫作"Aluminium"具有实际的重要性。这个名字在国际上已经被接受，不过，在俄国，很长时间内使用的名字则是"glinium"（来自俄语"黏土"一词）。

第一个设法得到金属铝的是丹麦科学家汉斯·克里斯蒂安·奥斯特（Hans Christian Oersted），他发现了电流的感应磁场。因此，在此之前他作为物理学家而闻名，并不是因为对化学的研究。然而，在制备纯铝时，显示了奥斯特作为技艺不凡的化学家的一面。1825年，奥斯特将氯气通过红热状态的铝土和木炭的混合物，结果得到无水氯化铝。他再把此新的化合物和钾汞齐一起加热，首次获得铝汞齐。奥斯特蒸馏除去汞后发现了一块与锡相似的金属。尽管产物含有杂质，但是金属铝毕竟诞生了。奥斯特写了一篇论文发表在一个不著名的丹麦刊物上，以致实际上没有引起科学界的注意。有关奥斯特的成就没有被许多化学家所知晓，因此，一些历史学家们认为铝不是奥斯特发现的，而是维勒发现的。

1827年，维勒改进通过将氯气通过红热状态的铝土和木炭的混合物的方法制得无水纯 $AlCl_3$。1845年，维勒制得块状的金属铝。维勒采用下列步骤改进他自己的工艺过程：首先制备氢氧化铝；其次用氢氧化铝、木炭和植物油制成稠密的膏糊；再次将此膏糊焙烧，制得氧化铝和木炭粉末的混合物；最后将干燥的氯气通过此混合物，制得无水纯 $AlCl_3$。这一步骤虽然复杂，但产品的纯度高。维勒用钾分解 $AlCl_3$，在这种情况下，确保所得金属具有尽可能高的纯度[1]。1854年，法国化学家圣克莱尔·德维尔（Sainte-Claire Deville，1818—1881）在还原阶段利用钠代替钾制得纯的金属铝样品。

我们现在很难相信，在二百年以前，这种银白色的金属是极其昂贵的，甚至称为"黏土中的白银"。那时铝制品的价格并不比黄金制品低，直到使用廉价电能的工艺发展以后，以及储量丰富的铝矿被找到，铝才成为人们日常使用的金属。下图是铝元素的发现历史时间轴。

奥斯特发现铝。　　　　　维勒制得块状的金属铝。

| 1754年 | 1825年 | 1827年 | 1845年 | 1854年 |

马格拉夫把纯碱加到明矾的溶液中，得到致密的白色沉淀(矾土)。　维勒制得无水纯$AlCl_3$。　德维尔在还原阶段利用钠代替钾制得纯的金属铝。

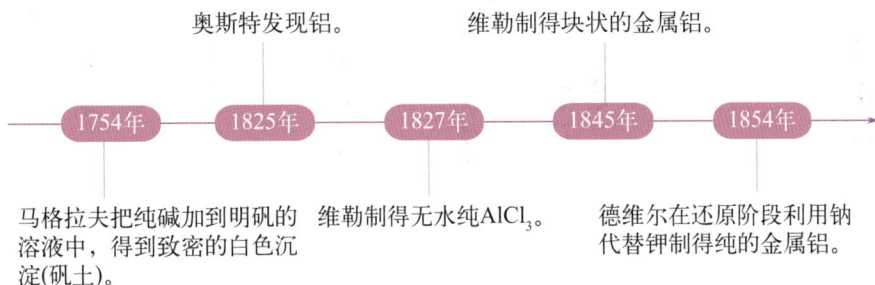

铝元素的发现史 ❶

　　铝元素的英文命名为 Aluminium，源于拉丁文"alumen"，意为"明矾"。"吕"字在古代文献中代表金属锭，其字形模仿两块饼形金属锭的形态。在商周时期，这一术语很可能指代当时广泛使用的饼形铜锭。考古发现表明，此类铜锭在河南安阳殷墟、陕西扶风、临潼以及湖北大冶（见图）等地均有出土。随着时间的推移，"吕"字后来加上了"金"字旁，演变为"铝"。无论是"吕"还是"铝"，它们都是具体的名词，专指具象的金属锭，并不具备抽象的物质含义。在东周时期的金文中，作为金属锭称谓的"吕"或"铝"也频繁出现。因此，中国古文中的"铝"字并不单独指代某种金属，更不会特定表示现代的铝元素。

大冶湖边出土铜锭
图片源自李建西学术论文[2]

　　随着社会的不断发展，近代化学中铝元素有不同的表述名称。1868 年的《格物入门》❷ 中用"礬精"指代"铝"；1870 年的《化学初阶》中用"釩"表示"铝"；1872 年的《化学鉴原》中第一次创造性地使用"鋁"字，即现在"铝"的繁体字；1873 年的《化学指南》也有用"鑕"表示"铝"字的现象。现代化学中，"铝"字据 Aluminum 音译，特指金属元素"铝"。现代所造化学元素汉字，与古字形偶合，都是从"钅"旁"吕"声。

---

❶　图中时间轴主体颜色设计理念采用红宝石（$\alpha\text{-}Al_2O_3$）的粉色。
❷　笔者注：此处应为格物入门而非格致入门。实际上，"格致入门"并不是一本独立存在的书，而是对"格物入门"一书的另一种称呼或理解。

博物新编 (1855)	格致入门 (1868)	化学初阶 (1870)	化学鉴原 (1872)	化学指南 (1873)	现行名词 (1959)
Ag	白银	银	银	银	银
Al	矾精	鐕	铝	鐕礶	铝
As	信石	鐟	砷	碏	砷

铝元素的早期中文名称

图片源自张子高学术论文[3]

2.铝元素基本性质

铝（Al）位于第三周期第ⅢA族，基态电子组态为 $[Ne]3s^23p^1$。单质铝为银白色轻金属，具有延展性。铝相当活泼，显两性，为强还原剂，与 B、Si、P、As、S、Se、Te 等能直接反应。铝的导电性仅次于银、铜及金，但其密度显著低于铜，在等质量条件下铝导体的载流效率优于铜导体。这一特性使其成为电力传输线缆的理想材料，同时可有效降低线缆支撑结构的机械载荷。

3.含铝化合物明星——明矾

（1）明矾在食品中的作用

明矾即十二水硫酸铝钾，化学式 $KAl(SO_4)_2 \cdot 12H_2O$，是一种含有结晶水的硫酸钾和硫酸铝的复盐。

油条（油饼）是很多北方人喜欢的早餐。炸油条（饼）或制作膨化食品时，在面粉里加入苏打（Na_2CO_3）后，再加入明矾，则会加快 CO_2 的产生，并在内部形成疏松气孔。明矾和苏打粉发生以下反应：

明矾石

图片源自吉林大学《无机化学》（第四版）数字课程资源

$$Al^{3+} + 3H_2O \longrightarrow Al(OH)_3 + 3H^+$$
$$2H^+ + CO_3^{2-} \longrightarrow H_2O + CO_2 \uparrow$$

然而，经常食用油条或膨化食品，可能造成体内铝含量超标。体内铝含量过高会对中枢神经系统及胚胎发育产生不利影响。临床研究表明，阿尔茨海默病、关岛帕金森氏痴呆综合征等神经失调疾病与体内铝积累有关。饮食中铝含量超标会降低磷的吸收，导致血磷及机体总磷量减少，骨骼钙含量下降，进而引发骨软化、骨萎缩甚至骨折。铝主要通过肾脏排泄，其在体内的积累必然增加肾脏负担，可能导致肾功能失调、肾衰竭及尿毒症等严重健康

问题。

早在2014年5月14日，国家卫生计生委、工业和信息化部、质检总局、食品药品监管总局、粮食局联合发布关于调整含铝食品添加剂使用规定的公告。公告明确自2014年7月1日起，禁止将酸性磷酸铝钠、硅铝酸钠和辛烯基琥珀酸铝淀粉用于食品添加剂生产、经营和使用，膨化食品生产中不得使用含铝食品添加剂，小麦粉及其制品（除油炸面制品、面糊、裹粉、煎炸粉外）生产中不得使用硫酸铝钾和硫酸铝铵。

（2）明矾的别种用途——灭火剂

泡沫灭火器内部装有浓度约为 1 mol/L 的明矾溶液与同样浓度的小苏打（$NaHCO_3$）溶液，并添加了适量起泡剂。这两种溶液按照大约 11∶2 的比例混合。通过使明矾过量，确保了小苏打能够完全反应，从而释放出足够的二氧化碳气体以实现灭火效果。

明矾与小苏打溶液 $NaHCO_3$ 的反应如下：

$$2KAl(SO_4)_2 \cdot 12H_2O + 6NaHCO_3 \longrightarrow K_2SO_4 + 3Na_2SO_4 + 2Al(OH)_3\downarrow + 6CO_2\uparrow + 12H_2O$$

4. 美丽的红宝石——α-Al_2O_3

红宝石的英文名称为 ruby，源于拉丁文 ruber，为"红色"之意。红宝石稀少珍贵，是全球公认的五大昂贵宝石之一，在有色宝石市场占据着非常重要的地位。下图是红宝石标本，标本中艳丽的红宝石躺在泥土中间，显得优雅而高贵。

从矿物学的角度来说，红宝石是刚玉的一种。刚玉为矿物学名称，属三方晶系，化学成分为铝的氧化物，即 α-Al_2O_3。纯净的刚玉无色透明，具玻璃光泽，若晶体结构中混入不同微量元素则能够使刚玉呈现不同的颜色。红宝石的红色即是由于铬元素 Cr(Ⅲ) 的混入所致。概括来说，红色的刚玉称为红宝石，而其他色调或无色的刚玉在用于珠宝商业的时候普遍都会被归入蓝宝石。

5. 时代记忆——钢精锅和易拉罐

（1）钢精锅

"钢精"指制造日用器皿的铝，也叫钢种，亦是对日用铝制品的别称。在二十世纪六七十年代至世纪末，医院和卫生所内的注射器均为玻璃制品，非一次性使用，每次使用完毕后都要进行高温灭菌消毒。当时所使用的消毒设备就是高压灭

红宝石
图片源自中国地质博物馆官方网站

菌器。然而，有些基层医疗单位无高压灭菌器，则常用消毒锅煮沸灭菌。用煮沸法灭菌的注射器内有水分，因此诞生了钢精灭菌锅。钢精锅灭菌效果好，且简单易行。钢精锅灭菌的优点：灭菌质量比煮沸灭菌好、灭菌后的器械无水分、可消毒敷料、造价不高等[4]。

钢精灭菌锅
图片源自胡澈学术论文[4]

（2）易拉罐

自1940年起，欧美地区开始使用不锈钢罐装啤酒；同期，铝制罐头的出现也代表了制罐技术的一大飞跃。1959年，美国俄亥俄州帝顿市DRT公司的艾马尔·克林安·弗雷兹（Ernie C. Fraze）发明了易拉罐。该设计通过将罐盖材料加工成铆钉形式，并外套一个拉环后铆紧，配合相应的刻痕，形成了完整的罐盖结构。这一创新标志着金属容器领域历经半个世纪的发展后取得了历史性突破，并为制罐及饮料工业的进步奠定了坚实基础。易拉罐起源于美国，并迅速在美国普及开来。

随着设计与制造技术的发展，铝罐逐渐向轻量化方向发展，其重量从最初的约60 g减少到了1970年的21～15 g左右。至1980年代初期，欧美市场上几乎所有的啤酒和碳酸饮料均采用铝质易拉罐作为包装材料。

那么，用铝制的罐子装酸性的橙汁等饮料，铝罐为什么不会被酸液腐蚀呢？

实际上，现代铝制易拉罐由涂料（外层，见图a）、铝合金材料（中间层，见图b）、环氧树脂薄膜（内层，见图c）组成，环氧树脂涂层就是防止酸性饮料腐蚀铝罐中间层的铝合金材料的。

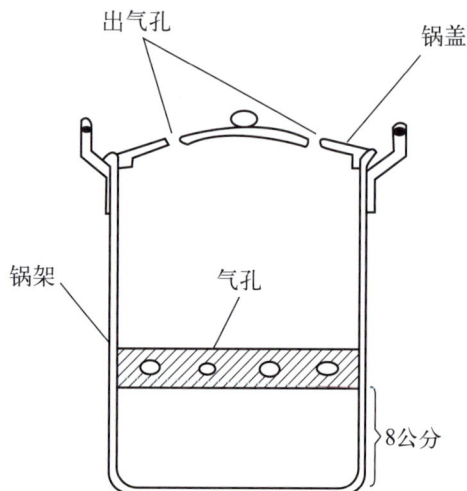

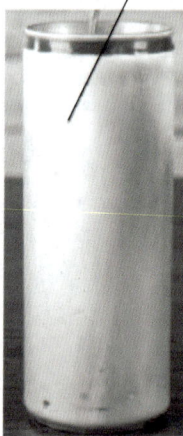

a. 外层是涂料　　　　b.中间层是铝合金材料　　　　c.内层是环氧树脂薄膜

现代铝制易拉罐的组成
图片源自黄厚梅学术论文[5]，本书引用时略有修改

6.抗酸药氢氧化铝会引起铝离子中毒吗？

　　胃酸的主要成分是盐酸，而氢氧化铝正好能与其发生中和反应。$Al(OH)_3$ 含有的氢氧根多，可以大量中和胃酸，而且该物质碱性也不强，不会灼伤胃壁。如用碳酸钙，虽然和盐酸反应生成无毒的氯化钙，但同时生成大量二氧化碳，会导致胃穿孔。但若长期服用含铝的抗酸药，则可能会引起铝中毒。抗酸药在体内的反应为：

$$Al(OH)_3 + 3HCl \Longrightarrow AlCl_3 + 3H_2O$$

　　根据世界卫生组织的评估，铝的每日耐受摄入量为 0 mg/kg ～0.6 mg/kg，这里的 kg 是指人的体重，即一个 60 kg 的成年人耐受摄入量为 36 mg/天。我国《食品安全国家标准　食品添加剂使用标准》（GB 2760—2024）中均规定，铝的残留量要小于等于 100 mg/kg（食品）。

　　氢氧化铝不能与牛奶同服，因为牛奶中的蛋白质与铝离子可能会形成凝块，这不仅会削弱药物的疗效，还会加重胃肠负担，并影响牛奶中营养成分的吸收。

7.铝在现代工业中的应用

（1）铝合金及其应用

　　合金是由不同金属按各种比例组合而成的，而铝合金这个名字表明其主要成分是铝。硅、锰、镁、铜和锌构成其余主要元素。铝合金的生产采用铸造和模制等工艺完成。由于强度与重量比高，铝是汽车和航空工业中的首选材料。根据制造方法，可分为变形铝和铸造铝两类。

　　变形铝用于生产管材，通过锻造工艺制成；铸造铝则经铸造工艺生产。当铝与合适的金属混合时，可以根据需要重塑并表现出更好的加工性和抗腐蚀特性。由于铝合金具有优良特性，在家庭和工业用途中具有非常强的适用性和实用性。

（2）新型含铝材料

　　中国的火星探测器"天问一号"及其携带的"祝融号"火星车使用了多种硅碳化物颗粒增强的铝基复合材料，这些复合材料具有轻质、耐磨、抗冲击和尺寸稳定等特点，用于火星车的轴承结构、运动系统和探测器等。

　　上海交通大学材料科学与工程学院王浩伟教授团队成功研制的纳

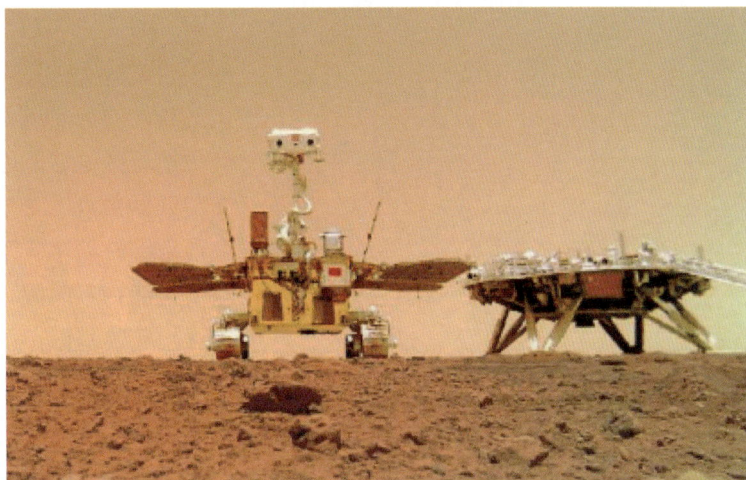

中国首颗火星探测器"天问一号"着陆器与"祝融号"火星车
图片源自新华社

米陶铝合金，通过"原位自生技术"突破传统复合材料工艺限制，使陶瓷颗粒在铝基体中自生长至纳米级，形成兼具轻量化与高强度的新型材料。该材料的比强度和比刚度超越钛合金，并具备高抗疲劳、低膨胀、耐高温等特性，已应用于天宫一号、天宫二号、量子卫星等航天器关键部件，同时计划在国产大飞机C919的挤压型材中替代进口材料以实现减重目标。这一创新成果不仅打破国外技术垄断，更为材料轻量化与节能化提供了中国自主解决方案。

8.奥斯特与思想实验

奥斯特是著名的物理学家、化学家和文学家，他在科学领域的贡献卓越，尤其是在电磁学方面有着开创性的发现。虽然奥斯特主要是以其实验发现电流磁效应而闻名，但他的研究过程也蕴含着思想实验的元素。

奥斯特深受康德哲学思想的影响，坚信各种自然力都来自同一根源，可以相互转化，电和磁之间必然存在某种联系。在当时，库仑等科学家根据静电和静磁的研究，认为电和磁是两种不同的实体，不可能相互作用或转化。然而，奥斯特并没有被这种观点束缚，他通过深入思考和分析，提出了大胆的设想：非静电、非静磁可能是电转化为磁的条件，磁效应的作用可能是横向的，而不是沿着电流的方向。

这种设想在一定程度上可以看作是思想实验的体现。奥斯特在脑海中构建了不同的实验场景和可能性，突破了当时主流观点的限制，为他的实际实验研究指明了方向。他没有局限于前人的实验方法和结论，而是从哲学思想的角度出发，运用逻辑推理和想象，推测出电和磁之间可能存在的新关系以及实验的探索方向。

在这种思想实验的引导下，奥斯特进行了大量的实际实验。1820年4月，他在一次讲演中抱着试试看的心情做了一个实验，将一条细铂导线放在小磁针上方，接通电源的瞬间，发现磁针跳动了一下。这一微小的现象在旁人看来可能并不起眼，但奥斯特却凭借着他之前的思想实验基础，敏锐地意识到这可能是电和磁之间存在联系的重要证据。此后，他又花了三个月时间，进行了60多次实验，最终确定了电流磁效应的存在，即通电导线周围存在环形磁场。

虽然奥斯特并非思想实验的最初起源者，

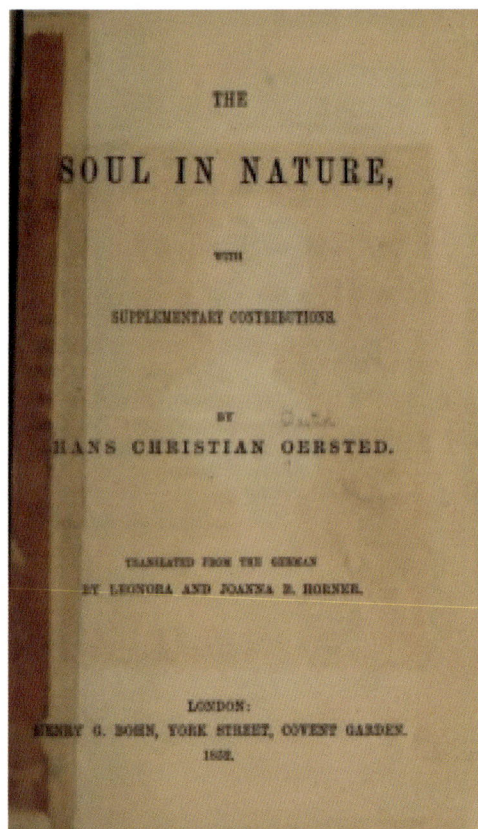

奥斯特著1852年出版的《The Soul In Nature，With Supplementary Contributions》的扉页

但他作为现代思想实验的明确描述者和重要实践者，在思想实验的发展史上具有重要地位。他将思想实验作为一种科学研究方法，通过创造性的思维和逻辑推论，在头脑中模拟实验过程，从而推动了科学理论的发展。

关于思想实验，奥斯特在其著作《The Soul In Nature，With Supplementary Contributions》表示："然而，我们可以从更高的角度来看待实验艺术。它把自己塑造成一种独特的创造性艺术，不仅是为了观察外部世界或发现其本质，同时也是为了把我们的思想转化为创造性活动，从而产生一种更和谐、更生动、更有力的关于自然不断发展的知识。它的特点是创造性的处理方式，它不仅发生在人们处理周围的客观物质对象的时候，而且它也完全存在于我们独处时的独立的内在思想。如果我们设想一个点，它允许自己移动，以便描绘一条线；或者一条线绕着它的一个端点移动，以便与另一个端点一起描绘一个圆，这除了是一种实验思想外，还能是什么呢？微分和积分的计算完全存在于这样的思想实验和这样的思考中。"[6] 思想实验的价值在于它们提供了一种无须实际实验就能深入探讨复杂问题的方法。通过想象不同的情景和结果，我们可以更深入地理解理论，预测可能的结果，以及发展新的理论。

参考文献

[1] 高胜利，杨奇. 化学元素新论[M]. 北京：科学出版社，2019.

[2] 李建西，李延祥. 铜料名称"镏铝"考[J]. 江汉考古，2010，（02）：124-130.

[3] 张子高，杨根. 从《化学初阶》和《化学鉴原》看我国早期翻译的化学书籍和化学名词[J]. 自然科学史研究，1982（04）：349-355.

[4] 胡澈. 介绍一种适用于基层医疗单位的灭菌方法[J]. 赤脚医生杂志，1976，（01）：47.

[5] 黄厚梅. 高中化学"铝与铝合金"的项目教学——探索易拉罐的回收工艺[J]. 中小学实验与装备，2024，34（03）：36-39.

[6] Hans Christian Oersted. Translated From The German By Leonora and Joanna B. Horner. The Soul In Nature, With Supplementary Contributions[M]. London: Henry G. Bohn, York Street, Covent Garden. 1852.

门捷列夫证明了：在依据原子量排列的各同族元素的系列中，发现有各种空白，这些空白表明这里有新的元素尚待发现。这些未知元素之一他称之为亚铝❶，因为该元素在以铝为首的系列中紧跟在铝的后面。他预先描绘了这一元素的一般化学性质，并大致地预言了它的比重、原子量以及原子体积。几年以后，勒科克·德·布瓦博德朗确实发现了这个元素，门捷列夫的预言被证实了，只有微不足道的误差。亚铝实际上就是镓。门捷列夫通过——不自觉地——应用黑格尔的量转化为质的规律，完成了科学上的一个勋业，这一勋业，足以同勒维烈计算出尚未见过的行星海王星的轨道的勋业媲美。❷

——恩格斯❸

恩格斯
1864年摄于曼彻斯特，图片源自《恩格斯传》❹

❶ 笔者注：化学著作中，此处应指类铝。
❷ 恩格斯. 自然辩证法 [M]. 北京：人民出版社，2018：81.
❸ 恩格斯（Friedrich Engels，1820年11月28日—1895年8月5日），德国思想家、哲学家、革命家、教育家、军事理论家，是全世界无产阶级和劳动人民的伟大导师和领袖，马克思主义创始人之一。
❹ 古斯达夫·梅尔著. 恩格斯传 [M]. 郭大力译. 北京：中央编译出版社，2022.

三、镓（Ga）

1.镓元素发现历史与中英文名称由来

1870年，门捷列夫就曾预言过类铝的性质，类铝（eka-aluminium）就是同族中与铝最相邻的元素，比铝元素高一个周期。门捷列夫根据周期系和类铝邻近元素的密度，计算了类铝的密度为5.9~6.0 g/cm³。1874年2月，法国科学家勒科克·德·布瓦博德朗（Lecoq de Boisbaudran）着手对皮尔埃尔菲特矿的一些闪锌矿矿石进行研究。1875年11月22日，门捷列夫撰写了题为《发现镓的笔记》的论文，并在法国化学会期刊《Comptes Rendus Hebdomadaires des Séances de L'Academie des Sciences》上发表，文中阐述了"类铝"的性质。同年12月6日，布瓦博德朗通过电解含镓盐的氨溶液首次成功制备出固体金属镓，并将研究成果提交至法国科学院[1]。1876年5月，布瓦博德朗确定金属镓的熔点很低，仅为29.5 ℃；其稳定性较好，长时间贮存在空气中外观无明显变化，加热至赤热时略被氧化。下表为类铝与镓的性质对比。

类铝与镓的性质对比

类铝（eka-aluminium）Ea	镓Ga
原子量约为68	原子量为69.72
纯单质具有低的熔点	熔点为29.75 ℃
相对密度接近6.0	相对密度为5.9
原子体积接近于11.5	原子体积为11.8
在空气中不发生变化	加热至红热缓慢地氧化
能使煮沸的水分解	高温时使水分解
能生成矾，但不像铝那么容易	矾的化学式为$NH_4Ga(SO_4)_2 \cdot 12H_2O$
Ea_2O_3很容易还原成金属	Ga_2O_3在氢气流中煅烧很容易还原成Ga
Ea比铝更易挥发，它将用光谱分析方法被发现	Ga是用光谱法发现的

门捷列夫对字头"eka"的用途做了解释："为了不给预期的元素引入新名称，按照它与同族中较轻元素相差的周期数，用梵文的数词头加在较轻元素名称之前来称呼它。"梵文中eka表示一，dvi表示二，tri表示三，chatur表示四等。梵文早已不再使用，但现代各种语言中的许多词来源于它。

镓元素的英文命名为Gallium，源于拉丁文"gallus"，意为"法国"。中国科学家在命名此元素时，因其拉丁文Gallus中首个音节发音为"家"，故用"金"字旁加上"家"而造出"镓"这个字。下图是镓元素的发现及发展历史时间轴。

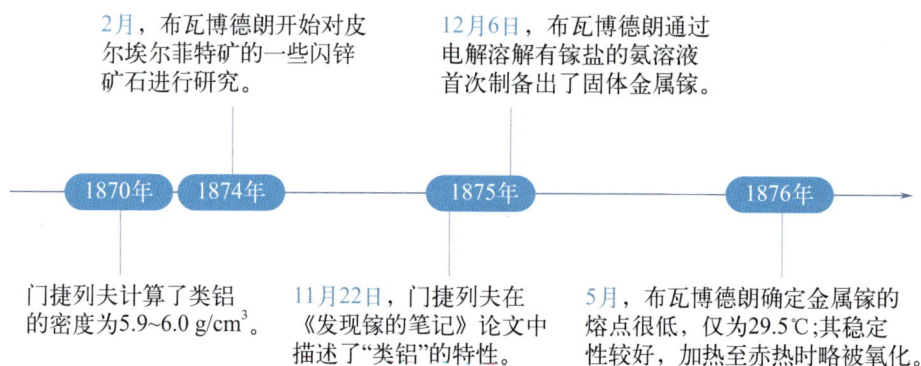

2月，布瓦博德朗开始对皮尔埃尔菲特矿的一些闪锌矿石进行研究。

12月6日，布瓦博德朗通过电解溶解有镓盐的氨溶液首次制备出了固体金属镓。

| 1870年 | 1874年 | 1875年 | 1876年 |

门捷列夫计算了类铝的密度为5.9~6.0 g/cm³。

11月22日，门捷列夫在《发现镓的笔记》论文中描述了"类铝"的特性。

5月，布瓦博德朗确定金属镓的熔点很低，仅为29.5℃；其稳定性较好，加热至赤热时略被氧化。

镓元素的发现及发展史 ❶

2. 镓元素基本性质

镓（Ga）位于第四周期第ⅢA族，基态电子组态为[Ar]$3d^{10}4s^24p^1$。单质镓是银白色软金属。化学性质活泼，但不如铝。常温下在空气中钝化。

镓是优良的半导体材料。砷化镓（GaAs）作为第二代半导体，凭借高频传输效率、优异能量转化率及宽温域稳定性，常见于半导体发光二极管、近红外激光器及光伏器件等领域。第三代半导体氮化镓（GaN）因化学稳定性强、力学硬度高及耐高温特性突出，成为高频雷达与电子对抗系统的关键材料。第四代氧化镓（Ga_2O_3）具有超宽禁带与独特光电特性，在紫外LED、功率电子器件及外延薄膜领域展现重要应用潜力，现为超宽禁带半导体研究的前沿方向。[2]

3. 第一个先理论预言，后在自然界中被发现的化学元素

恩格斯在其所著的《自然辩证法》中对镓元素的重大发现给予了高度评价："门捷列夫证明了：在依据原子量排列的各同族元素的系列中，发现有各种空白，这些空白表明这里有新的元素尚待发现。这些未知元素之一他称之为亚铝，因为该元素在以铝为首的系列中紧跟在铝的后面。他预先描绘了这一元素的一般化学性质，并大致地预言了它的比重、原子量以及原子体积。几年以后，勒科克·德·布瓦博德朗确实发现了这个元素，门捷列夫的预言被证实了，只有微不足道的误差。亚铝实际上就是镓。门捷列夫通过——不自觉地——应用黑格尔的量转化为质的规律，完成了科学上的一个勋业，这一勋业，足以同勒维烈计算出尚未见过的行星海王星的轨道的勋业媲美。"[3]

门捷列夫是俄国化学家，他最著名的贡献是发现了元素周期律，并据此设计了元素周期表。门捷列夫通过观察元素的物理和化学性质，发现它们似乎按照原子量的增加呈现出周期性的变化。他利用这一规律预测了一些尚未被发现的元素的性质，这些预测后来被实验所证实。

奥本·尚·约瑟夫·勒维烈（Urbain Jean Joseph Le Verrier）是法国天文学家和数学

---

❶ 图中时间轴主体颜色设计理念采用氮化镓二极管通电后发出的明亮蓝光。

家，他通过数学计算预测了海王星的存在和位置。当时，人们观测到天王星的实际轨道与根据牛顿万有引力定律计算出的轨道存在偏差，勒维烈和英国天文学家约翰·柯西·亚当斯（John Couch Adams）独立地计算出这些偏差可能是由于一颗尚未发现的行星的引力影响。最终，海王星在勒维烈预测的位置附近被发现。

恩格斯将门捷列夫的工作与勒维烈的成就相提并论，意在强调两者都通过理论推导和科学方法做出了开创性的贡献。门捷列夫的周期律不仅解释了已知元素的性质，还预测了新元素的存在，这与勒维烈通过数学计算预测海王星的存在一样，都是科学史上的重要里程碑。

"量变引起质变"是黑格尔哲学体系中的一个重要概念，指的是在某些情况下，事物数量的增加或减少可以导致质的变化，这一原理在不同的领域有不同的应用和解释。黑格尔的哲学原理在这里被用来比喻性地说明，无论是化学元素的组织还是天体的发现，当数据或现象积累到一定程度时，都能引发对规律的深刻理解和新发现的重大突破。

恩格斯的评价反映了他对科学进步的深刻理解，以及对辩证法在科学发现中潜在作用的认识。他将门捷列夫和勒维烈的工作视为科学史上的重要成就，显示了科学理论在推动知识进步中的力量。

4. 点亮21世纪的炫彩之光

（1）氮化镓蓝光二极管与白光LED革命

20世纪60年代，人们成功研发了红色与绿色LED（发光二极管）技术。只有红、绿、蓝三原色组合才能为人们产生照亮世界的白光。尽管相关研究机构和产业投入了巨额资金并付出了巨大的努力，三十年来，蓝光仍然是一个挑战。由于缺少三原色中的蓝色，无法实现可用于照明的白色LED光源。直至20世纪90年代早期，三位科学家成功利用半导体技术产生了明亮的蓝色光束，这一突破引发了照明技术领域的重大变革。正是蓝色LED技术的诞生，使人类能够采用全新的方法产生白色光源。蓝色LED的问世，不仅使得高亮度且节能的照明设备成为现实，还极大地改善了人们的生活质量。

2014年的诺贝尔物理学奖授予日本科学家赤崎勇（Isamu Akasak）、天野浩（Hiroshi Amano）和美籍日裔科学家中村修二（Shuji Nakamura），以表彰他们"发明了高效的蓝色发光二极管，实现了明亮、节能的白光光源"[4]。

氮化镓是赤崎勇、天野浩和中村修二所选择的材料，尽管其他人在他们之前都失败了，但他们最终还是成功了。早期，这种材料被认为适合产生蓝光，但实际困难已被证明是巨大的。没有人能够生长出足够高品质的氮化镓晶体，因为试图寻找适合生长氮化镓晶体的表面被认为是无望的尝试。此外，在这种材料中创建p型层几乎是不可能的。

1986年，赤崎勇和天野浩第一个成功创造出高质量氮化镓晶体，他们在蓝宝石衬底上放置了一层氮化铝，然后在其上生长出了高质量的氮化镓。

几年后，20世纪80年代末，他们在制造p型半导体材料方面取得了突破。赤崎勇和天野浩发现，在扫描电子显微镜下研究这种材料时，它发出的光更强烈。这表明来自显微镜的电子束使p型半导体材料性能增强。1992年，他们展示了第一个发出明亮蓝光的二极管。

　　中村修二于1988年开始研发蓝色LED。两年后，他也成功地制造出高质量的氮化镓。他找到了另一种方法来制造晶体，首先在低温下生长一层薄薄的氮化镓，然后在更高的温度下生长后续的层。

　　中村修二的实验也可以解释为什么赤崎勇和天野浩在p型半导体材料上取得了成功，那是由于电子束除去了阻止p型层形成的氢。中村修二用一种更简单、更便宜的方法取代了电子束，即通过加热材料，成功制备出了具有相同功能的p型层。因此，中村修二的解决方案不同于赤崎勇和天野浩。

赤崎勇（Isamu Akasak）　　天野浩（Hiroshi Amano）　　中村修二（Shuji Nakamura）
图片源自诺贝尔奖官方网站

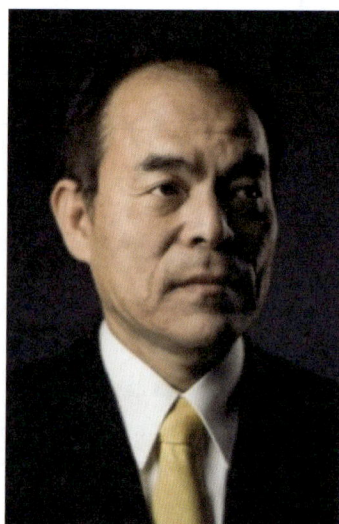

　　20世纪90年代，两个研究小组都成功地进一步改进了蓝色LED，使其效率更高。他们用铝或铟制造了不同的氮化镓合金，LED的结构变得越来越复杂。

　　赤崎勇、天野浩和中村修二还发明了一种蓝色激光器，其中尺寸只有一粒沙子大小的蓝色LED是关键部件。与LED的分散光相反，蓝色激光发出的光束非常聚集。由于蓝光的波长很短，它可以被压缩得更紧；在同样的区域，蓝光所能储存的信息是红外光的四倍。存储容量的增加很快带来了具有更长播放时间的蓝光光盘的发展，也使得具备更优性能的激光打印机的出现成为可能。

(2) 越来越亮越来越节能的光源

　　大约公元前15000年，人类开始使用油灯，按照现代的概念换算，油灯每消耗 1 W 的功率只能产生 0.1 lm（流明，亮度单位）的亮度；19世纪人类发明了灯泡（白炽灯），使 1 W 的功率产生的亮度提升到 16 lm；进入20世纪之后，随着荧光灯（日光灯）的普及，1 W 的功率已经可以产生 70 lm 的亮度；21世纪的照明光源基本上被LED光源取代，发光效率得到大幅度提升，1 W 的功率产生的亮度已跃升到 300 lm。

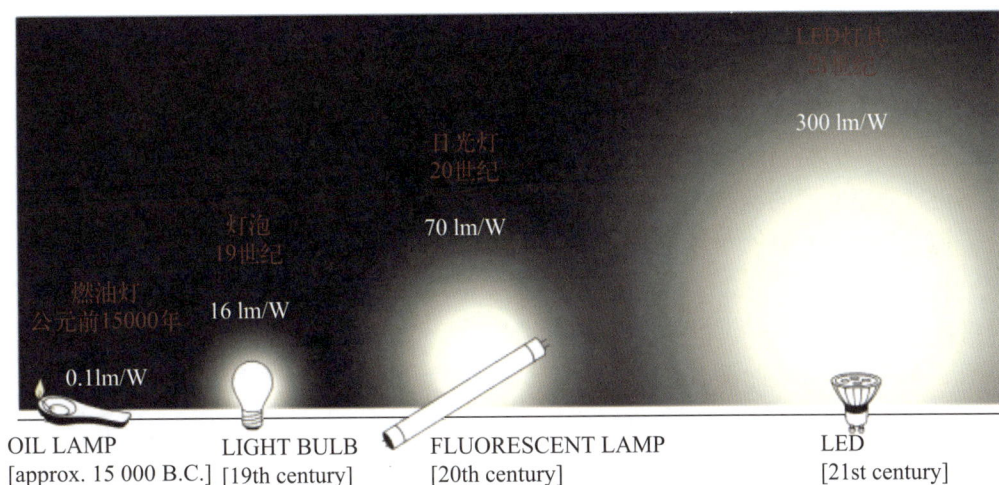

日光灯
20世纪

70 lm/W

灯泡
19世纪

300 lm/W

燃油灯
公元前15000年

16 lm/W

0.1lm/W

OIL LAMP | LIGHT BULB | FLUORESCENT LAMP | LED
[approx. 15 000 B.C.] | [19th century] | [20th century] | [21st century]

不同光源的发光效率图
图片源自诺贝尔奖官方网站

与以前使用的燃油灯相比，现代LED光源的发光效率提升了3000倍。LED灯比各种老式光源需要更少的功率来发光。鉴于全球电力消耗中约四分之一用于照明，采用高能效的LED灯具对于节约地球资源具有显著意义。

5.爆火的氮化镓快充

（1）快速充电设备材料

氮化镓应用广泛，涉及快充、服务器、通信电源、电机驱动、工业电源、音响、无线充电、激光雷达等多个领域，其中快充会继续引领氮化镓开关器件的市场成长。

相对于第1代半导体材料Si和第2代半导体材料砷化镓（GaAs）器件而言，GaN充电器具有体积小、质量轻、转换效率高、发热低、安全性高等优点，GaN器件可以在更高频率、更高功率、更高温度下工作，因而被认为是制备高温、高频、大功率器件的首选材料之一。GaN具有更高的电子迁移率、更高的击穿场强度等特性，所以将其应用在充电器中，可以实现更高的充电效率。随着全球智能设备销售量的快速增长，GaN充电器将快速占领快充市场。右图为华为GaN新型半导体材料卡片式全能充电器，该充电器

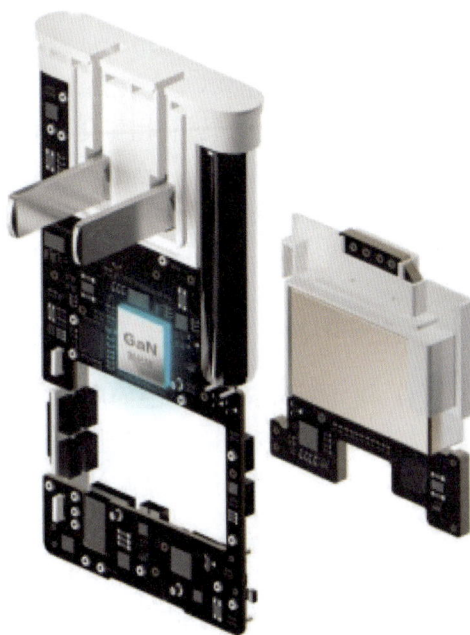

华为GaN新型半导体材料卡片式全能充电器
图片源自华为官方网站

采用高效合封GaN（氮化镓）与COB高集成平板变压器，笔型电解电容，给人造就惊艳的纤薄体验。

除此之外，碳化硅（SiC）作为另一种第三代半导体材料，具有高热导率、高击穿电场和高电子迁移率的特点。碳化硅器件在高温、高压和高频率应用中表现出色，适用于需要高效率和高功率密度的场合，例如电动汽车的逆变器和充电桩。

（2）氮化镓材料为什么可以快充

氮化镓快充技术的工作原理：首先是高电子迁移率。氮化镓材料的电子迁移率高于传统硅材料，这意味着电子可以在材料中更快地移动。这一特性使得氮化镓功率器件能够在更高的频率下工作，从而减小电源转换器的尺寸并提高效率。其次是高击穿电压。氮化镓器件具有高击穿电压特性，这使得它们能够在高电压应用中保持稳定性和可靠性。在快充电源中，这意味着可以设计出能够在较高电压下工作的电路，从而提供更快的充电速度。再次是低导通电阻。氮化镓器件的导通电阻较低，这减少了在电流通过时的能量损耗，提高了电源的整体效率。低导通电阻也有助于减少发热量，使得快充过程中的温控更加容易管理。最后是高热导性。氮化镓材料的热导性优于硅，这有助于更有效地散发在快充过程中产生的热量。良好的热管理对于保持器件的稳定性和延长使用寿命至关重要。

氮化镓快充技术的关键设计：首先是开关电源设计。氮化镓快充技术通常采用开关电源设计，这种设计使用高频开关来转换电能。开关电源通过快速开关电流，将输入电压转换成所需的输出电压，并在此过程中实现能量的高效转换。其次是谐振转换技术。为了进一步提高效率和减小尺寸，氮化镓快充技术可能会采用如LLC（Lower Loss Compensation）等谐振转换技术。这些技术利用电感和电容的谐振特性来减小开关损耗，实现高效率的能量转换。最后是集成化设计。氮化镓快充器件的集成化设计允许将控制器、驱动器和其他必要的电路集成到单一芯片中。这种集成化不仅减少了外部组件的数量，还有助于减小整体尺寸并提高系统的可靠性。

氮化镓快充技术通过利用氮化镓材料的独特物理特性，结合先进的开关电源和电路设计技术，实现了高效率、小体积和良好的热管理，为用户提供了更快、更便携的充电解决方案。随着技术的不断发展和成本的降低，氮化镓快充技术有望在未来得到更广泛的应用。

6.性质决定用途——镓低温开关和高温温度计

（1）镓元素低熔点高沸点的应用

镓的熔点仅为29.78 ℃，低于人体正常体温，能在手掌中轻易熔化成小球，犹如荷叶上滚动的水珠。尽管其熔点之低引人好奇，但正是这一特性使其在特定应用领域展现出独特价值。

在与锌、铝、锡、铋等金属合金化后，这种低熔点合金可广泛应用于自动灭火系统。当环境温度因火灾而升高时，该合金便会熔化，触发自动喷水装置，实现即时灭火。此外，该合金还被用作电器保险丝，能够在电流超载时自动熔断，切断电流，有效预防电气事故。

除了上述应用，镓的高沸点（2403 ℃）使其成为制造高温温度计的理想材料。相比之下，水银的沸点仅为360 ℃，决定了其只能用于测定300 ℃以下的温度。镓在高温测量领域不可或缺。

（2）镓高温温度计科技发展

在选择金属镓之前，高温温度计研究中曾尝试其他填充液体。德国制造了限量的水银石英温度计，通过高压气体提高水银沸点；尝试用锡替代水银，但未成功；钠-钾合金也因难以操作且易表面氧化而未能替代水银。

1926年，西尔维斯特·波伊尔（（Sylvester Boyer））发表了关于高温温度计研究和开发的学术论文，提出使用金属镓作为温度计填充液体。该高温温度计设计类似水银温度计，刻度可达1000℃，采用熔融石英作为容器，以镓为填充液体。

然而，镓作为温度计液体面临一主要障碍，即其表面张力大，对玻璃和石英的湿润性差。为此，波伊尔研究了克服镓湿润性质的方法，获取了气体溶解、表面氧化、镓的过冷现象及杂质对湿润性影响等信息，并介绍了制备温度计的填充操作、蚀刻石英和标记刻度的成功方法。在填充温度计时，镓的表面氧化问题明显，需要完全保护以避免氧化。

波伊尔还介绍了一种将镓从氧化物中分离并填充到温度计中的方法，包括盐酸处理、真空处理和加热。同时，针对在石英上标记和校准刻度的困难，提出了解决方案，即使用热稀释氢氟酸和特定比例的沙子与氧化铜形成耐化学试剂和高温处理的清晰标记，最终使高温镓温度计的标记和校准成为可能。[5]

华中科技大学教授高义华是碳纳米温度计发明人。2002年，高义华教授发表学术论文，说明了碳纳米管（长约10 μm，直径约75 nm）内液态镓的连续一维柱的高度可以在50～500 ℃的温度范围内线性变化和可重复，其膨胀系数与宏观状态下的镓相同。之所以选择镓作为碳纳米管中的热指示剂，因为它是所有金属中液体范围（29.78～2403 ℃）最大的金属之一，即使在高温下蒸气压也很低。这种纳米温度计有望适用于各种微环境[6]。

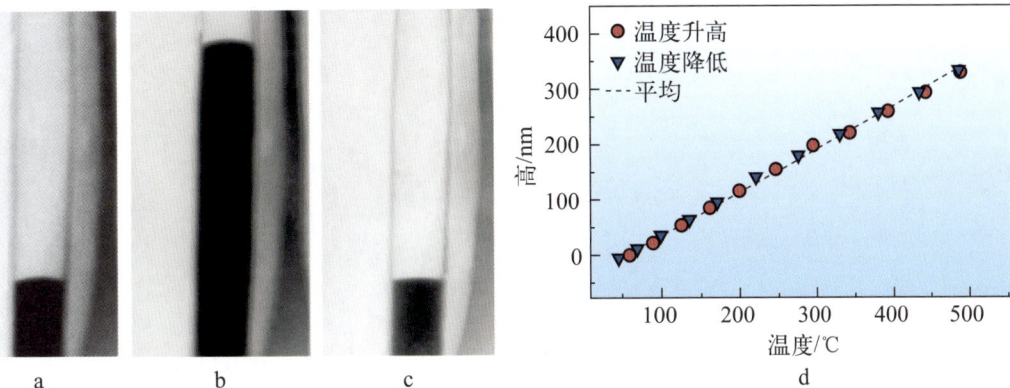

碳纳米管中镓随温度升高而膨胀

图片源自高义华学术论文[6]

7. 镓元素的医学作用

镓（Ga）在临床疾病诊断和治疗中有重要应用。在体内，氧化还原惰性的 Ga(Ⅲ) 通常作为 Fe(Ⅲ) 的竞争性抑制剂，破坏感染部位的铁稳态，从而破坏细菌生物被膜的结构和功能，实现抗菌作用。在癌症诊疗方面，Ga(Ⅲ) 可以通过与转铁蛋白结合或独立运输的方式进入细胞。其放射性同位素（^{67}Ga 或 ^{68}Ga）在癌组织中富集，实现肿瘤的放射影像学诊断；而非放射性 Ga 则通过抑制核糖核苷酸还原酶（RR）的正常功能、引起线粒体氧化应激等途径杀灭癌细胞。[7]

参考文献

[1] 张文雅，袁振东. 从类铝到镓同位素：镓元素的发现及其概念的历史演变 [J]. 化学教育（中英文），2024，45（06）：113-118.

[2] 冯琪威，孟郁苗. "镓"国情怀，虽散实丰 [J]. 矿物岩石地球化学通报，2024，43（06）：1-9.

[3] 恩格斯. 自然辩证法 [M]. 北京：人民出版社，2018：81.

[4] 潘笃武. 照亮21世纪的新型光源——2014年诺贝尔物理学奖介绍 [J]. 自然杂志，2014，36（06）：415-420.

[5] Sylvester Boyer. A High Temperature Thermometer[J]. J Opt Soc Am，1926，13，117-122.

[6] Gao Y，Bando Y. Carbon Nanothermometer Containing Gallium[J]. Nature，2002，415：599.

[7] 彭信心，许李智，张佳仪，等. 镓元素在医疗卫生领域的应用：以抗癌与抗菌为例 [J]. 大学化学，2022，37（03）：14-23.

回顾自己多年来所走的路，要说什么特别出色的成就和贡献，我觉得谈不上。但是我们总是在不断地努力，甚至也向一些新的领域进取，而且，只要进去，总能有所收获。❶

——张青莲❷

张青莲院士
图片源自光明网❶

❶ 张青莲：我们总是在不断地努力 _名言警句 _光明网

❷ 张青莲（1908—2006），中国科学院院士，无机化学家。20世纪90年代以来系统地进行了原子量的精确测定工作，所测定铟、锑等10种元素的原子量已被国际纯粹与应用化学联合会确定为新的国际标准数据。

第三章
硼族元素（ⅢA族）

四、铟（In）

1. 铟元素发现历史与中英文名称由来

1863年，德国化学家赖希（Reich）通过燃烧矿石并去除硫和砷后使用盐酸溶解，发现了一种草黄色沉淀，即 In_2S_3。李希特（Hieronymus Theodor Richter，1824—1898）帮助他作分光镜观察灼烧该硫化物沉淀的光谱线，发现一条靛青色的新谱线。1867年，李希特制备了金属铟，并向巴黎科学院提交了一些样品。1952年，肖（Shaw）在地球化学和宇宙地球化学杂志（*Geochimica Et Cosmochimica Acta*，简称GCA）上发表了铟铊的地球化学文章。1953年，安德森（Anderson）研究了澳大利亚某些矿物中铟的地球化学特征[1]。1991年，张青莲用同位素质谱法测得铟元素的精确原子量为114.818 ± 0.003。

铟元素取名为Indium，该词源自"indrgo"（靛青），一种天然染料的颜色。最早该染料是从一种印度植物中获得的，罗马人把这种植物称为indicum，即印度的拉丁语[2]。通过西班牙语该词又变成英语"indrgo"。中国科学家在命名该元素时，鉴于其拉丁文indicum中首个音节发音为"因"，遂以"金"字旁与"因"组合，创造出"铟"字。下图是铟元素的发现及发展历史时间轴。

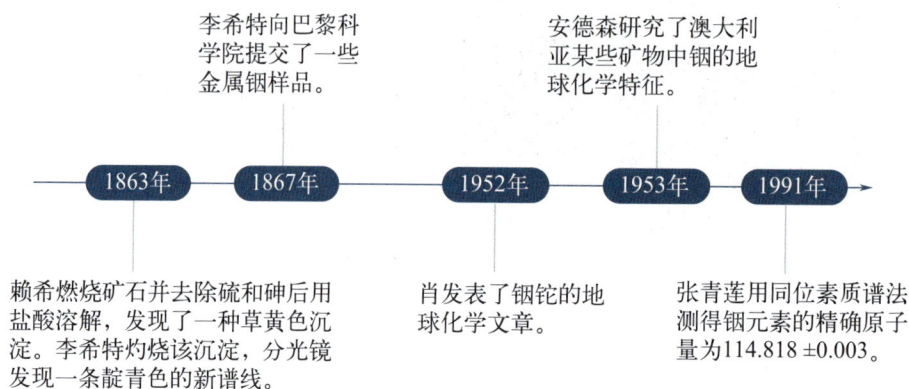

李希特向巴黎科学院提交了一些金属铟样品。

安德森研究了澳大利亚某些矿物中铟的地球化学特征。

| 1863年 | 1867年 | 1952年 | 1953年 | 1991年 |

赖希燃烧矿石并去除硫和砷后用盐酸溶解，发现了一种草黄色沉淀。李希特灼烧该沉淀，分光镜发现一条靛青色的新谱线。

肖发表了铟铊的地球化学文章。

张青莲用同位素质谱法测得铟元素的精确原子量为114.818 ±0.003。

铟元素的发现及发展史 ❶

2. 铟元素基本性质

铟（In）位于第五周期第ⅢA族，基态电子组态为 $[Kr]4d^{10}5s^25p^1$。铟为银白色金属，质地柔软且具有延展性，常温下在空气及水环境中保持稳定，但可溶于酸性介质。其常温下可与氯、溴发生反应，高温条件下则能与氧、硫、磷、砷等非金属元素直接化合。基于其156 ℃的低熔点特性，铟可与锡、铋形成低熔点合金，广泛用于消防报警系统及喷淋装置的热敏触发元件。铟与磷反应生成的磷化铟（InP）作为Ⅲ-Ⅴ族闪锌矿型化合物半导体，兼具优异的光电转换性能、高热导率、强抗辐射能力以及宽禁带特征。

---

❶ 图中时间轴主体颜色设计理念采用光谱分析法中铟元素的光谱线特征颜色——靛青色。

3.比铅毒性还大的金属铟及其应用

铟的毒性不容忽视，其职业接触限值为 0.1 mg/m³，而铅为 0.05 mg/m³。[3] 随着铟冶炼行业的扩张及职业性接触铟人数的增加，加之液晶显示器、半导体合成、高端医疗器械等依赖铟的高科技产品生产线越来越多，职业性铟中毒防治方面面临新的挑战。[4]

铟锡氧化物（ITO）靶材在高温下由 90% 氧化铟（In_2O_3）和 10% 氧化锡（SnO_2）煅烧而成，是一种重要的原材料，主要是用于制造显示器、触摸屏的薄膜和电极。近年来，随着显示器和触摸屏技术的广泛应用，对 ITO 靶材的需求显著增加。铟的主要应用有七成是用于平板显示，剩余三成分别用于半导体化合物、焊料与合金、光伏薄膜以及其他用途。[5]

4.铟科技前沿

（1）有望替代传统碳基材料的铟-铟单键聚合物

2006 年，英国科学家 Michael S. Hill 发表了一篇研究论文，他在铟原子之间成功构建了由铟-铟单键组成的长链结构。这一发现颇具突破性，因为传统上只有碳族元素才能形成此类化学键。鉴于所有生命体系及多数聚合物均含有碳元素，并且正是由于碳的独特能力才得以形成这种化学键，铟-铟单键的发现显得尤为引人注目。

与碳及其较重的同族元素相比，很少观察到 ⅢA 族元素连接成线性链。来自伦敦帝国大学与苏塞克斯大学的研究团队通过碘化铟与一种钾衍生物（质子化的 *N*-羟甲基 β-双氮丁酯和四氢呋喃中的强钾碱）之间的置换反应，成功制备了铟聚合物——六铟链。X 射线晶体学显示，每个铟中心都有一个 β-双氮丁酯配体，没有桥接配体支撑这 5 个铟-铟单键。末端的铟中心与碘连接。[6]

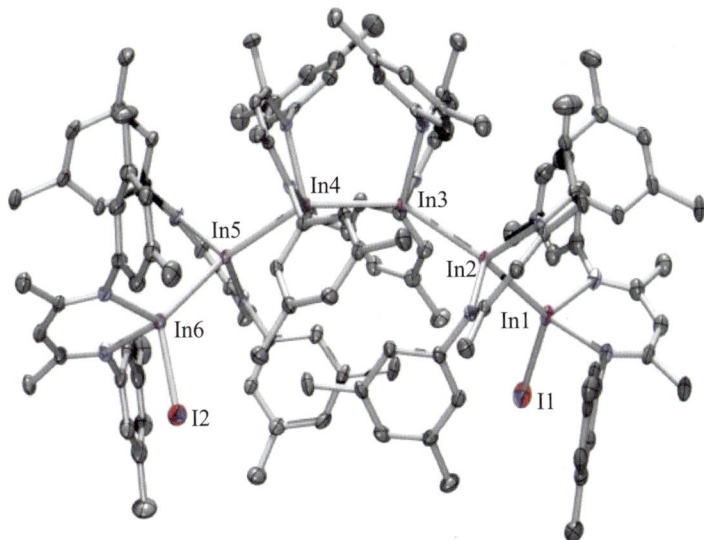

六铟链的螺旋构型 ❶
图片源自 Michael S. Hill 学术论文[6]

❶ 不同原子颜色：碳，灰色；铟，红褐色；氮，蓝色；碘，红色。

所制备的新型铟化合物展现出独特的电子结构特性，这使得属于元素周期表第13列的硼族元素也能够模仿碳基有机物的方式聚合成高分子材料。目前，他们正致力于对该铟聚合物分子进行更深入的研究，并探索在硼族元素化合物中形成不同长度链的可能性，以期最终开发出稳定的聚合物材料。

（2）铜铟镓硒薄膜太阳能电池

光伏组件又称太阳能电池，太阳能电池的发展已经进入第三代。第一代是晶硅太阳能电池（1950年代至今），主要是单晶硅和多晶硅。第二代是薄膜电池（1990年代至今），主要是非晶硅（a-Si）、碲化镉（CdTe）、铜铟镓硒（CIGS）等。第三代指新型高效以及低成本技术的太阳能电池（2000年至今），主要包括钙钛矿电池、有机光伏、量子点电池、叠层/多结电池等。第一代主导市场，依赖高纯度硅，高效率但成本较高。第二代利用薄膜技术，轻量化但效率受限，适合特殊场景。第三代追求超高效与低成本，但需解决稳定性与量产问题。

铜铟镓硒（Copper Indium Gallium Selenide，简称CIGS）薄膜太阳能电池具有广阔的应用前景，它以铜（Cu）、铟（In）、镓（Ga）、硒（Se）为主要原料，通过特殊的工艺制备而成。其结构包括前后的盖板玻璃和衬底玻璃，中间依次排列有氧化锌窗口层、硫化镉缓冲层、铜铟镓硒吸收层以及钼背电极层[7]。

CIGS薄膜电池具有以下显著特点：一是具有较高的光电转换效率。其独特的材料结构和能带特性使其在吸收太阳光后能够有效地将光能转化为电能。二是良好的稳定性。它能够在较宽的温度范围和光照强度下正常工作，不易受到外界环境因素的影响。此外，CIGS材料具有较好的抗衰减性能，电池在长期使用过程中能够保持相对稳定的输出功率。三是弱光性能好。与传统的晶硅太阳能电池相比，CIGS薄膜电池在弱光条件下仍能保持较好的发电性能。这意味着在阴天、清晨或傍晚等光照条件不佳的情况下，电池仍能有效地利用太阳光发电，具有更广泛的适用范围。四是较低的制造成本。其制备工艺相对简单，材料消耗较少，因此具有成本优势。五是可柔性化。CIGS薄膜电池可以制备在柔性基底上，如塑料薄膜、不锈钢箔等。这一特点使其在应用方面具有更大的灵活性和创新空间，可以应用于建筑一体化、可穿戴设备、移动能源等领域。

在CIGS薄膜太阳能电池中，镓元素发挥着至关重要的作用。镓的加入可以调节材料的带隙宽度，从而优化电池对太阳光谱的吸收能力。适当比例的镓能够提高电池的开路电压和短路电流，进而提升整体的光电转换效率。此外，镓还能改善材料的晶体结构和稳定性，减少缺陷态密度，提高电池的耐久性和环境适应性。铜铟镓硒薄膜太阳能电池以

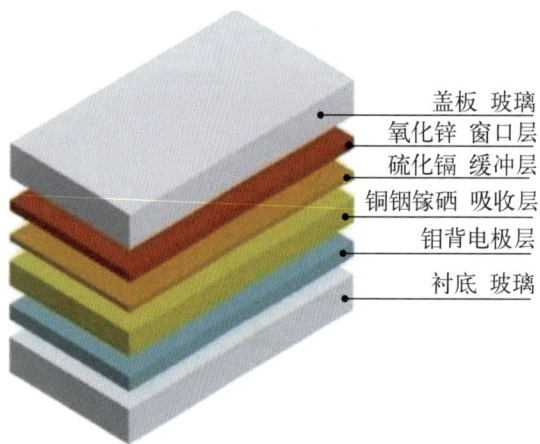

盖板 玻璃
氧化锌 窗口层
硫化镉 缓冲层
铜铟镓硒 吸收层
钼背电极层
衬底 玻璃

铜铟镓硒薄膜太阳能电池
图片源自魏进学位论文[7]

其高效率、稳定性强、弱光性能好、成本低以及可柔性化等优点，在太阳能光伏领域展现出了巨大的潜力和广阔的应用前景。[8]

5.铟元素原子量测量中的中国力量

1991 年张青莲用同位素质谱法测得铟元素的精确原子量是 114.818 ± 0.003。这为国际原子量表增加了一个新数字，这是国际上第一次采用中国测定的原子量数据作为标准数据。人们认为这不仅说明中国人的科学水平有国际竞争能力，更重要的是为中国人民长了志气。

提炼的金属铟
图片源自侯文达学术论文[5]

张青莲院士曾说："回顾自己多年来所走的路，要说什么特别出色的成就和贡献，我觉得谈不上。但是我们总是在不断地努力，甚至也向一些新的领域进取，而且，只要进去，总能有所收获。"

参考文献

[1] 罗卫.广西大厂锡多金属矿田分散元素矿床地球化学研究[D].中南大学，2009.

[2] 沙国平，张连英.化学元素的发现及其命名探源[M].成都：西南交通大学出版社，1996.

[3] 丁春光.铟冶炼及液晶显示面板生产工人铟职业暴露和生物标志物研究[D].北京：中国疾病预防控制中心，2016.

[4] 黄世文，江世强.铟及其化合物毒性和健康影响研究进展[J].中国职业医学，2010，37（05）：423-426.

[5] 侯文达，叶子，陈程，等."铟"为有你，生活多彩[J].矿物岩石地球化学通报，2022，41（04）：905-911.

[6] Hill M S，Hitchcock P B，Pongtavornpinyo R. A Linear Homocatenated Compound Containing Six Indium Centers[J]. Science，2006，311：1904-1907.

[7] 魏进.双层皮光伏幕墙建筑热电性能模拟研究[D].太原：太原理工大学，2022.

[8] 刘欣星，赵宇琪，宫俊波，等.柔性铜铟镓硒薄膜太阳能电池技术的发展及现状[J].真空与低温，2020，26（05）：377-384.

我在美国时，读过一篇有关铊中毒的文章。一家工厂的工人一个接一个地死去，每个人的死因都不一样，有的是伤寒，有的是中风，有的是……中毒致死的也不一样，包括脑瘤、脑炎、肺炎等等。症状也有区别。最初可能会呕吐、下痢或四肢疼痛，是些会被医生当成风湿热或瘫痪之类的病兆——有个病人还被装上了铁肺。有时有人皮肤上还有沉积的色素。❶

——阿加莎·克里斯蒂❷

阿加莎·克里斯蒂（Agatha Christie）
图片源自朱广春学术论文❸

---

❶　阿加莎·克里斯蒂著.白马酒店[M].林树明，卢玫译.贵阳：贵州人民出版社，1998：225.

❷　阿加莎·克里斯蒂（Agatha Christie，1891—1976），是吉尼斯世界纪录中最畅销的推理小说家，是举世公认的侦探小说女王。

❸　朱广春.阿加莎·克里斯蒂——侦探推理小说的女王[J].疯狂英语（初中天地），2024，（02）：28-32.

五、铊（Tl）

1.铊元素发现历史与中英文名称由来

1850年，英国化学和物理学家威廉·克鲁克斯（William Crookes）收到德国铁尔克罗工厂由铅室法生产硫酸后留下的10磅残渣。1861年，克鲁克斯用分光镜检视从硫酸厂送来的残渣的光谱时发现新的谱线，谱线呈绚丽的绿色。他断定这种残渣中必定含有一种新元素，并把它命名为"Thallium"。1862年，法国化学家克劳德·奥古斯特·拉密（Claude-Auguste Lamy）从硫酸厂燃烧黄铁矿的烟尘中分离了黄色的$TlCl_3$，他再用电解法从$TlCl_3$中提取出金属铊。1862年6月23日，拉密向巴黎科学院提交了一大块约14 g金属铊的样品。1866年，瑞典发现了一种铊矿，为纪念克鲁克斯而命名为克鲁克斯矿[1]。铊元素的英文名，源于希腊文"thallos"，意为"绿色嫩芽"，即其燃烧火焰呈现的嫩绿色。中国科学家在命名该元素时，鉴于其希腊文名称"thallos"中首个音节发音为"它"，遂以"金"字旁与"它"组合，创造出"铊"字。下图是铊元素的发现及发展历史时间轴。

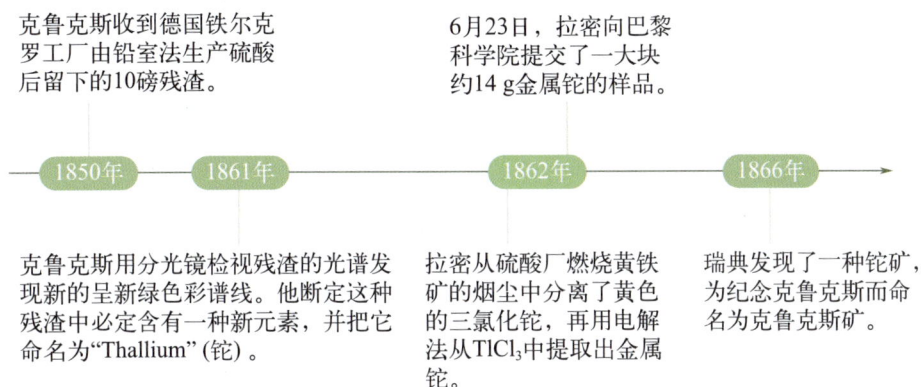

克鲁克斯收到德国铁尔克罗工厂由铅室法生产硫酸后留下的10磅残渣。

6月23日，拉密向巴黎科学院提交了一大块约14 g金属铊的样品。

| 1850年 | 1861年 | 1862年 | 1866年 |

克鲁克斯用分光镜检视残渣的光谱发现新的呈新绿色彩谱线。他断定这种残渣中必定含有一种新元素，并把它命名为"Thallium"（铊）。

拉密从硫酸厂燃烧黄铁矿的烟尘中分离了黄色的三氯化铊，再用电解法从$TlCl_3$中提取出金属铊。

瑞典发现了一种铊矿，为纪念克鲁克斯而命名为克鲁克斯矿。

铊元素的发现及发展史❶

2.铊元素基本性质

铊（Tl）位于第六周期第ⅢA族，为金属元素，基态电子组态为$[Xe]4f^{14}5d^{10}6s^26p^1$。

铊呈银白色重金属特性，质地柔软且缺乏延展性，易熔融。常温下其表面可形成致密氧化膜从而抑制了深层氧化，可与卤素直接反应，高温下与硫、磷等元素发生化合作用。该金属难溶于碱性介质，与盐酸反应缓慢，但易溶于硝酸及稀硫酸生成可溶性盐，且不溶于水。其卤化物具有与卤化银类似的光敏特性，易发生光解反应，该类化合物均呈现高毒性特征。[2]

---

❶ 图中时间轴主体颜色设计理念采用光谱分析法中铊元素的光谱线特征颜色——新绿色。

3.剧毒的铊元素

(1) 阿加莎·克里斯蒂和她的小说《白马酒店》

铊被发现后不久，大家就意识到了它的毒性，铊被广泛用作老鼠药，由于发生了许多悲惨的事故和谋杀案，在许多国家铊被禁止使用。阿加莎·克里斯蒂在她1961年的小说《白马酒店》中对铊的描述是："我在美国时，读过一篇有关铊中毒的文章。一家工厂的工人一个接一个地死去，每个人的死因都不一样，有的是伤寒，有的是中风，有的是……中毒致死的也不一样，包括脑瘤、脑炎、肺炎等等。症状也有区别。最初可能会呕吐、下痢或四肢疼痛，是些会被医生当成风湿热或瘫痪之类的病兆——有个病人还被装上了铁肺。有时有人皮肤上还有沉积的色素。"[3]在小说中，阿加莎相当详尽地描写了铊中毒的症状，包括乏力、刺痛、手脚麻木、昏厥、言语不清、失眠和丧失活动能力等。

这部小说挽救了一条生命。1977年，一名来自卡塔尔的19个月大的女童被送入伦敦的哈默史密斯医院，女孩得了一种严重的未知疾病。没人能做出诊断，医生已经无能为力。然而，一位读过《白马酒店》的护士意识到她的病人的症状与克里斯蒂虚构的受害者之间有相似之处。结果尿样检查发现女童体内的铊含量很高，医生使用了解药——普鲁士蓝，它可以与金属铊结合并帮助将其排出体外。随后的出版物在描述这一事件时写道："我们十分感激已故的阿加莎·克里斯蒂和她出色而敏锐的临床描述；同时也感谢梅特兰护士让我们了解最新的文学作品。"经过调查，还真没有任何人企图毒害这位女婴，她是在家中厨房的排水管附近不小心吃了一种含铊的老鼠药[4]。

(2) 特效解药——普鲁士蓝

普鲁士蓝（Prussian Blue），即亚铁氰化铁，化学式为$Fe_4[Fe(CN)_6]_3$，不溶于水，难褪色，最初由德国人发明因此叫普鲁士蓝。

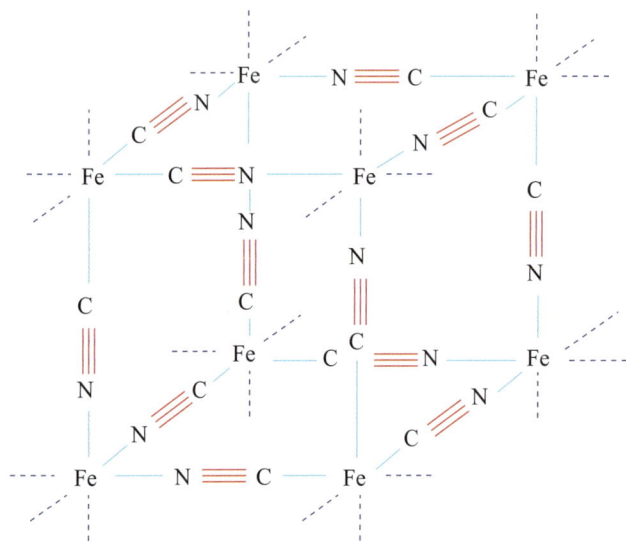

普鲁士蓝的结构

普鲁士蓝是一种无毒色素，在医疗上铊可置换普鲁士蓝上的铁后形成不溶性物质，使其随粪便排出，对治疗经口急慢性铊中毒有一定疗效。用量一般为每日 250 mg/kg，分 4 次，溶于 50 mL 20% 甘露醇中口服[5]。以下是普鲁士蓝治疗铊中毒的化学原理：

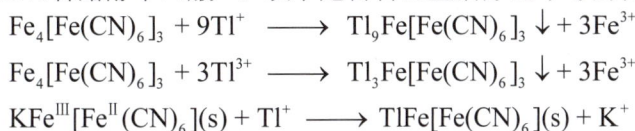

$$Fe_4[Fe(CN)_6]_3 + 9Tl^+ \longrightarrow Tl_9Fe[Fe(CN)_6]_3 \downarrow + 3Fe^{3+}$$

$$Fe_4[Fe(CN)_6]_3 + 3Tl^{3+} \longrightarrow Tl_3Fe[Fe(CN)_6]_3 \downarrow + 3Fe^{3+}$$

$$KFe^{III}[Fe^{II}(CN)_6](s) + Tl^+ \longrightarrow TlFe[Fe(CN)_6](s) + K^+$$

（Fe^{II} 表示 Fe^{2+}，Fe^{III} 表示 Fe^{3+}）

4. "铊" 之益

^{201}Tl 的生物特性与 K^+ 相似，静脉注射后会迅速从血液中转移至体内多种脏器和组织，并主要浓集在细胞内。各脏器浓集 ^{201}Tl 的程度与该脏器的血流灌注量和摄取率成比例。

^{201}Tl 的半衰期约为 73 小时，利用这一性质，氯化亚铊（^{201}Tl）在医学领域可有多种重要应用。研究表明，^{201}Tl 单光子发射计算机断层显像在冠心病诊断方面具有较高的灵敏度、特异度和准确度，在临床上具有重要的应用价值。^{201}Tl 注射液作为显示心肌缺血的核素显像剂，对诊断冠心病具有独特的重要意义。各医院的核医学科可将其作为心肌灌注显像的首选药物，用于心肌缺血、心肌梗死、室壁瘤的定位、心肌活力检测、冠脉手术方案的制定和术后效果的评价以及心肌病的鉴别诊断。[6]

此外，^{201}Tl 在甲状腺癌转移切灶检查、甲状腺结节良恶性鉴别以及甲状旁腺腺瘤的诊断和定位方面也发挥着重要作用，使用时需采取相对安全的放射性活度。^{201}Tl 还可以作为放射源用于 γ 检测照射机。

然而，在使用放射性药物时也需注意一些事项。放射性药物注入患者体内后，患者会成为一个流动的放射源，可能对附近的医护人员或陪护人员造成一定的外照射风险。同时，患者的排泄物也可能对环境造成一定的污染。因此，医护人员应尽量远离注药患者，减少接触时间，并设置专用的候诊区和厕所，限制注药患者的随意走动，以降低辐射风险。

参考文献

[1] John Emsley. The Elements of Murder[M]. New York：Oxford University Press，2005.

[2] 高胜利，杨奇. 化学元素新论 [M]. 北京：科学出版社，2019.

[3] 阿加莎·克里斯蒂著，林树明，卢玫译. 白马酒店 [M]. 贵阳：贵州人民出版社，1998：225.

[4] Lennartson，A. Toxic thallium[J]. Nat Chem，2005，7：610.

[5] 汪颖，何跃忠. 铊中毒与急救的研究进展 [J]. 国际药学研究杂志，2010，37（02）：118-121.

[6] 詹昕，左媛. 多巴酚丁胺负荷超声心动图与铊 -201 SPECT 对冠心病的诊断价值研究 [J]. 全科医学临床与教育，2020，18（07）：588-591.

元素／之思

Ideology of Elements:
Explore the Mysteries of the Chemical World

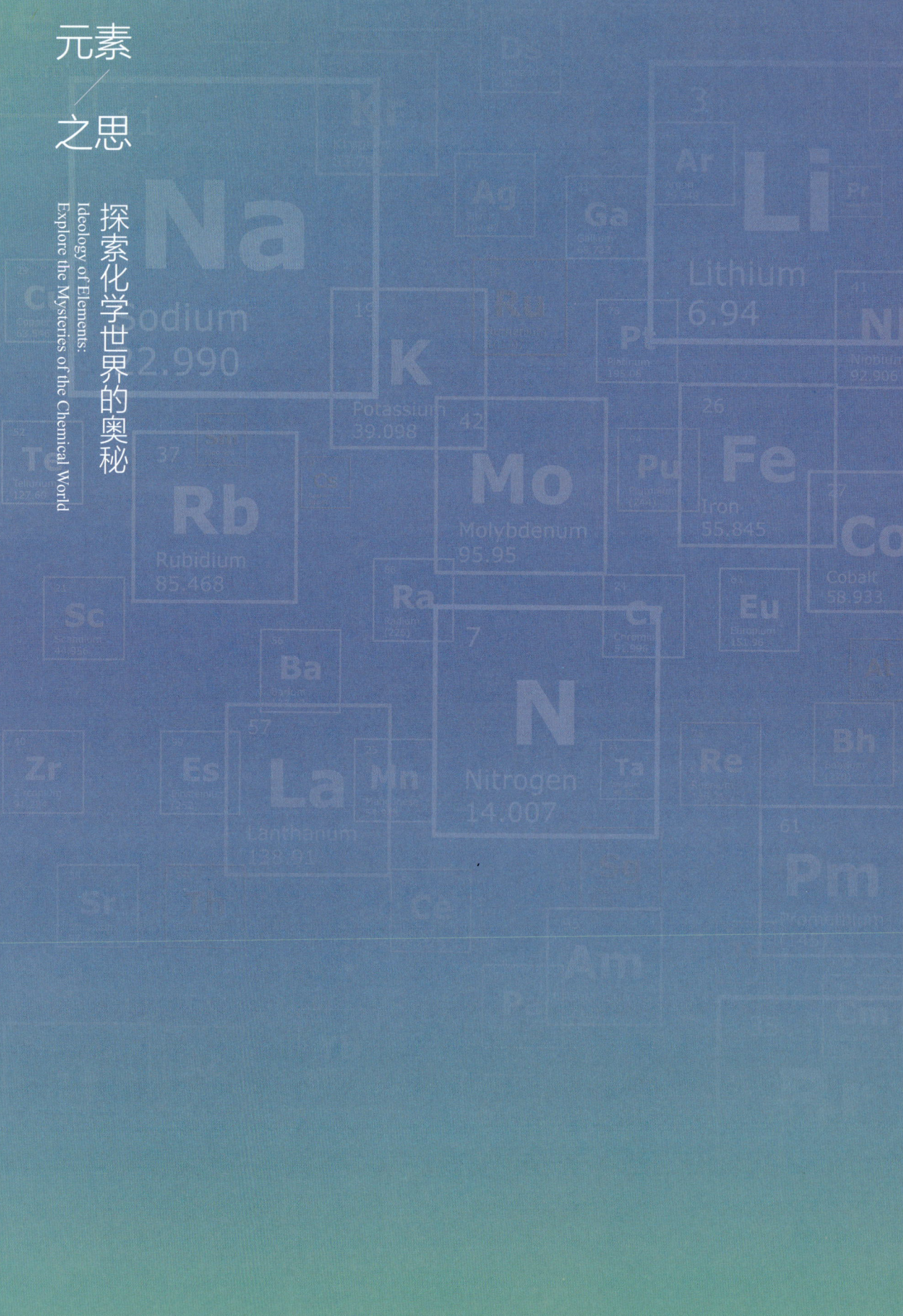

探索化学世界的奥秘

第四章

碳族元素

（ⅣA 族）

凿开混沌得乌金，藏蓄阳和意最深。

爝火燃回春浩浩，洪炉照破夜沉沉。

鼎彝元赖生成力，铁石犹存死后心。

但愿苍生俱饱暖，不辞辛苦出山林。❶

—— 于谦❷

于谦《咏煤炭》诗配图❸

❶ 出自明代诗人于谦《咏煤炭》。

❷ 于谦（1398 年 5 月 13 日—1457 年 2 月 16 日），字廷益，号节庵，浙江杭州府钱塘县（今杭州市上城区）人。明朝政治家、军事家、民族英雄。

❸ 此作品是周晋司特为本书所创作。周晋司，男，讲师，工程硕士研究生，研究方向：工业设计，2021 年 2 月至今于凯里学院大数据工程学院任教。

一、碳（C）

1.碳元素发现历史与中英文名称由来

碳在自然界中存在有两种常见的同素异形体——金刚石和石墨，二者早已被人们所认知。1772年，安东尼·拉瓦锡（Antoine Lavoisier）证明钻石是碳的一种存在形式，当他将一些钻石和煤的样品燃烧时，发现它们都不生成水，并且每克的钻石和煤所产生的CO_2的量是相等的。1797年，台耐特（Tennant）发现等量的金刚石和石墨燃烧时释放出等量的CO_2。1799年，古堂·德·毛沃（Cuyton de Morveau）证明碳是金刚石、石墨和焦炭中唯一的组分。20年后，他通过小心加热，成功地把金刚石转变成石墨，接着转变成CO_2。1955年，历史上首次制得人造金刚石。这种合成是在3000 ℃和超过10^9 Pa的压力下完成的。1960年，苏联科学家们制成一种新的物质卡宾碳（carbine）[1]，即碳的第三种同素异形体，碳原子在其中排成长链，也称之为碳链[2]。此后又分别发现了富勒烯、石墨烯、石墨炔等形式的碳单质。

"carboneum"这一名称首次出现在1787年由拉瓦锡、毛沃、柏托雷（Berthollet）和孚克拉（Fourcroy）等编著的《化学命名法》一书中。碳的命名取自拉丁语"木炭"之意。拉丁语中"煤"称为carbo（所有格为carbonis），英语中元素碳（Carbon）的名称就是由此得来的。在英语中煤叫coal，它最初用于指任何燃烧着的余烬。如将木材加热但不使其产生火焰，留下一种黑色的残余物，继续加热它会缓慢燃烧，这就是木炭（charcoal）。char的意思是炭化，charcoal的意思是经过炭化形成的煤，也就是木炭。

煤、木炭和各种形式的煤烟等都是无定形碳，对这类物质称为"amorphous"（无定形的），源自希腊语a-（意为"无"或"不"）和morphous（意为"形状"）。

石墨中每6个碳原子构成一个六角环形的层状晶体结构，层与层之间的结合力较弱，很容易分离。因此容易在纸上用石墨进行书写，碳的这种同素异形体英文名为"graphite"石墨，源自希腊语graphein，原意即为"写"。

碳元素形成的另一种单质是金刚石，金刚石是具有正四面体结构的原子晶体，可以形成非常坚硬的碳元素的同素异形体，人们曾一度用adamant一词来表示它，该词源自希腊语前缀a-（不可）和希腊语daman（征服），意为"不可征服的"的物质[3]。

1955年我国对元素"C"的现行名词仍旧是"炭"。此后按照命名规范要求，加上"石"字旁表示非金属元素，从而形成现在"碳"元素的中文名称。下图是碳元素的发现及发展历史时间轴。

| 1772年 | 1797年 | 1799年 | 1819年 | 1955年 | 1960年 |

拉瓦锡表明钻石是碳的一种存在形式。　　毛沃证明碳是金刚石、石墨和焦炭中唯一的组分。　　世界历史上首次得到人造金刚石。

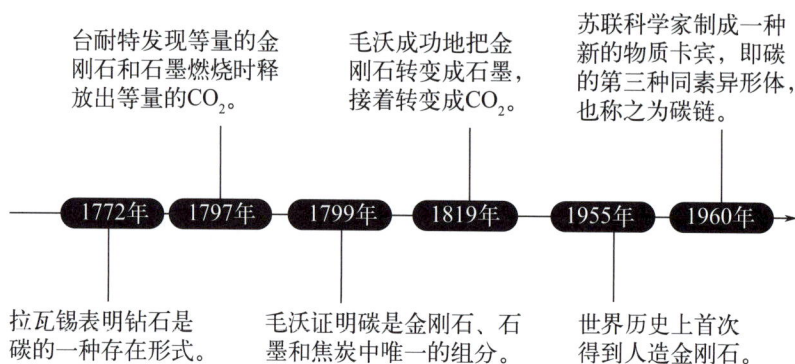

碳元素的发现及发展史 ❶

2.碳元素基本性质

碳（C）位于第二周期第ⅣA族，为非金属元素。基态电子组态为 $[He]2s^22p^2$。碳元素具有多种杂化方式，包括sp、sp^2和sp^3杂化，这使得它可以形成多种同素异形体，如无定形碳、石墨、金刚石、富勒烯、石墨烯、石墨炔等。碳元素的化学性质非常稳定，通常以共价键的形式与其他原子结合，形成单键、双键或三键。碳元素在自然界中以多种形式存在，包括无机碳（如二氧化碳、碳酸盐）和有机碳（如烃类、醇类、醛类、酮类、羧酸类等）。碳单质的物理性质因同素异形体的不同而差异很大。例如，石墨具有良好的导电性和导热性，而金刚石兼具绝缘性和高热导率。碳元素在化学反应中表现出多样的反应性，它可以与氢、氧、氮、硫等多种元素反应，形成各种化合物。碳是构成生命的基础物质，是糖、蛋白质、脂肪、核酸等的最基本元素之一。自然环境中碳循环主要通过CO_2来进行，如植物光合作用，动植物的食物链以及矿物燃烧等过程。

3.“碳”和“炭”之争

2002年，冶金学名词审定委员会主任魏寿昆院士指出，在已发现的109种元素中，气态元素有11种，包括氢、氦、氮、氧、氯、氩等，这些元素的汉字名称均以“气”字为首。液态元素有两种，即溴和汞，其汉字名称分别带有“氵”和“水”部首。固态元素分为非金属固态元素和金属固态元素两类，其中非金属固态元素有10种，如硼、碳、硅、磷、硫、砷等，这些元素的汉字名称均带有“石”部首；金属固态元素有86种，如金、银、铜、铅、锌、铁等，除金外，这些元素的汉字名称均带有“金”部首。若弃用“碳”而仅使用“炭”，则破坏了化学命名的规律性，这种做法既不必要也不妥当。反之，若废弃“炭”而全部采用“碳”，则忽视了我国沿用两千多年的“炭”字，这不符合汉字简化的原则。因此，建议根据前述含义，在具体情况下分别选用“碳”或“炭”[4]。

根据化学组成并考虑我国国情，2006年9月发布的《关于“碳”与“炭”在科技术语中用法的意见》明确指出，“碳”一词的使用分为三种情况：首先，元素C对应的中文名称为碳；其次，涉及碳元素、碳原子的名词及其衍生词、派生词，均应使用“碳”；最后，

---

❶　图中时间轴主体颜色设计理念采用石墨和焦炭呈现的颜色——黑色。

碳的化合物的名词及其衍生词、派生词也采用"碳"。而"炭"字则主要用于表示以碳为主并含有其他物质的混合物，常见于各种工业制品中，如碳单质与其混合物，以及它们的衍生词、派生词。

具体来说，碳作为一种元素，其符号为C，代表100%的碳含量。因此，在涉及化学元素"C"的所有名词中，应统一使用"碳"这一术语。"炭"、"碳"的区别可由下式表达：炭＝碳＋有机物＋无机物＋水分[4]。

因此，英文"carbon"一词根据上述原则，分别译为"碳"或"炭"。例如carbon dioxide译为二氧化碳，carbon black译为炭黑。

4.古诗词中的"炭"与蕴含的化学反应

咏煤炭

于谦（明代）

凿开混沌得乌金，藏蓄阳和意最深。

爝火燃回春浩浩，洪炉照破夜沉沉。

鼎彝元赖生成力，铁石犹存死后心。

但愿苍生俱饱暖，不辞辛苦出山林。

译文大意：凿开混沌的地层，获得乌黑的煤炭，它蓄藏着无尽的热力，其中蕴含着的情意最深。煤炭燃烧起来就像火炬，让人犹如大地回春，洪炉熊熊的火焰，照亮了灰沉的夜空。鼎彝都要依赖煤炭的热力才能熔铸成器，人们的饮食生活要靠煤火的力量。煤炭虽然会燃尽成灰，但它造福于人的初衷却像铁石般坚定不移。只希望天下百姓都能够吃饱穿暖，也就不枉费我（煤炭）不辞辛苦走出深山荒林。

"凿开混沌得乌金"主要是煤炭形成的化学原理，煤炭是古代植物残体经复杂的地质作用（高温高压、厌氧环境）碳化形成的化石燃料。这一过程涉及有机物的分解与碳元素的富集，属于生物质能转化为化学能的自然反应。

"爝火燃回春浩浩，洪炉照破夜沉沉"描绘了碳元素燃烧释放能量的自然现象。煤炭的主要成分是碳（C），燃烧时与氧气（O_2）发生氧化反应：$C + O_2 \longrightarrow CO_2$。该反应释放大量热量和光能，体现化学能向热能和光能的转化。

"鼎彝元赖生成力"暗含了煤炭可用于铸造金属器具。古代冶炼金属需高温环境，煤炭作为燃料提供热量，同时参与还原反应。例如炼铁时，焦炭在高温下还原氧化铁（Fe_2O_3）：$Fe_2O_3 + 3C \longrightarrow 2Fe + 3CO \uparrow$。这一过程主要因煤炭的还原性和高热值。

于谦通过诗歌将煤炭的物理化学性质（如燃烧、能量转化）与人文精神结合，既揭示了煤炭作为能源的科学原理，又赋予其"奉献"的象征意义。诗中隐含着物质转化、氧化还原反应、能量守恒等化学知识，展现了科学与文学的巧妙交融。

秋浦歌十七首（其十四）

李白（唐）

炉火照天地，红星乱紫烟。

赧郎明月夜，歌曲动寒川。

诗中第二句"红星乱紫烟"的紫烟是什么呢？其实这说的是煤炭的不完全燃烧。在炉内，当炭与不足量的氧气发生反应时，会生成一氧化碳。随后，一氧化碳继续燃烧产生蓝色的火焰。当这种蓝色火焰与浓烟混合，便形成了紫色的烟。于是便有了诗人所写到的红星乱紫烟。

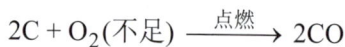

$$2C + O_2(不足) \xrightarrow{\text{点燃}} 2CO$$

$$2CO + O_2(不足) \xrightarrow{\text{点燃}} 2CO_2(蓝色火焰)$$

石炭·并引

苏轼（北宋）

（彭城旧无石炭。元丰元年十二月，始遣人访获于州之西南白土镇之北。

以冶铁作兵，犀利胜常云。）

君不见，前年雨雪行人断，城中居民风裂骭。

湿薪半束抱衾裯，日暮敲门无处换。

岂料山中有遗宝，磊落如磐万年炭。

流膏迸液无人知，阵阵腥风自吹散。

根苗一发浩无际，万人鼓舞千人看。

投泥泼水愈光明，烁玉流金见精悍。

南山粟林渐可息，北山顽矿何劳锻。

为君铸作百炼刀，要斩长鲸为万段。

其中"投泥泼水愈光明，烁玉流金见精悍"一句，意思是指向炽热的煤中加水，煤炭则烧得更加剧烈，火光会更加明亮，描述了燃烧中的煤炭加水之后燃烧加剧的现象。水本来是灭火的，怎么就使煤炭烧得更加旺了呢？究其原因，是发生了以下的化学反应：

$$C + H_2O \xrightarrow{\text{高温}} CO + H_2$$

碳与水在高温条件下，生成了水煤气（CO和H_2的混合气），造成原本固态的碳元素（煤炭）生成了易于燃烧的气体可燃物。同时，一氧化碳与氢气为可燃性气体，反过来促进了煤炭燃烧，使得燃烧更为容易也更为剧烈。一氧化碳为有毒气体，一氧化碳中毒事件直到今天也时有发生，因此，人们在生活中烧煤或使用水煤气时，一定要注意安全。

5.不含铅却含碳的铅笔

铅笔，作为日常生活中不可或缺的书写工具之一，其历史可追溯至1564年。当时，一位英国牧羊人偶然发现了一种黑色矿物质——石墨，这一发现使其成为现代铅笔芯的主要原材料。石墨以其高显色度著称，最初被用于在羊身上做标记。随后，商人洞察到其中的商机，开始将石墨切割成条状销售，以便人们能够在货篮和货箱上进行标记。然而，石墨易碎且容易弄脏手的特性也带来了诸多不便。

1761年，德国化学家卡斯帕·法伯尔（Kaspar Faber）通过在石墨中添加硫黄、锑和树脂等材料，并经过加热压制成条状物，成功解决了这一问题。这种新型材料不仅不易折断，而且硬度适中，极大地改善了使用体验。到了1812年，美国工匠进一步创新，制作出适合铅笔芯大小的木条，并将其与笔芯粘合，从而诞生了第一代真正意义上的铅笔。这一系列创新和发展，使铅笔成为广泛使用的书写工具，至今仍在教育和文化领域发挥着重要作用。

石墨与铅均能在纸张上留下黑色痕迹，因此石墨被俗称为"黑铅"，铅笔的名称也由此而来。尽管铅笔名称中包含"铅"字，其笔芯实际上并不含有铅成分。铅笔芯主要由黏土和石墨按一定比例混合加工而成，而笔芯主要成分为碳。

在生产过程中，石墨与黏土按照特定比例混合后，通过机械压制成细长的圆柱形，切割至铅笔所需长度，再经过压平、理直、烘干和烧制等工序，最终与木质外壳结合形成完整的铅笔。用于制作笔芯的黏土需满足颗粒细腻的要求；而笔芯硬度则取决于石墨与黏土的比例：石墨含量越高，笔芯越软，颜色越深；反之，石墨含量越低，笔芯越硬，颜色较浅。

铅笔上标注有"H""B"字样。其中 H 代表 hard（硬），数字越大表示笔芯越硬且颜色越淡，适用于复写或绘制机械图纸；B 代表 black（黑），数字越大意味着笔芯更软且颜色更深，常用于美术绘画。HB 则表示笔芯软硬适中。用户可根据实际需求选择合适的铅笔类型。

6. 与诺贝尔奖最亲密的元素——碳

(1) 碳-14 测年法——1960 年诺贝尔化学奖

碳是所有生命物质的基本组成部分。碳有两种同位素：稳定的 ^{12}C 和放射性的 ^{14}C。受到宇宙辐射作用时，^{14}C 在大气中形成，然后退化。当生物体死亡，大气中的碳供应停止时，^{14}C 的含量会以固定的速度通过放射性衰变而下降。1949 年，威拉德·弗兰克·利比（Willard Frank Libby）发明了一种方法，利用这种方法可确定化石和考古遗迹的年代。

1960 年诺贝尔化学奖授予利比，以表彰他在考古学、地质学、地球物理学和其他科学分支中使用 ^{14}C 测定年代的方法。

(2) 碳正离子化学——1994 年诺贝尔化学奖

由原子组成的分子碰撞并形成新化合物的化学反应是自然界的基本过程之一。碳正离子是带电的分子，其中电荷集中在一个碳原子上。碳正离子是化学反应中重要的中间体，寿命很短。20 世纪 60 年代初，乔治·奥拉（George Olah）使用强酸在溶液中产生碳正离子，其寿命足够长，

威拉德·弗兰克·利比
（Willard Frank Libby）
图片源自诺贝尔奖官方网站

乔治·奥拉（George Olah）
图片源自诺贝尔奖官方网站

因此可以对它们进行研究。

1994年诺贝尔化学奖授予奥拉，以表彰他对碳正离子化学的贡献。

（3）富勒烯的发现——1996年诺贝尔化学奖

1996年的诺贝尔化学奖联合授予小罗伯特·弗洛伊德·库尔（Robert Floyd Curl, Jr.）、哈罗德·沃尔特·克罗托（Harold Walter Kroto）和理查德·埃利特·斯莫利（Richard Errett Smalley），以表彰他们发现了富勒烯。

小罗伯特·弗洛伊德·库尔
（Robert Floyd Curl, Jr.）

哈罗德·沃尔特·克罗托
（Harold Walter Kroto）

理查德·埃利特·斯莫利
（Richard Errett Smalley）

图片源自诺贝尔奖官方网站

科学家克罗托在分子光谱学领域有深厚的研究基础，他利用微波光谱学研究富碳巨星，发现恒星大气层和气体云中有长链碳分子。斯莫利在团簇化学领域有深入研究，他设计并制造了特殊的激光超声团簇束装置，能将材料气化成原子等离子体来研究团簇的形成和分布。通过分子光谱学家库尔的介绍，克罗托了解到，他可以使用斯莫利的仪器来研究碳的气化和团簇形成，这可能为他提供证据，证明长碳链化合物可能是在恒星大气的高温部分形成的。1985年9月1日，克罗托来到斯莫利的实验室，与库尔和斯莫利一起开始了关于碳蒸发的实验。他们用激光脉冲照射石墨表面，从而形成了碳气体。当碳气体冷却聚集时，形成了之前未知的含有60到70个碳原子的结构。

在研究过程中，利用质谱分析发现，增加真空室入口喷嘴中化学物质的"沸腾"程度，会极大地影响碳团簇的尺寸分布。其中，60是一个主要且神奇的数字，但也有70。代替他们原先关于长碳链的想法，他们推断形成的是碳团簇，并且C_{60}簇可能具有二十面体结构，因为它的高稳定性被认为对应于具有高度对称结构的封闭壳。

克罗托从蒙特利尔世博会建筑中获得了灵感，世博会上建筑师理查德·巴克明斯特·富勒（Richard Buckminster Fuller）设计的美国馆那独特的五边形与六边形拼接穹顶启发了克罗托对碳簇结构的设计思路。合作者斯莫利通过反复实验，最终用12个正五边形和20个正六边形构建出60个顶点的足球状模型。

随着技术进步，多个研究团队通过不同实验手段独立验证了这一结构假说。沃尔夫冈·克拉奇默（Wolfgang Krätschmer）团队率先运用X射线与电子衍射证实笼状构型，克罗托小组通过^{13}C核磁共振发现所有碳原子的化学环境完全等同，揭示其完美对称性。乔尔·马克·霍金斯（Joel Mark Hawkins）团队另辟蹊径，利用锇原子固定C_{60}分子，成功获取清晰衍射图谱。

C_{60}是一种较强的电子接受体。利用电弧法蒸发石墨-金属棒，可引导金属原子进入体系，金属原子会向C_{60}球面转移电子并自缚于笼内，从而形成具备丰富物理化学性质的笼状化合物，这类化合物在化学反应催化剂、吸附剂以及光、电、激光材料等领域展现出潜在应用价值。此外，C_{60}笼的表面还可用镍、钯、锇、铂等化合物进行加缀，由此制得的多种富勒烯衍生物，既能充当高效化学反应催化剂，也可作为合成其他化合物的中间体。

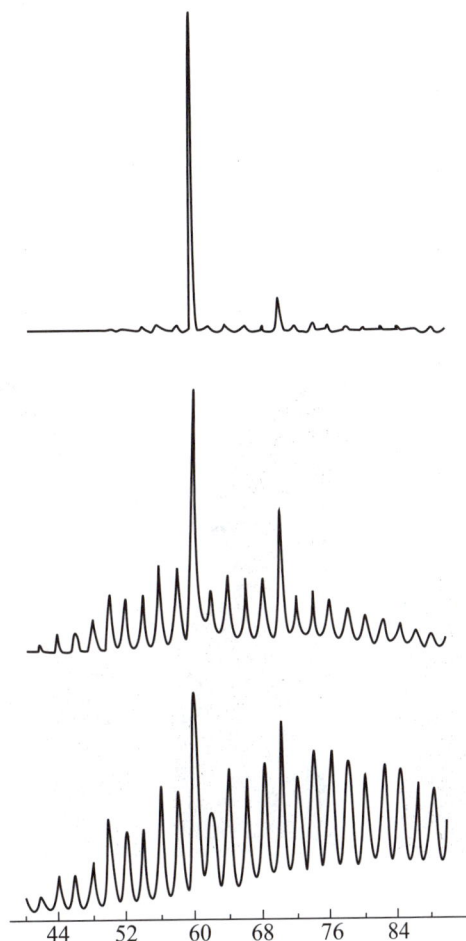

每个团簇含有的碳原子数
图片源自克罗托学术论文[5]

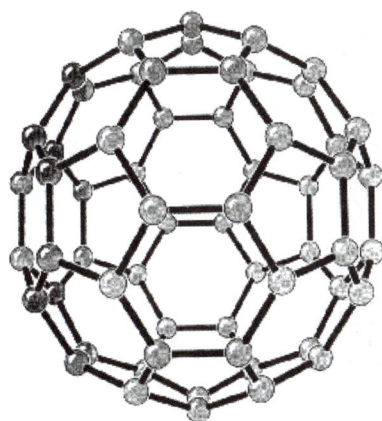

碳60的结构模型
图片源自 Acc. Chem. Res.，Vol. 25，No. 3，1992

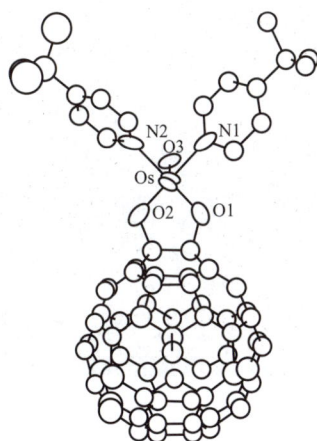

C_{60}-四氧化锇加合物中显示了锇基单元与碳簇（C_{60}）的关系
图片源自霍金斯学术论文[6]

C_{60}分子结构中存在大量不饱和双键，其表现出较高的加成反应活性。已成功合成的氢化物、卤化物等，不仅有望成为高能燃料、超级耐高温耐磨材料，还可用于开发新型高性能润滑剂。此外，富勒烯分子间在特定条件下能够发生聚合反应，从而为新型高分子材料的制备提供了可能。

（4）石墨烯的发现——2010年诺贝尔物理学奖

2010年的诺贝尔物理学奖被授予安德烈·海姆（Andre Geim）和康斯坦丁·诺沃肖洛夫（Konstantin Novoselov），以表彰他们在二维材料石墨烯方面的开创性实验。

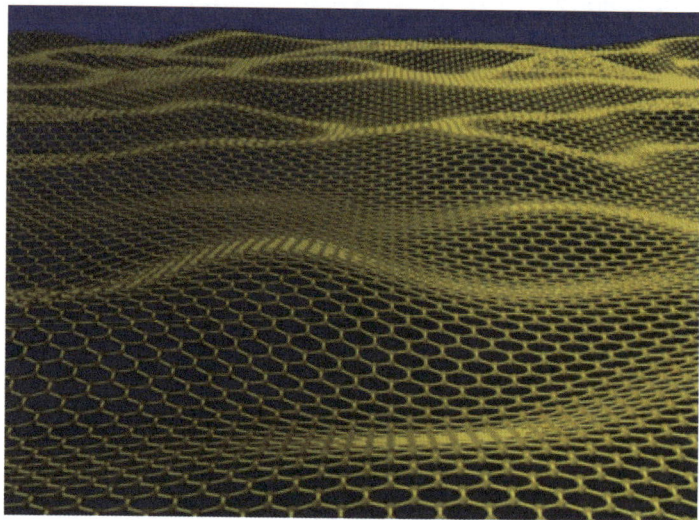

安德烈·海姆　　　　　康斯坦丁·诺沃肖洛夫
图片源自诺贝尔奖官方网站

石墨烯❶
图片源自诺贝尔奖官方网站

---

❶　几乎完美的只有一个原子厚度的网。它由碳原子以类似于铁丝网的六边形图案连接在一起组成。

石墨烯的获得实在是再简单不过了，这种神奇的材料甚至可以从铅笔的普通石墨中进行提取。然而，最简单和最明显的事情往往隐藏在我们的视线之外。海姆和诺沃肖洛夫从普通铅笔的石墨块中提取了石墨烯。利用普通的胶带，他们成功获得了一片只有一个原子厚度的碳片。当时许多人认为这样薄的晶体材料是不可能稳定的。

石墨烯是由碳原子连接在一起形成的庞大的晶格——类似于蜂窝结构，但只有一个原子厚。一毫米的石墨实际上是由300万层石墨烯层层堆叠而成的。这些层之间的结合力非常弱，因此很容易被撕裂并分离。任何用普通铅笔写东西的人都有过这样的经历，当他们在纸上书写东西的时候，很有可能只有一层原子（石墨烯）碰巧出现在纸上。

这一现象与海姆和诺沃肖洛夫用胶带从一块更大的石墨上有条不紊地撕下薄片十分相像。一开始，他们得到了由多层石墨烯组成的样品，但当他们重复用胶带进行十几二十次时，样品变得越来越薄。下一步是在较厚的石墨层和其他碳屑层中找到石墨烯的微小碎片。就在这时，他们想到了第二个绝妙的主意：为了能够看到他们细致工作的结果，他们决定将样品附着在氧化硅板上，氧化硅是半导体工业的标准工作材料。

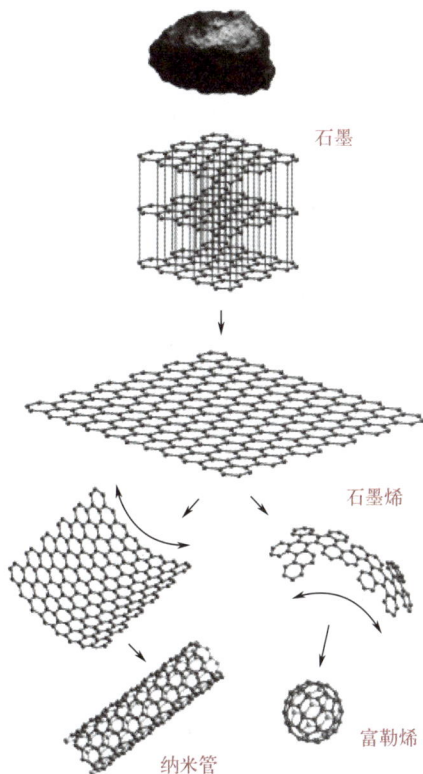

石墨烯来自石墨 ❶（中文为作者添加）
图片源自诺贝尔奖官方网站

将薄片置于标准显微镜下，可以看到彩虹般的颜色，类似于油泼洒到水面时所看到的，从而确定样品中石墨烯层的数量。而二氧化硅底层的厚度，则是揭示石墨烯的关键。在显微镜下，石墨烯进入了人们的视野，它是一种真正的二维晶体材料，存在于室温下。石墨烯是一个完全规则的碳网络，只有两个维度，宽度和长度。这种图案的基本单位是由六个碳原子以化学键连接在一起的。与我们所知道的其他形式的碳类似，石墨烯是由数十亿个碳原子以六角形模式连接在一起组成的。

2010年诺贝尔物理学奖的背后，是一片只有一个原子厚度的普通碳薄片。海姆和诺沃肖洛夫已经证明，这种平面形态的碳具有非凡的特性，这些特性源于非凡的量子物理学世界。

石墨烯是碳的一种形式。作为一种全新的材料，它不仅是有史以来最薄的，而且是最坚固的。作为导体，它的性能和铜一样好。作为热的导体，它比所有其他已知材料都要好。它几乎是完全透明的，但密度却如此之大，即使是最小的气体原子氦也无法穿过它。

---

❶　石墨是自然界中发现的一种基本材料。剥离石墨成片状就变成了石墨烯。一层卷起的石墨烯形成了碳纳米管，折叠起来就变成了一个小足球——富勒烯。石墨烯隐藏在石墨中，等待被发现。

有了石墨烯，物理学家现在可以研究一类新的具有独特性质的二维材料。石墨烯使实验成为可能，给量子物理现象带来新的转折。此外，各种各样的实际应用现在看来是可能的，包括创造新材料和制造创新的电子产品。据预测，石墨烯晶体管将比当今的硅晶体管快得多，从而使计算机更高效。

由于石墨烯实际上是透明的，而且是一种良好的导体，它适用于制造透明的触摸屏、光板，甚至太阳能电池。当混合到塑料中，石墨烯可以使它们变成导电体，同时使它们更耐热，机械性能更好。这种弹性可以用于新的超强材料，这些材料也很薄，有弹性，很轻。在未来，卫星、飞机和汽车都可以用这种新型复合材料制造。

（5）催化碳交联——2010年诺贝尔化学奖

自然界充满了有机物质——大量含有碳元素的化合物。使用化学方法连接或合成新的有机物质在科学研究和工业生产过程中都非常重要。20世纪60年代末开始，理查德·赫克（Richard Heck）开始研究将碳原子结合在一起从而产生新化合物的化学反应。

赫克当时在特拉华州的一家美国化学公司工作，因为对化学工业的好奇，他试验用钯作为催化剂促进反应。1968年，他发表了一系列相关工作的科学论文。除此之外，他还将碳环连接到一个较短的碳链上，从而得到苯乙烯（见下图），这是塑料聚苯乙烯的主要成分。1972年，他进一步改进了反应，即赫克反应。赫克反应是在碳原子之间形成单键的最重要的反应之一。例如，它被用于大规模生产消炎药萘普生、哮喘药孟鲁司特，以及生产电子工业中使用的相关物质。

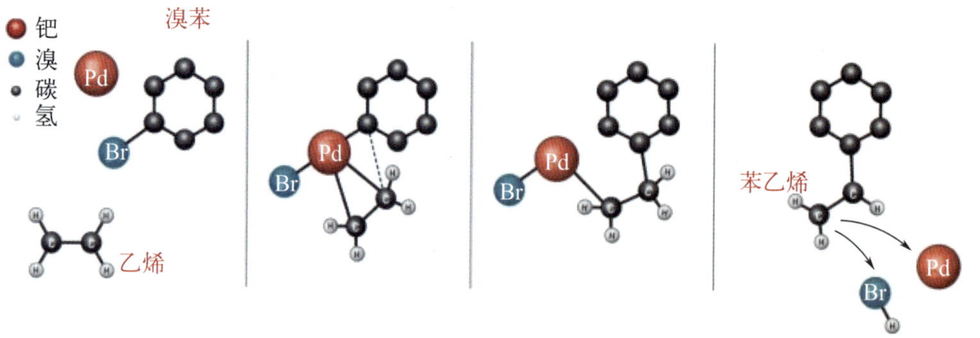

钯催化的碳交联反应（中文为作者添加）
图片源自诺贝尔奖官方网站

1977年，根岸英一（Ei-ichi Negishi）开始使用锌作为活化剂，开发了钯催化交叉偶联的另一种变体。根岸反应就是科学家人工合成软糖的一个例子。

1979年铃木章（Akira Suzuki）开始在钯催化的交叉偶联中使用硼。硼是最温和的活化剂，它的毒性甚至比锌还小，这在大规模应用中是一个优势。例如，铃木反应被用于工业合成（数千吨）一种保护作物免受真菌侵害的物质。

2010年诺贝尔化学奖被授予理查德·赫克、根岸英一和铃木章，以表彰他们"在有机合成中钯催化的交叉偶联"[7]。这些反应在金属钯作为催化剂的情况下，在碳原子之间产生交叉耦合并形成新的有机物。钯促进了反应，并不成为最终产物的一部分。

7. 首例由中国科学家合成的碳的同素异形体——石墨炔

2010年，山东大学李玉良院士团队利用六炔基苯在铜箔的催化下发生交叉偶联反应，成功合成大面积石墨炔薄膜，并展示了基于石墨炔薄膜的器件的电学性能测试，显示出半导体特性。这是中国科学家合成的全球首例新的碳同素异形体——石墨炔，并预测它是最稳定的非天然碳同素异形体。石墨炔是截至目前最后一种碳的同素异形体分子，具有单原子厚度和强碳键网络的二维层状结构，具有化学稳定性和导电性。

左起：铃木章（Akira Suzuki）、根岸英一（Ei-ichi Negishi）、理查德·赫克（Richard F. Heck）
图片源自诺贝尔奖官方网站

石墨炔是由 sp 与 sp^2 杂化碳原子协同构建的二维平面全碳网络结构，其基本单元通过苯环与共轭碳碳三键（—C≡C—）交替连接形成周期性晶格。依据苯环间共轭炔键的数量差异，该材料体系可分为石墨一炔（单炔键连接）、石墨二炔（双炔键连接）及石墨三炔（三炔键连接）等拓扑构型。此前李玉良团队合成的是石墨二炔。如下图所示，铺满图片的黄色网状结构即石墨二炔。

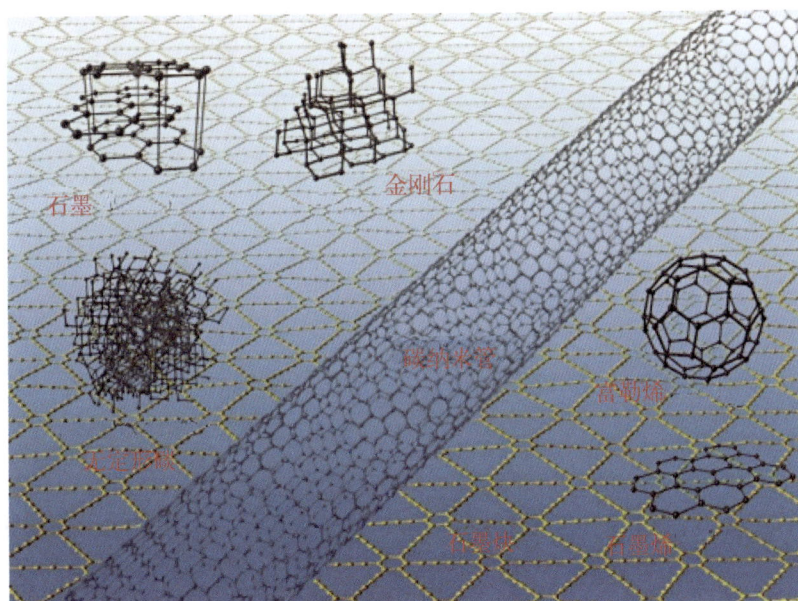

碳元素的同素异形体（中文为作者添加）
图片源自李玉良学术论文[8]

8. 点"碳"成金

(1) 何为"碳达峰"与"碳中和"——我们应该怎样做?

碳达峰是指在某个特定时点,二氧化碳排放量达到峰值后开始逐步下降。碳中和则涉及企业、团体或个人计算一定时期内直接或间接产生的温室气体排放总量,并通过植树造林、节能减排等措施抵消这些排放,实现二氧化碳的"零排放"。我国已承诺力争在2030年前达到碳排放峰值,并努力争取到2060年实现碳中和目标。

实现碳中和目标与每个个体息息相关。通过及时关闭电脑、开窗通风、使用自带购物袋、种植树木等简单行为,每个人都可以为减少碳排放作出贡献。减排、减污、减速,这些小举措共同构成了实现大目标的基础。从生活细节入手,采取实际行动,大家共同努力节能减碳,应对气候变化,朝着2060年深度脱碳、实现碳中和的目标迈进。

(2) 碳捕获、利用与封存技术

Carbon Capture,Utilization and Storage(CCUS)技术,即碳捕获、利用与封存,是一种前沿的环保科技,旨在应对全球气候变化的挑战。

捕获工业排放的二氧化碳并将其转化为有用产品或安全存储可减少温室气体。该技术包括碳捕获、利用和封存三个环节,其中捕获过程使用化学吸收剂集中二氧化碳;利用方面,二氧化碳可用于增强石油回收、合成燃料、生产农业促进剂等,并可探索转化为建筑材料或艺术品的创新应用;封存则涉及将二氧化碳运输至地下储存场所长期隔离。CCUS不仅有助于减排,还能促进经济发展和技术创新。中国在CCUS领域取得显著进展,如齐鲁石化-胜利油田CCUS项目每年可减排二氧化碳100万吨,对推进CCUS规模化发展和实现"双碳"目标具有重要意义。中国石化已形成CCUS技术系列,并在提高原油采收率和降碳减排上取得成效。国际社会也在积极推动CCUS技术发展与产业化应用,多国均将其纳入碳中和行动计划。

9. 人造金刚石的前世今生

(1) 人造金刚石的制造历史

1955年,人造金刚石的合成取得了重大突破。这一成就是由美国通用电气研究实验室(General Electric Research Laboratory)宣布的。他们详细介绍了一种其他科学家可以重复的方法,因此符合接受为有效成就的标准。这一突破是在完善了高压技术之后实现的,其中两个重要的发明者是珀西·威廉姆斯·布里奇曼(Percy Williams Bridgman)和霍尔(Hall)。他们通过静态高压技术,利用石墨等碳质原料和某些金属(合金)在高温

我国首个百万吨级碳捕集、利用与封存项目——齐鲁石化-胜利油田CCUS项目

图片源自老木学术论文[9]

（1100～3000 ℃）和超高压（5～10 GPa）的条件下反应生成了金刚石[10]。

这一成就标志着人造金刚石合成技术的开端，为工业现代化和科学技术现代化的高速发展提供了巨大的技术支撑。人造金刚石不仅在产量上而且在某些特殊性能上（如抗冲击韧性、耐磨性、抗磨均匀性及导热性和透光性等）已经超过了天然金刚石[11]。

(2) 人工合成纳米金刚石的优异性质

虽然金刚石是最坚硬的切削工具材料，但较差的热稳定性限制了它的应用，特别是在高温下。长期以来，人们一直希望同时提高金刚石的硬度和热稳定性。根据霍尔-佩奇效应，金刚石的硬度可以通过纳米结构（纳米晶粒和纳米孪晶的微观结构）来提高。然而，对于烧结良好的纳米金刚石，其晶粒尺寸在技术上被限制在10～30 nm，与天然金刚石相比，其热稳定性有所下降。已经成功合成的纳米孪晶立方氮化硼（nt-cBN），其孪晶厚度降至约3.8 nm，这使得同时实现更小的纳米尺寸、超硬度和优异的热稳定性成为可能。此前，通过各种碳前驱体（如石墨、非晶碳、玻璃碳和C_{60}）的直接转化制备纳米孪晶金刚石（nt-diamond）尚未成功。

2014年6月，燕山大学田永君团队报道了利用洋葱碳纳米颗粒前驱体在高压高温下直接合成了平均孪晶厚度约为5 nm的纳米金刚石，并观察到一种新的单斜晶形金刚石与纳米金刚石共存。这种新型纳米孪晶金刚石的维氏硬度可达200 GPa，是天然金刚石的两倍，同时空气中的起始氧化温度也比天然金刚石高出200 ℃以上[12]。纳米孪晶微结构的产生为制造具有优异热稳定性和机械性能的新型先进碳基材料提供了一条通用途径，这一成果不仅在科学上具有重要意义，也为工业生产和材料科学的发展开辟了新的道路。

参考文献

[1] 郑辙，高翔. 卡宾碳——一种新的元素碳的同素异形体[J]. 矿物学报，2001，（03）：303-306.

[2] 靳钧，林梓恒，石磊. 一维新型碳的同素异形体：碳链[J]. 化学进展，2021，33（02）：188-198.

[3] 沙国平，张连英. 化学元素的发现及其命名探源[M]. 成都：西南交通大学出版社，1996.

[4] 魏寿昆. 关于"碳"与"炭"规范用法的讨论统一名词应考虑科学涵义及习惯用法——再论"碳""炭"二词的用法[J]. 科技术语研究，2002，（04）：13-16.

[5] Kroto H W，Heath J R，O'Brien S C，et al. C_{60}: Buckminsterfullerene[J]. Nature，1985，318：162–163.

[6] Hawkins J M，Meyer A，Lewis T A，et al. Crystal Structure of Osmylated C_{60}: Confirmation of the Soccer Ball Framework[J]. Science，1991，252：312-313.

[7] 童敏，樊敏，钱丰清. 近20年有机合成领域诺贝尔化学奖成果介绍与分析[J]. 化学教育（中英文），2023，44（04）：6-12.

[8] Li G X，Li Y L，Liu H B，et al. Architecture of Graphdiyne Nanoscale Films[J]. Chemical Communications. 2010，46（19）：3256-3258.

[9] 老木. 中国碳价很快会翻10倍[J]. 中国石油和化工产业观察，2022，（07）：32-33.

[10] 薛志麟. 人造金刚石的历史及现状[J]. 人造金刚石与砂轮，1979，（04）：17-23.

[11] 梅勇. 人造金刚石生产过程温度仿真测量研究[D]. 武汉：武汉理工大学，2005.

[12] Huang Q，Yu D L，Xu B，et al. Nanotwinned Diamond with Unprecedented Hardness and Stability[J]. Nature，2014，510：250–253.

科学技术是生产力，这是马克思主义历来的观点。早在一百多年以前，马克思就说过：机器生产的发展要求自觉地应用自然科学。并且指出："生产力中也包括科学"。现代科学技术的发展，使科学与生产的关系越来越密切了。科学技术作为生产力，越来越显示出巨大的作用。❶

——邓小平 ❷

1978年全国科学大会会场
图片源自《中国科学院院刊》

---

❶ 邓小平. 邓小平文选（一九七五——九八二年）[M]. 北京：人民出版社，1983：82.

❷ 邓小平（1904—1997），伟大的马克思主义者，无产阶级革命家、政治家、军事家、外交家，中国共产党、中国人民解放军、中华人民共和国的主要领导人之一，中国特色社会主义改革开放和现代化建设的总设计师，邓小平理论的创立者。

二、硅（Si）

1.硅元素发现历史与中英文名称由来

18世纪时，许多科学家认为二氧化硅（或硅土）中含有一种未知的化学元素，并想设法分离出它的游离状态。汉弗莱·戴维（Humphry Davy）尝试用电流分解二氧化硅或用金属钾蒸气通过炽热的二氧化硅，但没有成功。1807年，瑞典化学家约恩斯·雅各布·贝齐里乌斯（Jons Jakob Berzelius，1779—1848）将硅土、铁和炭的混合物烧至高温获得硅化铁（Fe_4Si_3），加盐酸，硅化铁分解产生沉淀，此时产生的氢气较纯铁多，于是他证明其中必含有别种元素。1811年，盖·吕萨克（Gay Lussac）和泰纳观察到四氟化硅（SiF_4）和金属钾（K）之间发生剧烈的反应，反应中产生了一种红棕色的化合物。1823年，贝齐里乌斯把二氧化硅（SiO_2）、铁（Fe）和碳（C）研磨的混合物加热到很高温度，得到硅和铁的合金，并测定了合金的组成。1854年，圣克莱尔·德维尔（SainteClaire Deville，1818—1881）在分离金属铝时得到晶体硅。1959年，新中国成立10周年时，我国科学家制得了第一颗纯度为3个9（即99.9%）的硅单晶。1960年，经过反复改良和试验之后，我国科学家制备出了纯度达到7个9（即99.99999%）的硅单晶[1]。

"燧石"在拉丁语中为silex，意思是"坚硬的石头"。因此，早期化学家把燧石及类似的岩石称为"silica"（硅石）[1]。硅的拉丁名称silicium起源于silex。贝齐里乌斯在硅石中发现新元素时，简单地在该词后加上一个供非金属用的后缀 -on，形成了硅元素的英文名Silicon。下图是硅元素的发现历史时间轴。

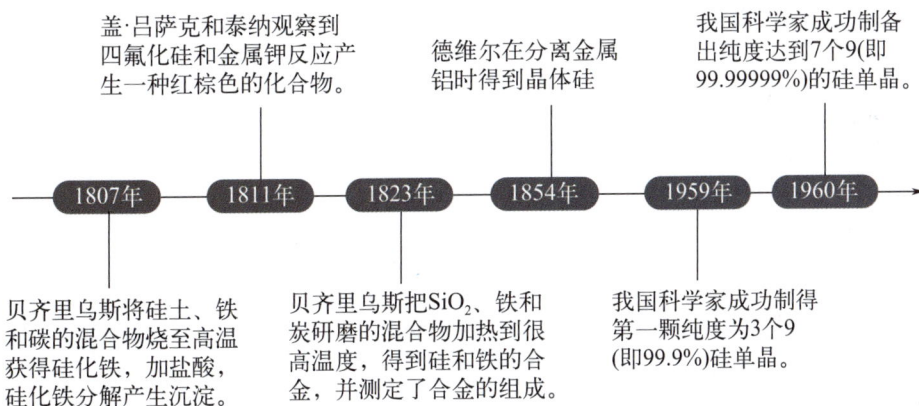

1807年	1811年	1823年	1854年	1959年	1960年

盖·吕萨克和泰纳观察到四氟化硅和金属钾反应产生一种红棕色的化合物。

德维尔在分离金属铝时得到晶体硅

我国科学家成功制备出纯度达到7个9(即99.99999%)的硅单晶。

贝齐里乌斯将硅土、铁和碳的混合物烧至高温获得硅化铁，加盐酸，硅化铁分解产生沉淀。

贝齐里乌斯把SiO_2、铁和炭研磨的混合物加热到很高温度，得到硅和铁的合金，并测定了合金的组成。

我国科学家成功制得第一颗纯度为3个9（即99.9%）硅单晶。

硅元素的发现史[2]

关于元素硅（Si）的中文命名，国内化学界与学术界长期存在争议。邵靖宇先生主张"硅"字应读作"xi"，而非传统的"gui"。早期学者鉴于硅是土壤主要成分之一，而

---

❶ 新中国第一颗硅单晶诞生记-经济·科技-人民网

❷ 图中时间轴主体颜色设计理念采用晶体硅的灰黑色。

土壤主要由硅酸盐构成，故联想到"菜畦"（xi）中的"畦"字，既体现了谐音又富含意象。然而，随着时间推移，"畦"字的标准读音已变更为"qi"，这一变化反映了语言的自然演变过程。值得注意的是，在最初讨论时，尽管"矽"与英文发音更为接近，但由于缺乏深厚的文字学基础，并未被采纳；相比之下，"硅"则因其能够直接关联到土壤特性而被选中。

大约在1935年，在中国化学会的一次会议上，专家们依据元素名称应尽可能与其拉丁名保持音近的原则，重申了将Si译作"xi"的重要性，并决定采用新的汉字"矽"来代替容易产生误读的"硅"。此举旨在消除公众对该元素正确发音的困惑。因此，在引入中国后不久，这种外来元素便拥有了两个不同的书写形式："硅"和"矽"，两者均被要求按照"xi"的发音进行朗读[2]。只不过因为长期以来人们的误读把"硅"读作了"gui"。

按照太田泰弘、孙丽平的考证，明治二至三年（1869年—1870年）中国出版的《化学鉴原》中，遵照徐寿的音译原则，使用了石字旁、与silicon读音相对应的"矽"。因此，中国化学用语中出现"硅"应该是其后的事情了。而邵靖宇也认为矽字的出现可能追溯至更早时期。据考证，1871年（清同治九年），英国传教士傅兰雅（John Fryer，1839—1928）口译，中国化学先驱者徐寿（1818—1884）笔述的《化学鉴原》卷一中首次出现"Silicon"一词的中文译名"矽"。此时，元素Si已有"矽"这一译名，表明前人在处理元素化学译名时，已初步考虑采用谐音原则。徐寿后来与傅兰雅合作在上海兴办格致书院，对传播西方科学知识有重大贡献。

1957年中国科学院编译出版委员会名词室下发《关于几个化学名词订名问题的通知》，正式宣布废矽改硅的决定[3]。

医学界传统上将石匠、开山工人和采矿工人因吸入岩石粉尘（主要为硅酸盐）而引发的疾病称为矽肺，尽管有人提议将其更名为"硅肺"，但"矽肺"在医学领域仍被广泛使用。此外，在电气工业中，矽钢片这一名称也已被广泛接受并沿用至今。

2. 硅元素基本性质

硅（Si）位于第三周期第ⅣA族，为碳族非金属元素，基态电子组态为$[Ne]3s^23p^2$。硅是一种具有多种形态的元素，其中无定形硅呈现黑灰色粉末状。在晶态下，硅有单晶硅和多晶硅两种形态，这两种形态均展现出半导体特性，并带有金属光泽。硅的莫氏硬度为6.5，熔点和沸点分别为1687 K和2628 K。在常温下，硅的化学性质相对稳定，仅能与氟发生反应。然而，当温度升高时，硅能够与卤素、氧、氮、碳、硫、磷等非金属单质发生反应。在含氧酸环境中，硅会被钝化，但能与氢氟酸反应。此外，硅与强碱反应剧烈，生成硅酸盐和氢气。硅还能与锗、镁、铜、铁、铂、铋等金属形成相应的金属硅化物。[4]

3. 高科技领域的"隐形巨匠"

伟大的无产阶级革命家、中国改革开放的总设计师邓小平同志一贯重视科学技术在社会和经济发展中的作用。早在1975年9月26日，在听取中国科学院工作汇报时，针对当时的实际情况，他就明确指出："科学技术叫生产力，科技人员就是劳动者！"在1978

年3月召开的全国科学大会开幕式上，邓小平同志在其重要讲话中表示："科学技术是生产力，这是马克思主义历来的观点。早在一百多年以前，马克思就说过：机器生产的发展要求自觉地应用自然科学。并且指出：'生产力中也包括科学'。现代科学技术的发展，使科学与生产的关系越来越密切了。科学技术作为生产力，越来越显示出巨大的作用。"[5]

科学技术宛如一双神奇的巨手，在人类历史的画卷上描绘出波澜壮阔的变革图景，为社会发展注入源源不断的强大动力。蒸汽机的轰鸣开启了第一次工业革命，将人类从手工劳作的桎梏中解放；第二次工业革命中电力的广泛应用点亮了黑夜，催生了现代城市文明；以电子计算机为主要标志的第三次工业革命则打破了时空壁垒，让信息在瞬间传遍全球，重塑了商业、教育、医疗等各个领域，让人类文明史又一次实现了重大飞跃。

在第三次工业革命中，硅作为化学元素的一员，可以独享"隐形巨匠"这一美誉。

硅具有良好的半导体性能，如适中的禁带宽度、高载流子迁移率等，能够通过精确控制杂质的掺入来调节其导电性能，从而制造出各种晶体管、集成电路等电子元件。1947年贝尔实验室发明的晶体管，标志着电子技术从真空管向固态电子时代的跨越。1958年，杰克·圣克莱尔·基尔比（Jack St. Clair Kilby）将多个晶体管集成在硅片上，发明了集成电路。1965年戈登·摩尔在《电子学》杂志提出的"摩尔定律"，预言集成电路上的晶体管数量每18～24个月翻一番，成为半导体行业发展的核心指引。

晶体管和集成电路是计算机实现高速运算、数据存储和处理的基础，随着技术的不断进步，芯片上集成的晶体管数量越来越多，计算机的性能也得到了极大提升，推动了信息技术的革命，使计算机从最初的大型机逐渐发展到微型计算机、个人电脑，乃至如今广泛应用于各个领域的智能手机、平板电脑等移动设备。

我国的科研单位和科学家团队在芯片研究领域也在不断取得进展。

2022年中国信科集团研制的1.6 Tb/s硅光芯片，一举完成国内光互连芯片向Tb/s级的首次跨越。借由这块不到指甲盖大小的芯片器件，单芯片可同时传输16路100 G信号，为5G通信和数据中心提供了关键支撑。

2023年10月，北京大学王兴军、彭超、舒浩文团队在超高速纯硅调制器领域

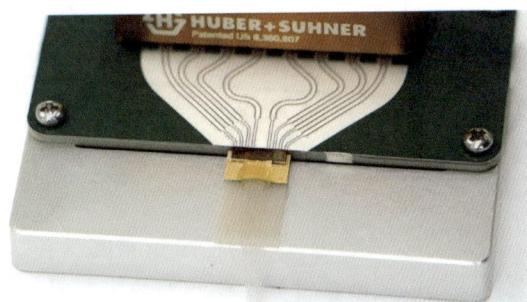

1.6 Tb/s硅基光接收芯片
图片源自武汉东湖新技术开发区官方网站

取得重大突破，成功研发出全球首个电光带宽达110 GHz的纯硅调制器。这标志着自2004年英特尔在《Nature》期刊报道首个1 GHz硅调制器以来，国际上首次将纯硅调制器带宽突破至100 GHz以上。该纯硅调制器具备超高带宽、超小尺寸、超大通带以及CMOS工艺兼容等优势，能够满足未来超高速应用场景对于高速率、高集成度、多波长通信、高热稳定性和晶圆级生产的需求，对下一代数据中心的发展具有重要意义。下图是SOI晶圆上的慢光调制器示意图，该调制器由一系列鱼骨状布拉格光栅组成，由相移器区隔开，形成慢光波导。

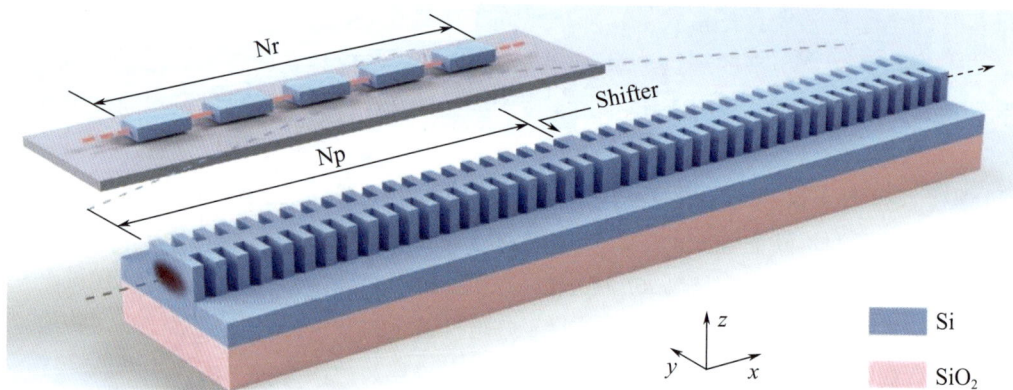

基于慢光效应的硅基调制结构

图片源自王兴军学术论文[6]

除了半导体材料外，硅也是太阳能电池的关键材料。随着人们对清洁能源需求的不断增长，太阳能作为一种可再生能源受到了广泛关注。硅在太阳能电池领域有着重要地位，是目前应用最广泛的太阳能电池材料之一。硅太阳能电池能够将太阳能转化为电能，其工作原理是基于硅材料的光电效应。当光子照射到硅材料上时，硅原子中的电子吸收光子能量后跃迁成为自由电子，从而产生电流。硅太阳能电池具有较高的光电转换效率、稳定性好、成本相对较低等优点，为全球能源结构的转型和可持续发展提供了重要支持，广泛应用于太阳能电站、分布式光伏发电系统、太空探索等领域。

硅在现代通信领域同样大展身手。光导纤维是实现高速、大容量信息传输的关键技术之一，其通常由高纯度的二氧化硅制成，工作原理是利用光在光纤内的全反射来传输光信号，具有传输损耗低、带宽大、抗干扰能力强等优点，能够实现长距离、高速率的信息传输。硅基光导纤维的出现，极大地提高了通信网络的传输能力和速度，使全球信息交流更加便捷高效，推动了互联网、通信等行业的蓬勃发展，是第三次工业革命中信息传播技术的重要支撑。

未来，硅将继续作为信息技术的基石，与新材料、新技术融合，推动算力、通信和智能的持续突破，开启更广阔的数字时代。

4.石英与水晶

石英是一种由二氧化硅构成的矿物，多为块状、粒状等不规则形态或晶簇状晶体相对较小且不完整。纯净状态下的石英无色透明，但如果含有微量色素离子、细分散包裹体或存在色心，可能展现出多种颜色，并导致透明度降低。石英具有玻璃光泽，在断裂时表现出油脂般的光泽。石英的硬度为7，不具备解理特性，而是呈现出贝壳状断口。其相对密度约为2.65，并具备压电性质。

水晶，亦称岩晶，属于稀有矿物及宝石类别，其本质为石英结晶体，在矿物学分类中隶属于石英族，晶形完整、规则，其主要化学成分也为二氧化硅。

彩色水晶，本质上是含有杂质的石英晶体。当其内部含有微量元素时，会呈现出多种色彩。这些颜色的变化源于辐照过程中形成的不同类型的色心，从而产生了诸如紫色、黄色、茶色以及粉色等丰富的色调。此外，若水晶中含有伴生包裹体矿物，则被称为包裹体水晶，例如发晶、绿幽灵和红兔毛等。这类水晶内部的包裹物可能包括金红石、电气石、阳起石、云母及绿泥石等多种矿物质。

含有锰和铁的水晶被称为紫水晶；仅含铁的水晶，若呈现金黄色或柠檬色，则称为黄水晶；当含有锰和钛时，呈现出玫瑰色的水晶被称作蔷薇石英，即粉水晶；烟色水晶被称为烟水晶；褐色的水晶称为茶晶；而黑色透明的水晶则被称为墨晶。在这些品种中，紫水晶与黄水晶因稀有而尤为珍贵。

无色透明的水晶原石标本
图片源自中国地质博物馆官方网站

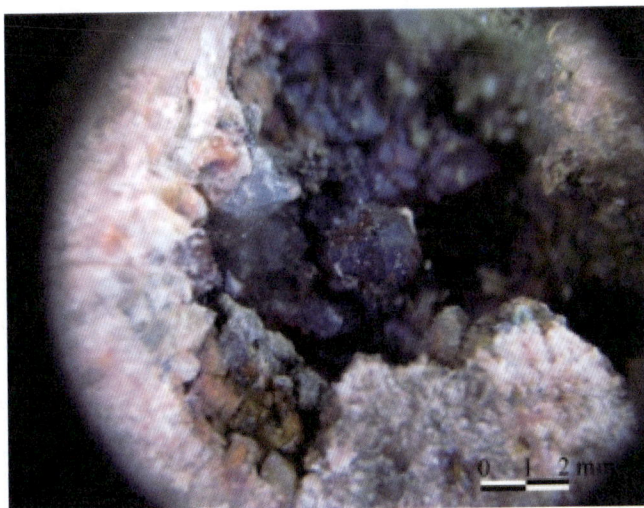

水晶晶簇照片
图片源自陈会军学术论文[7]

5.SiO₂与玻璃

玻璃属于非晶态无机非金属材料，由多种无机矿物原料如石灰石（$CaCO_3$）、纯碱（Na_2CO_3）以及石英砂（SiO_2）等制备。在生产过程中，还会添加少量辅助材料以优化最终产品的性能。制造玻璃的化学方程式为：

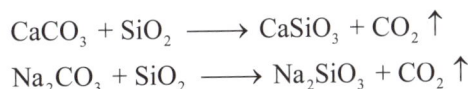

$$CaCO_3 + SiO_2 \longrightarrow CaSiO_3 + CO_2 \uparrow$$
$$Na_2CO_3 + SiO_2 \longrightarrow Na_2SiO_3 + CO_2 \uparrow$$

普通玻璃的化学组成为 $CaSiO_3 \cdot Na_2SiO_3 \cdot 4SiO_2$，其主要成分为硅酸盐复盐，为一种无规则结构的非晶态固体。玻璃主要应用在建筑、医疗、电子、仪表、艺术、核工程等领域。

谈到玻璃，不得不提玻璃大王曹德旺先生。曹德旺1946年出生于福建福清高山，早年辍学后从事多种工作。1983年承包高山异型玻璃厂，1985年转向汽车玻璃生产，改变了中国汽车玻璃依赖进口的历史。1987年成立福耀玻璃有限公司，1993年上市。2001年至2005年打赢加拿大和美国反倾销案，震惊世界。福耀成为宾利、奔驰等豪华品牌的重要供应商和世界第二大汽车玻璃厂商，在美国、德国、俄罗斯等地设有工厂。2009年获"安永全球企业家大奖"。从二十世纪八十年代承包濒临破产的乡镇企业，到如今掌舵全球最大的汽车玻璃专业供应商，曹德旺带领福耀集团专注主业，稳健经营，持续创新，为世界输出了一个来自中国的全球品牌。

曹德旺
图片源自《心若菩提》[8]

作为一个民族主义者，曹德旺说："我是一个民族主义者，但从来不是狭隘的民族主义者，我追求创立先进的民族工业，也奉行开放、包容，向一切先进者学习。"作为一个企业家，他说："企业家的责任有三条：国家因为有你而强大，社会因为有你而进步，人民因为有你而富足。"[8]

6. "Kaolin"和高岭土

（1）瓷器原料高岭土

高岭村位于景德镇东北方向40公里处，这座原本十分普通的山村，因为景德镇瓷器而名扬四海。700多年前，高岭村发现的矿物原料促成了"二元配方"制瓷方法的产生，景德镇瓷器也由软质瓷向硬质瓷转变，这开创了景德镇瓷业的新纪元，确立了景德镇世界瓷都的地位。由高岭土烧制的景德镇瓷器，带着沉静而温润的气质，沿着海上丝绸之路"行于九域、施及外洋"，为中国走向世界打开了一扇窗。

1868年到1872年，德国地理学家、柏林大学校长李希霍芬游历中国后写下《中国——我的旅行与研究》一书。在这本书中，他将高岭村开采的这种制瓷矿物原料译为"Kaolin"，高岭土由此成为世界第一种以中国原产地为通用名称的矿物。

高岭土类矿物是由高岭石、地开石、珍珠石、埃洛石等高岭石簇矿物组成的，主要矿物成分是高岭石。高岭石的晶体化学式为 $2SiO_2 \cdot Al_2O_3 \cdot 2H_2O$，其理论化学组成为46.54%的 SiO_2，39.5%的 Al_2O_3，13.96%的 H_2O。高岭土类矿物属于1:1型层状硅酸盐，其晶体结构主要由硅氧四面体和铝氢氧八面体构成。在结构中，硅氧四面体通过共享顶角的方式沿二维方向连接，形成六方排列的网格层，其中每个硅氧四面体的未共用尖顶氧均朝向同一侧。这种由硅氧四面体层与铝氢氧八面体层共同构成的单元层，以硅氧四面体层的尖顶氧为共享点，形成了1:1型的层状结构。[9]

（2）高岭土的作用和对陶瓷的影响

中国与高岭土的深厚渊源可追溯至古代，当时高岭土已被广泛应用于陶瓷制作中。这种特殊的白色黏土，以其优良的塑性和耐火性，成为中国陶瓷工艺不可或缺的原料。随着时间的推进，高岭土的应用范围不断扩展，从最初的陶瓷生产到现代的化工填料、涂料、医药载体等领域，其重要性日益凸显。

在传统陶瓷领域，高岭土的加入能够显著提升瓷器的强度和白度，使成品更加精致美观。此外，高岭土在造纸工业中也发挥着重要作用，作为纸张填充料，它能有效改善纸张的印刷性能和光学性能。在橡胶工业中，高岭土被用作增强剂，可提高橡胶产品的机械强度和耐磨性。

随着科技的发展，高岭土的新用途不断被开发。在环保领域，高岭土因其良好的吸附性能，被用于处理废水和废气，有助于减少环境污染。在农业上，高岭土作为土壤改良剂，能够调节土壤的酸碱平衡，提高农作物的产量和质量。

中国的高岭土资源丰富，主要分布在江西、广东、江苏等地，这些地区的高岭土矿床质量优良，为国内外市场提供了稳定的原料供应。随着开采技术和加工技术的进步，中国高岭土的品质和产量都有了显著提升，满足了不同行业对高岭土的需求。

未来，随着新材料研究的深入和环保要求的提高，高岭土的应用前景将更加广阔。从传统的陶瓷制造到现代的环保材料，高岭土都将继续在中国乃至全球的材料科学领域中扮演重要角色。

参考文献

[1] 沙国平，张连英.化学元素的发现及其命名探源[M].成都：西南交通大学出版社，1996.

[2] 邵靖宇.硅字的来历和变迁[J].中国科技术语，2008，（01）：46-48.

[3] 王力.废矽改硅：避免中译化学名词同音字的一次选择[J].中国科技术语，2013，15（03）：56-57+59.

[4] 周公度，叶宪曾，吴念祖.化学元素综论[M].北京：科学出版社，2012.

[5] 邓小平.邓小平文选（一九七五——一九八二年）[M].北京：人民出版社，1983：82.

[6] Changhao Han，et al. Slow-light silicon modulator with 110-GHz bandwidth[J]. Sci Adv.2023，9：5339.

[7] 陈会军，于宏斌，马永非，等.吉东南地区五女峰岩体锆石U-Pb年代学、岩石地球化学特征及其构造意义[J].吉林大学学报（地球科学版），2020，50（02）：531-541.

[8] 曹德旺.心若菩提[M].北京：人民出版社，2014.

[9] 王浩.砂质高岭土的工艺矿物学及选矿试验研究[D].武汉理工大学，2013.

我国经济社会高速发展，43种主要矿产中我国目前有30多种的消费量居全球第一，有很多矿产的对外依存度比较高，我们还任重道远。

——胡瑞忠 ❶

胡瑞忠（右）与同事探讨大陆板块内部矿产成矿关系
图片源自人民日报 ❷

❶ 胡瑞忠，中国科学院院士，矿床学和矿床地球化学家，主要从事矿床学和矿床地球化学研究。

❷ 程焕. 中国科学院地球化学研究所研究员胡瑞忠——"大自然就是开展研究的大舞台" [N]. 人民日报，2023-02-17（06）.

三、锗（Ge）

1.锗元素发现历史与中英文名称由来

1871年，门捷列夫预言了"类硅"元素的存在。1885年，在弗雷堡（Freiberg）附近的希曼尔斯夫斯特（Himmelsfurst）矿中找到了一种新的矿物，它被命名为"argyrodite（硫银锗矿）"。1886年2月6日，克雷门斯·亚历山大·温克勒教授（Clemens Alexander Winkler，1838—1904）偶然将浓盐酸加入该矿物的溶液中，突然析出了大量白色沉淀。温克勒意识到这才是硫化锗GeS_2。化学反应式为：

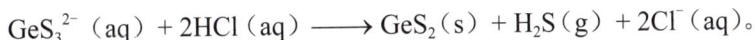

$$GeS_3^{2-}（aq）+2HCl（aq）\longrightarrow GeS_2（s）+H_2S（g）+2Cl^-（aq）。$$

之后温克勒将白色沉淀过滤吹干，在氧气中煅烧生成氧化物，最后通过氢气还原，终于制得了灰色的锗单质。具体反应如下：

$$GeS_2（s）+3O_2（g）\rightarrow GeO_2（s）+2SO_2（g）$$

$$GeO_2（s）+2H_2（g）\rightarrow Ge（s）+2H_2O（g）$$

2月25日，德国化学家维克多·冯·里希特（Victor von Richter，1841—1891）致信温克勒，提出锗是一种"类硅"元素，位于镓与砷之间，其性质与类锑显著不同。次日，门捷列夫亦向温克勒发函，基于未知元素的氯化物在水中的溶解性及其硫化物的白色特性，推测锗可能为"类镉"，并估计其原子量约为155 g/mol，在周期表中处于镉与汞之间的位置。至3月2日，门捷列夫再次致信温克勒，确认锗即为"类硅"。同年4月17日，温克勒回复门捷列夫，明确表示："现已无疑义，稍后将提供详细记录及少量锗样本。"[1] 下图是锗元素的发现及发展历史时间轴。

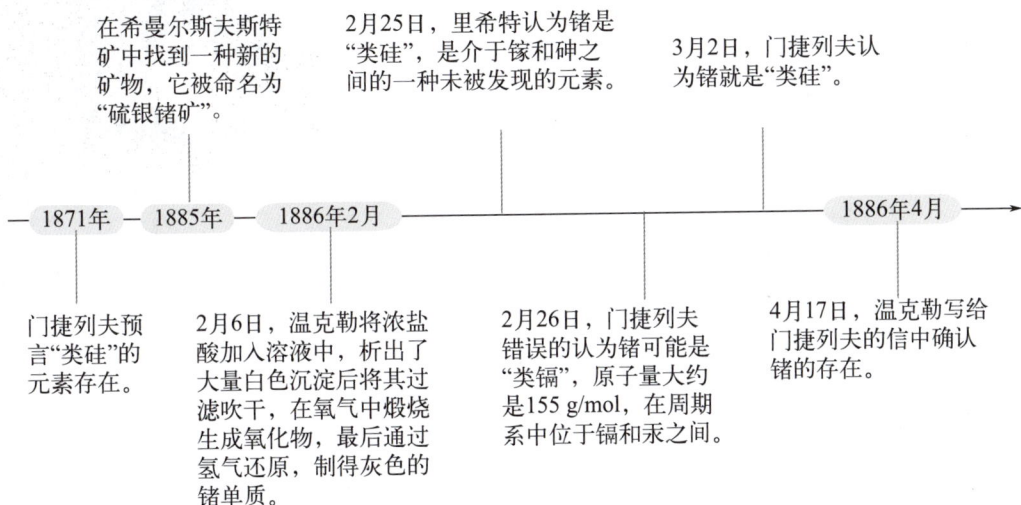

在希曼尔斯夫斯特矿中找到一种新的矿物，它被命名为"硫银锗矿"。

2月25日，里希特认为锗是"类硅"，是介于镓和砷之间的一种未被发现的元素。

3月2日，门捷列夫认为锗就是"类硅"。

— 1871年 — 1885年 — 1886年2月 —————————————— 1886年4月 —→

门捷列夫预言"类硅"的元素存在。

2月6日，温克勒将浓盐酸加入溶液中，析出了大量白色沉淀后将其过滤吹干，在氧气中煅烧生成氧化物，最后通过氢气还原，制得灰色的锗单质。

2月26日，门捷列夫错误的认为锗可能是"类镉"，原子量大约是155 g/mol，在周期系中位于镉和汞之间。

4月17日，温克勒写给门捷列夫的信中确认锗的存在。

锗元素的发现及发展史❶

---

❶ 图中时间轴主体颜色设计理念采用金属锗的灰白色。

温克勒为了纪念他的祖国德意志，把新元素命名为Germanium，源自德国的拉丁名"Germania"[2]。中国科学家在命名该元素时，鉴于其拉丁文Germania的首个音节发音为"者"，遂以"金"字旁与"者"字组合，形成"锗"字。

2.锗元素基本性质

锗（Ge）位于第四周期第ⅣA族，为主族金属元素，基态电子组态为$[Ar]3d^{10}4s^24p^2$。

锗为银白色的准金属，以其卓越的半导体特性而著称。锗的熔点与沸点分别为1211.5 K和3106 K。在化学性质上，锗展现出温和的惰性，在空气中稳定，不受氧化，对盐酸和稀硫酸均表现出不溶性。然而，在王水、硝酸或热的浓硫酸中，锗能够溶解，并在这些强氧化剂的作用下转化为GeO_2。

尽管锗不溶于强碱溶液，但在过氧化氢的存在下，它能与强碱反应生成GeO_3^{2-}。作为一种两性元素，锗不仅能在熔融碱中溶解，还能与过氧化钠发生反应。这些性质使锗在材料科学和电子工业中占有重要地位。

3.不仅是爱国者更是教育家

发现锗的科学家温克勒教授是19世纪至20世纪之交的著名化学家，他在无机化学、分析化学及应用化学领域均取得了显著成就，并在人才培养方面做出了重要贡献。

温克勒1838年12月26日生于德国的夫赖贝格（Freiberg）。经科永贝教授（Kolbe，1818—1884）的推荐，温克勒于1873年9月1日受聘于矿业学院，担任化学教授一职，并迁至夫赖贝格。在没有助手的情况下，他负责50名学生的实验指导，并主讲无机实验化学（理论化学）、分析化学、化学工程三门课程。

温克勒教授高度重视分析化学教育。他认为，除了实用价值外，分析化学实践还能教会学生实验操作和计算技能，培养对现象的精确观察能力，尤其是形成爱整洁、有条理、追求准确的良好习惯和作风。这些素质对于每个化学家来说都是必备的，但并非与生俱来，而是需要通过分析化学实践这样的途径后天培养。在他的实验室里，地板上找不到一根火柴棒或一丁点滤纸片，没有待洗的器皿，也没有堆放的无用器物。他不仅亲自洗涤自己用过的器皿，有时还会挽起袖子帮助不够整洁的学生清理台面、擦洗试剂瓶，以无言的督促代替训斥和批评。他要求学生实验要有计划，操作必须规范。他的实验室从来不允许报出未经校核的数据，一贯严谨成风，体现了一种现代化学的新精神。他说"一项真正成功的无机化学课题的实施，要求人不能只是理论化学家，不能是只会机械操作的

克雷门斯·亚历山大·温克勒
（Clemens Alexander Winkler）
图片源自Aleksander Sztejnberg学术论文[3]

人，而应是肯于思维有组织能力的专家，对每一步骤都能做出理论的阐述，还要十分熟练地掌握化学运算，要以敬业的态度，整洁条理的作风，尤其是追求真理的精神对待一切要做的事"[4]。

4. 何为半导体——"锗"与能带理论

材料的禁带宽度是决定其导电性能的关键因素。金属的禁带宽度为零，而绝缘体的禁带宽度则相对较大，例如金刚石的禁带宽度为 5.47 eV。相比之下，半导体的禁带宽度接近于零，如锗的禁带宽度仅为 0.66 eV，这一特性赋予了它独特的半导体属性。

纯净的锗本身几乎不具备导电性，但通过掺杂不同元素，其性质会发生显著变化。锗原子的价层含有四个电子，若掺入价层有三个电子的元素如镓、铟等，晶体结构基本保持不变，但由于缺少负电荷的电子，物理学家将其视为增加了正电荷的"空穴"。在这种掺杂晶体中，空穴取代了金属中的自由电子成为载流子，使得整个晶体被称为空穴型或 p 型半导体。相反地，如果掺入价层有五个电子的元素如砷、锑等，则电子成为主要载流子，此类晶体被称作电子型或 n 型半导体。由于载流子类型的差异，当常规导体（例如金属线）与半导体或者 n 型与 p 型半导体相连时，在接触界面处会形成电势差，从而实现电流检测功能。

当前，锗的主要应用领域已不再局限于半导体器件，还包括红外光学元件及合成催化剂等方面。在红外光学领域，由于单晶锗及其掺杂形式对红外光具有良好的透过性，因此在红外光谱分析、成像技术以及需要利用红外光执行特定任务的各种光学设备中广泛采用锗作为材料。此外，在聚酯工业中，二氧化锗被用作催化剂，因其良好的生物相容性和温和的反应条件，相较于传统的含锑催化剂对人体更为安全友好。

5. 红外锗透镜

红外光学用锗单晶作为全球广泛采用的红外光学材料之一，其制备主要通过直拉法实现。该材料的成品元件主要包括红外锗透镜和锗窗。红外锗镜头中锗透镜的数量根据应用需求有所不同，军用红外锗镜头因对精度和技术要求较高，通常包含 6 至 10 片以上的锗透镜；而民用红外锗镜头的技术要求相对较低，一般含有 2 至 3 片锗透镜。锗窗则多用于军用设备。[5]

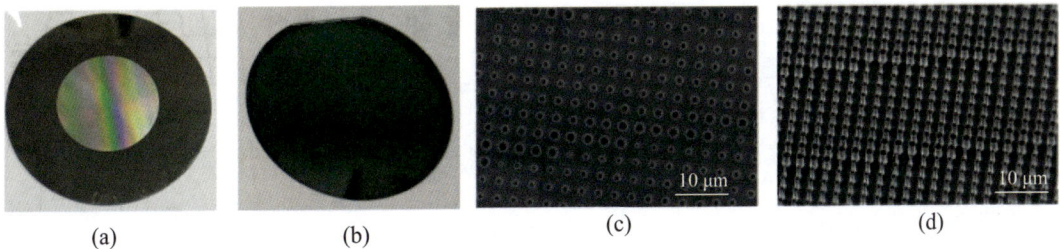

(a)   (b)   (c)   (d)

锗基长波红外超透镜外观和微结构示意图
图片源自单冬至学位论文[6]

当前，国际军用红外产品市场主要由欧美发达国家主导，并在军队中广泛应用。鉴于红外产品的特殊性质，各国普遍采取技术封锁、禁止或限制出口的措施。相比之下，我国在军事领域对红外产品的运用尚处于初级阶段。遵循强军思想与军民融合的指导方针，国家正积极推动军队信息化和武器装备智能化进程，此举无疑将加速国内军用红外市场的扩张。

目前，由于生长设备及技术的限制，通常难以培育出直径较大的锗单晶。国外少数企业已具备生产400 mm以上锗单晶的能力，而国内企业的技术水平大致在300～400 mm之间。为满足机载、舰载等平台对大于500 mm锗窗的特殊需求，锗行业借鉴了硅行业的准单晶概念。准单晶主要包括无籽晶铸锭和有籽晶铸锭两种工艺。然而，关于准单晶技术的确切定义，行业内尚未形成共识或统一标准。这项技术对企业的研发、设计和加工能力提出了严峻挑战。[5]

6.曾经的半导体元件核心

（1）由锗到硅的选择转变

1947年至1960年间，锗因其独特的物理性质，在半导体元件制造领域占据了核心地位，多数元件均以锗晶体为基础进行生产。1948年，贝尔实验室成功制备出单晶锗，并随后发展了区域熔炼提纯技术及掺杂原子技术。

然而，自1960年起，由于资源稀缺以及化合物稳定性方面的差异，硅逐渐取代了锗成为电子工业中的主要材料。具体而言，地壳中硅的含量远高于锗（约为前者的二十万分之一），从长远角度来看更具经济效益；此外，二氧化硅相较于二氧化锗具有更好的化学稳定性和机械强度，能够有效保护硅晶体免受外界环境影响。尽管硅的禁带宽度较宽且电子与空穴迁移率低于锗，但两者均可作为三极管等器件的有效替代材料。随着提纯工艺的进步，尤其是贝尔实验室于20世纪50年代末期开发出可靠的单晶硅制造方法后，硅开始被广泛应用于集成电路产业之中。目前，全球范围内几乎所有的集成电路均采用硅作为基材，其年产量达到约800万吨，远超锗的四万倍。尽管如此，鉴于锗在载流子迁移率及散热性能上的优势，在某些特定应用场景下如高速开关或高功率密度组件中仍会选择使用锗作为关键材料。[7]

（2）锗资源现状

全球已探明的锗储量估计为12000 t，其中2/3位于中国，主要集中在内蒙古的褐煤矿和云南的锌铜矿。目前，全球锗的年产量大约在150～200 t之间，而中国的年产量超过100 t。据此估算，现有锗资源将在不到一个世纪内耗尽。随着电子工业及红外元件领域的发展，预计未来对锗的需求不会减少，反而可能增加。因此，全球范围内锗元素的流失与回收将成为稀散金属利用的关键议题，这将极大地推动锗元素冶炼和应用技术的升级需求。

7.锗元素科技前沿介绍

（1）中国研究团队对锗烯的研究

近年来对石墨烯的研究在世界范围内掀起热潮。此前，研究人员已相继制备出碳元素构成的石墨烯和硅元素构成的硅烯，并探索其蜂窝状结构非同寻常的电子学性质。随着对石墨烯研究的不断深入，研究人员把目光转向了与碳和硅同族的锗元素。理论研究证明自由状态的单层起伏的锗蜂窝状结构可以稳定存在，这种起伏的锗蜂窝结构具有量子自旋霍尔效应的性质，通过掺杂，其高温超导性质也被预测出来。然而，制备由锗元素单质构成的二维蜂窝状结构此前未见报道。

2014年5月，中国科学院武汉物理与数学研究所曹更玉研究组与中国科学院物理研究所高鸿钧院士研究组合作，在新型类石墨烯二维晶体材料——锗烯的制备研究方面取得重大进展。研究组在金属基底Pt上通过精细优化外延生长条件成功制备出锗的二维蜂窝状结构，首次实验上验证了"单层起伏的锗蜂窝状结构可以稳定存在"的理论预言。通过低能电子衍射和扫描隧道显微学的原位精细表征发现，锗的二维蜂窝结构相对Pt基底形成一个周期性的超结构，这一超结构恰好对应于锗烯晶格的结构。锗烯具有比石墨烯和硅烯更强的自旋轨道耦合能隙，制备锗的类石墨烯结构对未来电子学发展极其重要[8]。

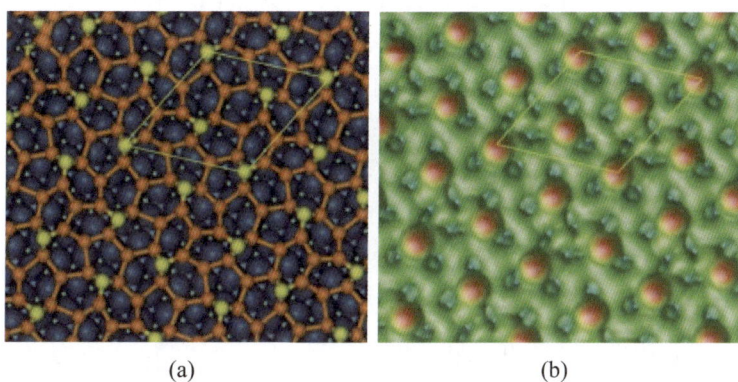

(a)   (b)

锗烯构型的弛豫原子模型俯视图

图片源自高鸿钧学术论文[9]

(2) 以中国科学家名字命名的锗的新矿物——瑞忠锗矿

2022年10月，中国科学院地球化学研究所矿床地球化学国家重点实验室的孟郁苗研究员与中南大学地理信息科学学院的谷湘平教授共同发现并命名了一种自然界新矿物——瑞忠锗矿。此项发现已获得国际矿物学协会新矿物命名及分类委员会（IMA-CNMNC）的全票批准，其编号为IMA2022-066，英文名称定为Ruizhongite，矿物缩写为Rzh。该新矿物以对矿床地球化学研究领域作出显著贡献的中国科学院院士胡瑞忠先生的名字命名，属于关键金属锗的一种独立矿物，产自中国华南地区低温成矿带内的四川省汉源县乌斯河铅锌矿床❶。该发现对于研究稀散元素的成矿机制、存在形式、综合开发利用，以及锗硫盐矿物的晶体化学特性和工业应用价值具有重要意义。

---

❶ 我国科学家国际首次发现锗的新矿物——瑞忠锗矿—新闻—科学网

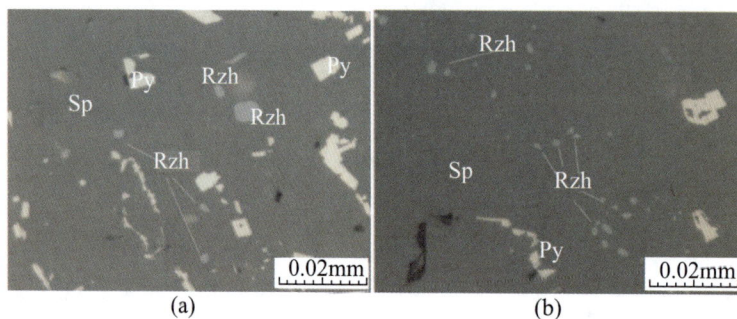

瑞忠锗矿的光学显微镜图像

图片源自孟郁苗学术论文 [10]

（3）锗的战略价值与国家安全

在国际市场上，锗的供应相对有限，主要集中在中国、俄罗斯和美国等国家。锗是一种重要的战略资源，对于维护国家安全和经济发展具有重要意义，各国政府和企业都在加大对锗资源的开发和利用力度，以确保在全球竞争中保持优势地位。

由于锗在现代工业和科技领域中的重要性，中国政府对锗资源的保护和合理利用给予了高度重视。2023年，中国商务部、海关总署联合发布《关于对镓、锗相关物项实施出口管制的公告》，对镓、锗相关物项实施出口管制，这显示了中国对锗作为一种战略资源的重视。公告中明确，自2023年8月1日起，锗相关物项，包括金属锗（单质，包括但不限于晶体、粉末、碎料等形态）、区熔锗锭、磷锗锌（包括但不限于晶体、粉末、碎料等形态）、锗外延生长衬底、二氧化锗、四氯化锗等满足以上特性的物项，未经许可，不得出口。同时，该公告中对镓相关物项等也一并实施了出口管制。

参考文献

[1] 张艳辉，袁振东. 锗元素及其同位素的发现：科学方法与科学思想的融合 [J]. 化学通报，2024，87（01）：122-127.

[2] 高胜利，杨奇. 化学元素新论 [M]. 北京：科学出版社，2019.

[3] Aleksander Sztejnberg. Clemens Alexander Winkler（1838-1904）–The Outstanding German Chemist of the Second Half of the XIX Century[J]. Rev CENIC Cienc Quím；Vol. 53. 2022.

[4] 赵元芳，刘景清. 锗的发现者C·温克勒教授 [J]. 化学教育，1996，（03）：43-45+40.

[5] 董汝昆，吴绍华，王柯，等. 锗单晶材料的发展现状 [J]. 红外技术，2021，43（05）：510-515.

[6] 单冬至. 长波红外超透镜光场调控特性研究 [D]. 中国科学院大学（中国科学院长春光学精密机械与物理研究所），2022.

[7] 邓耿. 元素性质与其应用之间的关系——以锗元素为例 [J]. 化学教学，2022，（01）：89-92.

[8] 新型类石墨烯二维晶体材料——锗烯的研究获进展 [J]. 人工晶体学报，2014，43（10）：2610.

[9] Li Linfei，Lu Shuang-zan，Pan Jinbo，et al. Buckled Germanene Formation on Pt(111)[J]. Advanced Materials，2014,26(28): 4820-4824.

[10] Meng Y M，Gu Y P，Meng S N，et al. Ruizhongite，$(Ag_2 \square)Pb_3Ge_2S_8$, a Thiogermanate Mineral from the Wusihe Pb-Zn Deposit，Sichuan Province，Southwest China[J]. American Mineralogist，2023，108（9）：1818–1823.

何年顾虎头，满壁画瀛洲。

赤日石林气，青天江海流。

锡飞常近鹤，杯度不惊鸥。

似得庐山路，真随惠远游[1]。

——杜甫[2]

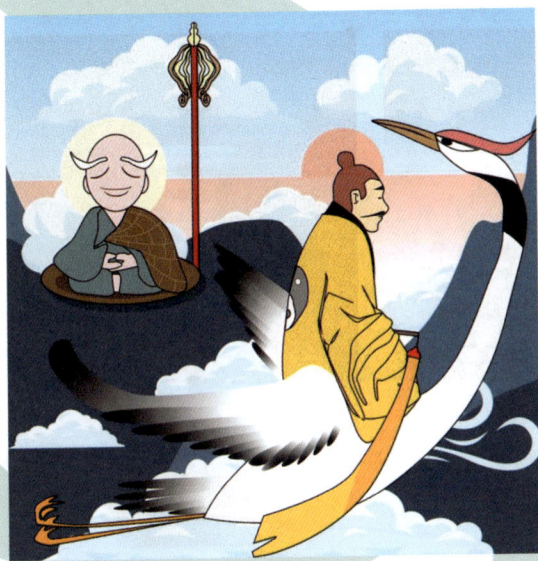

锡飞常近鹤[3]

❶ 出自唐代诗人杜甫《题玄武禅师屋壁》，"锡"指"锡杖"，即佛教僧侣所持的手杖，它不仅是行脚时的辅助工具，也象征着僧侣的修行与智慧。

❷ 杜甫（712年—770年），字子美，自号少陵野老，唐代著名现实主义诗人。

❸ "锡飞常近鹤"是一个典故。梁时，僧侣宝志与白鹤道人都想隐居山中，二人皆有灵通，因此梁武帝令他们各用物记下他们要的地方。道人放出鹤，志公则挥锡杖并飞入云中。当鹤飞至山上时，锡杖已先立于山上。梁武帝以其各自停立之地让他们筑屋居住。

此作品是周晋司特为本书创作。周晋司，男，讲师，工程硕士研究生，研究方向：工业设计，2021年2月至今于凯里学院大数据工程学院任教。

四、锡（Sn）

1. 锡元素发现历史与中英文名称由来

人类对锡的发现与应用可追溯至约4000年前。古代文明不仅利用锡制造各类器皿，还认识到其独特的物理特性，例如铜与锡结合形成青铜合金。考古研究表明，中国商代时期已掌握冶炼锡的技术，并能区分锡与铅。古代，人类将锡石与木炭放在一起烧，锡即被还原析出。其化学方程式如下：

$$SnO_2 + 2C \xrightarrow{\text{加热}} Sn + 2CO$$

周朝时就普遍使用锡器。在埃及古墓中，也发现有锡制的日用品[1]。13世纪，英国成为欧洲唯一生产锡的国家。16世纪中叶，锡的价格和银相等，用于制造奢侈品。我国云南省盛产锡矿石，比如个旧市是中外闻名的"锡都"。

下图是锡元素的发现及发展历史时间轴。

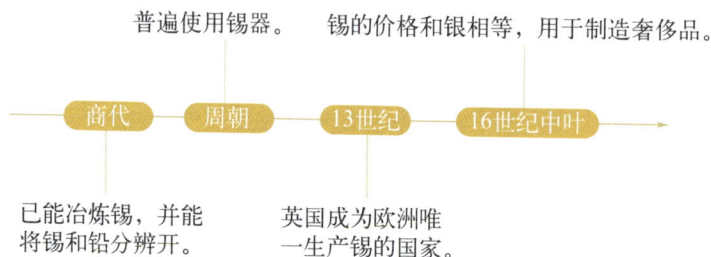

锡矿石
现藏于云南省博物馆，季甲 摄

普遍使用锡器。　锡的价格和银相等，用于制造奢侈品。

商代　周朝　13世纪　16世纪中叶

已能冶炼锡，并能将锡和铅分辨开。　英国成为欧洲唯一生产锡的国家。

锡元素的发现及发展史❶

锡元素的英文名为Tin，源于拉丁文"stannum"，意为"坚硬"[2]。"Tin"作为英文名称体现了古英语对锡的直接指代，而"Sn"作为其化学符号则保留了拉丁文"stannum"的痕迹。两者分别从语言和科学符号的角度记录了锡元素的历史轨迹。

"锡"读作xī，形声字，最早见于春秋文字。本义为金属元素，银白色，富有延展性，在空气中不易起变化；引申义有赐予恩宠或财物、赐予、贡给等。众多古籍中都出

❶ 图中时间轴主体颜色设计理念采用SnO_2的金色。

现过"锡"字，且表示相应的元素及其性质。比如《周礼·考工记·辀人》："金有六齐：六分其金而锡居一，谓之钟鼎之齐⋯⋯金锡半，谓之鉴燧之齐。"南朝梁刘勰《文心雕龙·比兴》："故金锡以喻明德，珪璋以譬秀民。"明宋应星《天工开物·五金》："凡锡，中国偏出西南郡邑，东北寡生。古书名锡为'贺'者，以临贺郡产锡最盛而得名也。"[3]唐代诗人杜甫创作的《题玄武禅师屋壁》："何年顾虎头，满壁画沧洲。赤日石林气，青天江海流。锡飞常近鹤，杯度不惊鸥。似得庐山路，真随惠远游。""锡"字古来有之，非现代文字。

2.锡元素基本性质

锡（Sn）位于第五周期第ⅣA族，为碳族金属元素，基态电子组态为$[Kr]4d^{10}5s^25p^2$。锡为银白色金属，富有延展性，莫氏硬度为1.5，熔点为505.1 K、沸点为2543 K。常温下在水和空气中都很稳定，表面生成一层保护膜。与稀盐酸、稀硫酸反应生成Sn（Ⅱ）化合物，与浓硝酸或者浓硫酸反应生成Sn（Ⅳ）化合物，与热的浓苛性碱反应生成H_2。能与卤素、S、Se、Te等非金属化合。锡广泛用于制作合金，如锡基轴承合金，能承受较大负荷，耐冲击，耐震动，耐腐蚀，耐高温，在高速机械设备中制造轴瓦。[4]

3."听"与"马口铁"的来历

(1)"tin"与"听"

tin在有道词典中的解释："tin"可作为"n.名词"，表示锡（一种化学元素，符号为Sn）；罐，罐头盒；（用于储存糕点或饼干的）有盖金属盒，金属食品盒；（盛涂料、胶水等的）马口铁罐，白铁桶；烤模，烤盘；镀锡铁皮，马口铁（tinplate的简称）；长方形面包等。"tin"也可作为"adj.形容词"，表示锡制的。"tin"亦可作为"v.动词"，表示"在⋯⋯上镀锡（或包锡）"。

表示灌装物品包装单位的"听"，起初源于早期罐头食品的包装形式。19世纪末到20世纪初，随着工业化进程的加快和人们生活节奏的提升，对于便捷食品的需求日益增长。锡罐因轻便、密封性好以及便于运输的特点，成为储存食品的理想选择。而"听"则是指这种罐装食品的标准计量单位，通常指一个标准尺寸的罐头。

随着时间的推移，"tin"逐渐从字面上的"锡罐"演变为泛指各种金属罐头的通用术语。尽管现代罐头多采用铝材或钢材而非锡制作，但"tin"这一称呼却沿用至今，成为罐头的代名词。与此同时，"听"作为量词，也深入人心，无论是在超市的货架上还是在家庭餐桌上，人们都习惯于以"听"来计量和购买罐装食品。

(2)马口铁

马口铁，亦称镀锡铁，是一种电镀锡薄钢板的通用名称。它指的是两面均镀有商业纯锡的冷轧低碳薄钢板或钢带。在此材料中，锡的主要功能是防止腐蚀和生锈。通过将钢的强度与成型性以及锡的耐腐蚀性、焊接性和美观外观相结合，马口铁展现出了其独特的综合性能，包括无毒、高强度和良好的延展性。[5]

在中国，这种镀锡材料长期被称为"马口铁"，其名称来源存在多种解释：一种说法认为，由于早期用于制作罐头的镀锡薄板是从澳门（英文名Macao，音译为"马口"）进口，因此得名；另一种观点则指出，中国曾使用此类镀锡薄板制造煤油灯头，其形状类似马口，故有此称谓。鉴于"马口铁"这一称呼并不准确，1973年中国镀锡薄板会议决定将其正式更名为镀锡薄板，并在官方文件中停止使用"马口铁"这一名称。

4.锡疫轶事

（1）丢失的扣子与漏光的燃油

1867年，俄国彼得堡军需部在发放冬季军装时，出现了一个异常情况：所有分发的军大衣均缺失扣子。这一状况引起了官兵们的强烈不满，并最终上报至沙皇。沙皇闻讯后震怒，要求对负责监制军装的官员进行严厉惩处。军需大臣请求给予数日宽限，以便对此事展开调查。据仓库保管人员及士兵所述，这些军装入库时均已配备扣子，且扣子不可能自行消失。面对数以万计失踪的扣子，军需大臣决定委托一位科学家来解开这个谜团。

科学家了解到这些扣子是由金属锡制成后，经过一番思考，提出了解释："由于极端寒冷的天气条件，锡扣子可能已经变成了粉末。"然而，在场的军官们对此表示怀疑。为了验证自己的理论，科学家将一个锡壶放置在花园中的石凳上，并邀请大臣几天后一同查看。数日后，当大臣与科学家再次来到花园时，"锡壶"外观看似未变，但当他们轻触时，锡壶瞬间化为粉末。众人对此现象感到震惊，纷纷询问原因。科学家解释道，锡具有独特的物理性质，在低温下其晶体结构会发生变化，体积膨胀约20%，转变为一种灰色粉末状物质。当环境温度降至极低时，这种转变速度显著加快。鉴于当年冬天彼得堡地区的气温已经低于-40℃，因此原本闪耀着银光的锡扣子全部消失，仅留下钉纽扣处的小撮灰色粉末。

在南极探险的历史中，曾有科学家团队发现了多年前遇难的探险家遗体。这些不幸者因暴风雪被困帐篷内，最终因饥饿与严寒而亡。尽管帐篷内存有足够食物，但燃料桶却空了。经详细调查发现，这些燃料桶采用锡焊接，在极端低温环境下，锡转变为粉末，导致燃油泄漏殆尽。当疲惫的探险队员返回基地帐篷时，由于缺乏取暖燃料且食物已冻结如石，他们只能痛苦地等待生命的终结。[6]

（2）锡疫原理

在标准大气压下，锡存在两种同素异形体：灰锡（α锡）和白锡（β锡）。锡的另外两种合金形态 γ 锡和 σ 锡，仅在温度超过161℃且压力达到数个吉帕的条件下才能形成。

在室温条件下，白锡为一种常见的银白色金属，具备良好的延展性。其晶体结构为正方晶系，展现出典型的金属特性，且密度高于灰锡。当环境温度降至13.2℃（约286.2 K）以下时，白锡将逐渐转变为粉末状的灰锡。值得注意的是，灰锡具有与钻石、硅及锗相似的钻石型晶体结构。由于灰锡内部原子间形成了共价键合，导致电子无法自由移动，因此它不具备任何金属性质。作为一种暗灰色粉末物质，除了在某些特定领域如半导体中有所应用外，灰锡

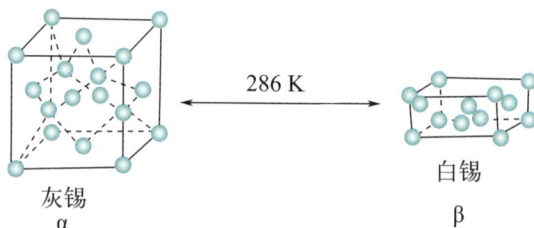

灰锡 α ← 286 K → 白锡 β

白锡与灰锡相互转化过程

在日常生活中的应用范围相对有限。此外，在低温环境下发生的从白锡向灰锡转变的过程被称为"锡疫"，这一现象最早由古希腊哲学家亚里士多德所记录。杂质如铝和锌的存在会导致转化温度降低。在锡中添加锑或铋能够有效防止其退化，并增强锡的延展性。这一现象归因于锑或铋原子提供额外的电子给锡的结晶点阵，从而稳定锡的晶体结构，消除潜在的不稳定性。

5."金粉"世家

（1）质美价廉的"金粉"——SnS_2

二硫化锡是一种无机化合物，化学式为 SnS_2，是黄色六角片状体，难溶于水，但溶于王水和热碱溶液，也能溶于硫化钠溶液。由于 SnS_2 的颜色为金黄色，且遇水可保持稳定，不易脱落，常被用来仿造镀金和制作金色的颜料或涂料，也常被称为"金粉"。右图是李勇所作《元日》书法作品，所使用红色宣纸中金色星状物即为 SnS_2。

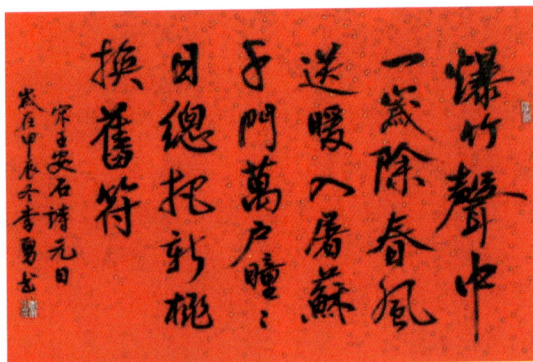

《元日》书法作品❶

（2）SnS_2 的制备原理

"金粉"主要在造漆工业中作颜料使用。工业上有用铜合金来制备的，但造价较高，用 Na_2S 代替铜合金制 SnS_2 金粉，不仅造价低廉，而且制得的金粉也呈鲜艳的金黄色。下表是制作 SnS_2（金粉）的原料及其规格，均为工业纯试剂，使生产成本得到了有效控制。

制作 SnS_2（金粉）的原料及其规格

原料名称	规格
$SnCl_2$	工业纯（不含 Sb^{2+}、Pb^{2+}，允许微量 Zn^{2+}）
Na_2S	工业纯（鲜艳的，杂质含量尽可能少）
硫黄粉	工业纯
NH_4Cl	工业纯

以下是制备"金粉"生产原理，其主要化学方程式为：

$$SnCl_2 + Na_2S \longrightarrow SnS\downarrow + 2NaCl$$

$$SnS + S \xrightarrow{100℃} SnS_2$$

6.锡纸与烤制食品

（1）锡纸是锡制作的吗？

铝箔纸，亦称锡纸，是一种表面涂覆或贴合有类似银质薄膜的金属纸张，通常呈现

---

❶ 此作品是李勇主席特为本书所创作。

李勇，男，苗族，1969年2月生，贵州雷山人，高级编辑，黔东南州书法家协会主席。

银白色，其本质为铝箔。该材料由压平的金属铝制成，广泛应用于厨房烹饪、食物盛装以及制作易于清洁的物品。在全球范围内，铝箔纸被用于食品保护与包装，同时也适用于化妆品及化学品的封装。大多数铝箔纸的一面具有光泽，而另一面则较为暗淡。对于食品级铝箔纸而言，其双面均可用于包裹食物。为了提高热传导效率，一般推荐使用光亮面朝内进行包裹。

最初的锡纸确实是由锡制成的，相较于铝箔，其质地较软。使用锡纸包裹食物时，可能会略微带有锡味。此外，由于锡的熔点较低，在加热至160 ℃以上时开始脆化，这限制了其在食品包装领域的应用范围，尤其是在需要高温处理如烧烤或烘焙的情况下不适用。随着铝箔的出现，因其较高的熔点（超过660 ℃才开始熔化），使得它成为普通烧烤、烘焙乃至传统叫花鸡等烹饪方式的理想选择，不仅保证了食品的清洁卫生，还能很好地保留食物原有的风味。因此，铝箔逐渐取代了锡纸，在日常生活中得到了更广泛的应用。但出于习惯，大家还普遍称其为锡纸。

铝箔纸和铝罐、铝煲一样，都会和酸（通常是有机酸）发生反应，而铝和有机酸产生的盐会和胃酸反应，生成氯化铝（$AlCl_3$），因此，长期使用铝箔纸加工食物存在铝超标的潜在风险。

（2）烧烤包锡纸防癌吗？

烧烤摊主采用锡纸包裹食物进行烤制，这一创新做法已被一些商贩和餐馆效仿，推出了"锡纸烤肉"等特色菜。在烧烤过程中，锡纸的使用确实为食物提供了一定的保护层，有助于锁住水分和保留食材的原汁原味。然而，这种做法是否能防止致癌物的产生尚不明确，反而可能因锡纸直接接触火源而导致铝污染。长期食用这种被污染的食物，可能会对人体造成损害。

因此，在使用锡纸进行烧烤时，消费者应谨慎选择产品，确保购买的锡纸符合食品安全标准。同时，烧烤过程中应注意控制火候和时间，避免铝箔纸直接与明火接触，以减少有害物质的产生。只有这样，我们才能在享受美食的同时，确保身体的健康。

7. 锡雕

锡雕，亦称"锡艺"或"锡器"，是中国民间广泛流传的一种传统锡作艺术形式。我国的制锡工艺拥有悠久的历史与深厚的文化底蕴，可追溯至商周时期。河南殷墟出土的锡块、镀锡虎面铜盉以及锡戈等文物，以及云南楚雄万家坝春秋中期墓葬中发现的含锡量高达99.15%的锡器，均证明了当时中国制锡技术的高度成熟。锡有无毒、不锈、防潮、耐酸碱等优点，质地软，熔点低，易于加工，故锡艺与民众的日常生活保持着密切联系。宋代以来，锡器的使用十分普遍，锡茶叶罐、锡"汤婆子"等日用器具在民间广为流行，锡作也因此而成为一个热门行当。传统锡作以制造日常生活用品为主，亦生产部分供奉用品。锡作工艺自成体系，主要包括熔化、铸片、造型、剪料、刮光、焊接、擦亮、装饰、雕刻等工序和技巧，生产时按实用功能构造器物形制。成品锡器造型丰富，装饰精巧，工艺精湛，充分体现出设计制作者的匠心。下表是国家级非物质文化遗产代表性项目名录中的锡雕项目。其中，莱芜锡雕和永康锡艺是最早进入非遗名录中的锡雕项目。

国家级非物质文化遗产代表性项目名录中的锡雕项目

编号	项目名称	类型	申报地区或单位	公布时间
Ⅶ-62	锡雕	传统美术	山东省莱芜市	2008（第二批）
Ⅶ-62	锡雕	传统美术	浙江省永康市	2008（第二批）
Ⅶ-62	锡雕（莲花打锡）	传统美术	江西省莲花县	2014（第四批）
Ⅶ-62	锡雕（锦州锡雕）	传统美术	辽宁省锦州市	2021（第五批）

国家非物质文化遗产莱芜锡雕
图片源自李桂君学术论文[7]

莱芜锡雕是流行于山东省莱芜地区的传统锡作艺术，在清代乾隆年间达到鼎盛，从业者不下千人。早先的锡制品以日用器物居多，后被定为朝廷贡品，逐渐发展出一些具有高度观赏价值的锡雕艺术品。莱芜锡雕工艺复杂，主要包括浮雕、圆雕、线雕、凹雕、镶嵌等制作手段和锻、錾、塑、雕、焊等加工技法，可以生产礼器、酒具、茶具、文房用具、艺术摆件等许多锡器品种。莱芜锡雕造型精巧，雕饰雅致，工艺考究，保持了锡器工艺的优秀传统，同时表现出鲜明的地域特色。

永康锡艺俗称"打镴"，是流传于浙江省永康市的传统锡作艺术。永康锡艺历史悠久，世代相传。直到民国时期，锡器制作仍是当地一种重要的手工艺行当，从业者逾千，产品种类过百。永康锡艺制品多为酒壶、汤罐、粉子盒、果盒等生活用品和婚嫁时使用的成套妆奁，也有拟形香炉、烛台、八仙、仪仗兵器、道具等祭祀供器或佛事法器及各种祥瑞题材的锡制盆景。永康锡艺产品制作时一般需经过成形、锉平、打磨、打孔、焊接、抛光等工序，精致的产品还需事先雕模、铸模。制出的成品做工精细，质地光亮，古色古香，带有明显的地域风格，实用性和观赏性都很强。

参考文献

[1] 荆忠国. SnO₂纳米材料的制备及性能表征[D]. 昆明：昆明理工大学，2007.

[2] 沙国平，张连英. 化学元素的发现及其命名探源[M]. 成都：西南交通大学出版社，1996.

[3] 林昆勇. 明代宋应星《天工开物》记载广西产锡及其意义——我国锡矿资源的供给保障与开发战略研究之一[J]. 金属世界，2008,（05）: 63-65.

[4] 周公度，叶宪曾，吴念祖. 化学元素综论[M]. 北京：科学出版社，2012.

[5] 金属包装材料的优势及运用[N]. 中国包装报，2010-11-12（004）.

[6] 焦菊会，张炎. 哲学案例五则[J]. 政治课教学，2004,（03）: 55-57.

[7] 李桂君. 齐鲁非遗文化的高校数字化建设研究[J]. 丝网印刷，2023,（06）: 82-84.

基础研究是学科发展的根基，可以支撑很多不同方向和领域的研究。只有潜心钻研几十年如一日，认认真真、扎扎实实搞基础研究，才能在国家有需求的关键时候，展现出基础地质研究的力量，从而为社会发展贡献学科力量。❶

——朱祥坤❷

朱祥坤同志获得"全国自然资源系统先进个人"称号
图片源自中国地质科学院地质研究所

---

❶ 第九届侨界贡献奖人物风采录（一百一十四）朱祥坤：
甘坐冷板凳，勇做栽树人 - 中华全国归国华侨联合会
❷ 朱祥坤，中国地质科学院研究员，地球化学家，国际非
传统稳定同位素地球化学主要奠基人。

五、铅（Pb）

1.铅元素发现历史与中英文名称由来

人类对铅的认识可追溯至7000年前。作为一种广泛分布的金属，铅易于提取与加工，具备高度的延展性及柔软性，并且拥有较低的熔点。《圣经·出埃及记》中已有关于铅的记载[1]。

英国博物馆珍藏了一件源自埃及阿拜多斯清真寺的铅制塑像，其历史可追溯至公元前3000年。考古记录揭示，早在公元前2350年，人类已掌握从矿石中提炼铁、铜、银及铅的技术。至公元前1792年至公元前1750年间，在汉穆拉比皇帝统治下的巴比伦帝国，铅的生产达到了规模化水平。此外，中国殷代墓葬出土文物中亦包含铅质酒器如卣、爵、觚以及兵器戈等，进一步证实了古代文明对铅材料的应用与重视。[2]

在很长时间内，锡和铅是被混淆的。锡称为"白铅（plumbum album）"，铅称为"黑铅（plumbum nigrum）"。直到中世纪，它们才被认为是不同的金属。铅的名称沿用古英文"lead"，它的化学符号Pb来源于拉丁文plumbum，意为"带领"。

我国新石器时代晚期就有一些铜制工具和装饰品中含有铅。这说明在4000年前，我们的祖先就认识和使用了铅。商代晚期的铅器，铸造很精细。西周的铅戈含铅达97.5%。战国时期，《管子·地数篇》就有这样的记载："上有陵石者，下有铅、锡、赤铜，……"[3]铅为古代汉语中既有的文字。下图是铅元素的发现及发展历史时间轴。

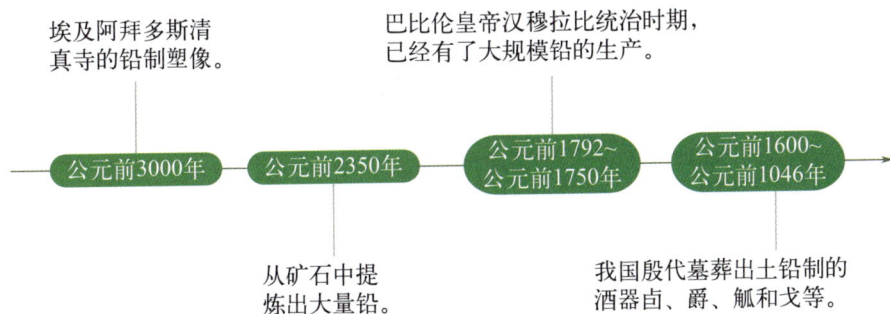

埃及阿拜多斯清真寺的铅制塑像。

巴比伦皇帝汉穆拉比统治时期，已经有了大规模铅的生产。

| 公元前3000年 | 公元前2350年 | 公元前1792~公元前1750年 | 公元前1600~公元前1046年 |

从矿石中提炼出大量铅。

我国殷代墓葬出土铅制的酒器卣、爵、觚和戈等。

铅元素的发现及发展史 ●

2.铅元素基本性质

铅（Pb）位于第六周期第ⅣA族，为碳族金属元素，基态电子组态为$[Xe]4f^{14}5d^{10}6s^26p^2$。

铅是一种蜡状白色并带有蓝灰色光泽的金属，以其柔软性、低熔点、高密度以及在水中不溶解的特性而著称。铅的化学性质相当稳定，但在空气中其表面会迅速形成一层氧化膜，呈现出特有的铅色，这种颜色类似于石墨和黏土制成的铅笔画在纸上的色调。尽管

● 图中时间轴主体颜色设计理念采用铅元素发生焰色反应呈现的绿色。

铅的化合物大多具有毒性，这在一定程度上限制了其应用范围，但铅在工业中仍有其独特用途。

铅蓄电池是铅的一个重要应用实例，它采用高价氧化铅（PbO_2）作为正极，金属铅作为负极，并以稀硫酸水溶液作为电解液。电池的两极之间通过多孔隔膜进行隔离，从而构成完整的电池系统。铅的高密度使其成为有效的 X 射线和 γ 射线屏蔽材料，广泛应用于辐射防护领域。通过在玻璃中添加 PbO 制成的铅玻璃，不仅可用作透明的放射性屏蔽材料，还因其高折射率、柔软性和易加工性，被广泛用于制造光学玻璃和装饰品。

3.臭名昭著的四乙基铅及其发明者托马斯·米基利

（1）四乙基铅发现史

1916年，托马斯·米基利（Thomas Midgley，1889年5月18日—1944年11月2日）加入通用汽车旗下的戴顿（Dayton）实验室，在查尔斯·凯特灵（Charles Kettering）手下工作。由于要研究新的汽油抗爆震剂，因此米基利自学了几年化学。1921年12月，米基利发现了一个优良的汽油抗爆剂——四乙基铅。四乙基铅合成容易，价格便宜，而且汽油中只要加入少量的四乙基铅，就能大大提高汽油的抗爆性能。于是四乙基铅立即受到了当时石油公司和汽车公司的喜爱，特别是当时拥有此项专利的通用汽车公司。含铅汽油也被看作是比乙醇和乙醇混合燃料性能更好且更为便宜的燃料。1922年12月，美国化学会授予米基利尼克斯奖章。

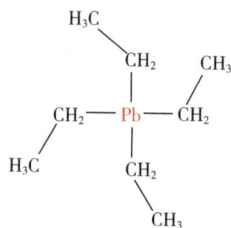

四乙基铅的结构式

铅和铅化合物在当时都是已知的毒物，因此米基利在发明四乙基铅后，仅将其称作"乙基"（Ethyl），刻意避免提到铅，以免引起人们的惶恐。随着含铅汽油的推广，四乙基铅在汽油燃烧时产生的铅严重污染了大气，使得世界各地患铅中毒的人急剧增多，人们对含铅汽油的质疑也逐渐增加。米基利本人在与有机铅化合物接触一年以后，也不得不给自己放长假，以缓解含铅粉尘对肺的压力。

1923年4月，通用汽车开设了一个下属的化学公司，聘用凯特灵为总裁，米基利为副总裁，专门负责监督当时负责生产四乙基铅的杜邦公司。杜邦公司在生产四乙基铅期间，有两名工人因铅中毒而死亡，数人患病。其他的生产工人因此对四乙基铅怨声连连，要求停止生产这种产品。

尽管如此，通用汽车对杜邦公司的生产效率仍不满意。1924年，通用汽车和标准石油公司共同创办了"乙基汽油公司"，摒弃了杜邦公司生产四乙基铅时用的"溴化物法"，改用需要高温且更为危险的"氯乙烷法"来专门生产四乙基铅。然而，该工厂开始仅两个月，就有五名工人相继因铅中毒而死亡，加深了公众对四乙基铅安全性的怀疑。

10月30日，米基利召开新闻发布会，旨在向公众展示四乙基铅的安全性。在会上，他以自身作为实验对象，首先将四乙基铅涂抹于手部，随后打开一瓶四乙基铅并置于鼻下嗅闻60 s。完成实验后，米基利说自己未出现任何不良反应，并向媒体表示，即便每日处于此类环境中，也未曾遭遇健康问题，以此论证四乙基铅的安全性。然而，颇具讽刺意味的是，发布会结束后不久，该工厂即被新泽西州政府强制关闭。此外，米基利本人亦耗费近一年时间才从这短暂的60秒四乙基铅暴露中恢复。直至20世纪80年代末期，含铅汽油才被正式禁止使用。

（2）托马斯·米基利的众多发明

20世纪20年代末，当时冰箱和空调所使用的制冷剂，如二氧化硫和氨等，具有毒性或易燃性，一旦发生泄漏就容易引发危险事故。1928年，米基利受通用汽车公司委托，开始着手研发一种无毒、不易燃且性能稳定的制冷剂。米基利以元素周期表为灵感来源，选择氟和其他较轻的非金属元素开展实验。经过不懈努力，他成功合成了二氯二氟甲烷，也就是后来广为人知的氟利昂。

米基利将其命名为"氟利昂"（Freon），这个名字由"氟"（fluorine）和"制冷剂"（refrigerant）组合而来。1930年，通用汽车和杜邦公司成立了动力化学公司来生产氟利昂。同年，氟利昂首次被应用于Frigidaire公司的冰箱中。由于氟利昂无毒、不可燃、热稳定性强，对人无害，很快就取代了当时一些有毒或有爆炸性的制冷剂，成了最主要的制冷物质。1932年，开利工程公司在世界上第一台独立式家用空调装置"大气柜"中使用了氟利昂。到了1935年，Frigidaire及其竞争对手在美国已售出800万台使用氟利昂的新冰箱。在1930年美国化学协会的讲坛上，米基利为了证明氟利昂安全可靠，深吸一口氟利昂后喷向燃烧的蜡烛，以此展示这种无色无嗅的气体既无毒性也不可燃。

氟利昂的发明，革新了制冷技术，极大地推动了制冷行业的发展，让冰箱和空调得以普及，改变了人们的生活和工作环境，为工业生产、食品储存等诸多领域带来了便利。但在几十年后，也就是1974年，人们发现氟利昂会在大气平流层中分解出氯原子，进而催化破坏臭氧层，对地球环境造成了严重危害。1987年签署的《蒙特利尔议定书》限制了氟利昂的使用，1996年，氟利昂的应用全面被禁止。

米基利还发明了从海水中提取溴的工艺。

米基利和凯特灵在面对四乙基铅（TEL）添加剂导致发动机阀表面铅氧化物沉积问题时，使用了添加溴化乙烯（ethylene dibromide）这一解决方案。但在当时，溴主要作为盐水井的副产品生产，供应有限。他们需要大量的溴来生产溴化乙烯。

凯特灵和米基利访问了陶氏化学公司（Dow Chemical Company），寻求增加溴供应的可能性。陶氏化学公司表示可以满足短期需求，但如果Ethyl汽油销量大增，将需要新的盐水源。他们探索了从俄亥俄州到墨西哥、北非甚至死海的盐水源，但都没有找到有希望的解决方案。

赫伯特·亨利·道（Herbert Henry Dow，1866—1930）是陶氏化学公司的创始人。他提出了从海水中提取溴的想法，因为海水含有67 mg/kg的溴。米基利在实验室里开发了从海水中提取溴的方法，但他的公司缺乏将其扩大到生产规模的能力。凯特灵购买了一艘254英尺的货船，改名为Ethyl，并装载了提取溴的设备和技术团队。1925年4月，这艘船驶入弗吉尼亚郊外的湾流进行试验。试验只提取了100磅溴，大多数工作人员在旅途中严重晕船。尽管如此，凯特灵证明了如果Dow不从海水中提取溴，他就会这么做。最终，Dow采用了米基利的方法（经过陶氏化学公司的化学家优化），并通过合资企业Ethyl-

Dow Chemical Company 供应溴。1934年，Ethyl-Dow 在北卡罗来纳海岸开设了一家工厂，年提取9000吨溴。到1941年，全球年产量达到40000吨，其中90%用于四乙基铅汽油的处理。[4]

米基利是一位颇具争议的人物。米基利是一个天才，一生中持有117项发明，他的发明在当时极大地推动了化工、汽车、制冷等多个行业的进步，为经济发展做出了重要贡献，在一定程度上提高了社会的生产效率和生活质量。但从长远角度看，米基利的发明引发的环境和健康问题也给人类带来了沉重的负担。米基利的故事也提醒人们在追求技术创新和经济发展时，要充分考虑对环境和人类健康的影响。

4. 铅与人体健康

（1）传统中药铅丹

铅丹，即四氧化三铅，化学式Pb_3O_4，俗称红丹、铅丹，是一种无机化合物，为鲜橘红色粉末，不溶于水、乙醇，溶于热碱液、稀硝酸、乙酸、盐酸，主要用作防锈颜料、有机合成的氧化剂，也可用于制蓄电池、玻璃、陶瓷、搪瓷。铅丹可作为中药，具有解毒祛腐，收湿敛疮，坠痰镇惊之功效，常用于痈疽疮疡，外痔，湿疹，烧烫伤等。[5]

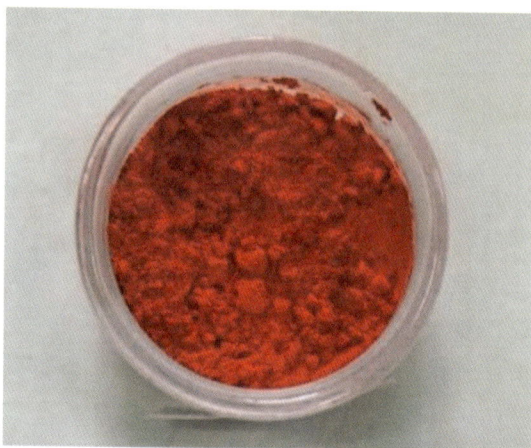

西汉炼丹术创造了以铅为原料的铅丹。古代的氧化技术十分不完善，因而铅丹极易成为混合物，当混合物中四氧化三铅含量多时，颜料整体色相偏红，此时可用作"铅丹"颜料，当氧化铅（Ⅱ）含量高时，整体偏橘黄色，于是也有了后人称之为"黄丹"的颜色[6]。

铅丹粉末
图片源自张华强学术论文[6]

（2）铅的危害

铅是一种对人体有害的重金属元素，长期摄入过量的铅会对人体健康造成严重影响，尤其是对儿童和孕妇的神经系统、心血管系统、骨骼系统、生殖系统和免疫系统等，都可能产生毒害作用。2017年10月27日，世界卫生组织国际癌症研究机构公布的致癌物清单中，无机铅化合物属2A类致癌物。

对于儿童和孕妇等对铅较敏感的人群，应尽量避免膨化食品、皮蛋、罐装类食品等可能含铅食品，以降低铅摄入的风险。同时，定期进行血铅检测，及时发现并干预铅超标的情况，是预防铅中毒的重要措施。

5. 铅的射线防护作用

铅凭借其独特的原子结构、物理性质以及与射线的多种相互作用机制，成为射线防护领域的首选材料。在医疗领域，铅制防护服、防护围裙、防护手套、防护眼镜等个人防护装备，为放射科医生、核医学工作者等长期接触射线的人员提供了贴身保护；医院的放射检查室、放疗室等场所，则会使用铅板、铅砖等材料构建防护墙、防护门，确保室内的射线不会泄漏到外部环境。在核工业中，从核反应堆的屏蔽设施到核废料的储存容器，铅都发挥着不可或缺的作用，保障着核能的安全利用。在科研领域，涉及放射性物质或高能射线的实验，也离不开铅的防护，以为科研人员创造一个安全的实验环境。

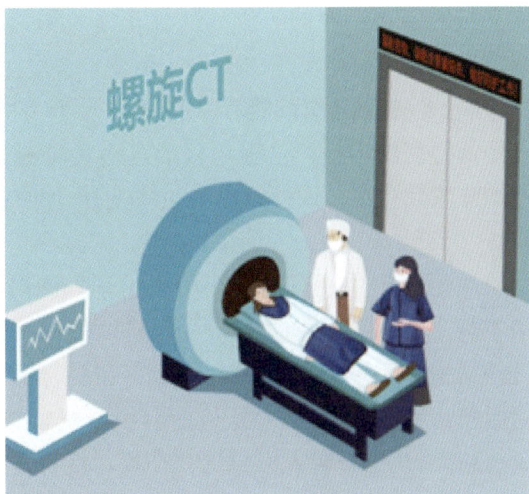

装有防辐射铅板门的螺旋CT检查室及身着铅衣的患者与家属❶

周晋司创作。

6.古诗词中的"铅"

（1）美好的"铅华"

铅华（$PbCO_3$，白色），亦作"铅花"、"铅白"，曾经是古代中国妇女长期使用的化妆增白用品。随着人们对重金属铅危害的认识深入，铅华已经逐步在涂料行业淡出，化妆行业已明令禁止把铅华作为增白剂使用。

桃花扇·第二出·传歌（节选）

孔尚任（清代）

梨花似雪草如烟，春在秦淮两岸边；一带妆楼临水盖，家家分影照婵娟。妾身姓李，表字贞丽，烟花妙部，风月名班；生长旧院之中，迎送长桥之上，铅华未谢，丰韵犹存。

孔尚任（1648年—1718年），字聘之，又字季重，号东塘，别号岸堂，自称云亭山人。山东曲阜人，孔子六十四代孙，清初诗人、戏曲家。孔尚任与洪昇被并称为"南洪北孔"，被誉为康熙时期照

网状白铅矿晶体❷

图片源自温德尔·E·威尔逊学术论文[7]

---

❶ 图中蓝色服装、盖毯、围脖等均为铅制防护衣物。

❷ 尺寸4.2 cm，产自纳赫拉克矿山。石燕矿物（Spirifer Minerals）收藏，杰夫·斯科维尔（Jet Scovil）拍摄。

耀文坛的双星。他们的作品《桃花扇》和《长生殿》代表了中国古代历史剧作的最高成就，也是世界文化宝库中的瑰宝奇葩。

"铅华未谢，丰韵犹存"描述的是李贞丽的美貌与气质。"铅华"指的是古代女子用来修饰容貌的铅粉，这里用来形容李贞丽的妆容依旧美丽；"丰韵犹存"则形容她的气质和韵味依然存在，即使经历了世事变迁，她的美依然不减当年，依然保持着昔日的风采与韵味。

中国诗词中还有很多使用"铅华"的语句。如曹植《洛神赋》中有"芳泽无加，铅华不御"的说法，描述既不施脂也不敷粉的洛神，体现其美丽容貌、青春年华。葛洪（晋）《抱朴子·畅玄》中有"冶容媚姿，铅华素质，伐命者也。"，其中的"铅华"也是指脂粉。大致意思是："妖艳的容貌，妩媚的身姿，化妆的脂粉，洁白的丽质，是砍伐生命的利斧"，它告诫人们要持守朴素，没有贪欲，漠视外物，体味纯真。

(2) 贬义的"驽铅"

寒夜怨

陶弘景（南朝梁）

夜云生，夜鸿惊，凄切嘹唳伤夜情。空山霜满高烟平，铅华沉照帐孤明。寒月微，寒风紧，愁心绝，愁泪尽。情人不胜怨，思来谁能忍？

并不是所有古诗词中的"铅"都描绘美好的事物，这首诗中的铅华是指月亮照在地上的洁白光芒，这种"白"是惨白，表现的是冷月的白光，体现出一种"凄凉"之感。

登郡城南楼

张九龄（唐）

闲阁幸无事，登楼聊永日。

云霞千里开，洲渚万形出。

澹澹澄江漫，飞飞度鸟疾。

邑人半舻舰，津树多枫橘。

感别时已屡，凭眺情非一。

远怀不我同，孤兴与谁悉。

平生本单绪，邂逅承优秩。

谬忝为邦寄，多惭理人术。

驽铅虽自勉，仓廪素非实。

陈力倘无效，谢病从芝术。

诗句"驽铅虽自勉，仓廪素非实"中，驽，比喻才能低下；铅，比喻资质愚钝。这里主要是将铅密度较大的物理本性引申为沉重缓慢，体现了传统文化对化学元素性质的思考和借鉴。

7.中国科学家朱祥坤与铅元素原子量修订

朱祥坤，研究员、博士生导师，地球化学家，国际非传统稳定同位素地球化学主要奠基人之一，国家杰出青年基金获得者，自然资源部同位素地质重点实验室主任，中国地质学会同位素地质专业委员会主任委员，国际纯粹与应用化学联合会无机化学部领衔委员。朱祥坤曾说："基础研究是学科发展的根基，可以支撑很多不同方向和领域的研究。只有潜心钻研几十年如一日，认认真真、扎扎实实搞基础研究，才能在国家有需求的关键时候，展现出基础地质研究的力量，从而为社会发展贡献学科力量。"

原子量是化学领域极为基础的概念，从19世纪元素周期表创立起，给元素原子量"定标准值"始终是科学界的重要基础性工作。传统上，原子量一般由化学家或物理学家主导修订，地球科学家较少参与其中。铅元素标准原子量被认定为207.2±0.1，但随着科研的深入发展，科学家们对元素的认知不断加深，对铅元素原子量的准确性和精确性也有了更高要求。

朱祥坤团队从海量研究资料入手，对自20世纪50年代以来数百篇有关铅同位素高精度分析的文献进行系统调研。在此基础上，他们对8000多个各类普通地球物质（不包括陨石等样品）的铅同位素高精度分析数据展开统计。经过严谨的研究与分析，团队厘定了铅元素原子量的最小值和最大值，最终给出自然界物质铅元素的标准原子量为区间值[206.14，207.94]。其中，铅元素原子量的最小值和最大值均来自对苏格兰西北部古老杂岩体中独居石的分析，这些独居石被坚硬、稳定的石榴子石包裹，避免了外界普通铅的污染，为研究提供了理想样本。

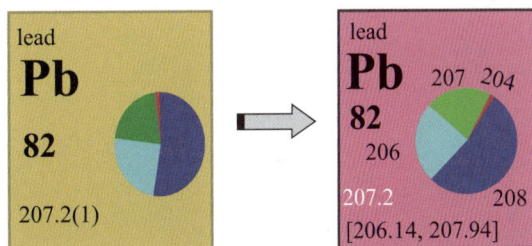

IUPAC在2021年5月6日基于朱祥坤等的研究修订铅元素的标准原子量

图片源自中国地质科学院地质研究所

朱祥坤研究团队还给出了用于教学等目的的原子量，推荐使用207.2，该值代表大多数普通地球物质中的铅原子量。这项成果历时十年，通过7位专家的严格评审以及IUPAC的审核，最终IUPAC正式将铅元素标准原子量进行修订。这一成果更新了教科书的元素周期表，使铅原子量标准数值从"常数"转变为"区间值"，对相关应用领域产生了持久性影响，也是地球科学在原子量修订领域发挥重要作用的标志性事件。

参考文献

[1] 高胜利，杨奇.化学元素新论[M].北京：科学出版社，2019.

[2] 王悦.真实永远是灰色的——对基弗作品色调的研究[D].中央民族大学，2016.

[3] 沙国平，张连英.化学元素的发现及其命名探源[M].成都：西南交通大学出版社，1996.

[4] Mark Bernstein. Thomas Midgley and the Law of Unintended Consequences[J]. Innovation&Technology, 2002, 17.

[5] 杨维增.银朱、铅丹和铅白古今考[J].广州化工，1980，（01）：24-26.

[6] 张华强，杨帅，杨洋，等.美丽红色胭脂魅力红色化学[J].化学教育（中英文），2022，43（23）：1-7.

[7] 温德尔·E·威尔逊，龚浩然，葛若雯.伊朗伊斯法罕省阿纳拉克区纳赫拉克矿山[J].宝藏，2023，（06）：28-48.

元素 / 之思

Ideology of Elements:
Explore the Mysteries of the Chemical World

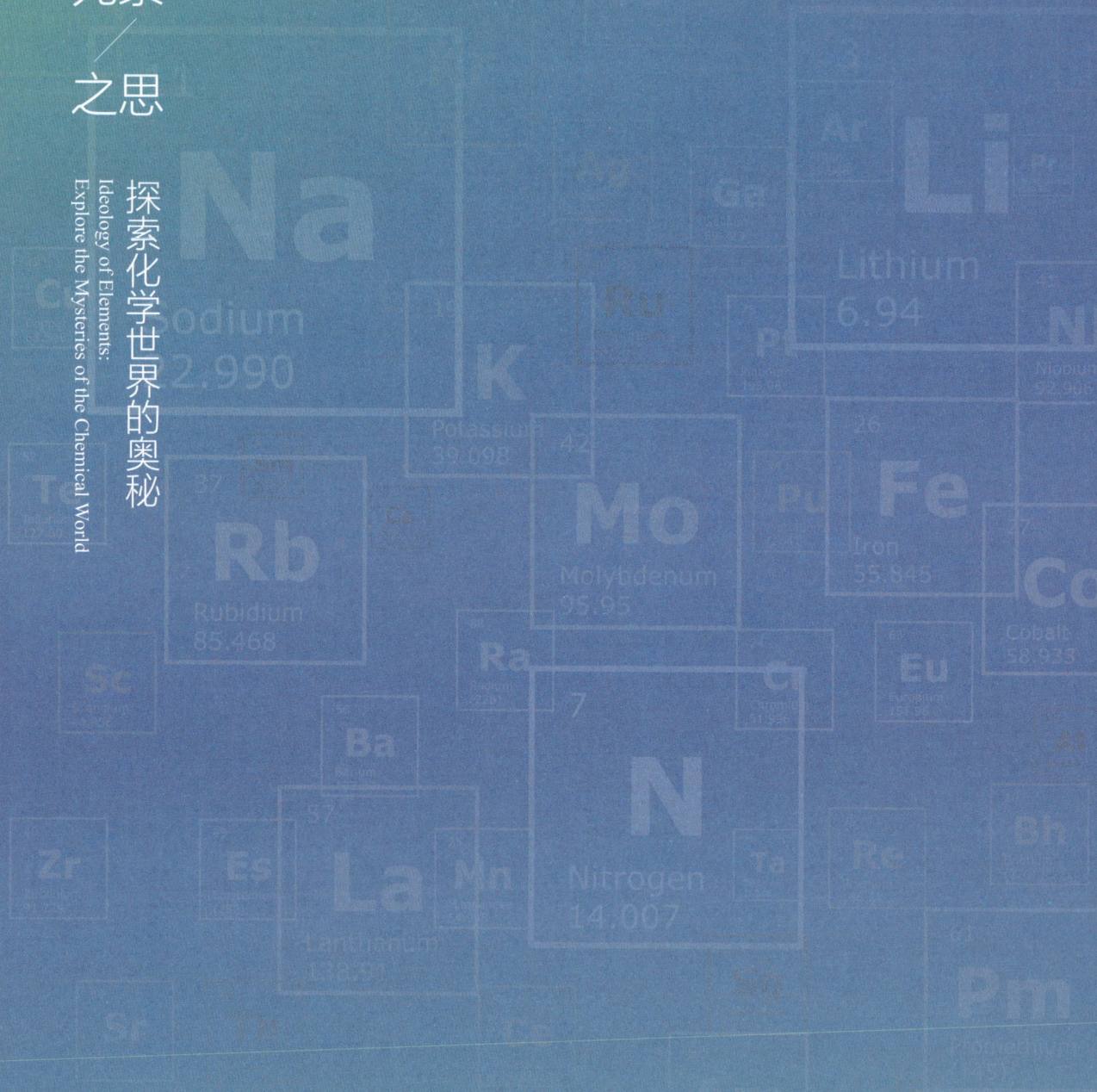

探索化学世界的奥秘

第五章

氮族元素

（VA 族）

我的炸药比一千个世界公约更能带来和平。一旦人们发现整个军队可以在一瞬间被彻底摧毁，他们肯定会遵守黄金般的和平。❶

——阿尔弗雷德·贝恩哈德·诺贝尔❷

阿尔弗雷德·贝恩哈德·诺贝尔（Alfred Bernhard Nobel）
图片源自诺贝尔奖官方网站

❶ My dynamite will sooner lead to peace than a thousand world conventions. As soon as men will find that in one instant, whole armies can be utterly destroyed, they surely will abide by golden peace.
James Charlton. The Military Quotation Book[M]. New York: St. Martin' s Press, 2002: 113.

❷ 阿尔弗雷德·贝恩哈德·诺贝尔（Alfred Bernhard Nobel，1833年10月21日—1896年12月10日），瑞典化学家、工程师、发明家、军工装备制造商和硅藻土炸药的发明者。

一、氮（N）

1.氮元素发现历史与中英文名称由来

苏格兰化学家、医生丹尼尔·卢瑟福（Daniel Rutherford，1749—1819）被认为是氮的发现者。1772年9月，卢瑟福发表了硕士论文《论所谓固定的空气和有毒的空气》，在论文中他描述了氮气的性质。同年，瑞典化学家卡尔·威尔海姆·舍勒（Carl Wilhelm Scheele）也从事这一研究，他用硫酐吸收大气中的氧气，取得氮气。1777年，亨利·卡文迪什（Henry Cavendish，1731—1810）写给普约瑟夫·普利斯特利（Joseph Priestley，1733—1804）的一封私人信件中谈道：他已成功地制备出一种新的空气变种，他把它命名为窒息性的或有毒的空气。1787年，安东尼·拉瓦锡（Antoine Lavoisier）和其他法国科学家提出"azote"（氮）这个名称，并提出了新的化学命名原则。他们从希腊文"否定"的词头"a"和"生命"的字义"zoe"衍生出这一词。无生命就是不能维持呼吸和燃烧，这反映了化学家们了解到的氮的主要性质。后来证明这种观点是错误的，氮对于植物是生命必需的，不过"azote"这个名称仍旧保留着。

氮元素的英文名称为Nitrogen，源于希腊文"nitron+genes"，意为"硝石+生成"[1]。被译成中文时，根据氮气的物理性质及其在空气中占有较大的体积分数，中国早期的化学家采用双字"淡气"来描述这种空气中含量最大的气体，意指能"冲淡"空气中的"养气"（现为氧气）。后来，为了使元素更符合统一的造字规律，人们采用了形声字命名法，采用气字头加上"淡"字的声旁，演变成今天的"氮"字。下图是氮元素的发现及发展历史时间轴。

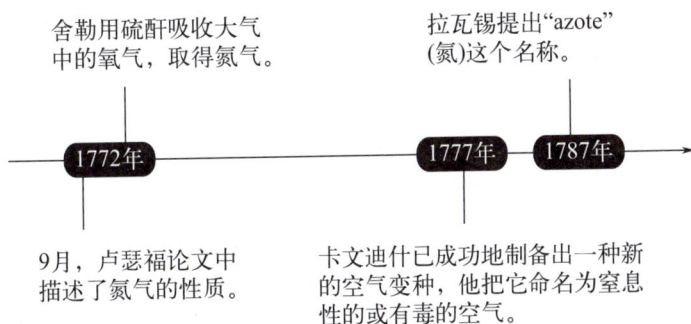

舍勒用硫酐吸收大气中的氧气，取得氮气。

拉瓦锡提出"azote"(氮)这个名称。

| 1772年 | 1777年 | 1787年 |

9月，卢瑟福论文中描述了氮气的性质。

卡文迪什已成功地制备出一种新的空气变种，他把它命名为窒息性的或有毒的空气。

氮元素的发现及发展史❶

2.氮元素基本性质

氮（N）位于第二周期第ⅤA族，为非金属元素。基态电子组态为$[He]2s^2 2p^3$。氮在地壳中的平均含量为19 $mg \cdot kg^{-1}$，地壳中丰度排第34，在海水中的平均含量为0.5 $mg \cdot L^{-1}$，

---

❶ 图中时间轴主体颜色设计理念采用氮气的"气瓶颜色标志"——瓶体颜色：黑；字体颜色：白。

成人人体平均含量为 26 g·kg⁻¹。氮气在常温常压下为无色无味的气体，熔点为 63.29 K，沸点为 77.5 K。在室温下氮气性质很不活泼，在高温高压并有催化剂的情况下与氢气反应生成氨，在放电条件下与氧气化合生成一氧化氮。[2]

3.科学工作者的至高荣誉——诺贝尔奖

（1）科学巨匠诺贝尔

阿尔弗雷德·贝恩哈德·诺贝尔（Alfred Bernhard Nobel，1833 年 10 月 21 日—1896 年 12 月 10 日），瑞典化学家、工程师、发明家、军工装备制造商和硅藻土炸药的发明者，出生于斯德哥尔摩。

1863 年 10 月，诺贝尔获得炸药发爆剂的发明专利权，该发明被人们称为"诺贝尔引燃器"。1864 年，他取得了硝化甘油炸药发明的专利权。1865 年，经过多次实验和反复钻研，诺贝尔研制出了固体韧性燃料，并在瑞典、英国和美国获得了炸药专利。1866 年，诺贝尔通过将液态硝化甘油吸附于高孔隙率的惰性载体——硅藻土中，成功研制出首款安全可控的混合型炸药。该技术以硅藻土与硝化甘油按 1:3 的质量比复合（即每克硅藻土吸附三倍质量的爆炸性液体），形成稳定的塑性固体（1867 年英国专利第 1345 号）。这一突破性发明解决了硝化甘油运输与使用中的高危易爆难题，被命名为"Dynamite"（达纳炸药），直接推动了诺贝尔跨国工业帝国的建立。1867 年，他发明了安全雷管引爆装置。1888 年，诺贝尔发明了用于制造军用炮弹、手雷和弹药的无烟炸药，也称诺贝尔爆破炸药。1896 年，诺贝尔取得开有细孔的玻璃制压榨喷嘴的专利，对纺织工业产生了重大影响。

诺贝尔说："我的炸药比一千个世界公约更能带来和平。一旦人们发现整个军队可以在一瞬间被彻底摧毁，他们肯定会遵守黄金般的和平[3]。"

除了炸药领域，诺贝尔在硝化甘油导火线、无声枪炮、金属硬化处理、焊接、熔接、子弹安定、瓦斯海底装备安全性、救助海难用火箭等方面都取得了理论与实际成就。他在人造橡胶、人造皮革、以硝化纤维素为基础制造真漆或染料、人造宝石等方面的实验研究也有创新。诺贝尔不仅在炸药方面做出了贡献，而且在电化学、光学、生物学、生理学和文学等方面也有一定的建树。诺贝尔一生中在英国申请的发明专利就有 355 项之多，并在欧美等五大洲 20 个国家开设了约 100 家公司和工厂，积累了巨额财富。为了纪念诺贝尔的贡献，102 号人造元素以"锘"（Nobelium）命名。

（2）诺贝尔奖简介

1895 年 11 月 27 日，诺贝尔签署了他最后的遗嘱，将他财产的最大份额授予一系列物理学、化学、生理学或医学、文学以及和平奖，奖励当年在上述领域内作出最大贡献的学者。1968 年，瑞典中央银行设立了纪念诺贝尔的瑞典中央银行经济学奖。

诺贝尔奖分为下列六项：

第一项是诺贝尔物理学奖：颁发给在物理学领域做出最重要发现或发明的人。在 19 世纪末，许多人认为物理学是最重要的科学，也许诺贝尔也是这样认为的。他自己的研究也与物理学密切相关。物理学奖由位于瑞典斯德哥尔摩的瑞典皇家科学院（Royal Swedish

Academy of Sciences）颁发。

第二项是诺贝尔化学奖：颁发给在化学领域有重要发现和改进的人。化学是诺贝尔本人工作中最重要的科学。他的发明、研发以及他所采用的工业过程都是基于化学知识。化学奖由瑞典皇家科学院颁发。下图为诺贝尔物理学奖和化学奖奖章的图片。

诺贝尔奖章正面（左：诺贝尔的浮雕像）和背面（右：物理、化学）❶
图片源自诺贝尔奖官方网站

第三项是诺贝尔生理学或医学奖：颁发给在生理学或医学领域做出最重要发现的人。诺贝尔对医学研究有着浓厚的兴趣。生理学或医学奖由瑞典斯德哥尔摩的卡罗林斯卡学院的诺贝尔委员会颁发。

第四项是诺贝尔文学奖：由斯德哥尔摩学术院决定，颁发给在文学领域中向着理想方向作出最杰出作品的人。诺贝尔对文化领域也有着浓厚的兴趣，在他生命的最后几年里，他试着当作家，开始写小说。文学奖由瑞典斯德哥尔摩的瑞典文学院颁发。

第五项是诺贝尔和平奖：由挪威议会组成的五人委员会决定，颁发给为国与国之间的友好关系、废除或裁减常备军以及举行和促进和平大会而作出最多或最好贡献的人。诺贝尔对社会问题表现出极大的兴趣，并参与了和平运动。和平奖由挪威议会选出的一个委员会颁发。

第六项是诺贝尔经济学奖：并非诺贝尔遗嘱中提到的五大奖励之一，该奖项是根据诺贝尔基金会在1968年瑞典央行成立300周年之际收到的一笔捐款设立的。经济学奖由瑞典皇家科学院颁发。

---

❶ 诺贝尔物理学奖和化学奖均由瑞典皇家科学院决定，分别颁发给对于物理方面有重要发明和发现的人和在化学方面有重要发现和改良的人。瑞典皇家科学院奖章的背面是希腊神话中自然女神伊西斯的头像，她从云端浮现，面带冷峻威严表情，手臂抱着象征丰饶的羊角。右边的是科学女神，她正掀开伊西丝的面纱。这个设计象征着科学揭示自然界的神秘面纱，并且促进人类文明的不断进步和发展。

（3）诺贝尔奖颁奖典礼

1901年12月10日，第一届诺贝尔奖分别在瑞典的斯德哥尔摩和挪威的克里斯蒂亚尼亚（现在的奥斯陆）颁发。1901～1925年的诺贝尔奖颁奖典礼在斯德哥尔摩的老皇家音乐学院举行。自1926年以来，该仪式都在斯德哥尔摩音乐厅举行，很少有例外。1971年在费城教堂；1972年在圣·埃里克国际展览会议中心（今天被称为斯德哥尔摩国际展览会议中心），1975年在圣·埃里克国际展览会议中心和1991年在斯德哥尔摩环球竞技场。瑞典国王亲自为获奖者颁奖。

在挪威，1901～1904年间，和平奖的决定是在12月10日的挪威议会会议上宣布的，之后以书面形式通知获奖者。1905～1946年诺贝尔和平奖颁奖典礼在诺贝尔研究所举行，1947～1989年在奥斯陆大学礼堂举行，1990年以来在奥斯陆市政厅举行。挪威国王出席典礼仪式，诺贝尔委员会主席为获奖者颁奖。图是2024年诺贝尔奖颁奖典礼。

2024年诺贝尔奖颁奖典礼 ❶
图片源自诺贝尔奖官方网站

（4）合成氨工业与诺贝尔化学奖

诺贝尔化学奖颁奖历史上，共有三次奖项授予与"合成氨"工业相关的开创性研究

---

❶ 2024年诺贝尔奖颁奖典礼于12月10日在瑞典斯德哥尔摩音乐厅举行，这一天是诺贝尔逝世的周年纪念日。在颁奖典礼上，诺贝尔物理学奖、化学奖、生理学或医学奖、文学奖和经济学奖分别颁发给获奖者。

工作。

第一次，1918年诺贝尔化学奖授予弗里茨·哈伯（Fritz Haber），以表彰"以其组成元素合成氨"。

氮，作为植物的营养之源，是最重要的肥料组成之一。虽然空气中充斥着氮气，但只有当氮与化合物结合时，植物才能充分利用。大约在1913年，弗里茨·哈伯发明了一种从氮和氢合成氨的方法，为制造人工肥料提供了可能。在受控的温度、压力和流速下，以及催化剂的作用下，氮气和氢气通过特定装置可形成氨，氨的形成变得高效节能。

在1918年的评选过程中，诺贝尔化学委员会认为，当年的提名都不符合阿尔弗雷德·诺贝尔遗嘱中列出的标准。根据诺贝尔基金会的章程，在这种情况下，诺贝尔奖可以保留到下一年。弗里茨·哈伯因此在一年后的1919年获得了1918年的诺贝尔奖。

第二次，1931年诺贝尔化学奖被授予卡尔·博世（Carl Bosch）和弗里德里希·博格斯（Friedrich Bergius），"以表彰他们对化学高压方法的发明和发展所做出的贡献"。

在哈伯发明利用氮和氢生产氨（可以用来制造肥料）的方法以后，如何将合成氨发展成工业过程从而大量生产成了亟待解决的重大问题。由于氮气和氢气需要高压才能发生反应。1913年前后，博世发明了一种装置，该装置使用了不同类型钢材以实现可调节的耐压和耐热区间，创造出一种高效的高压工艺。该成果也被用于其他化学工业过程中。

第三次，2007年诺贝尔化学奖授予格哈德·埃特尔（Gerhard Ertl），以表彰他对固体表面化学过程的研究。

弗里茨·哈伯（Fritz Haber）　　卡尔·博世（Carl Bosch）　　格哈德·埃特尔（Gerhard Ertl）
图片源自诺贝尔奖官方网站

2007年诺贝尔化学奖授予在表面化学方面的开创性研究。这门科学对化学工业很重要，可以帮助我们理解各种不同的过程，比如铁为什么会生锈，燃料电池是如何运转的，以及汽车里的催化剂是如何工作的。表面催化的化学反应在许多工业生产中起着至关重要的作用，例如肥料的生产。表面化学甚至可以解释臭氧层的破坏，因为反应的关键步骤实际上发生在平流层的小冰晶表面。

半导体工业是另一个依赖于表面化学知识的领域。由于半导体工业的发展，现代表面化学科学在20世纪60年代开始出现。埃特尔是最早看到这些新技术潜力的人之一。通过揭示表面反应中产生的不同的实验过程，他一步一步地创建了表面化学的方法。这门科学需要先进的高真空实验设备，因为它的目的是观察原子和分子层在极端纯净的表面（例如金属）上的行为。因此，必须能够准确地确定哪个元素被允许进入反应体系。污染可能会危及测量数据。获得反应的全貌需要很高的精度并结合许多不同的实验技术。

埃特尔通过展示如何在困难的研究领域获得可靠的结果，创立了一个实验思想流派。他的洞察力为现代表面化学提供了科学基础，他的方法被广泛应用于学术研究和化学过程的工业发展。埃特尔开发了一种基于对哈伯-博世（Haber-Bosch）工艺的研究进行改进的方法，该工艺从空气中提取氮以加入人工肥料中。这种用铁表面作为催化剂的反应具有巨大的经济效益，因为植物生长所需的氮通常是有限的。埃特尔还研究了一氧化碳在铂上的氧化反应，这种反应发生在汽车的三元催化过程中，用来清洁汽车排放的尾气。下图是从反应物 N_2 和 H_2 到产物 NH_3 的反应过程能量变化图。

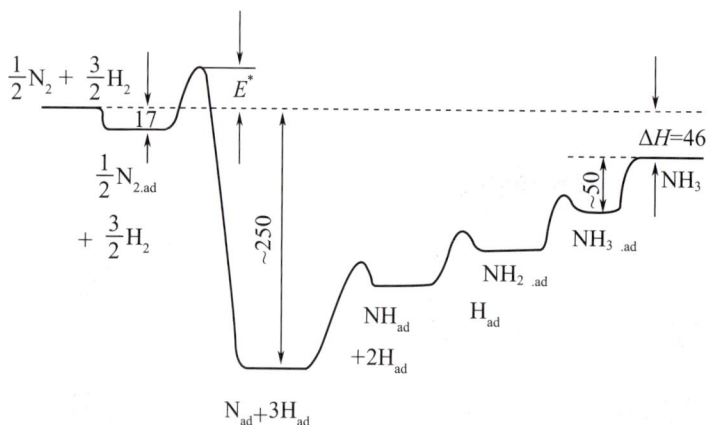

从反应物 N_2 和 H_2 到产物 NH_3 的反应过程能量变化图 ❶
图片源自埃特尔1983发表的论文[4]

（5）一氧化氮与诺贝尔生理学或医学奖

1998年诺贝尔生理学或医学奖共同授予罗伯特·弗尔奇戈特（Robert Furchgott）、路易斯·伊格纳罗（Louis Ignarro）和费里德·穆拉德（Ferid Murad），以表彰他们"关于一氧化氮作为心血管系统信号分子的发现"。

一氧化氮（NO）作为重要的生物活性分子，在机体内发挥多维度生理功能。研究表明，NO不仅是心血管系统的关键信号分子，同时在神经调节和免疫防御中具有重要作用。

---

❶ 能量的单位是 kJ/mol。

罗伯特·弗尔奇戈特
（Robert Furchgott）

路易斯·伊格纳罗
（Louis Ignarro）

费里德·穆拉德
（Ferid Murad）

图片源自诺贝尔奖官方网站

在血管系统中，内皮细胞生成的NO通过细胞膜扩散作用于血管平滑肌细胞，通过抑制细胞收缩机制介导动脉舒张，从而实现对血压的动态调节和局部血流再分布。该过程同时通过抑制血小板聚集发挥抗血栓作用。神经系统中，NO作用于邻近细胞，其快速弥散特性使其能够参与包括行为调控和胃肠动力在内的多种生理功能调节。免疫防御方面，巨噬细胞等白细胞在病原体刺激下可诱导生成高浓度NO，其细胞毒性作用构成机体抵抗细菌及寄生虫感染的重要机制。

4.易制毒易制爆物品法律法规

（1）易制毒物品及相关法律法规

根据国际管制清单，80%以上的易制毒化学品含有氮元素。氮原子通过参与分子构型、调控神经递质代谢、影响离子通道活性等方式，对中枢神经系统及外周器官产生多维度影响。

氮元素可用于构建药物活性骨架，含氮杂环（如吡啶、哌嗪）是许多毒品的核心结构。例如，合成大麻素类毒品常含有氮杂环，增强其与受体的结合能力。氮原子通过形成胺基或酰胺基，提高化合物的脂溶性，使其更易穿透血脑屏障。例如，海洛因的乙酰化吗啡结构依赖氨基增强其效力。胺类化合物，如苯乙胺、麻黄碱等，是合成冰毒、摇头丸的前体。

国务院2005年8月26日发布《易制毒化学品管理条例》（国务院令第445号），自2005年11月1日起施行。公安部2006年8月22日发布《易制毒化学品购销和运输管理办法》（公安部令第87号），自2006年10月1日起施行。表中是易制毒化学品的分类和品种目录。

分类	第一类		第二类	第三类
1	1-苯基-2-丙酮	N-乙酰邻氨基苯酸	苯乙酸	甲苯
2	3,4-亚甲基二氧苯基-2-丙酮	邻氨基苯甲酸	醋酸酐	丙酮
3	胡椒醛	麦角酸*	三氯甲烷	甲基乙基酮
4	黄樟素	麦角胺*	乙醚	高锰酸钾
5	黄樟油	麦角新碱*	哌啶	硫酸
6	异黄樟素	麻黄素、伪麻黄素、消旋麻黄素、去甲麻黄素、甲基麻黄素、麻黄浸膏、麻黄浸膏粉等麻黄素类物质*		盐酸

第一类、第二类所列物质可能存在的盐类，也纳入管制；带有*标记的品种为第一类中的药品类易制毒化学品，第一类中的药品类易制毒化学品包括原料药及其单方制剂。麻黄素、伪麻黄碱、甲基麻黄碱、哌啶、N-乙酰邻氨基苯酸等含氮化合物因氨基（—NH$_2$）或硝基（—NO$_2$）等官能团易被用于合成毒品（如冰毒、海洛因），故多被列为第一类或第二类易制毒化学品。

以上《条例》和《办法》是我国为了加强对易制毒化学品的管理，规范相关化学品的生产、经营、购买、运输和进出口行为，防止这些化学品被用于非法制造毒品，从而维护社会秩序和公共安全而制定的法规。

(2) 易制爆物品及相关法律法规

三氯化氮（三氯胺，NCl_3）极不稳定，稍加震动或光照就会发生爆炸性分解，主要原因是短时间内生成大量氮气。

$$2NCl_3(l) \xrightarrow{\text{光照、震动}} N_2(g) + 3Cl_2(g)$$

叠氮类化合物，如HN_3、AgN_3、NaN_3等，也会发生分解反应生成大量氮气。如：

$$2AgN_3 \longrightarrow 2Ag + 3N_2\uparrow$$

硝铵炸药（NH_4NO_3）是一种强氧化剂，其分子中既含有铵离子（NH_4^+）作为燃料，又含有硝酸根离子（NO_3^-）作为氧化剂。在高温、高压或受到猛烈撞击等条件下，硝酸铵会发生剧烈的分解反应，产生大量的气体（氮气、二氧化氮、水蒸气）和热量，气体体积急剧膨胀，从而引发爆炸。由于其分解产物的体积远大于初始物质的体积，爆炸时会产生巨大的压力和冲击波。硝酸铵的分解反应因温度不同而有所差异，常见的分解反应如下：

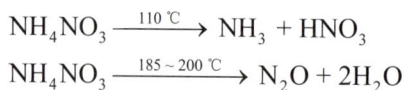

$$NH_4NO_3 \xrightarrow{110\,℃} NH_3 + HNO_3$$
$$NH_4NO_3 \xrightarrow{185\sim200\,℃} N_2O + 2H_2O$$

$$2NH_4NO_3 \xrightarrow{\text{>230 ℃，有弱光}} 2N_2\uparrow + O_2\uparrow + 4H_2O$$

$$4NH_4NO_3 \xrightarrow{\text{>400 ℃}} 3N_2\uparrow + 2NO_2\uparrow + 8H_2O$$

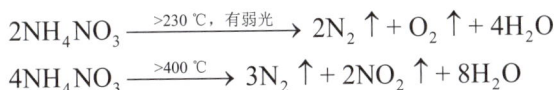

硝基化合物（如ＴＮＴ）中的硝基（—NO_2）通过分子内氧化还原反应，将化学键能转化为爆炸能。爆炸时，C—NO_2键断裂后，硝基中的氮原子迅速结合生成稳定的N_2分子，释放的能量高达3.0×10^6 J/kg。

《危险化学品安全管理条例》（国务院令第591号）于2011年3月2日发布，自2011年12月1日起施行。公安部根据上述条例第23条规定编制了《易制爆危险化学品名录》（2017年版），并于2017年5月11日发布公告。其中，硝酸、发烟硝酸、硝酸盐类、硝基化合物类、硝化纤维素类等相当多的含氮化合物均有爆炸风险，被公安部列入易制爆危险化学品名录，实行特别管理。

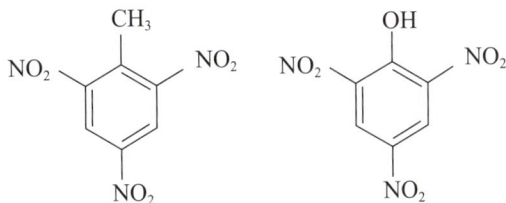

TNT（三硝基甲苯）　　苦味酸（三硝基苯酚）

5.氮元素相关生活知识

（1）生物固氮

生物固氮是一种由固氮微生物执行的过程，这些微生物能够将大气中的氮气还原为氨。由于这些生物体属于个体微小的原核生物范畴，因此它们也被称为固氮微生物[5]。

根瘤菌是一种杆状细菌，与豆科植物共生，通过形成根瘤来固定空气中的氮气，为植物提供营养。这种共生体系展现出显著的固氮能力。全球已知的豆科植物接近两万种。根瘤菌通过豆科植物的根毛、侧根杈口（例如花生）或其他部位侵入，形成侵入线，进而进入根的皮层。在此过程中，它们刺激宿主皮层细胞分裂，形成根瘤。随后，根瘤菌从侵入线进入根瘤细胞内继续繁殖。在根瘤中，含有根瘤菌的细胞群构成了含菌组织[6]。固氮过程可以用下式表示：

$$N_2 + 6H^+ + n\text{Mg-ATP} + 6e^-\text{(酶)} \rightarrow 2NH_3 + n\text{Mg-ATP} + n\text{Pi}$$

生物固氮作用通过将惰性N_2还原为氨NH_3的过程，为生态系统提供生物可利用氮源，支撑植物生长及食物链基础。就像光合作用一样，属于大自然的鬼斧神工。生物固氮减少了对工业氮肥的依赖，缓解能源消耗与环境污染（如温室气体排放、水体富营养化）。共生固氮体系（如根瘤菌与豆科植物）和自生固氮微生物（如蓝藻）可持续提升土壤肥力，维持氮循环平衡，保障农业可持续性与生态稳定性，对全球粮食安全和生物地球化学循环至关重要。

（2）光化学烟雾

氮氧化物和碳氢化合物经阳光中的紫外线照射发生一系列由光引起的复杂化学变化，称为光化学反应。光化学反应会产生大量的臭氧、醛类和其他一些复杂的有毒物质。它们混合在一起，形成一种浅蓝色烟雾，就是光化学烟雾。

光化学烟雾[7]具有极强的刺激性，人们接触这种烟雾后会引发中毒，主要症状有眼睛红肿、喉咙疼痛。中毒严重的人，还会视力减退、头晕目眩、手足抽搐、呼吸困难等。如果接触光化学烟雾时间久了，还会导致动脉硬化，生理机能衰退等。光化学烟雾还会对农、林业生产造成危害，如20世纪50年代美国洛杉矶的光化学烟雾导致市郊很多松树枯死、柑橘减产，葡萄的产量和质量下降等。

怎样才能消除光化学烟雾造成的危害呢？根本途径是从源头减少NO_x和挥发性有机物（VOCs）的排放，主要的方法就是减少机动车尾气排放，治理工业排放。科研工作者已发明了一种三元催化技术，可以将尾气中的NO_x和碳氢化合物（HC）转化为无害的氮气、二氧化碳和水；同时，对化工、电力等行业实施严格排放标准，推广清洁生产技术（如低氮燃烧、脱硝装置），加强VOCs的管控，例如使用低挥发溶剂、密闭生产流程和安装废气处理设备等。这样既不会造成空气污染，又能从根本上消除光化学烟雾的危害。

（3）危险的笑气及其应用

一氧化二氮，化学式为N_2O，亦称笑气，是一种无机化合物。作为一种危险化学品，它以无色且带有甜味的气体形态存在，并具备氧化剂的特性。在特定条件下，一氧化二氮能够支持燃烧过程；在室温环境下则表现出极高的稳定性。此外，该物质还具有轻微的麻醉效果，并能引发人体产生愉悦感而发笑。作为一种食品添加剂，可快速打发奶油，并增加奶油中的特殊甜味，有效提升奶油蛋糕的口味。[8]

关于其麻醉作用的研究最早可追溯至1799年，由英国著名化学家汉弗莱·戴维所发现。吸入一氧化二氮和空气的混合物，如果氧浓度很低时可致窒息；吸入80%一氧化二氮和氧气的混合物引致深度麻醉，苏醒后一般无后遗作用。一氧化二氮作为一种麻醉气体，曾被广泛应用于医学手术中。

人体吸入笑气后，会引起"快乐激素"内啡肽的释放，让人产生愉悦的感觉，出现轻度歇斯底里或丧失疼痛感，甚至使人抑制不住地发笑。但笑气会通过氧化维生素钴部分，不可逆地灭活维生素B_{12}，从而导致维生素B_{12}的缺乏。使得甲基丙氨酸蓄积从而干扰脂质的合成代谢，导致周围神经和脊髓病变。过量吸入笑气会出现手脚麻木无力、行动不稳等症状，而且还能造成精神异常及中枢神经系统损害等，严重时可危及生命。

（4）亚硝酸盐的致癌机理

亚硝酸盐进入人体后，会使人体内正常携氧的低铁血红蛋白变为高铁血红蛋白，丧失运输氧气的功能，造成人体组织缺氧，并且使周围血管发生扩张，导致人体口舌、指尖青紫，呼吸困难和恶心呕吐，严重时可能导致死亡。

在胃酸等环境下亚硝酸盐与食物中的仲胺、叔胺和酰胺等反应生成强致癌物N-亚硝胺。国际癌症研究机构（IARC）将亚硝胺判定为2A类致癌物，致癌作用强烈，易诱发食管癌、胃癌和肝癌等疾病[9]。

N-亚硝胺化合物在人体生理环境中表现出稳定性，其代谢产物能够与人体DNA及细胞内的其他大分子发生反应，进而形成肿瘤。N-亚硝胺化合物诱发的肿瘤类型与其结构密切相关：对称亚硝胺倾向于引发肝癌，不对称亚硝胺则更易导致胃和食管癌，而杂环或芳香亚硝胺则主要诱发鼻腔癌和肝癌[10]。

N-亚硝胺

以二甲基亚硝胺为例，其致癌过程涉及以下步骤：首先，二甲基亚硝

胺在 α-碳位上经历酶促氧化作用，生成不稳定的 α-羟基化 N-亚硝胺（近致癌物）。随后，此中间产物转化为重氮羟化物，并最终分解为亲电代谢物"烷基正离子"。最终，"烷基正离子"与细胞内的亲核成分（例如 DNA）发生反应，形成稳定的加成产物，从而引发显著的致癌效应[11]。

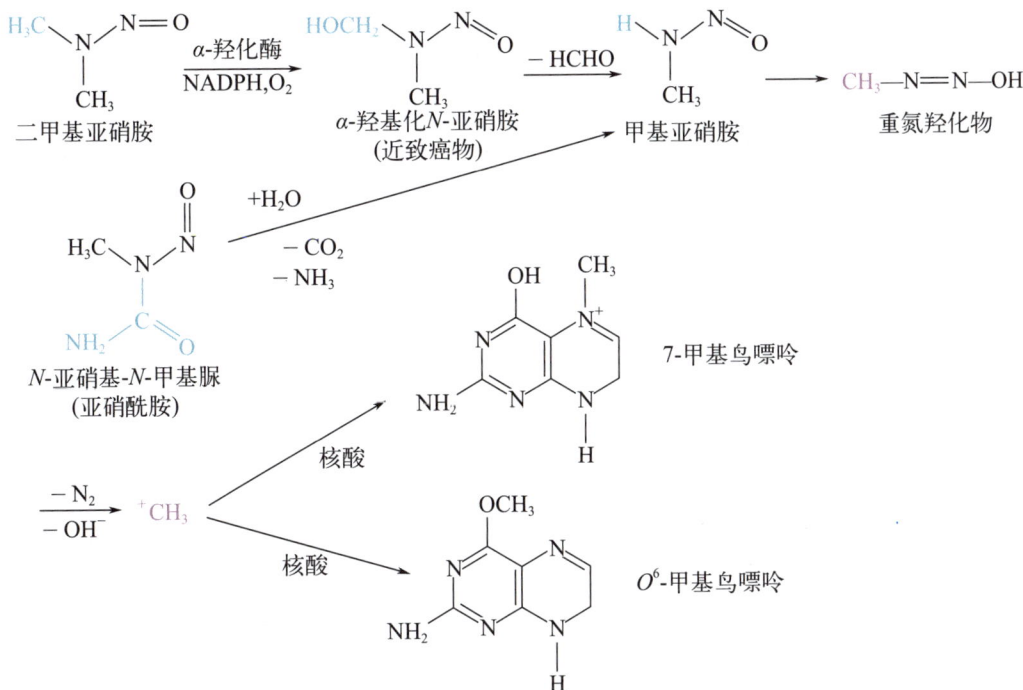

N-亚硝胺化合物的致癌过程

6. 保护性气体 N_2 与具有活性的 N 元素

保护气主要是防止被保护的物质被空气中的氧气氧化，保护气必须是化学性质稳定，且不易与被保护物发生化学反应的气体。氮气常用作保护气，它的化学性质不活泼，常在焊接金属时使用氮气或灯泡中充氮气。

注意下述化学反应：

$$Mg + N_2 \xrightarrow{\text{点燃}} MgN_2$$

镁条可以在氮气中燃烧，说明氮气的保护性并不是绝对的。其实 N 的电负性为 3.04，仅次于 F 和 O，具有很高的化学活性。单质 N_2 较强的稳定性恰好说明 N 原子的活泼性。

7. 可救命的炸药——含氮易爆化合物的别种用途

（1）汽车安全气囊的设计原理

汽车安全气囊内含有叠氮化钠（NaN_3）和硝酸铵（NH_4NO_3）等物质。在高速行驶中遭遇强烈撞击时，这些化学物质会迅速分解，产生大量气体以充满气囊。其中，叠氮化钠分解生成氮气及固态钠，而硝酸铵则作为氧化剂参与反应，并在高温条件下进一步分解为气体[12]。NaN_3 和 NH_4NO_3 作为安全气囊填充物发生碰撞时的化学反应如下：

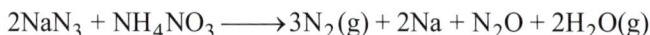

$$2NaN_3 + NH_4NO_3 \longrightarrow 3N_2(g) + 2Na + N_2O + 2H_2O(g)$$

那么安全气囊是如何被启动的呢？在汽车行驶过程中，传感器系统持续向控制装置传输速度变化（或加速度）信息。中央控制器对这些数据进行分析判断，若检测到的加速度、速度变化量或其他相关指标超出预设阈值，即表明发生了碰撞，此时控制装置将触发气体发生器点火，或由传感器直接控制点火过程。点火后引发爆炸反应，生成大量气体迅速填充碰撞气囊。当乘员与气囊接触时，通过气囊表面排气孔的阻尼作用吸收碰撞能量，从而实现对乘员的保护。[13]

（2）硝化甘油还是硝酸甘油?

硝化甘油（nitroglycerin）与硝酸甘油（glyceryl trinitrate）均指甘油三硝酸酯（trinitroglycerin），即甘油分子中的三个羟基（—OH）全部被硝酸酯化后的产物。因此，二者在化学上是同一物质（分子式均为 $C_3H_5N_3O_9$）。中文语境中，"硝化"与"硝酸"的表述差异源于翻译习惯，而非化学本质区别。但术语的使用场景和语境差异导致二者常被误认为不同化合物。

"硝化甘油"侧重描述其合成过程（通过甘油与硝酸的硝化反应制得）及爆炸物属性，常见于化工、军事领域。其爆炸反应释放大量气体和热量，反应式为：

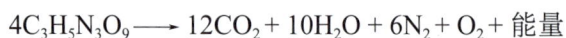

$$4C_3H_5N_3O_9 \longrightarrow 12CO_2 + 10H_2O + 6N_2 + O_2 + 能量$$

"硝酸甘油"强调其药用功能（如心血管疾病治疗），硝酸甘油是治疗心绞痛、急性心肌梗死的经典药物，属于医学领域的规范名称。

硝酸甘油能够直接作用于血管平滑肌，尤其是小血管平滑肌，然后被硝酸酯酶代谢转化为亚硝酸盐，亚硝酸盐进一步与体内的巯基等物质相互作用，通过一系列复杂的化学反应，最终释放一氧化氮（NO），促使周围血管扩张，从而降低外周阻力。这一过程导致回心血量减少，心排出量相应下降，进而减轻心脏的工作负荷。

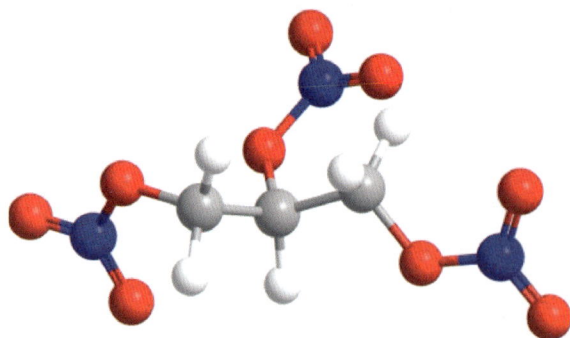

硝酸甘油的立体结构（球棍模型示意图）❶

---

❶ 其中红色球代表O；蓝色球代表N；灰色球代表C；白色球代表H。

参考文献

[1] 沙国平，张连英.化学元素的发现及其命名探源[M].成都：西南交通大学出版社，1996.

[2] 周公度，叶宪曾，吴念祖.化学元素综论[M].北京：科学出版社，2012.

[3] Charlton J. The Military Quotation Book[M]. New York: St Martin's Press，2002：113.

[4] Ertl G. Nachrichten aus Chemie[J]. Technik und Laboratorium，1983，31（3）：178-182.

[5] 方珍娟，张晓霞，马立安.植物内生菌研究进展[J].长江大学学报（自科版），2018，15（10）：41-45.

[6] 张金平.植物根的力量与智慧[J].农药市场信息，2015，（22）：67-68.

[7] 朱韵飞.光化学烟雾的形成及防治研究[J].清洗世界，2022，38（06）：87-89.

[8] 袁林坡.N_2O的催化还原分解方法研究[D].北京：北京化工大学，2013.

[9] 赵苗苗.食品添加剂亚硝酸盐的利弊[J].食品安全导刊，2017，（21）：64.

[10] 陆婷婷，朱小芳，林东翔，等.N-亚硝胺致癌机理及检测方法研究进展[J].广东化工，2021，48（23）：88-89+92.

[11] 顾维雄.N-亚硝基化合物与癌[J].化学教育，1992，（05）：9-13.

[12] 杨青.安全气囊的工作原理和运用[J].汽车电器，2010，（11）：29-31+33.

[13] 时巍.安全气囊的原理及应用[J].驾驶园，2008，（09）：46-47.

新污染物防治是长期工程。对于海量的化学品，我们已知的结构只是冰山一角，五年、十年污染攻坚战是攻不下来的，需要长期打基础并坚持下去。❶

——江桂斌❷

江桂斌院士作"碳中和与新污染物治理"主题报告
图片源自中国环境网❶

---

❶ 江桂斌院士：对化学品认识只是冰山一角，新污染物防治是长期工程——中国环境网

❷ 江桂斌，分析化学家，环境化学家，主要从事分析化学和环境化学研究。2009年当选为中国科学院院士。

二、磷（P）

1.磷元素发现历史与中英文名称由来

17世纪，德国汉堡有位商人布兰德（Brand），由于破产后捉襟见肘，为了发财，布兰德做起了炼金术士。他曾听传说从尿里可以制得黄金，于是抱着想要发财的目的，使用尿做了大量实验。大约在1669年一次实验中，他将砂、木炭、石灰等和尿混合，加热蒸馏，虽然没有得到黄金，却意外地分离出像蜡那样的色白质软的物质，它在黑暗中能放出闪烁的亮光，于是布兰德给它取名叫"冷光"（即白磷，也称黄磷），英文名称为Phosphorus。

磷的名称在希腊语中意思是"晨星"，来自phos（意为"光"）和phorus（意为"生产""诞生"）。晨星是光的"产婆"，因为在它出现之后不久，太阳就要升起了。在早晨，金星比太阳早到达东方地平线，因而在太阳升起之前，它已闪烁在东方的天空，它就是"晨星"[1]。

我们并不知道布兰德制备磷的详情，但是对孔柯尔（Kunkel）的方法（1676年）是知道得比较清楚的，并根据此方法制得磷。孔柯尔所用的方法是：把新鲜的尿蒸发，形成一种黑色沉淀（$NaPO_3$），然后把这种沉淀与砂子（SiO_2）和木炭（C）放在一起，先小心加热，然后再强热，在除掉挥发性物质和油性物质之后，磷以白色沉积物凝集在冷的蒸馏器壁上。这个过程中所包含的化学反应如下：

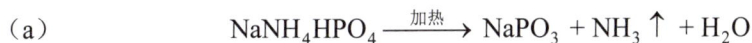

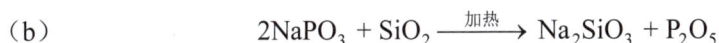

（a） $$NaNH_4HPO_4 \xrightarrow{加热} NaPO_3 + NH_3 \uparrow + H_2O$$

（b） $$2NaPO_3 + SiO_2 \xrightarrow{加热} Na_2SiO_3 + P_2O_5$$

（c） $$P_2O_5 + 5C \xrightarrow{加热} 2P + 5CO$$

1847年，斯奇罗特（Schroeter）把白磷隔绝空气加热到300 ℃，得到了红磷，它与白磷相比，既无毒性，在空气中也不燃烧。1934年，布里奇曼（Bridgeman）得到了第三种同素异形体，黑磷，它是在高压下加热白磷得到的。

按我国传说，死人和牛马的血变为燐，即"鬼火"。东汉哲学家王充《论衡》中的论死篇说，"人之兵死也，世言其血为燐……人夜行见燐……若火光之状"。这也就是说，"燐"在我国古书中表示物质在空气中自动燃烧的现象。根据磷元素的这种发光现象，对"磷"命名时采用"燐"来描述其特殊性质。后来根据我国的化学元素命名规则，固态的非金属元素从"石"，才从"燐"改为"磷"。现已知，所谓的"鬼火"其实是磷的氢化物 P_2H_4 气体在空气中自动燃烧产生的火焰。下图是磷元素的发现历史时间轴。

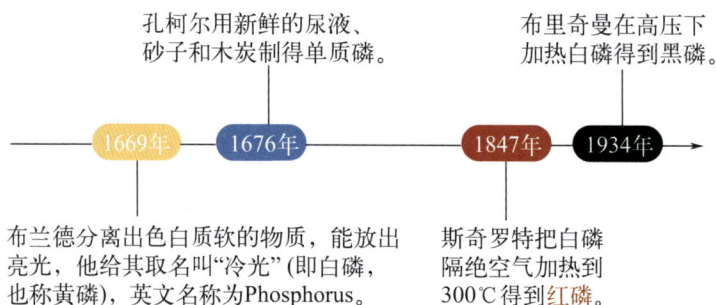

孔柯尔用新鲜的尿液、砂子和木炭制得单质磷。

布里奇曼在高压下加热白磷得到黑磷。

1669年　1676年　1847年　1934年

布兰德分离出色白质软的物质，能放出亮光，他给其取名叫"冷光"（即白磷，也称黄磷），英文名称为Phosphorus。

斯奇罗特把白磷隔绝空气加热到300℃得到红磷。

磷元素的发现史

2.磷元素基本性质

磷（P）位于第三周期第ⅤA族，基态电子组态为 $[Ne]3s^23p^3$。

磷是亲氧元素，在P(Ⅴ)含氧化合物中，P—O键键能很大，为596.6 kJ/mol，这使得磷氧四面体（PO_4）结构单元很稳定，许多P(Ⅴ)含氧化合物都是以磷氧四面体为结构基础的。磷有多种形态，其同素异形体包括白磷（含杂质时呈黄色，也称黄磷）、紫磷（包括介稳状态的红磷）和黑磷，其中白磷的化学活性最高，在空气中可自燃生成P_4O_6和P_4O_{10}。讨论磷的性质，未加说明时一般是指白磷。白磷经密闭加热转化成红磷，在转变过程中有热量放出。红磷较稳定，熔、沸点和燃点较高，室温下不易与O_2反应，不溶于有机溶剂，密度为2.16 g/cm^3。红磷有多种结构，其中一种结构是由P_4分子断开一个键转变成的成对等边三角形连成的链状巨大分子。在高压下将白磷加热到一定温度可得到黑磷。黑磷是热力学最稳定的变体，密度比红磷大，有导电性。黑磷有多种晶型，都具有片层状结构，如下图所示。单质磷中的磷原子均以共价键相互连接[2]。

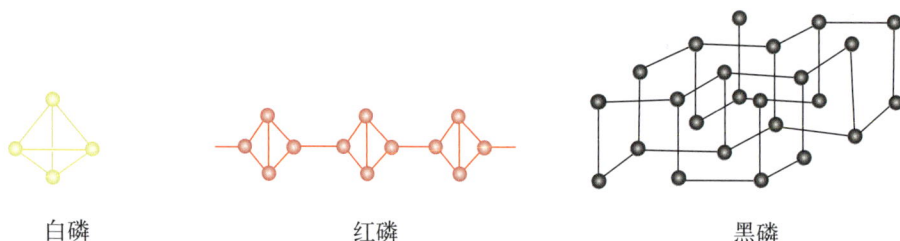

白磷　　　　　红磷　　　　　黑磷

磷单质同素异形体的结构

单质磷的应用较为有限，它常被转化为各种磷化合物以供使用。磷能够直接与卤素和硫等非金属元素结合，同时也能与金属反应生成相应的磷化物。例如，磷的硫化物如P_2S_5和P_4S_3是制造安全火柴的关键原料。氧氯化磷（$POCl_3$）则广泛应用于汽油添加剂、塑料阻燃剂以及电子器件制造的中间原料。磷酸及其酸式盐是生产多种化工产品的重要原料，包括洗涤剂和杀虫剂。此外，磷化氢（PH$_3$）在合成有机磷化合物和作为固态电子元件掺杂剂方面发挥着重要作用。[3]

3. 扎根中国大地，综合利用磷石膏

磷酸作为基础化工原料，在国内90%的产量通过湿法工艺制备。湿法磷酸工艺主要是通过硫酸与磷矿石反应制备，其化学反应方程为：

$$Ca_5(PO_4)_3F + 5H_2SO_4 + 10H_2O \longrightarrow 5CaSO_4 \cdot 2H_2O + 3H_3PO_4 + HF$$

磷石膏是该工艺产生的固体废弃物，主要由二水硫酸钙（CaSO$_4$•2H$_2$O，即生石膏）构成。磷石膏的成分复杂，除硫酸钙外，还包括未完全分解的磷矿、残余磷酸、氟化物、酸不溶物及有机质等。其中，氟和有机质的存在对磷石膏的资源化利用影响尤为显著[4]。随意排放和堆积磷石膏严重破坏了生态环境，不仅污染地下水资源，还导致土地资源的浪费。

(a)　　　　　　　　　　　　　　(b)

(c)　　　　　　　　　　　　　　(d)

磷石膏堆场
图片源自周诗彤学位论文[5]

2016年5月28日国务院印发《土壤污染防治行动计划》（国发〔2016〕31号），要求"加强工业废物处理处置。全面整治尾矿、煤矸石、工业副产石膏、粉煤灰、赤泥、冶炼

渣、电石渣、铬渣、砷渣以及脱硫、脱硝、除尘产生固体废物的堆存场所，完善防扬散、防流失、防渗漏等设施，制定整治方案并有序实施。加强工业固体废物综合利用"，明确指出加大对工业废弃物和工业副产石膏的处理。

据2020年数据显示，我国磷石膏的综合利用率约为30%，而累计堆存量已超过2亿吨，这一现状已成为制约磷化工行业可持续发展的关键瓶颈。为积极响应"绿水青山就是金山银山"的绿色发展理念，提升磷石膏资源化利用水平显得尤为迫切。

2023年12月29日，工业和信息化部、国家发展和改革委员会、科学技术部、自然资源部、生态环境部、农业农村部、应急管理部、中国科学院等八部门印发《推进磷资源高效高值利用实施方案》[6]（工信部联原〔2023〕259号）。该实施方案旨在到2026年显著增强磷资源的可持续保障能力，提升磷化工的自主创新能力和绿色安全水平，大幅提高高端磷化学品供给能力，并加强区域优势互补和联动发展，以稳固产业链供应链的韧性和安全。

考虑到我国硫黄使用量大且资源短缺，依赖进口的现状，通过技术手段回收利用磷石膏中的硫资源，成为磷石膏综合利用的一个重要方向。此外，利用磷石膏生产水泥、石膏等建筑材料，不仅有助于实现绿色生产，还对推动可持续生产模式具有重要意义[7]。

4.磷燃烧的灭火方式

白磷是一种高度可燃物质，且在空气中会剧烈燃烧并产生烟雾。对于白磷的火灾，应当采取以下措施来灭火：一是隔离区域。确保周围的人员安全，迅速疏散人员，尽量使火势不蔓延到其他物体。二是切断氧源。可以使用干粉灭火器、二氧化碳灭火器或砂土等物质来封堵白磷火源周围的氧气供应，以阻止燃烧。三是覆盖。使用干砂、土壤或泥浆快速覆盖白磷火源，以防止它继续与空气接触，从而将火势扑灭。

那么，如果是红磷着火呢？红磷燃烧的蒸气如果冷凝，会变成剧毒的白磷。生成的五氧化二磷浓烟也可以与水反应生成有毒的偏磷酸。使用大量冷水可以扑灭磷火，但产生的有毒产物不利于后续处理工作。最恰当的灭火方式也是隔离空气，采用砂石、土壤或泥浆等覆盖。

5.几种物质中文名称的来历——博大的中国汉字

（1）氨、铵、胺的区别与联系

氨：读音是"ān"。氨是一种无机化合物，化学式为NH_3。氨也称为氨气，无色且具有强烈的刺激性气味，因此用"气"字旁。

铵：读音是"ǎn"。在化学中，"铵"指的是一种阳离子，是由氨衍生的一种离子NH_4^+或R_4N^+，也就是"铵离子"。在化合物中的地位相当于具有一价金属性质的离子，如：氯化铵、硫酸铵等。

胺：读音是"àn"。胺是指氨分子中的一个或多个氢原子被烃基取代后的产物。按照氢被取代的数目，依次分为一级胺（伯胺）RNH_2、二级胺（仲胺）R_2NH、三级胺（叔胺）R_3N、四级铵盐（季铵盐）$R_4N^+X^-$，例如苯胺$C_6H_5NH_2$、二异丙胺$[(CH_3)_2CH]_2NH$、三乙醇胺$(HOCH_2CH_2)_3N$、溴化四丁基铵$(CH_3CH_2CH_2CH_2)_4N^+Br^-$。胺类广泛存在于生物界，具有极重要的生理活性和生物活性，如蛋白质、核酸、许多激素、抗生素和生物碱等都是胺的衍生物，临床上使用的大多数药物也是胺或者胺的衍生物。胺与氨相似，分子中的氮原子上含有未共用的电子对，能与H^+结合而显碱性。

$$R-NH_2 + HCl \Longrightarrow R-NH_3^+ + Cl^-$$

（2）粦、鏻、膦的区别与联系

粦：音 lín，本作㷠。本义同"磷"，指磷火。

鏻：音 lín，是一类具有R_4PX通式的含磷有机化合物的总称（R为烃基，X为羟基等），也指类似于铵的一价离子PH_4^+，由磷化氢衍生，尤以盐形式（如碘化鏻PH_4I）和有机衍生物形式[如四苯基碘化鏻，化学式：$(C_6H_5)_4PI$]为人所知。例如，碘化鏻PH_4I：PH_4^+和I^-。

膦：音 lín，磷化氢（PH_3）分子中的氢原子部分或全部被烃基取代而形成的有机化合物的总称。性质类似胺，但碱性更弱，如PHR_2、PR_3等。

（3）何为焦磷酸——从"焦"字来认识它

焦磷酸，化学式$H_4P_2O_7$，由2分子磷酸脱去1分子水得到。生成焦磷酸的化学方程式为：

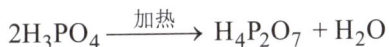

$$2H_3PO_4 \xrightarrow{\text{加热}} H_4P_2O_7 + H_2O$$

名称中"焦"字的基本释义是"由于缺少水分，变得干枯、干燥"，其中蕴含了脱水的含义。类似的，两分子硫酸脱水形成的物质叫"焦硫酸"。可以推测，当初化学家根据其制备特点选择了"焦"这个字，因为它与我们的直观感知非常贴近而被广泛接受。"焦"字的使用让我们对这类化合物的理解甚至也变得简单了起来。

6. 磷元素科技前沿之单质磷材料的复兴

磷基材料的多样性引起了科研工作者广泛的研究兴趣，不同的化学键结构导致了各种微纳米结构。在不同类型的含磷材料中，单质磷材料（elemental phosphorus materials, EPMs）是相关含磷化合物合成的基础。由于最近可制备的黑磷、无定形红磷、紫磷和纤维磷的尺寸在不断缩小，EPMs正在经历后石墨烯时代的复兴，各种低维的片状、带状和点状的单质磷材料已被生产出来。该材料具有带隙可调、载流子迁移率适中、光吸收性能优异等特点，在能量转换、能量存储和环境修复等方面显示出巨大的潜力。

中国科学院生态环境研究中心研究员江桂斌院士团队在2023年《化学学会评论》52卷16期中详尽阐述了单质磷材料的发展脉络、物理化学特性及其合成方法，并深入探讨了其在可持续能源与环境保护领域的应用潜力。同时，还对单质磷

单质磷材料的复兴
图片源自《化学学会评论》52卷16期封面[8]

材料在未来研究中的关键方向进行了展望，包括预测新型同素异形体、探索独特的物理化学性质、优化大规模合成工艺以及拓展实际应用等方面。江桂斌说："新污染物防治是长期工程。对于海量的化学品，我们已知的结构只是冰山一角，五年、十年污染攻坚战是攻不下来的，需要长期打基础并坚持下去。"也许在不远的将来，磷元素及其化合物会大放异彩。

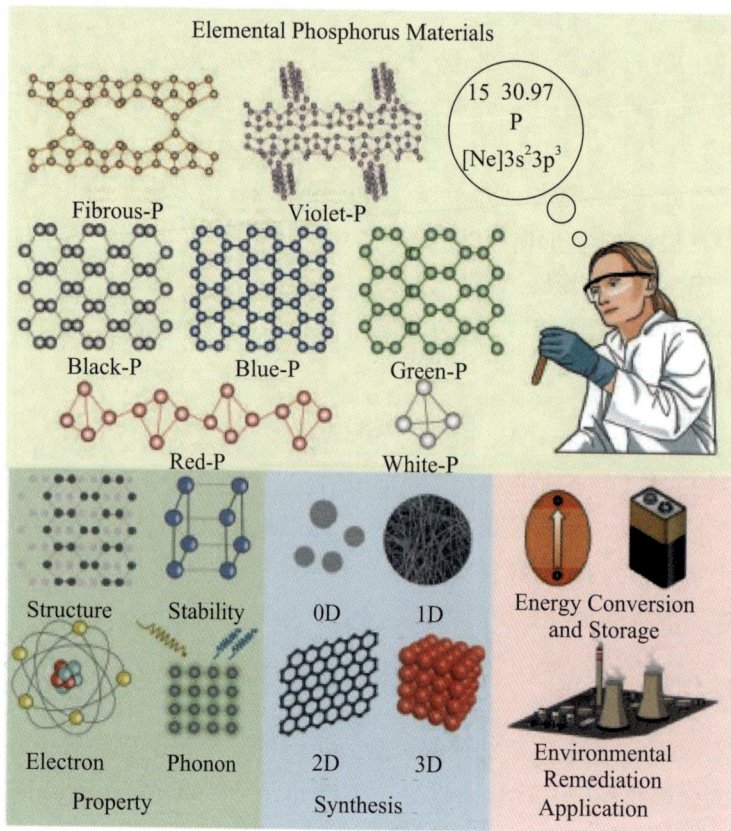

单质磷材料的性质、合成和可持续应用概述
图片源自江桂斌院士学术论文[8]

参考文献

[1] 沙国平，张连英. 化学元素的发现及其命名探源[M]. 成都：西南交通大学出版社，1996.

[2] 宋天佑，徐家宁，程功臻，王莉. 无机化学[M]. 北京：高等教育出版社，2019：585.

[3] 周公度，叶宪曾，吴念祖. 化学元素综论[M]. 北京：科学出版社，2012.

[4] 李紫瑞. 磷石膏制备α-半水石膏复合相变储能材料工艺研究[D]. 郑州：郑州大学，2021.

[5] 周诗彤. 磷对磷石膏胶结充填体材料性能和环境行为影响研究[D]. 长沙：中南大学，2022.

[6] 推进磷资源高效高值利用实施方案[J]. 磷肥与复肥，2024，39（01）：3-7.

[7] 欧志兵，杨文娟，何宾宾. 国内外磷石膏综合利用现状[J]. 云南化工，2021，48（11）：6-9.

[8] Tian H J，Wang J H，Lai G C，et al. Renaissance of Elemental Phosphorus Materials：Properties，Synthesis，and Applications in Sustainable Energy and Environment[J]. Chemical Society Reviews，2023，52（16）：5388-5484.

无论从事什么科研工作，都要坚持为国家做事、为人民做事这一基本的原则。在科研工作中，我们要把个人成长融入国家命运和发展中去，永远怀有家国情怀，这样人生价值才能得到最大化的发挥。❶

——朱永官❷

2022年李比希奖颁奖仪式上，朱永官（左）作为获奖者登上领奖台
图片源自中国科学院大学新闻网

---

❶ 符晓波. 中国科学院院士朱永官：从不同角度入手，做前人未做之事[N]. 科技日报, 2022-12-29 (008).

❷ 朱永官，环境土壤学和环境生物学家，长期从事环境土壤学和环境生物学研究。2019年当选为中国科学院院士。

三、砷（As）

1.砷元素发现历史与中英文名称由来

砷是一种古老的非金属元素。人类很早就认识了砷及其化合物。砷的硫化物，如雌黄和雄黄，常被古代人用作颜料或杀虫剂[1]。中国从魏晋开始就已普遍使用雌黄（As_2S_3）制作涂改液[2]。

西方的化学史学家一直认为，最早从砷的化合物中炼出砷单质的是德国的神职人员、炼金术士阿尔伯特·马格努斯（Albertus Magnus，1200—1280），他于1250年曾用油脂与雄黄混合后加热，获得了单质砷。

其实早在公元4世纪，我国炼丹家及药物化学家葛洪（281—340）所著的《抱朴子内篇》第十一卷中就有这样的记载："雄黄……以玄胴肠裹蒸于赤土下，或以松脂和之，或以三物（注：松脂、硝石和猪油）炼之，引之如布，白如冰……"[3]这说明葛洪当时已经懂得用雄黄和猪油等混合后加热焙烧来制取白如冰状的单质砷了。

涉及的化学反应过程可表示为：

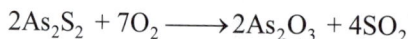

$$2As_2S_2 + 7O_2 \longrightarrow 2As_2O_3 + 4SO_2$$

$$2FeAsS + 5O_2 \longrightarrow As_2O_3 + Fe_2O_3 + 2SO_2$$

$$2As_2O_3 + 3C \longrightarrow 4As + 3CO_2$$

1649年，什罗德刊行《药典》说制砷有两种方法。下图是砷元素的发现及发展历史时间轴。

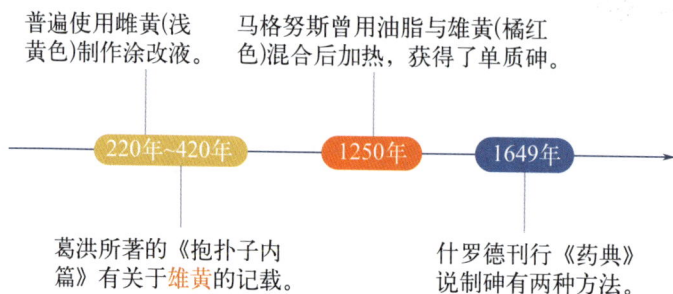

砷元素的发现及发展史

砷元素的英文命名为Arsenic，源于希腊文"arsen"，原意为"强烈"，意指砷的氧化物砒霜有强烈的毒性。

三氧化二砷在中国古代文献中被称为砒石或砒霜，其名称中的"砒"字源自"貔"，"貔"据传是一种凶猛的食人野兽。这一命名反映出古代中国人对该物质毒性的早期认识，并常见于中国古典小说与戏剧作品中。

徐寿在《化学鉴原》中将Arsenic译成"鉮"，后来知道是非金属元素，改成了

"砷"。至于徐寿为什么取"申"音现在无法推断，也可能是口述者发音不甚准确或者取其第二音节所致。甲午战争后留日学者增多，提出了接近日语的译名"砒"（现在砷的日语还是砒素）。在1932年的《化学命名原则》中，因为觉得"砒"更多时候指的是氧化物，如砒石和砒霜，而且"砒"当时已经是众所周知的毒药了，所以采用了徐寿的"砷"。

2. 砷元素基本性质

砷（As）位于第四周期第VA族，为磷属元素，基态电子组态为 $[Ar]3d^{10}4s^24p^3$。室温下砷不与水、碱或非氧化性的酸作用，溶于硝酸、浓硫酸和王水。高温下与许多非金属作用。与稀硝酸反应生成三价砷，与浓硝酸反应生成五价砷。砷能与大多数金属生成合金或化合物。

3. 无毒的雄黄

药用雄黄来源于优选的硫化物类矿物雄黄的矿石，《中华人民共和国药典》中记载雄黄为"硫化物类矿物雄黄族雄黄，主含二硫化二砷（As_2S_2）"。许多化学教材中也将雄黄表示为四硫化四砷（As_4S_4）。

雄黄具有强烈的药性，若制备或使用不当，易氧化生成剧毒的雌黄（As_2S_3）及砒霜（As_2O_3），这是其在现代应用中受到限制的主要原因。古代医学家对此已有深刻认识，并总结出一系列减毒增效的方

雄黄
季甲摄于云南省博物馆

法。自东汉以来，历代本草文献均有对雄黄毒性的记载，不同文献对其毒性的描述存在差异，如"无毒""微毒""有毒"等，而"大毒"的记录则较为罕见，这表明古代医药学家对雄黄的毒性已有一定的了解。

近年来，随着公众对砷的认知加深以及对药品不良反应的关注增加，雄黄复方制剂中因砷毒性导致的急性、慢性或蓄积性中毒及其潜在致癌风险的报道引发了对其应用安全性的质疑。然而，最新研究证据指出，砷的优势与风险主要取决于其特定的化学形态，而非单纯的砷含量。具体而言，雄黄所展现的毒性显著低于砷单质，因此，基于砷毒性来限制雄黄的使用缺乏充分的科学依据。此外，根据联合国2021年发布的《全球化学品统一分类和标签制度》中关于化学物质急性毒性（口服）的分级标准，雄黄被归类为基本无毒的第五级，表明其作为矿物药具有较高的安全性[4]。

4. "雌黄"与"信口雌黄"

雌黄，为矿物学名，亦称鸡冠石，其化学成分为三硫化二砷（As_2S_3）。此矿物呈黄色或褐色柱状及土块状晶体形态，可作为颜料使用。在古代，人们利用雌黄修正书写错误，

即在误写之处涂抹雌黄后重新书写。由于纸张与墨迹的使用普及，传统的甲骨文、木简（竹简）文修正方法如刮削已不再适用，因此需要一种能够覆盖浓墨的颜料。鉴于当时纸张因漂白技术限制而普遍呈现微黄色调，雌黄因其颜色匹配而被选为理想的修正材料，并被誉为继"文房四宝"之后的第五宝。此外，雌黄质地细腻且硬度适中，不仅不会损伤纸张表面，还能确保长时间内不脱落。值得注意的是，雌黄还具备低毒性、高效性和持久性的特点，作为一种杀菌灭虫药物，能有效防止书籍遭受霉菌侵害和虫蛀损害。

雌黄及条痕颜色
图片源自李雪学术论文[5]

由于雌黄具有"改正"的功能，因此产生了"口中雌黄""信口雌黄"等成语。《晋书·王衍传》记载：西晋时期的王衍研究老庄哲学，经常深入探讨哲理。当他遇到难以自圆其说的情况时，便会随意更改自己的观点。当时人们用"口中雌黄"来形容他这种行为，意指说话不准确时随时改变说法。后来这一表述逐渐演变为对那些不顾事实、随意发表意见或评论的人的贬义描述，即"信口雌黄"[6]。

《梦溪笔谈》[7]里就有关于"雌黄涂改液"的描述："馆阁新书净本有误书处，以雌黄涂之。尝校改字之法，刮洗则伤纸，纸贴之又易脱；粉涂则字不没，涂数遍方能漫灭。唯雌黄一漫则灭，仍久而不脱。"白话文的意思即，馆阁新誊清的书本若有误，可使用雌黄粉进行修正。在比较多种改字方法后发现：刀刮削擦拭易损伤纸张，贴纸则容易脱落；铅粉（黄色）涂字难以完全覆盖错误，需多次涂抹方能奏效；唯有雌黄一涂即可去除错误，且持久不脱落。[8]

5. 砷——生命的"第七元素"？

长期以来，碳（C）、氢（H）、氧（O）、氮（N）、磷（P）和硫（S）六大元素被视为构成生命体的基本要素。这些元素的缺失将导致蛋白质、核酸、糖类及脂类等生物大分子无法合成。在英文中，这六种生命必需元素通常以"CHONPS"这一缩写形式表示。

2010年11月2日，美国《科学快讯》杂志发表了美国国家航空航天局（NASA）天体生物学家费丽莎·乌尔夫·西蒙（Felisa Wolfe-Simon）博士的研究成果，题为《一种能够利用砷替代磷生长的细菌》。该研究揭示了一种名为GFAJ-1的"嗜砷"细菌，在缺乏磷元素的培养基中，能够以砷元素为替代进行生长。这一发现表明，对于生命体而言，磷元素并非不可替代。此项研究不仅挑战了科学界对生命"必需元素"的传统定义，而且由于其研究机构——致力于探索外太空生命的NASA的背景，进一步激发了公众对外太空生命存在的广泛兴趣与想象。

西蒙博士的研究成果尽管引起了广泛关注，但在研究过程中观察到的诸多现象尚未得到充分解释。例如，"嗜砷" GFAJ-1 菌株在仅含砷而不含磷的培养基中生长时，其生长速率降至对照组的60%，并且细胞形态显著增大，出现了类似"液泡"的结构。这些变化显然与砷和磷两种元素的替代有关，然而，关于细胞内部具体发生了何种变化，目前尚不清楚。

随着研究的深入，越来越多的科学家对"砷基生命"的概念提出了质疑。科学界对西蒙博士的论文细节进行了审视，指出其可能误导了公众。具体而言，论文中提到的不含磷的培养基实际上含有微量的磷。此外，论文结论中使用的"表明"（suggest）一词，而非"证明"（prove），这也引发了争议。有观点认为，基于这些证据颠覆生命"必需元素"的概念尚为时过早。面对这些质疑，西蒙博士表示，研究仍处于初步阶段，彻底阐明这一问题可能需要长达30年的时间。[9]

6. 砒霜的毒性与药用

(1) 可用于治疗白血病的剧毒物质砒霜

三氧化二砷（arsenic trioxide，ATO）俗称"砒霜"，自古被认为是"毒药之王"，是中医药学中的经典剧毒有效药物。砒霜，亦名信石、砒石。生者称为砒黄，经炼制后则为砒霜。砷中毒机理是砷与磷同主族，化学性质相近，易被细胞吸收取代磷的位置，从而破坏身体机能，造成中毒。

《本草纲目》中记载，"砒石大热大毒之药，而砒霜之毒尤烈"，主要外用治疗诸恶疮肿。但亦记载其可内服，以用于治疗疟疾、皮肤病和梅毒等疾病。由于砒霜致死量仅为0.1~0.2 g，传统中医内服剂量控制困难，应用需极为谨慎。

20世纪70年代，哈尔滨医科大学张亭栋团队在民间验方基础上，通过筛选确认砒霜（ATO）是治疗急性早幼粒细胞白血病（APL，即acute promyelocytic leukemia，是急性髓系白血病的一个亚型，具有发病急、出血率高、病情危重等特点）的核心成分，并开发"癌灵1号"注射液，并于1973年在《黑龙江医药》发表初步临床观察结果，奠定了ATO治疗APL的临床基础。[10]

2025年2月，香港大学李嘉诚医学院研究团队历时20年，成功研发砒霜口服药剂（ARSENOL®），用于治疗高致死率的APL。该药物是香港首个自主发明并获美国、欧洲及日本专利的处方药，标志着本地医药研发的重大突破。临床研究显示，口服砒霜治疗方案高效安全，APL患者总体存活率超97%，显著降低副作用及治疗负担。此成果为全球无口服砒霜地区提供了更优治疗方案，凸显其临床价值。该方案将实验室成果转化为标准化治疗策略，推动了APL治疗范式的革新。

(2) ATO纳米化治疗肝癌的新进展

随着现代制药技术的发展，目前亚砷酸注射液临床已广泛用于恶性肿瘤，特别是肝癌（hepatocellular carcinoma，HCC）和APL的治疗。HCC，属临床常见恶性消化系统肿瘤，全球第六大常见癌症，也是因癌症相关死亡的第四大疾病，其5年生存率仅为18%。临床采用常规剂量治疗HCC和APL，虽有较好疗效，但完全缓解所需时间较长、毒副反应较大、患者依从性较差。

2023年6月，上海交通大学药学院邱明丰科研团队利用纳米生物医药新技术，将ATO制备成多种纳米制剂，结合仿生生物膜、肿瘤微环境响应、肿瘤靶向修饰、肿瘤免疫、协同增效减毒机制等，取得了较好的疗效。该纳米制剂实现了ATO的有效递送和肿瘤酸性微环境响应释放，通过抑制肝癌细胞增殖、促进肝癌细胞凋亡和活性氧的产生、减少巨噬细胞捕获等途径发挥抗肝癌作用，同时降低了ATO的肝肾毒性。该递送系统有助于进一步解决ATO临床应用存在的问题，为肝癌治疗提供新的方法。

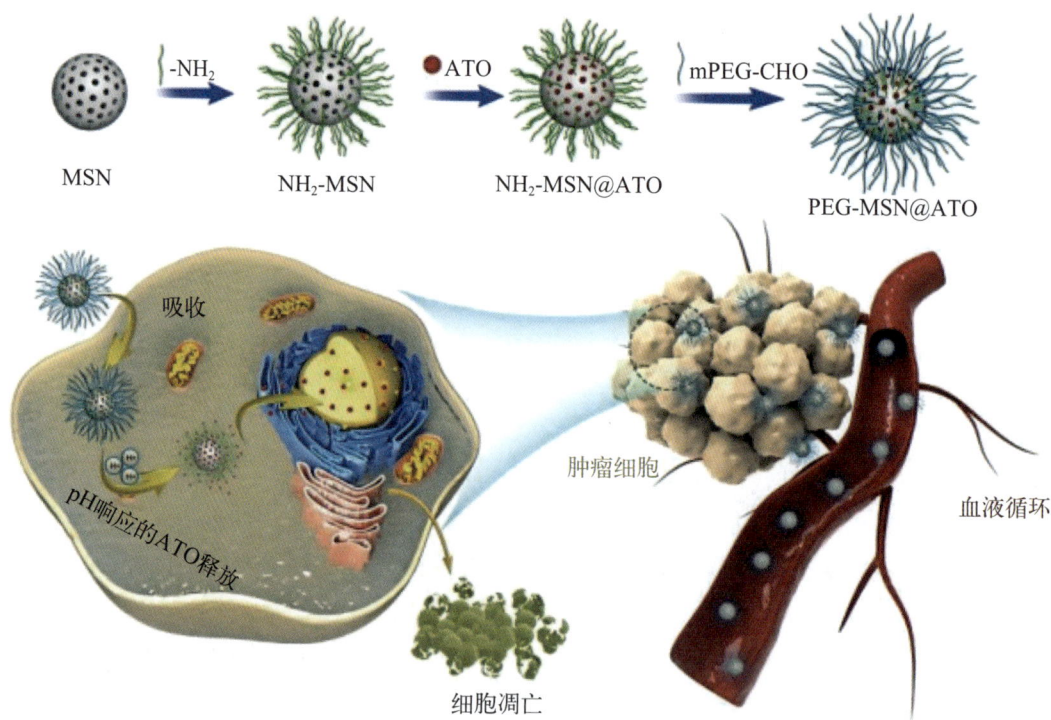

ATO纳米递送系统的制备和抗肿瘤机制
图片源自邱明丰学术论文[11]

7.砷的几种同素异形体

砷的单质存在三种同素异形体：灰砷、黄砷和黑砷，其中灰砷最为常见。在特定条件下，砷的几种同素异形体可相互转换。砷的最稳定同素异形体为灰砷，其熔点为817 ℃（28 Pa）。当温度升高至616 ℃时，灰砷将直接升华成蒸气。砷蒸气散发出一种刺鼻的大蒜气味，其成分主要包括As_4、As_2以及As，其中As_4的比例高达99%。在低于-73 ℃的条件下，砷蒸气通过骤冷处理可形成正方晶形的黄砷。As_4蒸气在低温环境下能够转变为黄砷固体，然而，当温度重新升高时，由于缺乏足够的能量，该物质无法再次转化为As_4蒸气，而是转变为更为稳定的灰砷固体。例如，在高于室温时（或在-180 ℃的光照条件下），黄砷即可全部转化为灰砷。砷蒸气在较热表面上冷凝可形成无定形砷，其结构与无定形红磷相似。将无定形砷加热至270 ℃即可转化为灰砷。黑砷为另一种晶态砷，当加热至300 ℃时，黑砷亦可转化为灰砷。

灰砷由多个互锁的六元环构成的双层组成，由于层间结合力较弱，因此表现出脆性和硬度，并具有金属光泽，易于粉碎成粉末。非晶态的灰砷是一种带隙在1.2～1.4 eV之间的半导体材料。

黄砷的质地较为柔软，呈现蜡状特性，其分子结构与白磷相似，均由四个原子通过单键连接形成四面体结构。黄砷能够溶解于二硫化碳中，这一性质证实了As_4的存在。作为不稳定的同素异形体之一，以分子晶体形式存在的黄砷具有高度挥发性、最低密度以及最大的毒性。黄砷固体是通过快速冷却砷蒸气得到的，在光照条件下会迅速转变为灰砷，其密度为1.97 g/cm^3。[12]

黑砷的结构与红磷的类似。

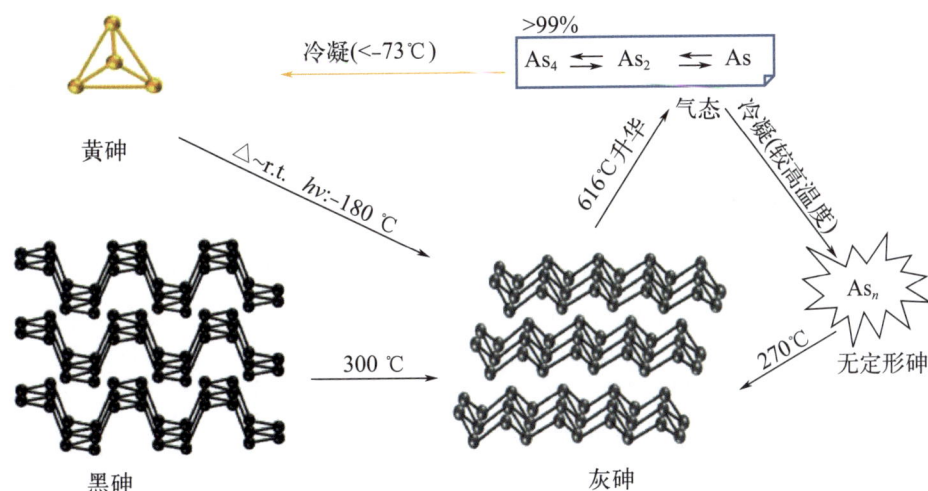

典型砷单质同素异形体的结构图及相互转化示意图
图片源自马艺学术论文[13]，引用时稍作改动。

8.跨界文学的自然科学家——朱永官

朱永官，中国科学院院士，中国科学院生态环境研究中心研究员，长期从事环境土壤学和环境生物学研究。朱永官院士在土壤污染与修复、土壤微生物生态学等领域作出了重大贡献，特别是在土壤砷污染和抗生素耐药性的相关政策方面。他的研究成果被转化为全球政策，并在国际主流刊物上发表了多篇学术论文。

2022年8月，在英国格拉斯哥举行的2022年国际土壤科学联合会李比希奖颁奖仪式上，朱永官作为唯一获奖者登上领奖台，成为首位获此荣誉的亚洲科学家。李比希奖于2006年由国际土壤科学联合会设立。该奖以十九世纪德国杰出的科学家和教育家李比希命名，每四年评选一次，每次仅一位科学家获奖，以表彰在应用土壤学解决实际问题上作出杰出贡献的科学家。

2022年11月，第四届丰子恺散文奖获奖作品名单揭晓。根据中国作家网公布的获奖名单，朱永官凭借作品《食物变迁记》荣获特别奖。《食物变迁记》中，朱永官院士以食物为线索，从鸡骨头、蚯蚓、桑葚、蚕蛹、野菜等日常食物出发，观察和思考食物与时代变迁之间的关系。他通过食物的视角，展现了对生物多样性保护的重视，以及对人类与自然和谐共存的倡导。朱永官院士在文中结合了生活日常与科学研究，用朴实严谨的语言，让读者能够感受到时代的变化，同时也反映了他对美食的热爱和对土壤学领域的深刻理解。

2022年12月，朱永官院士在接受科技日报采访时曾说："无论从事什么科研工作，都要坚持为国家做事、为人民做事这一基本的原则。在科研工作中，我们要把个人成长融入国家命运和发展中去，永远怀有家国情怀，这样人生价值才能得到最大化的发挥。"[14]

参考文献

[1] 高胜利，杨奇.化学元素新论[M].北京：科学出版社，2019.

[2] 郝生财.传统涂改液材料与技术研究[D].北京：北京印刷学院，2015.

[3] 叶铁林.为锌、砷元素的发现者正名[J].化工进展，1991，(06)：59.

[4] 郝鸣昭，黎晓蕾，张悦，等.雄黄在疫病防治中的应用与展望[J].中华中医药杂志，2022，37（07）：3696-3699.

[5] 李雪.绝色双娇——雌黄和雄黄[J].中学科技，2024，(06)：8-12.

[6] 王胜."雌黄"与"信口雌黄"[J].语文月刊，2020，(06)：9.

[7] 张富祥译注.梦溪笔谈[M].北京：中华书局，2016.

[8] 葛珊珊.雌黄：古老的"涂改液"[J].求学，2020，(05)：62.

[9] 刘伯宁.砷：生命的"第七元素"?[J].课堂内外（高中版），2011，(02)：52-53.

[10] 张亭栋，张鹏飞，王守仁，等."癌灵注射液"治疗6例白血病初步临床观察[J].黑龙江医药，1973，(03)：66-67.

[11] Jiang L D，Wang X R，Raza F，et al. PEG-grafted Arsenic Trioxide-loaded Mesoporous Silica Nanoparticles Endowed with pH-triggered Delivery for Liver Cancer Therapy [J]. Biomater Sci，2023，11：5301-5319.

[12] 余力.铁-铵氯盐在铜砷分离过程的翼庇效应机理研究[D].昆明：昆明理工大学，2020.

[13] 马艺，魏灵灵，李淑妮，等.非金属元素砷的同素异形体研究进展[J].化学教育（中英文），2021，42（08）：5-16.

[14] 符晓波.中国科学院院士朱永官：从不同角度入手，做前人未做之事[N].科技日报，2022-12-29（008）.

如果人们能够开发出其中的一些矿藏❶，那么这将不仅对工业和技艺做出巨大的贡献，首先是对人类做出了巨大的贡献❷。

——王宠佑❸

"锑王"王宠佑
图片源自矿冶园科技资源共享平台❹

---

❶ 笔者注：此处指锑矿。

❷ If one could open up some of these mines, he would then do a great service, not only to industries and arts in general, but above all to humanity.
王宠佑. ANTIMONY[M]. 伦敦：查尔斯·格里芬出版有限公司. 1919.

❸ 王宠佑，宇佐臣，广东东莞人。王宠佑是"中国矿藏之父"，是中国冶金学家，也是世界最早的锑冶金专家之一，被誉为中国锑王。

❹ 他被称为"锑王"，开创中国金属锑生产工业！—矿冶文化—矿冶园—矿冶园科技资源共享平台

四、锑（Sb）

1.锑元素发现历史与中英文名称由来

锑在人类文明的早期就已被发现并开始使用，最早可以追溯到公元前3000多年[1]。公元前3100年，在古埃及的前王朝时期，Sb_2S_3这种珍贵的矿物被古代人民巧妙地运用于化妆艺术之中。在今天伊拉克境内的泰洛赫地区，曾发现一块公元前3000年的锑制花瓶碎片。在埃及还出土了一批镀锑的青铜制品，其年代在公元前2500年至公元前2200年间。

约公元前18世纪，在匈牙利发现了一小块锑石，但是很长一段时间内，人们并未对它做进一步的了解，它可能是发现最早的锑矿。在公元前6至7世纪，黄色的锑酸铅被发现于装饰瓷砖的釉料中。在中世纪时期，锑曾被用于制造铅字，也曾被用作泻药。

锑拥有四种不同价态，即-3、0、+3和+5，在自然界中多以+3、+5的形式存在，而锑单质则很少见。众多科学家对锑这种金属的生产方式进行了深入的研究。1556年，德国的冶金学家格奥尔格·阿格里科拉（Georgius Agricola）在他的书中描述了用矿石进行熔析制备硫化锑的过程，却把硫化锑错当成了锑。1604年，德国人巴兹尔·瓦伦丁（Basilius Valentinus）记载了一种浸出锑和硫化锑的工艺。包恩（Baron）于1777年在西班包根（Seibenburgen，今属罗马尼亚特兰西瓦尼亚地区）发现了天然锑矿（辉锑矿，Sb_2S_3）。他通过焙烧矿石生成氧化物，再用碳还原的方法首次制得金属锑，这一发明明确了锑作为独立元素的存在。其反应方程式为：

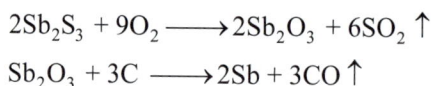

$$2Sb_2S_3 + 9O_2 \longrightarrow 2Sb_2O_3 + 6SO_2 \uparrow$$

$$Sb_2O_3 + 3C \longrightarrow 2Sb + 3CO \uparrow$$

1896年，电解法生产的锑第一次出现在市场上。1930年以后，锑矿鼓风炉熔炼法便成为生产金属锑的一种重要冶炼工艺。

中国发现和利用锑矿的时间也很久远，在世界上占有重要地位。湖南锡矿山在1541年被发现，但人们误以为锑是锡，所以才有了这个名字，1890年，它被检测出是锑。1897年，锡矿山首家"积善冶炼厂"的成立，标志着我国由"连锡"进入了锑业时代。1908年，湖南省一资本家筹办华昌公司，由王宠佑、梁鼎甫两位先生共同前往法国购买赫伦史密特挥发式焙烧法专利，从此便使用这种方法炼锑。下图是锑元素的发现及发展历史时间轴。

古希腊语和拉丁语中提及锑元素时，使用的是"stibium"这个名称的变种，那么"antimony"一词从中世纪一直沿用到今天，是从哪里来的？许多早期炼金术士的僧侣们相信锑可以变换为金。但不幸的是，僧侣们不知道锑的毒性，在没有穿戴实验服和护目镜的条件下进行了炼金术实验。因此一个比较流行的但很可能是异想天开的说法是："antimony"（来自法语"antimoine"），意思是"反僧侣"。不过更有可能的是，这个名字来自希腊语antimonos，意为"对抗孤独"，因为锑被认为只能与大自然中的其他元素结合在一起。

古埃及的前王朝时期，Sb_2S_3被运用于化妆艺术之中。	伊拉克境内的泰洛赫地区，发现一块锑制花瓶碎片。	埃及出土了一批镀锑的青铜制品。	黄色的锑酸铅被发现于装饰瓷砖的釉料中。	锑被用于制造铅字，也被用作泻药。
公元前3100年	公元前3000年	公元前2500年~公元前2200年间	公元前6~7世纪	公元5世纪后期~公元15世纪中期

1908年	1897年	1896年	1890年	1777年	1604年
湖南省华昌公司开始应用挥发式焙烧法炼锑。	我国由"连锡"进入了锑业时代。	电解法生产的锑第一次出现在市场上。	湖南锡矿山被检测出是锑。	包恩在西班包根发现了天然存在的锑矿，并首次制得金属锑。	瓦伦丁记载了一种浸出锑和Sb_2S_3的工艺。

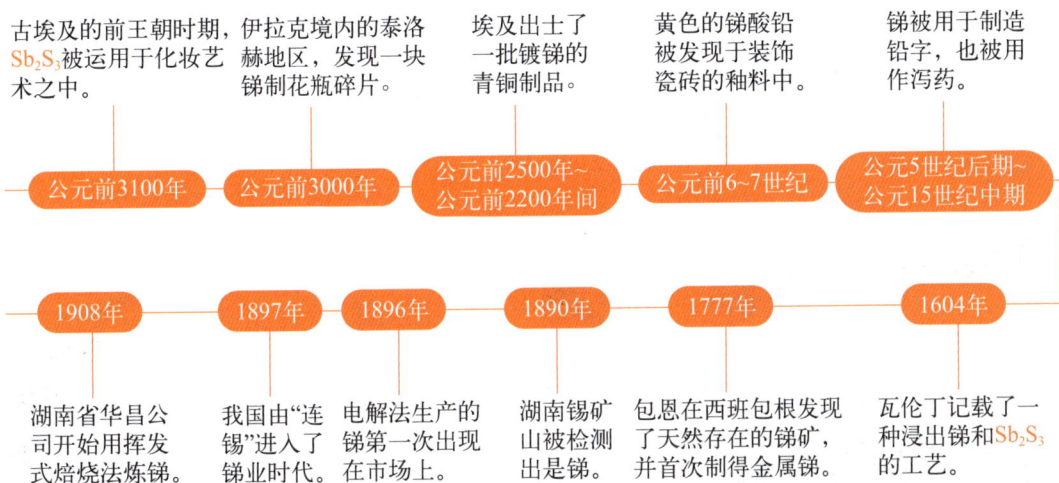

锑元素的发现及发展史 ❶

锑英文名称为"Antimony"，拉丁语Stibium，元素符号Sb源自拉丁语。两种叫法含义上没有区别，Stibium为锑的拉丁语名，而Antimony在英文文本中更为常用，建议在正式文献或检测报告中使用后者。

"锑"，初见于《说文》中"鏅锑，火齐珠名，从金弟聲"，"锑"字简体版的楷书从秦朝小篆演变而来。那么现代汉语为什么取"梯"声而非"弟"声呢？这与Stibium和Antimony中的音节中存在ti-及相似发音有关，同时元素周期表第六主族中还有一个元素"碲"发"帝（弟）"音，为避免混淆，现在"锑"字的标准发音为tī。

2. 锑元素基本性质

锑（Sb）位于第五周期第VA族，为磷属元素，基态电子组态为$[Kr]4d^{10}5s^25p^3$。单质锑为银灰色，具有光泽且质地脆，莫氏硬度为3。该元素的熔点和沸点分别为903.8 K和1860 K。在化学性质上，锑表现出中等程度的活泼性，在常温下对水和空气均保持稳定，不与非氧化性稀酸发生反应。然而，它能够与硝酸或王水反应，其中与稀硝酸反应生成三价化合物，而与浓硝酸反应则生成五价化合物。在高温条件下，锑能够与多种非金属元素相互作用，并且能够与多数金属形成合金和化合物。[2]

3. 眼影粉与酒精之间的渊源

（1）可作为眼影粉的辉锑矿

锑单质有金属光泽，在自然界中主要存在于硫化物辉锑矿（Sb_2S_3）中，辉锑矿被古埃及人当作眼影粉使用。古埃及时期，人们从辉锑矿中提取三硫化二锑用于化妆，特别是用于描眉画眼。锑的拉丁文名称"Stibium"来源于此，意即"美丽的眼睛"。

长久以来，阿拉伯、波斯等地的妇女就已经发现锑粉是一种极好的化妆品。她们用

---

❶ 图中时间轴主体颜色设计理念采用Sb_2S_3的橙红色。

从锑石中精炼提纯的锑粉涂在眼圈附近，不仅能使眼睛更漂亮，还有消除眼疲劳和红肿的功效。阿拉伯妇女喜欢用锑粉画出浓重的眼影，埃及艳后克娄巴特拉的妆容便是典型。

新西兰香槟池的橙色来自Sb_2S_3沉淀物
图片源自景德镇市水利规划设计院官方网站

（2）眼影粉与酒精英文名称的来源及发展

这种用来画眼影的锑粉在阿拉伯语中叫作al kuhul，其中的al是定冠词，相当于英语中的the。不带定冠词al的kuhul一词后来通过其他途径也进入了英语，演变为英语单词kohl（[kəʊl]，n. 眼影粉，化妆墨），依然保持了原意，表示"眼影粉"。

英语单词alcohol就源自al kuhul，原本表示"粉末状的化妆品"，17世纪词义扩大为"物品的精华，精炼提纯结果"。18世纪，人们用alcohol of wine（酒的精华）来表示酒精，后来直接用alcohol一词来表示酒精。

4. 战略性矿产锑资源现状

我国于2016年11月颁布的《全国矿产资源规划（2016—2020）》中，锑被定位为战略性矿产。此前，原国土资源部已对锑矿的开采总量及资源出口实施了严格控制，并暂停了锑矿探矿权与采矿权的申请受理工作。英国地质调查局早在2011年便指出锑是全球最紧缺的矿种；美国内政部在2018年发布的《关键矿产目录清单》中，将锑列为仅限于勘探而禁止开采的关键矿产之一；欧盟则在其2020年公布的《关键矿产资源清单》里，把锑置于供应紧张的战略金属之首；日本在其《稀有金属保障战略》报告中同样强调了锑作为战略性矿产资源的重要性。

根据美国地质调查局2010—2020年全球锑资源储量的统计数据，中国在2010年的锑矿储备量为95万吨，而到了2020年，这一数字降至48万吨，十年间的开采率达到了惊人的49.47%。相比之下，美国实施的"仅限勘探、禁止开采"政策，使得其境内从未曾发现锑矿藏到2020年探明储备量达到6万吨。此外，值得注意的是，我国锑产业链中高端产品的比例较低。国内锑企业的主要产品以锑金属和锑的氧化物等初级加工品为主，而在下游深加工领域，则主要由国外企业占据主导地位[3]。中国对于锑矿藏的开采、保护及锑产业高端发展任重而道远。

5.锑化物半导体——第四代半导体材料

目前，半导体技术发展的各个阶段所对应的材料体系已经明确界定：第一代半导体基于ⅣA族元素硅（Si）和锗（Ge）；第二代半导体则以ⅢA～ⅤA族化合物砷化镓（GaAs）和磷化铟（InP）为代表；而第三代半导体主要涉及ⅢA～ⅤA族氮化镓（GaN）及ⅣA族碳化硅（SiC）等材料。具有重大发展潜力成为第四代半导体技术的主要体系有：窄带隙的锑化镓（GaSb）、砷化铟（InAs）化合物半导体；超宽带隙氧化物材料；以及其他各类低维材料，包括碳基纳米材料和二维原子晶体材料等。

作为经典的ⅢA～ⅤA族化合物，锑化物半导体自21世纪以来获得了广泛关注。锑化物半导体材料因其独特的电子结构和性能，被认为是第四代半导体的核心技术之一。自2009年起，国外已将与锑化物半导体相关的材料及器件纳入出口管制和技术垄断。这类材料在开发下一代小体积、轻重量、低功耗、低成本的电子器件方面具有不可替代的优势。特别是GaSb、InAs等化合物，由于具有极窄的禁带宽度和高电子迁移率，成为中波红外探测器的首选材料，广泛应用于军事侦察、环境监测、火灾报警、工业检测、医疗诊断等领域。此外，锑化物超晶格技术、锑化物量子阱激光器等方面的巨大突破，展示了锑化物材料在第四代半导体领域的应用潜力。更为重要的是，相关技术正在步入产业化应用发展阶段，这标志着我国锑化物半导体技术从实验室研究向实际应用的重要转变。[4]

6.北洋校友、中国"锑王"——王宠佑

王宠佑，字佐臣，出生于广东东莞[5]。1899年自北洋大学（今天津大学）采冶系毕业，随后于1904年在美国哥伦比亚大学获得矿业与地质学硕士学位，并继续在英国、法国及德国深造，最终取得博士学位。王宠佑于1908年归国后，投身于采矿冶金领域。他与梁鼎甫共同为湖南省一位资本家所组建的华昌公司前往法国，购得了当时最新获得专利的赫伦史密特挥发焙烧炼锑法，用于冶炼硫化锑矿石。在长沙南门外，他们建立了中国首座炼锑厂，开始从低品位锑矿石中提炼纯锑，从而开启了中国金属锑生产工业的先河[6]。进入20世纪30年代，王宠佑历任汉口商品检验局副局长、局长、资源委员会委员、经济部技正以及经济部商品检验局局长等重要职位。抗日战争胜利后移居美国，在由李国钦创立的纽约华昌公司担任研究部主任及顾问。

王宠佑是中国近代第一批矿冶专家之一，是中国现代炼锑技术的开拓者。他是中国地质学会与中国矿冶工程师学会的创始成员之一，历任中国地质学会副会长及会长。他积极与国际矿冶学界进行交流学习，先后赴欧洲和美洲考察锑、锡工业的发展状况。他始终怀揣振兴祖国锑锡业的热忱，曾邀请美国杜伯尔工程公司的专家团队来华，对湖南冷水江锡矿山的锑矿及云南个旧锡矿进行了详尽的调查。

王宠佑撰写了国际上关于锑的第一本专著《锑》（Antimony），该书1909年由英国查尔斯·格里芬出版有限公司出版，被各国冶金界视为锑的权威著作，他因此也被国际上称为"锑王"。此外，他还与李国钦博士合著了《钨》一书，内容涉及钨的历史、性质、地质、选矿、冶金、分析、应用和经济等诸方面，对学术界影响深远。王宠佑在其所著的专著《锑》中表示："如果人们能够开发出其中的一些矿藏，那么这将不仅对工业和技艺做出巨大的贡献，首先是对人类做出了巨大的贡献。"这也是他对中国锑业发展的期望。

ANTIMONY:

ITS HISTORY, CHEMISTRY, MINERALOGY, GEOLOGY,
METALLURGY, USES, PREPARATIONS, ANALYSIS,
PRODUCTION, AND VALUATION; WITH
COMPLETE BIBLIOGRAPHIES.

FOR STUDENTS, MANUFACTURERS, AND
USERS OF ANTIMONY.

BY

CHUNG YU WANG, M.A., B.Sc.,

MEM. AM. INST. M.E.; MEM. IRON AND STEEL INST.;
MINING ENGINEER TO THE CHUNG LOO GENERAL MINING CO.;
MINING ENGINEER AND METALLURGIST TO THE WAH CHANG MINING AND SMELTING CO.
GEOLOGIST FOR THE HUNAN PROVINCE; GENERAL CONSULTING ENGINEER, ETC.

With numerous Illustrations.

SECOND EDITION.

LONDON:
CHARLES GRIFFIN & COMPANY, LIMITED,
EXETER STREET, STRAND, W.C. 2.
1919.

王宠佑英文学术著作*ANTIMONY*

原著1909年出版，此图为1919年再版封面

参考文献

[1] 沙国平，张连英.化学元素的发现及其命名探源[M].成都：西南交通大学出版社，1996.

[2] 周公度，叶宪曾，吴念祖.化学元素综论[M].北京：科学出版社，2012.

[3] 武秋杰，吕振福，曹进成.全球锑资源分布供需及产业链发展现状[J].矿产综合利用，2022，（05）：76-81.

[4] 马爱平.锑化物半导体：打开红外芯片新技术大门的"金钥匙"[N].科技日报，2019-10-25（04）.

[5] 王仰之.王宠佑（1879～1958）[J].中国地质，1993，（10）：32.

[6] 蔡国正.民国时期冶金学术组织探析[D].东北大学，2009.

这个地球上，科技越发展，人类面临的重大问题越多了。很显然，人类的灵魂没有跟上人类科技发展的速度，人类应该走慢一点❶。

我国很早就重视纳米技术和纳米安全性。纳米技术的发展，一开始就研究尽量减少潜在污染的方法，这就是科学发展观的思想❷。

——赵宇亮❸

中国科学院院士、国家纳米科学中心主任——赵宇亮
图片源自人民政协网

❶ 源自国家纳米科学中心网站
❷ 郑干里，刘丹. 勤奋是最好的智慧——《科学时报》记者采访中科院高能所赵宇亮研究员 [J]. 现代物理知识，2010,22(04): 68-71+67.

❸ 赵宇亮，化学家，主要从事纳米生物效应分析与安全性研究。2017年当选为中国科学院院士。

五、铋（Bi）

1.铋元素发现历史与中英文名称由来

15世纪，德国矿工和冶金学家首次注意到铋作为一种独立的金属矿物存在。然而，由于其外观与铅和锡相似，人们仍然对其性质和成分存在误解。1450年，德国修道士巴兹尔·瓦伦丁（Basil Valentine）的著作中称这种元素为"Wismut"，这个术语可能源自德语短语，意思是"白色的弥撒"。1556年，德国矿工和冶金学家格奥尔格·阿格里科拉（Georgius Agricola）在他的著作《论金属》中首次明确区分了铋和铅，指出它们是两种不同的金属矿物，并将其称为"bisemutum（源自拉丁文）"[1]。这标志着铋作为独立元素的认识开始逐渐形成。1737年，乔治·勃兰特（Georg Brandt）在火法炼钴时意外获得这种金属，但并不知道所得为何物[2]。直到1753年，英国化学家克劳德·约瑟夫·德·杰弗鲁瓦（Claude Joseph de Geofroy）和瑞典化学家托尔本·伯格曼（Torbern Bergman）通过化学实验进一步确认了这一新的化学元素——铋，并为其定名为"bismuth"[3]。1739年，德国化学家约翰·海因里希·波特（Johann Heinrich Pott）发表了关于铋化学的著作。

铋的命名源自德文Wismuth，意为"白色的团块"。希腊文原意为"白片"，因铋是白色的晶体[4]。英文名称"Bismuth"首音节发音为"必"，因而中文命名时左侧加"钅"以表述其金属性质，最终形成汉字"铋"。下图是铋元素的发现历史时间轴。

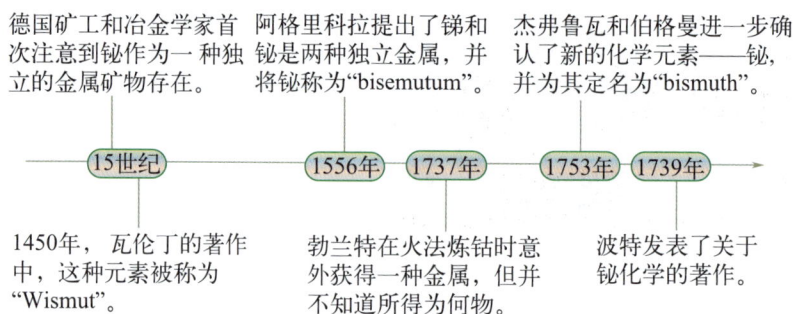

德国矿工和冶金学家首次注意到铋作为一种独立的金属矿物存在。　　阿格里科拉提出了锑和铋是两种独立金属，并将铋称为"bisemutum"。　　杰弗鲁瓦和伯格曼进一步确认了新的化学元素——铋，并为其定名为"bismuth"。

| 15世纪 | | 1556年 | 1737年 | | 1753年 | 1739年 |

1450年，瓦伦丁的著作中，这种元素被称为"Wismut"。　　勃兰特在火法炼钴时意外获得一种金属，但并不知道所得为何物。　　波特发表了关于铋化学的著作。

铋元素的发现史 ❶

2.铋元素基本性质

铋（Bi）位于第六周期第ⅤA族，为磷属元素，基态电子组态为$[Xe]4f^{14}5d^{10}6s^26p^3$。铋为白色或略显浅粉红色重金属，莫氏硬度2.25，熔点为544.6 K，沸点为1830 K。在超导材料领域中，单质金属铋和汞是最早被发现具有超导性的金属，铋的许多合金也具有超导性。

---

❶　图中时间轴主体颜色设计理念采用纯铋晶体表面氧化后形成的艳丽色彩。

3.出淤泥而不染的"铋"

铋这种金属看起来非常的不合群，随便打开一张元素周期表看一下，83号金属铋的周围都是一些有毒的重金属，按照元素周期表上相邻元素性质相似的原理，铋应该也带有毒性。

但与其周边的元素相比，铋是非常奇特的绿色元素。在周期表中，铋依照密度大于4.5 g/cm³的标准，被列为重金属中的一员。重金属在人体内累积至一定程度，将引发慢性中毒现象。由于重金属难以通过生物降解过程消除，其在食物链中的生物放大效应尤为显著，导致重金属浓度在生物体内呈几何倍数增加，进而加剧了对人体健康的潜在威胁。铋周围的金属均是如此，不是有毒，就是剧毒。例如，锡、铅有毒，锑、钋剧毒。然而位于它们中间的铋元素却属于微毒类，没有报道过吸入铋及其化合物引起的职业中毒案例，而且很多铋化合物甚至比我们平常吃的食盐的毒性还低。因此，"绿色元素"的称号实至名归，与"出淤泥而不染"的"莲"异常相像。

50 **Sn** tin 118.71 ±0.01	51 **Sb** antimony 121.76 ±0.01	52 **Te** tellurium 127.60 ±0.03
82 **Pb** lead 207.2 ±1.1	83 **Bi** bismuth 208.98 ±0.01	84 **Po** polonium [209]

铋元素及周边元素

4."铋"须美丽

（1）绚丽的铋晶体

纯铋呈现灰白色或银白色，其表面在氧化后会形成一层极薄的氧化层Bi_2O_3。由于不同波长的光线在入射与反射过程中发生变色折射现象，使铋晶体表面展现出典型的彩虹效应。

（2）含铋颜料

作为一种绿色元素，众多铋化合物因其鲜艳的色彩而被广泛应用于化妆品及颜料领域。例如，氯氧化铋（BiOCl）凭借其独特的层状结构，展现出银白色珍珠光泽，适用于眼影、发胶、指甲油等美妆产品中以增强珠光效果。

铋黄颜料是钒酸铋和钼酸铋的混合体[6]，用于取代铅、镉等颜料具有双晶面的黄色颜料，具有更好的表面抗化学腐蚀性，而且黏合力极强，色泽光亮，又不易脱落褪色，用于黄

纯铋晶体表面氧化后形成的艳丽色彩
图片源自缪煜清学术论文[5]

色汽车外壳最后一道工序的喷漆，也用作黄色工业涂料，如电气线圈用材的涂料以及橡胶、塑料制品上印刷油墨的着色。

　　五价离子取代后$BiVO_4$的颜色变化可以用$L*a*b*$坐标❶表示。Ta和P取代V后大大提高了纯$BiVO_4$颜料的亮度和黄色显色性。其中，$BiV_{0.9}P_{0.1}O_4$具有高亮度（$L*=79.76$）、高纯度，接近理想黄色，是黄色颜料的良好候选。典型的P（Ⅴ）取代$BiVO_4$颜料的色坐标与铬黄的色坐标接近，红度小。因此，通过掺杂改性后，五价掺杂离子的存在增强了亮度和黄色。

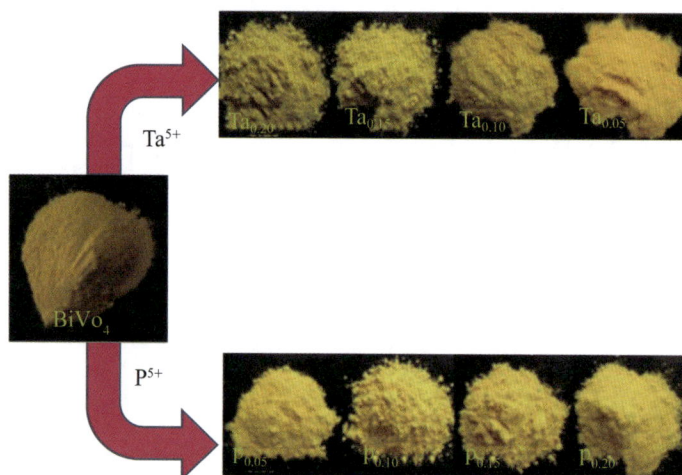

BiVO$_4$与掺杂Ta和P的$BiV_{1-x}M_xO_4$（M=Ta和P）的颜色对比❷
图片源自L. Sandhya Kumari学术论文[7]

5.铋的抗磁性与霍尔效应

（1）铋的抗磁性

　　抗磁性是指物质在外部磁场作用下，内部磁矩与外部磁场方向相反，从而产生一个与外部磁场相抵消的磁场的现象。铋的电子排布$[Xe]4f^{14}5d^{10}6s^26p^3$，最外层（6p轨道）含有3个未成对电子，但其内层电子（5d、6s轨道）形成闭合壳层。闭合壳层的电子在外加磁场下产生诱导环流，通过楞次定律形成与外磁场方向相反的磁矩，表现为抗磁性。铋的抗磁性主要源自内层闭合壳层电子的轨道运动响应，而非外层未配对电子的顺磁性（后者通常被更强的抗磁性掩盖），导致其在磁场中表现出与常规金属不同的磁性行为。

（2）霍尔效应及其应用

　　霍尔效应是一种电磁现象，是指当导体或半导体材料中的电荷载流子在电流的作用下通过一个垂直于电流方向的磁场时，会在导体的两侧形成一个横向电压，这个现象称为霍尔效应，这个电压被称为"霍尔电压"。霍尔电压是如何产生的呢？

---

❶ $L*$是亮度值[黑色（0）到白色（100）]，$a*$是绿色（值）到红色（值），$b*$是蓝色（值）到黄色（值）。
❷ 由于五价掺杂离子的存在，铋黄颜料$BiVO_4$亮度和黄色得到增强。

假设电流（带电粒子流，比如电子）像一条水流向前流动。如果这时从侧面施加一个磁场（比如用一块磁铁靠近），磁场会"推"这些带电粒子，让它们偏向材料的一侧。随着带电粒子被磁场推到一侧后，材料的一侧会堆积更多电荷（比如电子），另一侧则电荷变少，就像水坝两侧水位高低不同。这种电荷不平衡就形成了电压（霍尔电压）。当电流 I 通过材料时，载流子（电子或空穴）在磁场 B 中受洛伦兹力作用，向材料一侧偏转，形成电荷积累，最终产生与洛伦兹力平衡的电场力，此时达到稳态，霍尔电压 V_H 稳定。霍尔电压公式：

$$V_H = \frac{I \cdot B}{n \cdot q \cdot d}$$

式中，V_H——霍尔电压，V；

    I——通过材料的电流，A；

    B——垂直于电流方向的磁感应强度，T；

    n——材料中载流子的浓度，m^{-3}；

    q——单个载流子的电荷量，C，电子 $q=-e \approx -1.6 \times 10^{-19}$ C；

    d——材料的厚度，m。

霍尔系数 R_H 反映了材料的本征特性，定义为：

$$R_H = \frac{1}{n \cdot q}$$

因此，霍尔电压公式可简化为：

$$V_H = \frac{I \cdot B}{n \cdot q \cdot d} = R_H \cdot \frac{I \cdot B}{d}$$

霍尔电压公式描述了在外加磁场中，导体或半导体材料两侧产生的霍尔电压与电流、磁场强度及材料特性之间的关系。它是电磁学与半导体物理的核心工具。

利用霍尔系数的符号可以区分 n 型或 p 型半导体。如果 $R_H < 0$，表明载流子为电子（例如金属和 n 型半导体）；如果 $R_H > 0$，表明载流子为空穴（例如 p 型半导体）。

霍尔效应帮我们"看到"磁场，并广泛应用在传感器和电子设备中。例如通过霍尔电压可以测量磁场的强弱（电压越大，磁场越强），用来汽车测速。汽车轮子上的霍尔传感器通过检测磁场变化，算出轮子转得多快，从而显示车速。手机里的霍尔元件还能感知地磁场方向，帮助确定南北，这也是手机指南针的运行原理。

(3) 铋化合物的量子反常霍尔效应与偶数量子霍尔效应

值得一提的是，铋在常温下表现出强大的抗磁性和霍尔效应，是抗磁性最强的金属单质，是有最大霍尔效应的金属。其相对较强的霍尔效应，也是其在某些电子和半导体应用中受到关注的原因之一。

铋在某些化合物中也表现出独特的物理特性。锰铋碲（$MnBi_2Te_4$）是一种本征磁性拓扑绝缘体，2020 年 1 月，复旦大学物理学系张远波教授团队在这种材料中首次观测到了量子反常霍尔效应。量子反常霍尔效应是一种无需外加磁场的量子霍尔效应，其核心特征是在零磁场下实现量子化的霍尔电导平台。它与霍尔效应不同，后者需要外部磁场来产生横向电压。这种效应在电子学器件和精密测量方面具有潜在的应用价值，并可能是实现拓扑量子计算的关键材料之一[8]。

另外，硒氧化铋（Bi_2O_2Se）是一种具有强自旋轨道耦合效应和超高迁移率的二维半导体。2024年7月，北京大学彭海琳教授课题在这种材料中发现了独特的偶数量子霍尔效应❶。这种效应是由于硒氧化铋中隐藏的自旋极化效应，导致在强磁场下出现偶数量子霍尔平台，而奇数量子霍尔平台全部缺失。这种独特的物理现象为调控能带拓扑与自旋织构、探究自旋相关物理现象以及构筑高速低功耗自旋电子学器件提供了新的材料平台。

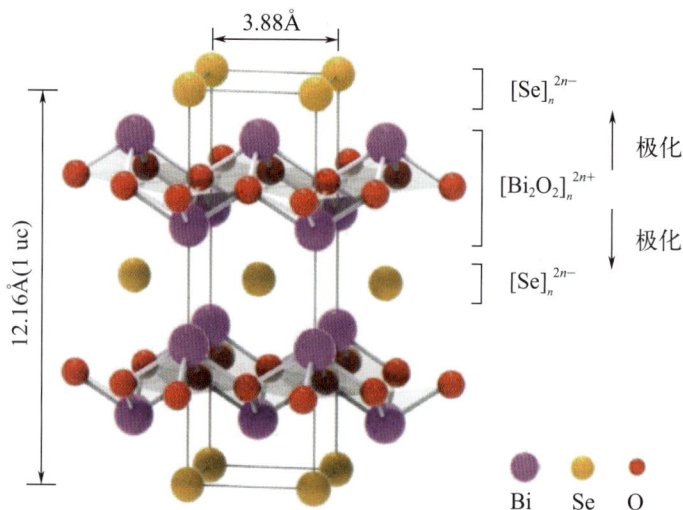

1 uc 厚度的 Bi_2O_2Se 层状晶体结构❷
图片源自彭海琳学术论文[9]

6. 幽门螺杆菌的克星——铋剂

幽门螺旋杆菌感染可引发多种消化道疾病，严重时甚至可能导致癌症。铋剂作为一种黏膜保护剂，通过阻断幽门螺旋杆菌的作用来发挥治疗效能，在根除幽门螺杆菌的治疗中显示出其合理性与必要性。当前，临床上常用铋剂与抗生素、抗原虫药物以及质子泵抑制剂联合使用，展现出了良好的根除效果。[10]

铋化合物通常具有较低的溶解度，包括其硝酸盐和钠盐形式，也是如此，在硝酸溶液中亦能水解形成沉淀。这一特性使其成为治疗胃溃疡的有效成分之一。即使在强酸性的胃液环境中，铋盐仍可迅速转化为彼此交联的羟基化水合物纳米胶体。这些纳米胶体通过与胃壁之间强烈的氢键作用吸附于溃疡表面，不仅能够保护受损的胃黏膜，还能有效抑制

❶　彭海琳课题组与合作者首次发现隐藏自旋极化诱导的偶数量子霍尔效应—科研进展—北京大学化学与分子工程学院

❷　uc，即 unit cell（晶胞）。具有四方相的 $[Bi_2O_2]_n^{2n+}$ 层和 $[Se]_n^{2n-}$ 层沿 c 轴交替堆叠。

导致胃溃疡的主要病原体——幽门螺旋杆菌的生长。铋剂在临床应用方面拥有超过两个世纪的历史，当前广泛使用的铋剂种类包括以下四种：枸橼酸铋钾、胶体果胶铋、胶体酒石酸铋以及次水杨酸铋等。

枸橼酸铋钾是一种由多个稳定的双核枸橼酸铋单元聚合而成的大分子链超分子化合物。该化合物能够形成一层几乎不溶解的保护性薄膜，有效防止刺激因素对溃疡面和炎症部位的损害。此外，它还能降低胃蛋白酶的活性，促进黏膜释放前列腺素，从而保护胃黏膜，并具有杀灭幽门螺杆菌的功能。同时，它还具备解痉止痛和收敛止血的作用。在制成口服液时，可能会带有氨味；而口服冲剂则可能导致舌苔变黑。需要注意的是，在服用期间，患者的粪便可能会呈现黑褐色。

胶体果胶铋是一种由高分子有机酸根取代无机酸根及小分子有机酸根后形成的化合物，能够在水和酸性胃液中形成稳定的胶体分散系。该化合物能够沉积在创面处形成薄膜，从而增强对细胞的保护作用。由于果胶具有较大的分子量特性，限制了铋离子渗透进入血液的能力，降低了铋在各组织的沉积，最大限度地减少了铋制剂的毒副作用，有效地保证了用药的安全性。不良反应为服药期间粪便可能呈现黑褐色，这属于正常药物反应现象，通常停药后1～2大内粪便可恢复至正常颜色。

胶体酒石酸铋是一种由酒石酸与三价金属铋离子结合形成的大分子化合物，具备显著的胶体特性。该化合物在治疗慢性胃炎、溃疡性结肠炎、肠易激综合征、消化性溃疡及抗Hp感染等方面展现出良好的疗效。其物理性质稳定，用药安全性高，不良反应发生率低，因此在临床上具有广泛的应用前景。

次水杨酸铋在消化道吸收后，大部分被完全水解为铋和水杨酸。其中，大部分水杨酸被吸收，其与血浆蛋白的结合率约为90%。活性成分覆盖于胃黏膜表面，起到保护胃黏膜、减少不良刺激的作用，并具有吸附毒素的能力，对病原微生物有直接的抗菌作用。常见的不良反应为轻度便秘。[11]

7. 新型含铋纳米诊疗材料

恶性肿瘤已成为严重威胁人类健康的疾病之一。为了有效治疗肿瘤，医学界已经发展了多种治疗方法，其中放射疗法因其独特的优势而成为重要的治疗手段。放疗中的高能X射线能够造成癌细胞DNA链损伤，并产生大量活性氧物质（ROS），从而破坏DNA和细胞器，达到抑制和杀死肿瘤细胞的效果。然而，由于人体组织对X射线的吸收能力较弱，这降低了治疗效果。肿瘤中部分乏氧细胞对X射线的不敏感性，是导致某些肿瘤治疗后复发的关键因素。近年来，多功能纳米放疗增敏剂凭借其卓越的物理化学特性，为提升乏氧肿瘤细胞对放疗的敏感性、增强放疗效果及减少副作用开辟了新的途径。

中国科学院高能物理研究所纳米生物效应与安全性重点实验室的赵宇亮院士课题组开发了一种新型基于半导体异质结的纳米诊疗材料（BiOI@Bi$_2$S$_3$）。该材料将具有优良光催化性能的碘氧铋（BiOI）与红外热响应的硫化铋（Bi$_2$S$_3$）相结合，成功研制出一种用于放疗与热疗协同治疗的新型体系。铋和碘元素具有较强的X射线吸收能力，在放疗过程中，X射线可以激发铋和碘元素的内层电子，从而产生高能电子。这些高能电子会成倍诱导出能量较低的二次电子。相比于高能电子，二次电子可以更有效地激发作为半导体材料的BiOI，使其产生电子-空穴对。得益于BiOI与Bi_2S_3组成的异质结构，经由X射线产生的电子和空穴发生电荷分离，避免了再次复合。电子与空穴分别与吸附在纳米颗粒表面的氧气和水反应，会在肿瘤部位产生大量的活性氧物质。与传统的放疗增敏相比，显著提高了活性氧的产生效率。此外，由于Bi_2S_3具有较高的光热转化效率，该纳米颗粒也可用于近红外光热治疗，杀伤对放疗不敏感的乏氧细胞，实现协同治疗的效果[12]。

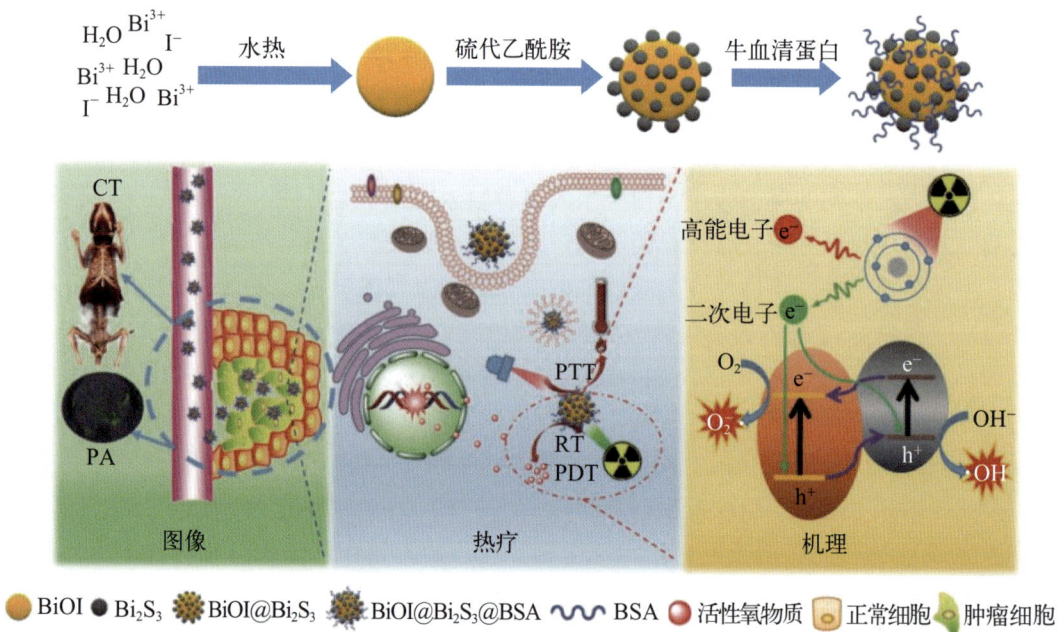

BSA（牛血清白蛋白）包覆的$BiOI@Bi_2S_3$半导体异质结纳米粒子提高了放射/光动力/光热三联协同肿瘤治疗的效率

图片源自赵宇亮院士学术论文[12]

碘氧铋（BiOI）与硫代乙酰胺（TAA，CH_3CSNH_2）的反应是典型的硫离子（S^{2-}）置换反应。硫代乙酰胺在酸性或碱性条件下水解产生H_2S，进而与BiOI反应生成硫化铋（Bi_2S_3）。

首先，硫代乙酰胺水解（中性/弱酸条件），产生H_2S气体和乙酰胺（CH_3CONH_2），化学反应方程式为：

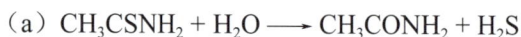

（a）$CH_3CSNH_2 + H_2O \longrightarrow CH_3CONH_2 + H_2S$

然后，水解产物H_2S与BiOI反应生成Bi_2S_3沉淀，化学反应方程式为：

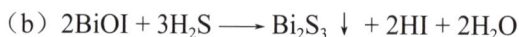

（b）$2BiOI + 3H_2S \longrightarrow Bi_2S_3 \downarrow + 2HI + 2H_2O$

步骤（a）×3与步骤（b）相加，消去中间产物H_2S得到总反应方程式为：

（c）$2BiOI + 3CH_3CSNH_2 + H_2O \longrightarrow Bi_2S_3 \downarrow + 3CH_3CONH_2 + 2HI$

生成的Bi_2S_3沉积在BiOI表面形成$BiOI@Bi_2S_3$，随后继续被BSA包覆，生成新型纳米结构药物。

在接受《科学时报》记者采访时，赵宇亮院士曾说："这个地球上，科技越发展，人类面临的重大问题越多了。很显然，人类的灵魂没有跟上人类科技发展的速度，人类应该走慢一点。我国很早就重视纳米技术和纳米安全性。纳米技术的发展，一开始就研究尽量减少潜在污染的方法，这就是科学发展观的思想。"

参考文献

[1] 高胜利，杨奇. 化学元素新论[M]. 北京：科学出版社，2019.

[2] 赵云彪，方贵聪，王登红. 人类"铋"需——走近稀有金属铋[J]. 自然资源科普与文化，2021，（01）：14-16.

[3] Kanatzidis M，Sun H Z，Stefanie Dehnens. Bismuth-The Magic Element. Inorganic Chemistry，2020：59（6），3341-3343.

[4] 沙国平，张连英. 化学元素的发现及其命名探源[M]. 成都：西南交通大学出版社，1996.

[5] 缪煜清."灰姑娘"铋元素华美登场[J]. 中国有色金属，2021（19）：42-43.

[6] 王云燕，秦毅红. 新型无机黄色颜料铋黄[J]. 世界有色金属，1999，（02）：29-31.

[7] Kumari L S，Rao P P，Radhakrishnan A N P，et al. Brilliant Yellow Color and Enhanced NIR Reflectance of Monoclinic $BiVO_4$ through Distortion in VO_4^{3-} Tetrahedra[J]. Solar Energy Materials & Solar Cells，2013，112：134–143.

[8] Deng YJ，Shi MZ，Guo ZX，et al. Quantum Anomalous Hall Effect in Intrinsic Magnetic Topological Insulator $MnBi_2Te_4$[J]. Science，2020，367：895-900.

[9] Wang J，Huang J，Kaplan D et al. Even-integer Quantum Hall effect in an Oxide Caused by a Hidden Rashba Effect[J]. Nat Nanotechnol，2024，19，1452–1459.

[10] 张秀恩，蓝柳艳. 铋剂治疗幽门螺杆菌感染的研究进展[J]. 按摩与康复医学，2022，13（12）：65-68.

[11] 梁雨，王启斌，和水祥. 铋剂临床应用进展[J]. 临床医学研究与实践，2018，3（31）：194-196.

[12] Guo Z，Zhu S，Yong Y，et al. Synthesis of BSA‑coated $BiOI@Bi_2S_3$ Semiconductor Heterojunction Nanoparticles and their Applications for Radio/Photodynamic/Photothermal Synergistic Therapy of Tumor[J]. Advanced Materials，2017：1704136.

元素
之思

探索化学世界的奥秘

Ideology of Elements:
Explore the Mysteries of the Chemical World

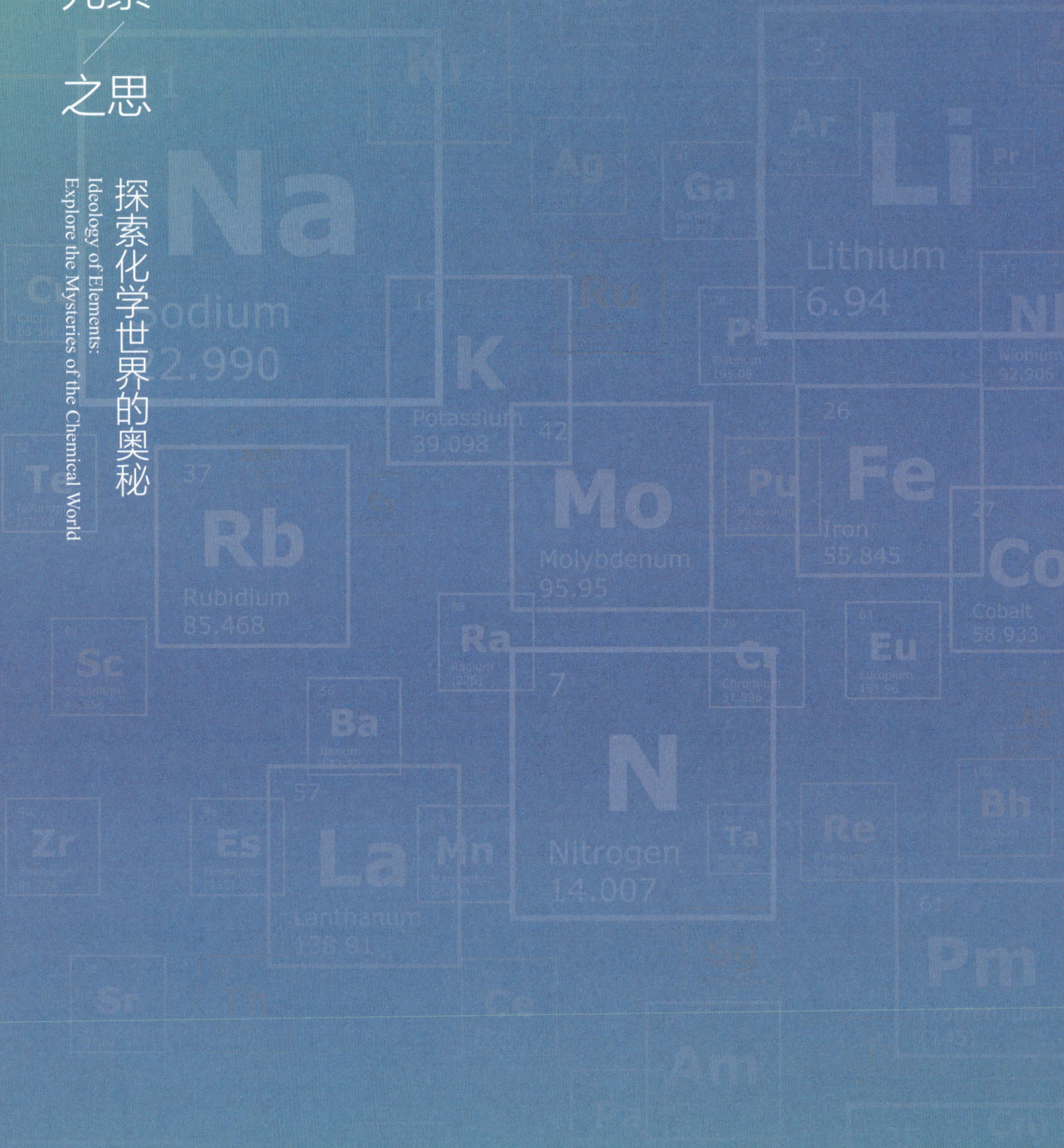

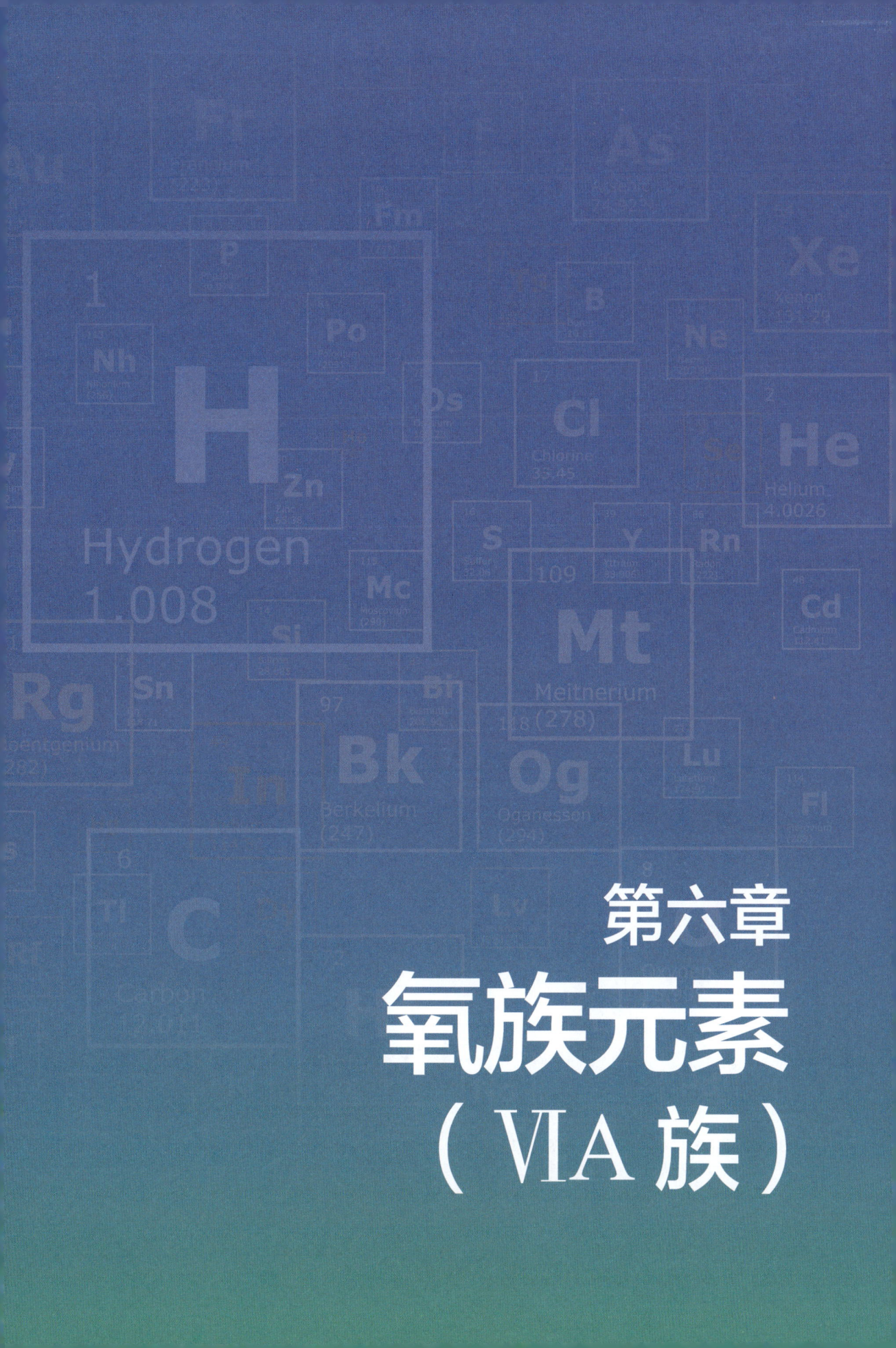

第六章

氧族元素

（VIA 族）

毋谈无稽之言，毋谈不经之语，毋谈星命风水，毋谈巫觋谶纬。

——徐寿[1]

徐寿
图片源自袁野学术论文[2]

[1] 徐寿（1818年2月26日—1884年9月24日），字生元，号雪村，江苏无锡人，清末著名科学家，中国近代化学的启蒙者，中国近代造船工业的先驱。

[2] 袁野. 徐寿：中国近代科技第一人 [J]. 同舟共进，2022,(01): 34-37.

一、氧（O）

1.氧元素发现历史与中英文名称由来

1673年，罗伯特·波义耳（Robert Boyle，1627—1691）断定，当铅和锑煅烧时，一种非常细小的"可燃物质"进入了金属中，和金属结合，增加它们的重量。

卡尔·威尔海姆·舍勒（Carl Wilhelm Scheele）是氧气最早的发现者之一，并对氧的性质做了深入的研究[1]。舍勒于1767年着手研究亚硝酸，最初通过加热硝石获得了一种被称为"硝石的挥发物"的物质，然而其性质和成分尚不明确。经过多次重复实验，舍勒观察到当硝石在坩埚中被加热至高温时，会释放出一种干燥且热的气体，该气体与烟灰粉末接触后能够引发燃烧，并产生明亮的光芒。这一现象激发了他对此类反应进一步探索的兴趣。到了1773年，舍勒已经掌握了多种方法来制备较为纯净的氧气。

舍勒制氧的几种主要方法包括：一是加热氧化汞（HgO）；二是加热硝石（KNO_3）；三是加热高锰酸钾（$KMnO_4$），这是实验室制氧气的一种常用方法；四是加热碳酸银（Ag_2CO_3）与碳酸汞（$HgCO_3$）的混合物。

舍勒将其实验结果整理成书，于1775年底提交给出版家斯威德鲁斯。然而，该书直至1777年才得以出版，在出版社搁置了两年，书名为《关于空气和火的化学论述》。与此同时，英国化学家普利斯特利于1774年发现氧气，并迅速发表了相关论文，其发表时间早于舍勒。在化学史上，普遍认为舍勒与普利斯特利各自独立地发现了氧气。

此观点并非绝对，已有证据显示，中国学者马和在八世纪便已发现氧气。据史料记载，马和作为唐朝时期的炼丹家，在长期的炼丹实践中，首次发现并记录了空气的成分。约在八世纪，他撰写了一部名为《平龙认》的著作，该书主要探讨风水学。然而，书中也提及了大气的构成，认为其由阴气与阳气两部分组成。其中，

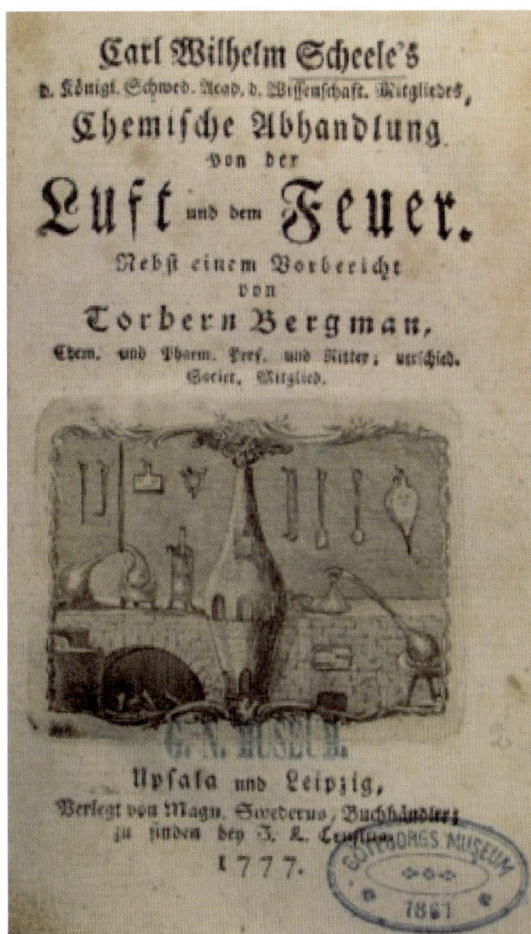

罕见的第一版《*Chemische Abhandlung von der Luft und dem Feuer*》（《关于空气和火的化学论述》）的扉页[2]

图片源自哥德堡大学图书馆，摄影：Anders Lennartson

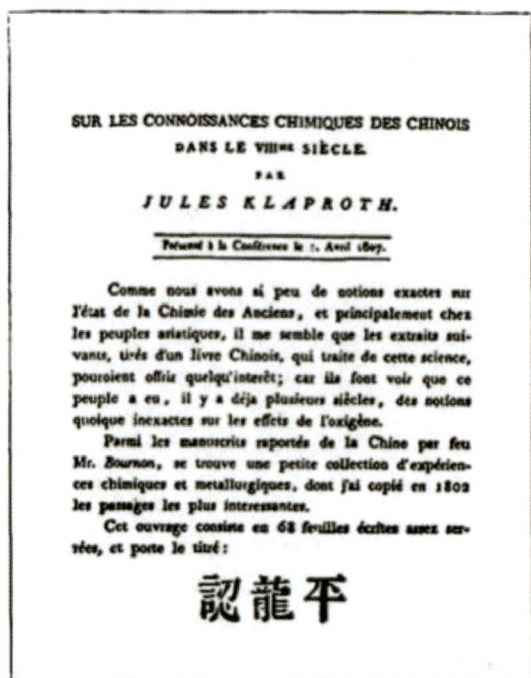

克拉普罗特的论文《第八世纪中国人对于化学之认识》
图片源自裘伟廷学术论文[3]

阴气可通过"阳的变化物"如金属、硫黄及木炭等物质提取；当这些物质燃烧时，会与空气中的阳性成分混合，形成新的化合物。《平龙认》进一步阐述，阴气本质上是不纯净的，但通过加热青石、硝石以及黑炭石等材料，可以将其分离出来。此外，水中含有阴气，并且与阳气紧密地结合在一起，这使得从水中提取阴气变得极为困难。基于上述描述，有学者推测，马和所指的"阴气"，可能对应现代科学中的氧气概念。

1807年，在俄国彼得堡科学院举办的学术讨论会上，德国学者朱利斯·海因里希·克拉普罗特（Julius Heinrich Klaproth，1783—1834）提交了一篇题为《第八世纪中国人对于化学之认识》的论文。作为著名化学家马丁·海因里希·克拉普罗特（Martin Heinrich Klaproth，1743—1817）之子，朱利斯本人是一位东方语言学专家，精通中文、日文、波斯文及蒙古文等多种亚洲语言。在其撰写的论文中，引用了马和所著《平龙认》的相关论述[3]。下图是氧元素的发现及发展历史时间轴。

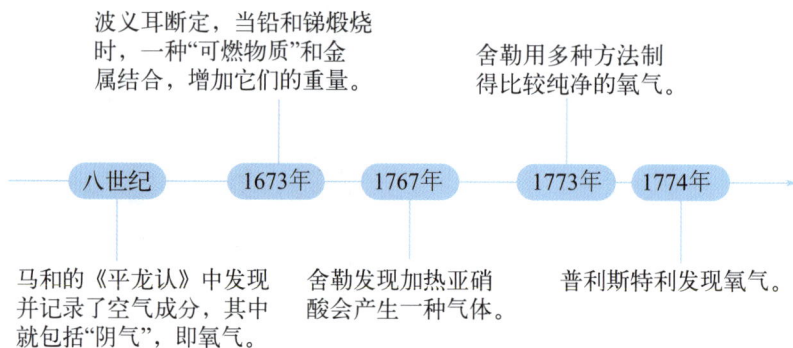

波义耳断定，当铅和锑煅烧时，一种"可燃物质"和金属结合，增加它们的重量。

舍勒用多种方法制得比较纯净的氧气。

八世纪　　1673年　　1767年　　1773年　　1774年

马和的《平龙认》中发现并记录了空气成分，其中就包括"阴气"，即氧气。

舍勒发现加热亚硝酸会产生一种气体。

普利斯特利发现氧气。

氧元素的发现及发展史 ❶

1777年，拉瓦锡根据其实验结果，将氧用法语命名为：oxygène。这个词是由希腊语：oxys（字面意思是尖锐的，因为酸性物质尝起来的味道很刺激，被引申为酸），以及genēs（起源于，产生于）组成，因为在当时他误认所有酸性物质都含有氧。这个词随后进入英

❶ 图中时间轴主体颜色设计理念采用氧气的"气瓶颜色标志"——瓶体颜色：淡蓝；字体颜色：黑。

文，被拼为英语oxygen[4]。

氧气的中文名称是清朝徐寿命名的。他认为人的生存离不开氧气，所以命名为"养气"即"养气之质"。后来为了命名规范，统一加"气"字头后，用"氧"代替了"养"字，便叫作"氧气"。

2. 氧元素基本性质

氧（O）位于第二周期第ⅥA族，为非金属元素，基态电子排布式为$[He]2s^22p^4$。氧是构成地壳、海洋、大气的主要元素，其中在地壳的平均含量为461 g/kg（46.1%），在地壳中丰度为第1位，在海水中的平均含量为857 g/L，在成人人体中平均含量为610 g/kg（61%），在大气中的体积分数为20.95%。常温常压下氧气为无色无味的气体，密度略大于空气，熔点为54.8 K，沸点为90.19 K。在常温常压下氧的性质不活泼，但在高温下很活泼，除了稀有气体、卤素及一些不活泼的金属外，能与其他所有元素作用生成氧化物。

油画作品《安托万·洛朗·拉瓦锡和玛丽·安妮·拉瓦锡》❶

图片源自纽约大都会艺术博物馆官方网站

3. 结构决定性质——顺磁性的O_2和极性的单质O_3

（1）为什么O_2分子的电子式不是O＝O?

如果电子式为O＝O，则结构式如下图（a）（路易斯结构式），两个O原子各拿出两个单电子来配对成键，形成两个共价键，加之O原子上的2个2s电子和2个2p电子，这样每个O原子外层达到8电子构型，符合"八隅体规则"。但实际上O_2分子的电子式可表示为图（b）、图（c）两种形式，即两个O原子之间存在一个 σ 键和两个二中心三电子的 π 键，记为Π_2^3。因此严格来说，O_2分子的电子式不是O＝O，不可用图（a）进行表示。

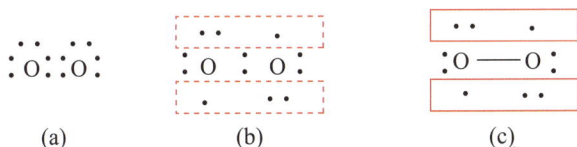

(a)　　　　　(b)　　　　　(c)

几种O_2分子的电子式表示形式

---

❶ 法国画家雅克·路易·大卫1788年所作。

(2) 为什么O_2分子非极性却具有顺磁性

O_2是同原子的双原子分子（即双原子单质分子），因此根据共价键理论，O—O键为非极性键，O_2为非极性分子。那么为什么O_2却具有顺磁性呢？

O原子的电子排布为$1s^2 2s^2 2p^4$，所以O_2分子有16个电子，如O_2的分子轨道图所示，其中4个1s电子仍在原子的K层s轨道，12个电子填入分子轨道。前10个电子按能级由低到高填至成键轨道σ_{2p}和两个能量相同的π_{2p}轨道，最后两个电子应该分别填入$\pi_{2p_y}^*$，和$\pi_{2p_z}^*$轨道。其电子排布式为$KK(\sigma_{2s})^2(\sigma_{2s}^*)^2(\sigma_{2p_x})^2(\pi_{2p_y})^2(\pi_{2p_z})^2(\pi_{2p_y}^*)^1(\pi_{2p_z}^*)^1$。在$\pi$反键轨道中存在两个未成对的单电子，因此$O_2$分子成为所有双原子气体分子中唯一一种具有偶数电子且表现出顺磁性的物质。

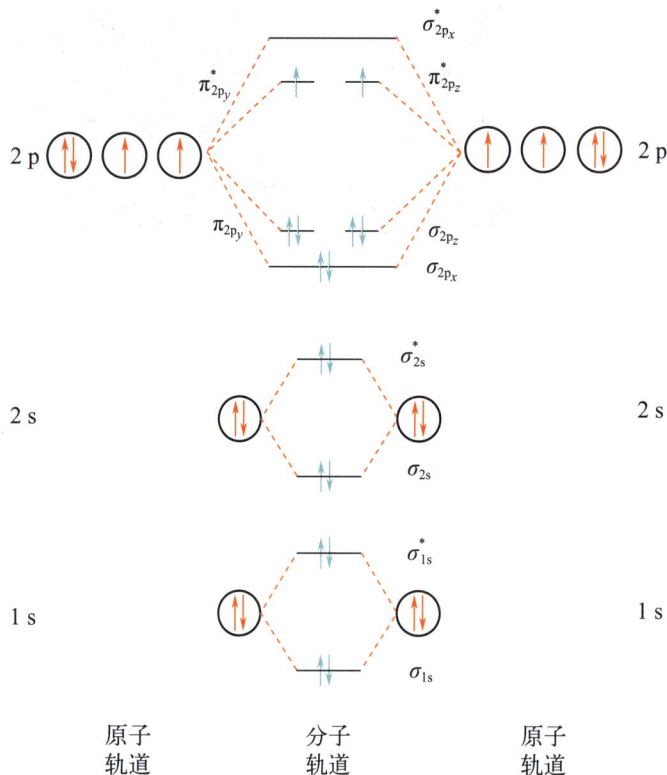

O_2分子轨道图

(3) 臭氧（O_3）分子中的化学键是极性键还是非极性键？

"在分子中，同种原子形成共价键，两个原子吸引电子的能力相同，共用电子对不偏向任何一个原子，因此成键的原子都不显电性。这样的共价键称为非极性共价键，简称非极性键。"以上为百度百科中关于非极性共价键和极性共价键的表述。如果有一些化学知识，这一解释也完全符合大家对非极性键的理解。

如果氧原子之间形成的共价键为非极性键，臭氧分子整体也应该为非极性分子。然而实验表明，全部由氧原子组成的臭氧分子为极性分子。这说明，臭氧分子内的氧-氧共价键为极性共价键。因此，单纯依靠组成分子的原子是否为相同原子来判断共价键的极性是不准确的[5]。下图是臭氧分子的结构。

由于O_3分子为V形平面结构，杂化轨道理论中O_3分子的轨道杂化与离域π键的形成见下图。如图（a）中所示，其中心氧原子采取sp^2杂化形式，与两个配体氧原子分别形成σ键。如图（b）中所示，中心氧原子上未参与杂化的p_z电子与两个配体氧原子上的p电子，形成大π键Π_3^4。如此看来，由于大π键的存在，O_3分子的氧原子间形成的是极性共价键。

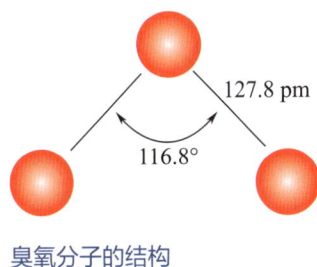

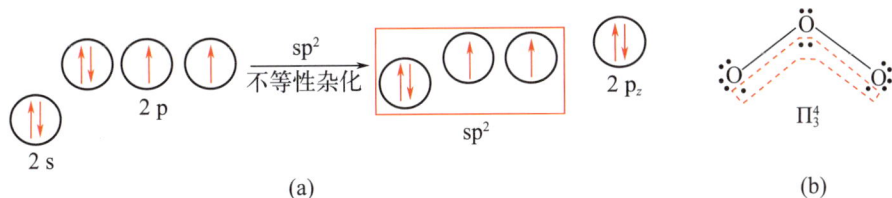

127.8 pm

116.8°

臭氧分子的结构

(a)

(b)

O_3分子的轨道杂化与离域 π 键的形成

这也可以用分子轨道理论进行解释。如下图所示，从三个原子四个电子说起。3个O的p_z轨道线性组合，奇数个原子组合，排出一对成键/反键轨道，和一个非键轨道。其中成键/反键轨道有两个节点（node），非键轨道只有一个节点。将4个电子按照能量高低排入，那么两个电子排入成键轨道，两个电子排入非键轨道，所以臭氧的基态为单线态（singlet），呈逆磁性。

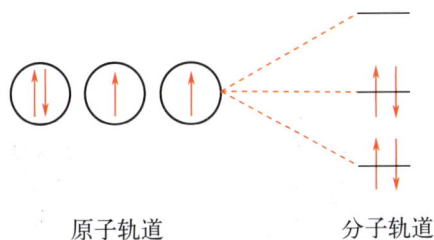

原子轨道   分子轨道

O_3分子的Π_3^4分子轨道示意图

臭氧是唯一的极性却具有逆磁性的单质。

4. 含氧物质的多面性

（1）集氧化剂与还原剂于一身的过氧化氢

在如下三个反应中，过氧化氢扮演了不同的角色：

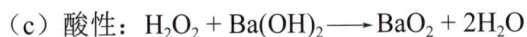

（a）氧化剂：$4H_2O_2 + PbS \longrightarrow PbSO_4 + 4H_2O$（久置油画发暗发黑可用$H_2O_2$复原）

（b）还原剂：$H_2O_2 + Cl_2 \longrightarrow 2Cl^- + O_2\uparrow + 2H^+$（利用$H_2O_2$的还原性质除氯）

（c）酸性：$H_2O_2 + Ba(OH)_2 \longrightarrow BaO_2 + 2H_2O$

反应（a）体现了 H_2O_2 的氧化性，反应（b）体现了 H_2O_2 的还原性。那么过氧化物是不是盐呢？

反应（c）说明 H_2O_2 可作为酸与碱反应生成盐和水，也可作为酸性盐与碱反应生成碱性氧化物和水分子。也就是说由于过氧化氢的酸性，使得过氧化物具有盐的性质。

（2）生命之气与氧中毒

氧气对于需氧型生物而言，是维持生命不可或缺的物质。然而，当吸入的氧气压力超过一定阈值并持续一定时间后，会对机体产生有害影响。氧中毒是指由于吸入高浓度氧气而引发某些系统或器官功能与结构发生病理性变化的一种病症[6]。

氧中毒的发生与吸氧时间密切相关，吸氧时间越长，发生氧中毒的风险越高。进入体内的氧气会产生氧自由基，这些自由基极为活跃，在体内四处流窜，攻击并杀死各种细胞，导致细胞和器官的代谢及功能障碍，并且可能促使基因突变，从而诱发癌症。值得注意的是，人体具备抗氧化机制以应对氧化应激，健康个体在自然状态下，体内氧化与抗氧化过程处于动态平衡状态。

5.因臭氧层保护研究获得的诺贝尔奖

《蒙特利尔议定书》，即蒙特利尔破坏臭氧层物质管制议定书（Montreal Protocol on Substances that Deplete the Ozone Layer），是联合国为防止工业产品中的氟氯碳化物对地球臭氧层造成进一步恶化及损害而制定的环境保护公约。它延续了1985年保护臭氧层维也纳公约的核心原则，并于1987年9月16日由26个会员国在加拿大蒙特利尔共同签署。此公约自1989年1月1日起正式生效[7]。中国政府于1991年加入《蒙特利尔议定书》，随后在1992年制定了《中国消耗臭氧层物质逐步淘汰的国家方案》，该方案于1993年初获得国务院与多边基金执委会的批准[8]。根据议定书要求，从1996年起，最危险的气体被完全禁止（发展中国家有几年的宽限期来引入不损害臭氧层的替代品）。

保罗·克鲁岑（Paul Crutzen）　　马里奥·莫利纳（Mario Molina）　　舍伍德·罗兰（Sherwood Rowland）

图片源自诺贝尔奖官方网站

1995年诺贝尔化学奖共同授予保罗·克鲁岑（Paul Crutzen）、马里奥·莫利纳（Mario Molina）和舍伍德·罗兰（Sherwood Rowland），以表彰他们在大气化学方面的工作，特别是在臭氧的形成和分解方面的工作。

以下是臭氧的形成和分解机理：

$$O_2 \xrightarrow{hv} 2O$$

$$O + O_2 + M \rightarrow O_3 + M（M是随机的气体分子，N_2或者O_2 ）$$

$$NO + O_3 \longrightarrow NO_2 + O_2$$

$$NO_2 + O \longrightarrow NO + O_2$$

$$O_3 \xrightarrow{hv} O_2 + O$$

6.为氧气命名的清朝科学家

1881年，国际顶级期刊Nature刊登了一篇题为"Acoustics in China（声学在中国）"的文章，文章以实验为根据，推翻了著名物理学家约翰·丁达尔（John Tyndall）在声学中的定论，纠正了伯努利定律。这篇文章的作者正是命名氧气中文名称的徐寿，而将这篇文章翻译为英文的是约翰·傅兰雅（John Fryer）[9]。徐寿在《Nature》杂志上发表的关于声学研究的文章中的英文名字是"Mr. Hsü"（见图中标红处）。"毋谈无稽之言，毋谈不经之语，毋谈星命风水，毋谈巫觋谶纬。"是徐寿对科学求真务实的态度。这项工作被《Nature》杂志的编辑评价为"非常出奇"，并且这是中国人的学术研究第一次登上《Nature》杂志。

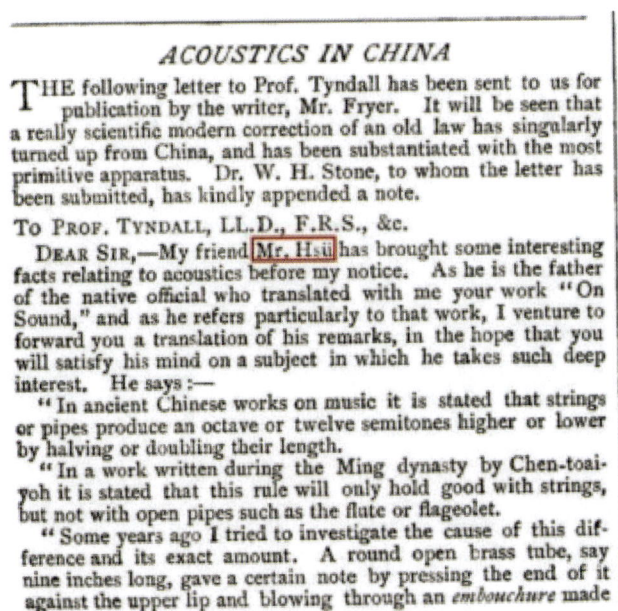

ACOUSTICS IN CHINA

THE following letter to Prof. Tyndall has been sent to us for publication by the writer, Mr. Fryer. It will be seen that a really scientific modern correction of an old law has singularly turned up from China, and has been substantiated with the most primitive apparatus. Dr. W. H. Stone, to whom the letter has been submitted, has kindly appended a note.

To Prof. Tyndall, LL.D., F.R.S., &c.

Dear Sir,—My friend Mr. Hsü has brought some interesting facts relating to acoustics before my notice. As he is the father of the native official who translated with me your work "On Sound," and as he refers particularly to that work, I venture to forward you a translation of his remarks, in the hope that you will satisfy his mind on a subject in which he takes such deep interest. He says :—

"In ancient Chinese works on music it is stated that strings or pipes produce an octave or twelve semitones higher or lower by halving or doubling their length.

"In a work written during the Ming dynasty by Chen-toai-yoh it is stated that this rule will only hold good with strings, but not with open pipes such as the flute or flageolet.

"Some years ago I tried to investigate the cause of this difference and its exact amount. A round open brass tube, say nine inches long, gave a certain note by pressing the end of it against the upper lip and blowing through an *embouchure* made

1881年徐寿在《Nature》杂志上发表的论文[9]

图片源自 Nature. 1881，图片引用时略有改动

参考文献

[1] 沙国平，张连英.化学元素的发现及其命名探源[M].成都：西南交通大学出版社，1996.

[2] Scheele C W. Chemische Abhandlung von der Luft und dem Feuer：nebst einem Vorbericht[M].Uppsala，Leipzig，1777.

[3] 裘伟廷.中国唐朝马和首先发现氧气？[J].书屋，2022（08）：10-12.

[4] 高胜利，杨奇.化学元素新论[M].北京：科学出版社，2019.

[5] 王笃年.关于氧元素单质及其化合物的一些问题[J].高中数理化，2015，（19）：42-43.

[6] 关里，陈明，丁丽华，等.氧疗过度给氧的危害[J].中国工业医学杂志，2011，24（01）：34-37.

[7] 周亚敏.全球绿色治理中的美国行为与中国的战略选择[J].财经智库，2020，5（03）：109-123+143-144.

[8] 高红，宁平，刘天成，等.氟利昂兴衰史的启示[J].生态经济，2007，23（03）：50-52+78.

[9] Stone W H. Acoustics in China[J]. Nature，1881，448-449.

秋来相顾尚飘蓬，未就丹砂愧葛洪。

痛饮狂歌空度日，飞扬跋扈为谁雄[1]。

——杜甫[2]

杜甫《赠李白》诗配图[3]

---

[1] 出自唐代诗人杜甫《赠李白》。

[2] 杜甫（712—770），字子美，自号少陵野老，祖籍襄阳
（今属湖北），自其曾祖时迁居巩县（今河南巩义西南）。
唐代著名现实主义诗人。

[3] 此作品是周晋司特为本书所创作。

二、硫（S）

1.硫元素发现历史与中英文名称由来

自然硫晶体 ❶
图片源自北京中医药大学中医药博物馆

由于硫在自然界天然存在，因此，人们很早以前就发现了天然硫。

据历史文献记载，早在公元前1000年，希腊人便已采用燃烧硫黄的方式以消除室内跳蚤。西汉时期刘安所著《淮南子》（约成书于公元前120年）中记载"日夏至而流黄泽，石精出；蝉始鸣，半夏生；蚊虻不食驹犊，鸷鸟不搏黄口。"其中"流黄泽"指的是硫黄逼阴湿之气从地下渗出。[1]东汉时期陶弘景的《神农本草经》卷第四下品药中提及"石流黄：味酸，温。主治妇人阴蚀、疽痔恶血，坚筋骨，除头秃。能化金银铜铁奇物。生东海牧羊山谷中。"其中的"石流黄"即指现在的硫黄[2]。公元808年的《太上圣祖金丹秘诀》一书中描述了以硫黄和硝石为主要原料制成的黑火药配方。明代李时珍在其著作《本草纲目》中详细记载了使用黄铁矿作为原料来提炼硫黄的方法。1746年，英国科学家约翰·罗巴克（John Roebuck）发明了铅室法生产硫酸的技术，标志着第一种含硫化合物的成功合成[3]。

1986年，许会林在其编著的《中国火药火器史话》中提到："大约在西汉年间（约公元前202年至公元8年），湖南省境内发现了丰富的硫黄矿藏；随后，在山西、河南等地也相继有所发现。"这些史料充分证明，我国对于硫黄的认识与利用可追溯至汉代。下图是硫元素的发现及发展历史时间轴。

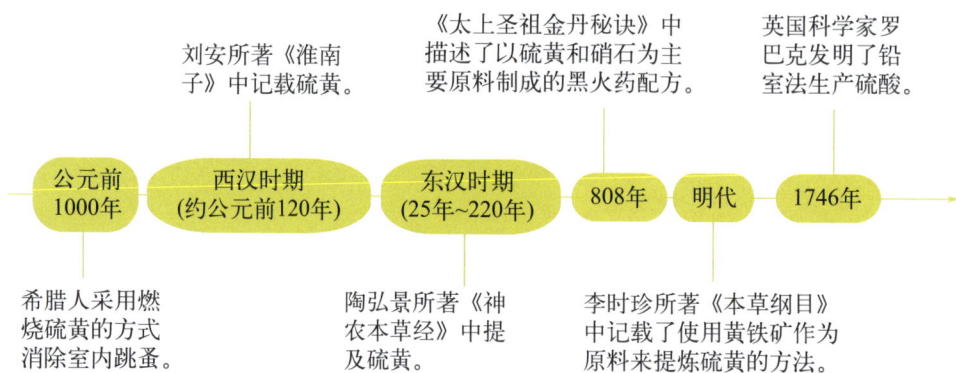

刘安所著《淮南子》中记载硫黄。

《太上圣祖金丹秘诀》中描述了以硫黄和硝石为主要原料制成的黑火药配方。

英国科学家罗巴克发明了铅室法生产硫酸。

| 公元前1000年 | 西汉时期（约公元前120年） | 东汉时期（25年~220年） | 808年 | 明代 | 1746年 |

希腊人采用燃烧硫黄的方式消除室内跳蚤。

陶弘景所著《神农本草经》中提及硫黄。

李时珍所著《本草纲目》中记载了使用黄铁矿作为原料来提炼硫黄的方法。

硫元素的发现及发展史 ❷

---

❶ 自然硫晶体与在石灰岩共存，晶体呈双锥状晶形，有金刚光泽，加上黄亮鲜艳的颜色，与基岩形成鲜明反差，具有较好的观赏性，价钱也异常昂贵。

❷ 图中时间轴主体颜色设计理念采用单质硫的黄色。

硫元素的英文名称为Sulphur，源于梵文"sulvere"，意为"鲜黄色"。

东汉《神农本草经》中记载的"石流黄"说明了天然硫单质的来源，即从石头中流出来的黄色物质。汉语命名时，用石字旁表示其非金属固体的性质，加"流"字的声旁，形成了新的形声字"硫"。

《魏书》（天保五年，554年）有云："南界有火山，山傍石皆焦熔，流地数十里乃凝坚，人取为药，即石流黄也"[5]。那么，石头中怎么会流出硫单质？硫单质在石头中的存在，源于地质作用过程中的化学反应。具体而言，含有硫化物的岩石在特定的温度和压力条件下，经过长期的地质作用，其中的硫化物会发生分解或转化，从而释放出硫单质。这一过程可能涉及热液活动、岩浆侵入等多种地质现象。

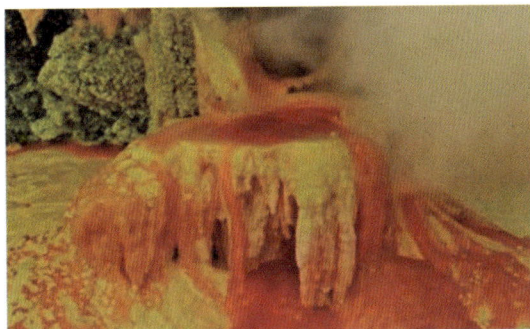

石流黄
图片源自彭志伟学术论文[4]

《本草纲目》中记载："硫黄，秉纯阳火石之精气而结成"[6]。古代学者认为硫黄源自火山，属于纯阳之物。鉴于骨质软化和脱发被视为阳气不足的表现，因此他们推断硫黄可用于补充阳气。尽管这一观点存在误解，但它反映了古人已开始依据物质的性质来推测其潜在用途。

2. 硫元素基本性质

硫（S）位于第三周期第VIA族，基态电子组态为$[Ne]3s^23p^4$。硫呈现为黄色的晶体形态，质地松脆，其莫氏硬度为2。硫单质在水中难以溶解，但易溶于二硫化碳（CS_2）、四氯化碳（CCl_4）等非极性溶剂。硫具有与多数金属直接结合形成硫化物的能力，同时也能与非金属元素反应生成共价化合物。硫化氢，一种无色且带有臭鸡蛋气味的气体，毒性极强。当它进入人体血液后，会迅速与血红蛋白分子中的铁原子结合，形成硫化铁，从而导致血红蛋白丧失运输氧气的功能。这种作用机制可能引发窒息，严重时甚至导致昏迷或死亡。

3. 中国古代对硫元素的传统应用

（1）丹砂与古代炼丹术

葛洪是晋代著名的炼丹家，他在《抱朴子内篇 [卷四 金丹]》中写道："凡草木烧之即烬，而丹砂烧之成水银，积变又还成丹砂，其去凡草木亦远矣。"[7]翻译为现代文即"在自然界中，大多数植物经燃烧后转化为灰烬。然而，丹砂经过高温处理后转变为水银，随后通过特定过程再次还原为丹砂，这一循环转化的过程显著超越了普通植物的燃烧结果。"葛洪认为，丹砂烧之成水银，积变又还成丹砂，显示了其不灭不腐的特性，因此认为服用丹砂炼制的丹药可以帮助人长生不老。他总结了炼丹术的理论和实践，提出了丹砂炼制的长生不老药理论。

辰砂
图片源自中国地质博物馆官方网站

唐代诗人杜甫《赠李白》的诗中也提到过丹砂，诗中写道："秋来相顾尚飘蓬，未就丹砂愧葛洪。痛饮狂歌空度日，飞扬跋扈为谁雄。"

那么丹砂是什么呢？丹砂又称朱砂、辰砂[8]。天然丹砂的化学成分主要为硫化汞（HgS）。丹砂中所含汞（Hg）与硫（S）的比例因产地和品种纯度不同而存在差异，一般汞的含量为75%至85%，硫的含量约为13.7%。不纯的丹砂一般多含有雄黄、氧化铁及其他杂质。纯度一般的丹砂，多呈颗粒状或块片状，颜色从鲜红至暗红不一，或带铅灰色，而极纯的丹砂，颜色为绯色，呈透明结晶体，伴有晶莹清澈的光泽。丹砂质地松脆，片状的丹砂极易破碎，粉末状的丹砂有闪烁光泽。中国是全球丹砂的主要生产国，其主要产地集中在湖南省新晃县和贵州省铜仁市等地。此外，世界上其他重要的丹砂产地包括西班牙的阿尔马登、意大利的尤得里奥以及美国加利福尼亚州的沿岸山脉区域。

炼丹术是中国古代的一种实验方术，主要目的是制作长生不老的丹药，或尝试将贱金属转化为金银等贵金属。丹砂因其独特的物理化学性质，在炼丹术中占有重要地位，被用作炼制丹药的主要材料。化学反应方程式如下：

$$HgS \longrightarrow Hg + S$$

$$Hg + S \longrightarrow HgS$$

葛洪记述的"长生不老丹"中，丹砂是主要成分之一，但由于汞的剧毒性，实际上对人体是有害的。历史上许多人因服用丹药而中毒甚至死亡。随着时间的推移，人们开始怀疑内服丹药的效果，而更多地认识到丹药的外用疗效。丹药在外科治疗中发挥了重要作用，如治疗恶疮等。炼丹术被认为是现代化学的雏形，其中精通炼丹术的葛洪被视为近代化学的先驱。

（2）黑火药中的关键元素

黑火药，也称火药，是中国古代四大发明之一，主要由硫黄、硝石（硝酸钾）和木炭三种成分按照一硫二硝三木炭组成。这种混合物在点火后能够迅速燃烧，产生大量的气体和热量，从而产生爆炸。黑火药的化学反应方程式通常表示为：

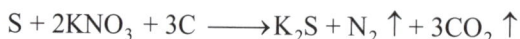

$$S + 2KNO_3 + 3C \longrightarrow K_2S + N_2 \uparrow + 3CO_2 \uparrow$$

这个反应在瞬间产生氮气、二氧化碳等气体，体积迅速膨胀，压力增大，同时放出大量热量，导致气体进一步膨胀，产生爆炸。由于反应生成的 K_2S 是固体，所以爆炸时会伴随着大量的烟。

黑火药在军事历史上有着重要的地位，被用于火箭、火炮和各种爆炸性武器。随着时间的推移，更安全、更有效的炸药被开发出来，黑火药逐渐被现代火药所取代。不过，黑火药仍然在某些特定的场合和文化活动中使用，例如制作节日焰火和爆竹。

4.危险的浓硫酸：脱水和炭化！！！

（1）"黑面包"实验原理

向烧杯中加入适量蔗糖，并添加少量蒸馏水搅拌至糊状。随后，沿着烧杯内壁缓缓加入浓硫酸，同时持续搅拌。此时，蔗糖会由白色逐渐变为黄色，再进一步转变为黑色，体积膨胀，最终形成疏松多孔的黑色海绵状物质，宛如面包状，这便是"黑面包"实验。在此过程中，会释放出大量热量，并产生带有刺激性气味的二氧化硫和二氧化碳气体。此实验主要是利用浓硫酸的脱水性和强氧化性。

浓硫酸具有强脱水性，可使蔗糖中的氢和氧按水的比例脱去，生成黑色碳骨架。蔗糖脱水生成碳的化学方程式为：

$$C_{12}H_{22}O_{11}(蔗糖) \xrightarrow{浓硫酸} 12C + 11H_2O$$

浓硫酸可以继续氧化生成的碳，生成二氧化碳和二氧化硫等气体，使碳骨架膨胀成"黑面包"。碳与浓硫酸反应的化学方程式为：

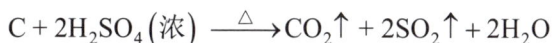

$$C + 2H_2SO_4(浓) \xrightarrow{\triangle} CO_2\uparrow + 2SO_2\uparrow + 2H_2O$$

"黑面包"实验及其现象
图片源自人教版高中化学实验教材[9]

（2）浓硫酸的危险性

浓硫酸是一种强酸，具有极强的腐蚀性和脱水性。浓硫酸接触到皮肤时，它会迅速吸收组织中的水分，导致脱水和炭化。浓硫酸烧伤皮肤的几个主要原因：一是脱水炭化，浓硫酸会吸收皮肤组织中的水分，导致细胞脱水。这种脱水作用非常迅速，可以引起皮肤细胞的死亡和组织结构的破坏。脱水加炭化作用，使皮肤组织中的有机物质炭化，形成黑色的炭化层。这种炭化层可以进一步阻止浓硫酸与更深层的皮肤组织接触，但同时也会导致严重的烧伤。二是热效应，浓硫酸与水反应会放出大量的热量，热量导致局部温度升高，进一步加重烧伤。三是化学烧伤，浓硫酸是一种强酸，它可以与皮肤组织发生化学反应，导致组织损伤。

浓硫酸危险性很高，使用时务必要注意安全。一旦不小心接触了浓硫酸，应立即擦拭并用大量清水冲洗受影响区域，然后寻求专业医疗帮助。由于浓硫酸烧伤可能非常严重，及时和适当的处理至关重要。

5. 谁可以漂白——SO_2还是H_2SO_3？

在实验中，把二氧化硫通入品红无水乙醇溶液里，由于没有水存在，不能生成亚硫酸，该溶液始终不能褪色。如果将二氧化硫通入品红的水溶液里，品红溶液褪色，加热后恢复原来颜色。

SO_2与品红这类有机色素的反应通常不是简单的一对一的化学反应，而是一种复杂的物理化学过程。在这个过程中，SO_2与水反应生成H_2SO_3，进一步与有机色素结合，形成不稳定的无色化合物。这类无色化合物在受热、见光或长时间放置后会分解，释放出二氧化硫，使有色物质恢复原来的颜色，因此这种漂白是暂时性的，不是永久性的。[10]

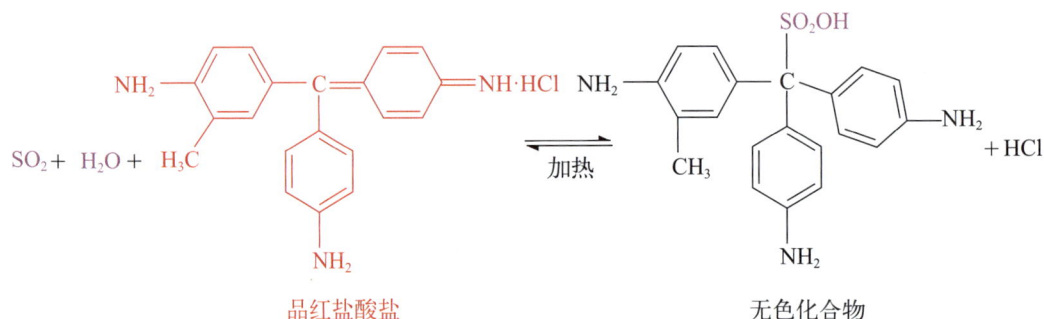

品红变色的原理

这个过程并没有一个明确的化学方程式，因为它涉及多个步骤和可能的中间产物。然而，为了说明这个过程，我们可以写出一个简化的反应方程式，表示SO_2与水反应生成亚硫酸：

$$SO_2 + H_2O \longrightarrow H_2SO_3$$

接下来，H_2SO_3与有机色素（例如品红）结合，形成无色的不稳定化合物。这个过程可以表示为：

$$H_3SO_3 + 有色有机色素 \longrightarrow 无色化合物$$

请注意，上述方程式中的"有色有机色素"和"无色化合物"并不是具体的化学物种，而是代表了一系列可能的化学反应和产物。实际的反应可能会更加复杂，包括多个中间体和副反应。

参考文献

[1] （西汉）刘安. 淮南子[M]. 哈尔滨：北方文艺出版社，2013：48-49.

[2] 张瑞贤，张卫，刘更生. 神农本草经译释[M]. 上海：上海科学技术出版社，2018：382.

[3] 范巧玲，姜雪峰. 硫的发展与应用[J]. 化学教育（中英文），2019，40（01）：2-6.

[4] 彭志伟，张知浪. 溯源中国硫磺文化提升化学核心素养——硫元素的探索之旅[J]. 化学教育（中英文），2022，43（15）：39-45.

[5] （北齐）魏收. 魏书. 长春：吉林人民出版社，1995：1387.

[6] 郑金生，张志斌. 本草纲目引文溯源——图例百病主治水火土金石部. 北京：科学出版社，2019：702.

[7] 吴敏霞译. 白话抱朴子内篇[M]. 西安：三秦出版社，1998.

[8] 如何鉴别朱砂、雄黄与铅丹[N]. 医药导报，2007-11-22（C17）.

[9] 宋心琦. 普通高中课程标准实验教科书·化学·实验化学（选修）[M]. 北京：人民教育出版社，2006：27-28.

[10] 齐俊林，吴欣平. 关于二氧化硫漂白原理的讨论[J]. 化学教学，1995，(07)：42-43.

这时，月亮女神刚刚从远方升起，她看到仓皇奔逃的女孩儿后心中狂喜，自言自语地说："原来不是只有我在拉特莫斯山的洞窟前迷失自我，也不是只有我在对恩迪米翁的爱火中燃烧……你去吧，要坚强。尽管你聪慧过人，还是要背负沉重的痛苦。"❶

——[古希腊]阿波罗尼俄斯❷

油画作品《月亮女神》❸

❶ （古希腊）阿波罗尼俄斯著．阿尔戈英雄纪[M]．罗逍然译．北京：华夏出版社，2011．

❷ 阿波罗尼俄斯（Apollonios，公元前1世纪末生），古希腊哲学家。

❸ 此作品是赵清乐特为本书所创作。赵清乐，男，汉族，山东潍坊临朐人，现为凯里学院美术与设计学院教师。

三、硒（Se）

1.硒元素发现历史与中英文名称由来

1817年，瑞典科学家约恩斯·雅各布·贝齐里乌斯（Jons Jakob Berzelius，1779—1848）在研究硫酸厂铅室中沉淀的红色淤泥时，发现了一种与碲元素性质相似的新元素。贝齐里乌斯参照碲元素（Tellurium）名字的来源（tellus，在拉丁语中指地球，在罗马神话中指大地的母亲），将该新元素命名为Selenium，源于希腊文"selene"，意为"月亮"。在古希腊神话中，月亮女神的名字为Selene。阿波罗尼俄斯著的《阿尔戈英雄纪》中对"月亮女神"进行了描述："这时，月亮女神刚刚从远方升起，她看到仓皇奔逃的女孩儿后心中狂喜，自言自语地说：'原来不是只有我在拉特莫斯山的洞窟前迷失自我，也不是只有我在对恩迪米翁的爱火中燃烧。你常常用狡猾的咒语将我赶出苍穹，不顾我对爱情的记挂，只为了在漆黑的夜晚中能不受搅扰地施用魔法，干你最喜欢的事。现在，你自己也遇到了这种灾祸，某个让人痛苦的神灵将伊阿宋送给你，让他成为你的苦难。你去吧，要坚强。尽管你聪慧过人，还是要背负沉重的痛苦。'"[1]

希腊语Selene中第一个音节发音为"西"，在中文命名过程中，依据形声字的造字原则，将表示非金属的"石"字旁与希腊语中的发音相结合，便形成了"硒"元素的中文名称。无定形硒单质是红色的。

1935年，黑龙江省的克山县发现克山病，我国营养学及微量元素研究领域的专家经过多年深入研究，确认缺硒是引发克山病的主要因素[3]。

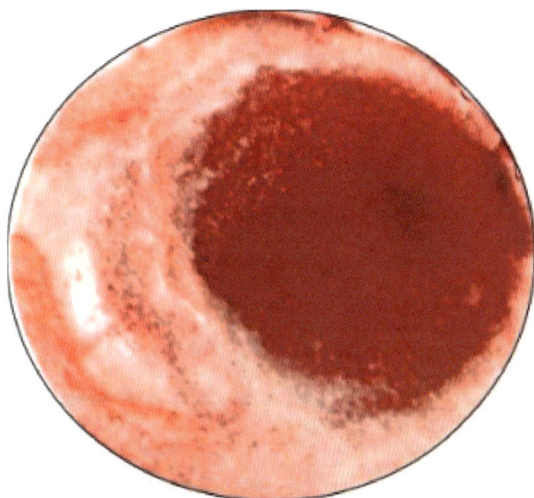

无定形红色硒单质实物
图片源自田欢学术论文[2]

1966年，国际硒会议首次召开。1975年，时任国际生物无机化学家协会副主席的美国科学家克劳斯·施瓦茨（Klaus Schwarz）发现硒是机体必需的微量元素[4]。1990年，联合国粮食及农业组织（FAO）、世界卫生组织（WHO）与国际原子能机构（IAEA）联合成立的人体营养专家委员会正式将硒元素确认为"人体必需微量元素"，并于1996年对外正式公布[5]。下图是硒元素的发现及发展历史时间轴。

2.硒元素基本性质

硒（Se）位于第四周期第ⅥA族，为硫属元素，基态电子组态为$[Ar]3d^{10}4s^24p^4$。硒为

发现克山病，我国专家多年研究后
发现缺硒是诱发疾病的主要原因。

施瓦茨发现硒是机体
必需微量元素。

| 1817年 | 1935年 | 1966年 | 1975年 | 1990年 |

贝齐里乌斯在硫酸厂铅
室中沉淀的红色淤泥中，
发现一种与碲元素性质
相似的新元素。

国际硒会议首次召开。

FAO、WHO和IAEA联合成立
的人体营养专家委员会将硒明
确列入"人体必需微量元素"，
并于1996年公布。

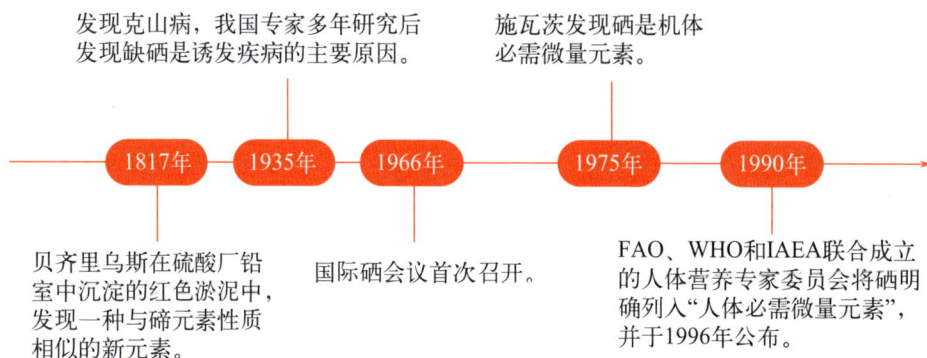

硒元素的发现及发展史 ❶

带金属光泽的非金属，性脆，莫氏硬度为2，熔点为490 K，沸点为958.1 K。硒的化学性质较活泼，在氧气中燃烧生成二氧化硒，能与氢、氟、氯、溴等直接化合，能与硝酸和硫酸反应，能与许多金属化合成硒化物。

3.硒元素与人类健康

(1) "恰到好处"的硒元素

1988年，中国营养协会正式将硒元素纳入每日膳食必需的15种营养元素范畴。随后在1990年，由联合国粮农组织（FAO）、国际原子能机构（IAEA）及世界卫生组织（WHO）联合组成的专家委员会，进一步确认了硒元素作为人类健康不可或缺的微量元素之一的地位，与铁、碘、锌、铜、钼、铬和钴并列为八大必需微量元素。针对硒元素的日推荐摄入量，不同国家根据本国居民的营养需求制定了相应的标准。例如，我国规定14至17岁青少年群体的每日硒推荐摄入量为60 μg；而德国则建议成年男性每日摄入70 μg硒，女性为60 μg[6]。

(2) "硒"阳西下——硒毒性

虽然硒是人体必需的微量元素，但其生理需求与中毒阈值之间的范围较为狭窄。过量摄入硒可能导致食欲下降、体力衰弱、精神状态低迷以及头皮瘙痒和疼痛等不良反应。鉴于硒与硫在化学性质上的相似性，当体内硒含量超出解毒机制的处理能力时，硒能够取代含硫化合物中的硫原子，生成硒代蛋氨酸，进而干扰含有巯基的酶或蛋白质的正常功能，导致这些生物分子失活，并可能引发肝脏损害。轻度硒中毒通常表现为局部脱发和指甲脱落；重度硒中毒则可造成四肢麻木、对称性多发性周围神经病变及偏瘫等神经系统相关症状。值得注意的是，硒的毒性与其存在形式有关，其中无机硒相较于有机硒具有更高的毒性[7]。

中国恩施地区土壤与水源中硒含量丰富，导致当地植物体内硒元素积累显著。居民通过日常饮食平均日摄入硒量达到4.99 mg，这一水平超出了安全摄入量，引发了慢性硒中毒现象。该病症主要表现为脱发、指甲易碎、胃肠功能紊乱、皮肤出现异常皮疹、呼气

❶ 图中时间轴主体颜色设计理念采用无定形硒的红色。

带有大蒜气味以及神经系统功能障碍等症状[8]。下表是硒过量的一些原因。

硒过量的原因

类别	具体表现
环境水平	高硒地区的水土中硒含量较高，导致该地区生长的粮食和蔬菜等农产品富含硒元素。长期摄入这些高硒食物的居民可能会遭受慢性硒中毒的影响
过量补充	针对地方性疾病如大骨节病、克山病，以及慢性疾病例如老年性白内障和糖尿病的患者，还有那些旨在预防癌症的人群，应当注意避免过量补充硒元素
工业污染	工业生产过程，包括重金属硫化物矿藏的开采与硒的冶炼等环节，可能产生含有硒元素的废气及粉末状硒化物。此外，煤炭和石油的燃烧过程，以及农业生产中使用的杀虫剂、硫酸铵肥料等化学物质，均有可能对环境造成污染

(3)"硒游记"——人体中硒元素的来源和存在形态

人体内的硒元素来源于"土壤—作物—食品—人体"这样一个转化过程。

硒在土壤至作物间的迁移过程涉及多种化学形态，其中包括无机态与有机态两大类。无机态硒主要以元素硒（Se 0）、亚硒酸盐（Se Ⅳ）以及硒酸盐（Se Ⅵ）等形式存在；有机态硒则主要为硒代蛋氨酸（Selenomethionine，SeMet）、硒代半胱氨酸（Selenocysteine，SeCys）及挥发性甲基硒化合物等。[9]

硒元素在作物至食品的转化过程中，利用天然富硒环境的优势、实施恰当的农艺措施以及选择具有较强富硒能力的作物品种，可以有效地将硒引入食物链，从而提升作物可食用部分的硒含量。在各类食用作物中，硒含量的变化趋势表现为豆类高于粮食，粮食高于蔬菜，蔬菜又高于水果。此外，不同作物中的硒形态亦有所区别，主要分为无机硒和有机硒两大类。无机硒主要包括Se(Ⅳ)和Se(Ⅵ)等形式，而有机硒则涵盖SeMet、SeCys、MeSeCys、$SeCys_2$等多种形态。[10]

硒元素在食品与人体间的转移过程中，其吸收代谢机制呈现出与作物相似的多样性。具体而言，无机硒如Se(Ⅳ)和Se(Ⅵ)的吸收主要依赖于被动扩散过程；而有机硒中的SeMet和SeCys则遵循与氨基酸类似的主动运输机制，通过肠壁屏障实现有效吸收。[11]

(4)"硒"旺之路——克山病治疗

根据资料调查，自1980年起，急性克山病的发病率已显著下降。该疾病主要表现为急性与慢性心功能不全、心脏扩大、心律失常以及脑、肺和肾等器官的栓塞现象[12]。尽管其确切病因尚未明确，但值得注意的是，克山病仅见于低硒地区，且患者头发及血液中硒含量明显低于非病区居民水平。此外，口服亚硒酸钠（Na_2SeO_3）能够有效预防克山病的发生，这表明硒元素与克山病之间存在关联。然而，考虑到即便在普遍缺硒的情况下，仅有少数人群患病，并且单纯缺硒无法完全解释克山病按年度或季节性波动的特点，因此推测除低硒外，可能还有其他多种因素共同作用于克山病的发展过程中，包括但不限于水土环境、营养状况以及病毒感染等因素。

4. 富硒产品

硒的形态主要分为无机硒与有机硒两大类。无机硒，例如亚硒酸钠和硒酸钠，其生物利用度较低，且具有较高的毒性，不适合人类及动物食用，其使用量受到严格限制。相反，源自生物体的有机硒，如硒代蛋氨酸和硒代半胱氨酸等，毒性较小，生物利用率高，成为人类通过食物摄取硒的重要来源。

（1）富硒稻谷

中华人民共和国国家标准《富硒稻谷》（GB/T 22499—2008）"4.2硒含量要求"中规定，由富硒稻谷加工的大米中硒含量应在0.04～0.30 mg/kg之间。同时，对硒含量要求不分等级。需要注意的是"6.3判定规则"中明确，检验结果符合4.2要求的，判定为富硒稻谷；检验结果硒含量小于0.04 mg/kg的，判定为非富硒稻谷；检验结果硒含量大于0.30 mg/kg的，判定为含硒量超标稻谷，不应食用。

（2）富硒茶叶

富硒茶叶中硒元素的赋存形态主要为Se(Ⅳ)、Se(Ⅵ)。运用同位素示踪技术对茶叶中硒的组成进行了详尽研究，结果表明，茶叶中的硒主要以蛋白质形式存在，占比高达80%，而无机硒的比例相对较低，仅占8%。在茶树体内，约80%的硒以有机化合物形态呈现，主要包括含硒氨基酸及其衍生物、含硒蛋白、硒核糖核酸以及硒多糖等，其中大部分为游离态硒蛋白。至于无机硒，则主要存在于SeO_3^{2-}和SeO_4^{2-}两种形式中，其在总硒含量中的比例不超过16%[13]。

5. 硒元素的工业应用

硒在工业领域具有广泛的应用。在玻璃制造业中，向玻璃中添加微量硒，可以有效消除由Fe^{2+}引起的绿色调，从而生产出无色透明的玻璃产品。此外，利用硒的特性还能制造出所谓的红宝石玻璃。例如，中国人民革命军事博物馆顶部那颗璀璨夺目的红星便是采用硒玻璃材料制成的。交通信号灯中使用的红色滤光片同样基于硒玻璃技术。硒还被用于调整玻璃颜色，能够制备茶色、蓝色及灰色等多种色彩的有色玻璃。除此之外，硒化物涂层作为光敏元件制作成的"硒鼓"是光电复印机感光器的关键材料。在冶金工业领域，硒能够优化钢的加工性能，提升铸铁、不锈钢以及铜合金的机械性能与表面光洁度。

中国人民革命军事博物馆顶部的硒玻璃红五星
图片源自中国人民革命军事博物馆官方网站

参考文献

[1] （古希腊）阿波罗尼俄斯著.阿尔戈英雄纪[M].罗逍然译.北京：华夏出版社，2011.

[2] 田欢，帅琴，徐生瑞，等.从富硒石煤回收制备粗硒的新工艺[J].地球科学（中国地质大学学报），2014，39（07）：880-888.

[3] 秦俊法.中国硒研究历史回顾（上）[J].广东微量元素科学，2014，21（11）：44-57.

[4] 钟舫.国际硒会与施瓦茨奖[J].地方病通讯，1984，（04）：1+85.

[5] 彭晓敏，高愈希.自然界中的硒及其生物学效应[J].化学教育（中英文），2019，40（17）：1-8.

[6] 郑泽洋，李绮敏，杨安源.纳米硒毒性与营养研究进展[J].食品安全导刊，2021（22）：109-111.

[7] 卿艳，张立实.硒毒性研究进展[J].预防医学情报杂志，2012，28（03）：216-218.

[8] 邢颖，刘永贤，梁潘霞，等.土壤硒形态及其相互转化因子的研究[J].中国农学通报，2018，34（17）：83-88.

[9] 周诗悦，李茉，周晨霓，等.硒在"土壤-作物-食品-人体"食物链中的流动[J].食品科学，2023，44（09）：231-244.

[10] Minich W B. Selenium Metabolism and Biosynthesis of Selenoproteins in the Human Body[J]. Biochemistry (Moscow)，2022，87（Suppl 1）：S168-S177.

[11] 邵黎雄，陆建梅，姜雪峰.硒，人类不可或缺的元素[J].自然杂志，2019，41（06）：453-459.

[12] 雒进才，吴彦领.2015年三门峡市克山病病区儿童发硒含量监测分析[J].中国地方病防治杂志，2017，32（04）：386-387.

[13] 陈瑶，薛敏敏，雷朋娜.茶叶中硒赋存形态的检测研究进展[J].食品安全导刊，2023，（09）：167-169.

一起向未来！❶

——北京 2022 年冬奥会❷和冬残奥会❸主题口号

国家速滑馆——"冰丝带"
图片源自国家速滑馆官方网站

❶ Together for a Shared Future!
北京 2022 冬奥组委公布官方口号："一起向未来！"

❷ 冬季奥林匹克运动会（Olympic Winter Games），简称"冬季奥运会"或"冬奥会"，是由国际奥林匹克委员会主办的国际性多赛事运动会，是世界规模最大的冬季综合性运动会，由国际奥林匹克委员会各成员国轮流承办，每四年举办一届，与夏季奥林匹克运动会相间举行。

❸ 冬季残疾人奥林匹克运动会（Winter Paralympic Games），简称"冬残奥会"，是冬季运动会的一种，参加运动员为残障人士。

四、碲（Te）

1. 碲元素发现历史与中英文名称由来

1783 年，奥地利人米勒（Miller）从含金的白色矿石中提取出一种貌似"金属"的物质，经仔细研究后，米勒断定这是一种新元素。为了证实自己的发现，他曾请瑞典化学家伯格曼（Bergman）帮助鉴定，但因样品少，未能确定是什么元素，只能证明它不是已发现的锑。

由于上面的情况，使得这一重要发现被人们忽视了十多年之久。直至 1798 年才由德国矿物学家马丁·海因里希·克拉普罗特（Martin Heinrich Klaproth，1743—1817）从金矿中再次分离出这种新元素[1]。他用的方法是：先用王水溶解金矿粉，残渣（H_2TeO_4）用水溶解后，加过量苛性钠溶液将褐色沉淀物滤去后，再加盐酸于滤液中，这时就有 H_2TeO_4 沉淀产生。取沉淀用水冲洗，烘干，并用油调至油状装入玻瓶中，加热至全部红炽，冷却后在接收器中和玻璃瓶壁上发现金属状颗粒，这就是"碲"。

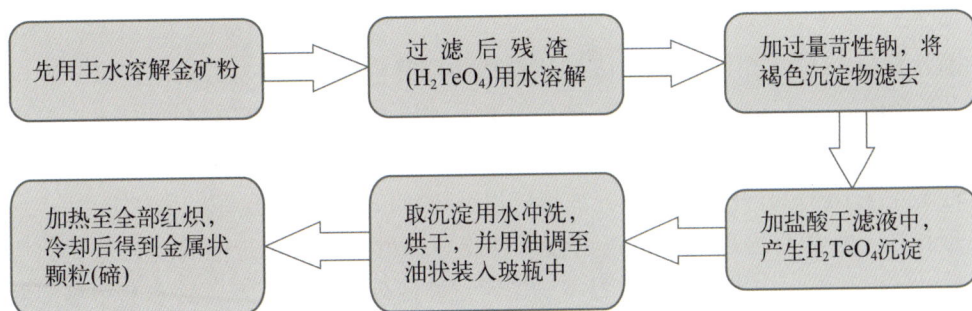

```
先用王水溶解金矿粉  →  过滤后残渣        →  加过量苛性钠，将
                       (H₂TeO₄)用水溶解      褐色沉淀物滤去
                                                   ↓
加热至全部红炽，    ←  取沉淀用水冲洗，   ←  加盐酸于滤液中，
冷却后得到金属状       烘干，并用油调至      产生H₂TeO₄沉淀
颗粒(碲)             油状装入玻瓶中
```

克拉普罗特分离碲的方法

克拉普罗特把这一新元素命名为 Tellurium，源于拉丁文"tellus"，意为"地球"。1832 年，贝齐里乌斯（Jons Jakob Berzelius，1779—1848）指出碲和硒、硫具有许多相似性质。下图是碲元素的发现及发展历史时间轴。

克拉普罗特发现并分离出这种元素，将其命名为"Tellurium"。

四川省石棉县大水沟发现世界首例独立碲矿床。

```
——  1783年  ——  1798年  ——  1832年  ——  1991年  →
```

米勒最先发现碲元素，但因样品稀少无法确定其身份。

贝齐里乌斯指出碲和硒、硫的许多相似性质。

碲元素的发现及发展史❶

---

❶ 图中时间轴主体颜色设计理念采用晶体碲的灰白色。

拉丁语tellus中第一个音节发音为"地"，且碲为非金属元素。在中文命名过程中，依据形声字的造字原则，将"石"字旁与拉丁语中的发音"帝"相结合，从而形成了"碲"元素的中文名称。

1991年，我国四川省石棉县大水沟发现了世界上首例独立碲矿床，这一发现彻底改变了人们对碲矿资源的传统认识。此后，中国科学家继续深入研究碲的地球化学性状，发现了许多重要的碲化物型金银矿床和金银多金矿床。

2.碲元素基本性质

碲（Te）位于第五周期第ⅥA族，为硫属元素，基态电子组态为$[Kr]4d^{10}5s^25p^4$。晶体状态的碲为银白色且带有金属光泽，无定形碲呈灰色粉末状，其莫氏硬度为2.25。作为一种稀有且分布分散的元素，碲最主要的矿物来源是针碲金矿，这是一种金、银与碲共生的矿物。碲的主要用途是制造合金，将少量碲加入钢、铜或铅中时，能显著提升这些材料的机械加工性能、抗腐蚀能力及耐磨性能等。[1]

3."碲"与地球

碲元素有38种已知同位素及17种核异构体，其中仅有8种为稳定同位素。近年来，国际上多个研究团队采用多接收电感耦合等离子体质谱仪（MC-ICP-MS）技术，对陨石、页岩、碲矿物、锰结核、铁锰结壳、海洋与水系沉积物以及土壤等多种物质中的碲稳定同位素组成进行了测定，并将这些研究成果应用于陆地和海洋中碲资源的研究之中。

碲作为一种战略稀散元素，在当代高科技与绿色科技领域扮演着至关重要的角色。鉴于其全球稀缺性，中国、美国及日本等国家已将碲列为关键矿产。碲具有中等挥发性，对氧化还原条件敏感，并展现出亲硫性和亲氧性；然而，在球粒陨石中，它又表现出亲铜和亲铁的行为特征。这些独特的地球化学特性使得碲及其同位素组成成为研究多种地球化学和宇宙化学过程的重要信息源[2]。

4.碲元素的医学应用

（1）无机碲的致突变性和致癌性

某些无机碲化合物存在致突变性和致癌性。例如，$Na_2H_4TeO_6$、Na_2TeO_3、$TeCl_4$在重组修复试验（rec试验）❶中显示阳性，说明其能损伤DNA。另外$Na_2TeH_4O_6$、Na_2TeO_3能诱导回复突变，提示碲是潜在的致突变剂。研究表明碲对胚胎期及初生动物神经系统具有早期不良影响。

（2）有机碲对机体的保护作用

过氧化亚硝酸盐作为一种强效的生物氧化剂，能够诱导DNA损伤并引发生物膜或低密度脂蛋白的脂质过氧化。此外，二芳基碲化物能够显著保护机体免受过氧化亚硝酸盐调

---

❶ "rec"代表"recombination"，即重组修复。这个试验利用枯草杆菌重组修复缺陷型菌株（rec−）和对应的重组修复功能健全的野生型菌株（rec+），检测受试物对这一对菌株的致死和生长抑制差别，遗传学终点是原发性DNA损伤。

节的氧化作用。有机碲化合物在抗脂质过氧化方面具有积极作用。

有机碲化物在抗肿瘤领域的研究显示，由碲酵母菌产生的亚碲氨酸具有作为抗癌剂应用于临床治疗的潜力。有报道称有机碲化物（AS101）❶具有免疫调节特性且毒性很小，提高外周血白细胞吞噬功能及氧化杀菌能力，可有效抑制白血病细胞增殖。[3]

5.碲及其化合物的工业应用

碲元素位于元素周期表中金属与非金属的分界线附近，因此它兼具金属和非金属的特性，这使得碲元素具有一些特殊的物理和化学性质，如电导率介于导体和绝缘体之间，对光、热等外部刺激敏感等，从而适用于半导体材料的应用。碲元素还可以与其他元素如镉（Cd）结合形成碲化镉（CdTe），这也是一种重要的半导体材料。碲化镉具有优异的光电性能和较高的热稳定性，广泛应用于太阳能电池和X射线检测器等领域。除此之外，碲及其化合物在冶金、化学工业、催化剂等其他领域也有着重要的应用价值。中国作为精炼碲的主要生产国，在2022年的全球产量中占据了约53%的份额。根据统计数据，碲在全球消费中的最集中用途包括碲化镉太阳能电池板（40%）、热电生产（30%）、冶金（15%）、橡胶应用（5%）以及其他产业（10%）。

6.碲元素科技前沿

（1）可穿戴碲材料

河南农业大学豆根生课题组采用激光切割与焊接技术，成功制备了柔性可穿戴热电器件，并对其发电性能及服役性能进行了详细表征。该器件以高导热柔性硅胶为基底，通过锡焊料将碲化铋、碲化锑连接起来，在温差11.2 K条件下，输出电压达到214 mV，最大输出功率为3.64 mW。此外，当弯曲半径设定为12 mm时，经过1000次循环弯曲测试后，其内阻、输出电压以及最大输出功率均保持稳定，显示出优异的柔韧性。进一步地，通过设计专用驱动电路，使得这种贴合于人体手臂上的柔性可穿戴热电发电装置能够有效收集人体散发的热量并转化为较高的电能输出，足以点亮LED灯。此研究成果不仅验证了基于人体热能转换实现自供电的可能性，也为未来开发自供电健康监测传感器及其他类型的自供电可穿戴设备奠定了坚实的理论基础。[4]

（2）应用于北京冬奥会的碲化镉发电玻璃

碲化镉（CdTe）薄膜太阳电池，凭借其制备成本低廉、温度系数低以及弱光性能卓越等显著优势，已跻身当前最具发展潜力的薄膜太阳能电池之列，并正处于产业化快速发展阶段。在光伏建筑一体化领域，展现出了良好的发展趋势。

当n型半导体CdS薄膜与p型半导体CdTe薄膜结合形成pn结时，自由载流子在浓度梯度作用下相互扩散（即CdS中的电子向CdTe扩散，而CdTe中的空穴则向CdS内扩散）。当光线照射到pn结上时，能量超过材料禁带宽度的光子将被吸收。这些被吸收的光子激发电子跃迁，生成电子-空穴对。在此条件下，因载流子积累于pn结两侧所产生的电压即为光生

---

❶ Anti-tumor Substance（抗肿瘤物质，简称AS），而非砷元素（As）。AS101指铵三氯[1,2-乙二醇-O, O']-碲酸盐，分子式：$C_2H_8Cl_3NO_2Te$。

电压。一旦与外部电路连接，便可持续输出电流，从而实现从太阳能到电能的有效转换[5]。

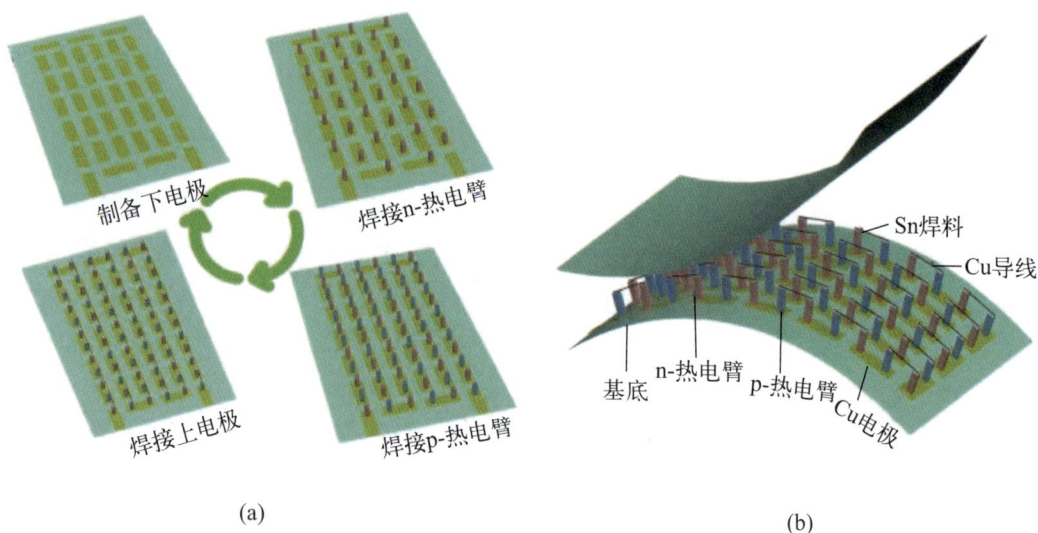

(a)

(b)

可穿戴热电器件的制备过程●

图片源自王亚玲学术论文[4]

　　由中国工程院彭寿院士领导的团队自主研发的碲化镉发电玻璃，已成功应用于2022年北京冬奥会国家速滑馆及张家口冬奥会配套设施改造项目中。该材料以其卓越的弱光性能和抗衰减特性，成为光伏建筑一体化的理想选择。在冬奥会场馆建设中采用的碲化镉发电玻璃等绿色材料，不仅具备传统建筑材料的功能，还能实现能源的自给自足，体现了新型绿色环保建筑材料的发展方向。这一应用实践与北京2022年冬奥会和冬残奥会的主题口号"一起向未来！"所倡导的绿色环保理念高度契合。

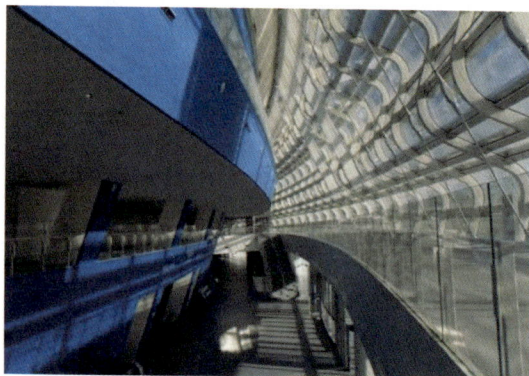

国家速滑馆使用的碲化镉发电玻璃幕墙

（3）新一代碲元素存储器

① 碲化铌相变存储器的超能力

美国东北大学的研究人员已经运用溅射技术成功制备并鉴定了一种具有显著前景的材料——碲化铌，该材料展现出约447 ℃的超低熔点特性。

碲化铌与传统非晶态相变材料相比，展现出低熔点与高结晶温度的独特特性。这一组合不仅降低了复位能量，还增强了非晶相的热稳定性。研究评估表明，相较于传统的相变存储化合物，碲化铌在开关性能方面表现优异，可显著降低运行能量。

---

❶　n-热电臂的碲化物是碲化铋，p-热电臂的碲化物是碲化锑。

该研究团队预测，新材料在高达135 ℃的温度下能够保持数据完整性长达10年，相较于传统非晶态相变材料的85 ℃，显著提升了热稳定性。这一特性使得碲化铌在汽车行业等高温应用场景中展现出潜在的应用价值。此外，碲化铌还具备约30 ns的快速切换速度，进一步证明了其作为下一代相变存储器的潜力。[6]

② 碲化物油墨法制备PCM的新思路

相变存储器（PCM）是一种基于材料晶态和非晶态电阻对比的新兴存储技术。PCM作为主流存储技术的进一步发展和实现依赖于创新的材料和廉价的制造方法。

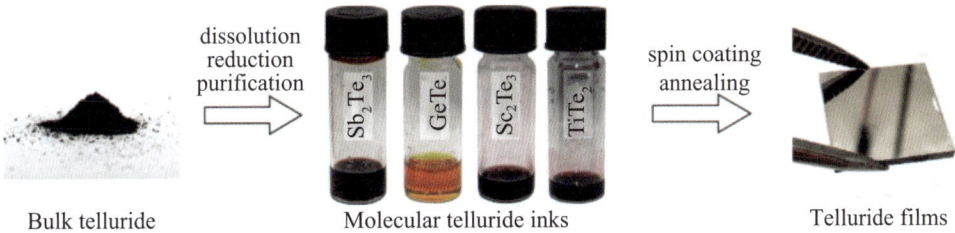

碲化物分子相变存储器件合成过程示意图

图片源自Florian M. Schenk学术论文[7]

从大块金属碲化物（Sb_2Te_3，$GeTe$，Sc_2Te_3或$TiTe_2$）开始，通过溶解在乙二胺和1, 2-乙二醇的共溶剂中将其转化为分子油墨，然后旋转镀膜和退火单组分或其混合物的油墨，最终形成碲化物相变存储器件薄膜。

来自瑞士苏黎世联邦理工学院信息技术与电气工程系的Schenk研究团队提出了一种可推广和可扩展的溶液处理方法来合成相变碲化物油墨，以满足高通量材料筛选，提高能源效率和先进器件架构的需求。大块碲化物通过溶解和纯化得到分子金属碲化物配合物的油墨。这使得能够通过二元油墨的简单混合来解锁广泛的溶液处理三元碲化物。旋转镀膜和退火将碲化物油墨转化为沿（001）方向具有优选取向的高质量纯相碲化物薄膜。液态碲化物的沉积工程使薄膜厚度可调，同时纳米级过孔的填充和柔性衬底上的薄膜制备成为可能。可循环和非易失性原型存储器件，实现了与最先进的溅射PCM层相当的电阻对比度和低复位能量等性能指标。[7]

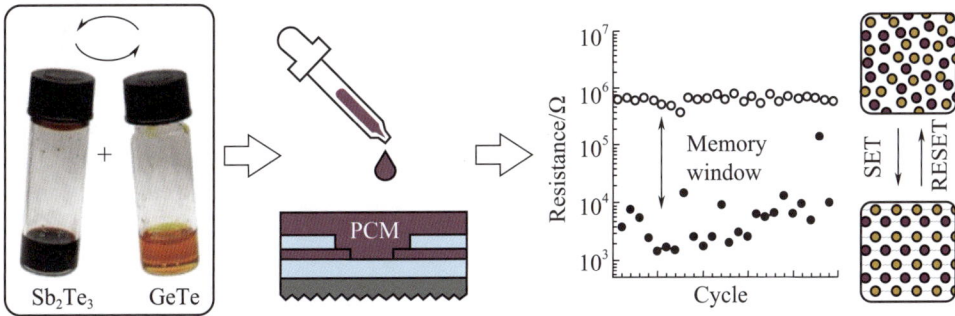

由碲化物油墨法制备PCM及其存储性能

图片源自Florian M. Schenk学术论文[7]

参考文献

[1] 周公度，叶宪曾，吴念祖. 化学元素综论[M]. 北京：科学出版社，2012.

[2] 符亚洲，黄粟诚，李嘉荣，等. 碲的地球化学与碲资源研究现状[J]. 矿物岩石地球化学通报，2023，42（04）：741-754+683.

[3] 胡莉萍，吕京，彭开良，等. 碲及其化合物的毒性研究进展[J]. 卫生毒理学杂志，2002，（02）：120-123.

[4] 王亚玲，谭明，刘小标，等. 自供电可穿戴碲化铋基照明电子设备[J]. 电子元件与材料，2023，42（04）：412-417.

[5] 马立云，傅干华，官敏，等. 碲化镉薄膜太阳电池研究和产业化进展[J]. 硅酸盐学报，2022，50（08）：2305-2312.

[6] 碲化铌展现下一代存储器材料前景[J]. 电子产品可靠性与环境试验[J]. 2023，41（04）：78.

[7] Schenk F M，Zellweger T，Kumaar D，et al. Phase-Change Memory from Molecular Tellurides[J]. ACS Nano，2024，18（1）：1063-1072.

生活对我们任何人来说都不容易，但那又怎样呢？我们必须有毅力，最重要的是要有自信。必须相信，我们在某些事情上是有天赋的，而且无论付出什么代价，都必须实现这一点❶。

——玛丽·居里❷

1904年，居里夫人在居维叶街的实验室里，手拿计时表测量放射性
图片源自诺贝尔奖官方网站

❶ Madame Curie: A Biography By Eve Curie[M]. New York, Garden City, Doran G Company, Ing: Doubleday, 1937: 116.
❷ 玛丽·居里（Marie Curie），出生于波兰华沙，原名玛丽·斯克沃多夫斯卡，世称"居里夫人"，法国籍波兰裔著名科学家、物理学家、化学家，诺贝尔物理学奖、化学奖得主。

237

五、钋（Po）

1.钋元素发现历史与中英文名称由来

门捷列夫于1870年就预言了钋的主要性质，他写道："在重金属中，我们预期可以找到一种性质与碲类似而原子量则比铋更大的元素。它应该具有金属的性质，并可以生成一种组成和性质类似于硫酸的酸，这种酸的氧化能力比碲酸的氧化能力强……。它的氧化物 RO_2 预期不会具有像亚碲酸那样的酸性，这种元素将能生成有机金属化合物，而不生成氢的化合物……"

从玛丽·居里（Marie Curie）和皮埃尔·居里（Pierre Curie）的实验室记录本中可以得知，他们是在1897年12月16日开始研究贝克勒尔射线或铀射线的。开始阶段的工作是由玛丽单独进行的。后来，皮埃尔在1898年2月5日加入。他完成的是测量工作和结果处理。他们主要测量了各种铀矿物、铀盐和金属铀的辐射强度。大量的实验结果说明铀化合物具有的放射性最低，金属铀则显示出较强的放射性。以沥青铀矿闻名的铀矿物放射性最强。这些结果表明，沥青铀矿可能含有一种元素，它的放射性比铀的放射性强。

早在1898年4月12日，居里夫妇已经向巴黎科学院报告过这一假设。他们从4月14日起在化学家贝蒙（Bemont）的协助下开始寻找这一未知元素。他们在7月中旬完成了沥青铀矿的分析。他们仔细测量了从矿石中相继分离出的每一产物的放射性，并将注意力集中在含有铋盐的那一部分。这部分铋盐放射出的射线强度是金属铀的400倍。如果有一种未知元素确实存在，那么它应该存在于这一部分产物中。

最后，在7月18日，居里夫妇向巴黎科学院提交了一份研究报告，标题为"沥青铀矿中含有的一种新的放射性物质"。他们报告说：已经从沥青铀矿中提取出一种放射性很强的、以前不知道的金属的硫化物。按照它的分析化学性质，它是铋的近邻。[1]

纯钋直到1946年才制备出来。利用真空升华法制得的金属钋层为银白色。钋是一种低熔点金属（熔点254 ℃，沸点962 ℃），密度约为9.3 g/cm^3。在空气中将钋加热时，它很快形成稳定的氧化物。钋显示微弱的碱性和酸性。氢化钋是不稳定的。钋能生成有机金属化合物，并能和许多金属（Pb，Hg，Ca，Zn，Na，Pt，Ag，Ni，Be）生成合金。当将这些性质与门捷列夫的预言相比较时，我们可以看出他的预言是多么确切！钋也是由于本身的放射性特征而被发现的第一个元素。

居里夫人为了纪念她的祖国波兰（拉丁文Polonia，英文名Poland），把新元素命名为"Polonium"（钋）[2]。拉丁语Polonia中第一个音节发音为"朴（音pō）"，Polonium为金属元素，中文名称按照形声字的造字原则，去掉"朴"的"木"字旁，改为"金"字旁，形成元素的中文名称"钋"。下图是钋元素的发现历史时间轴。

| 1870年 | 1897年 | 1898年 | 1946年 |

门捷列夫预言了钋的主要性质。

7月18日，居里夫妇将未知元素命名为"Polonium"（钋）。

居里夫妇开始研究贝克勒尔射线或铀射线。

居里夫妇发现，沥青铀矿含有一种元素，它的放射性比铀的放射性高400倍。

利用真空升华法制得银白色纯钋金属。

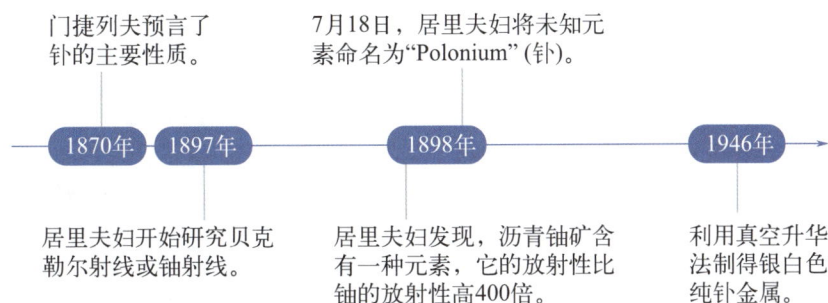

钋元素的发现史

2. 钋元素的基本性质

钋（Po）位于第六周期第ⅥA族，为硫属元素，基态电子组态为 $[Xe]4f^{14}5d^{10}6s^26p^4$。钋在沥青铀矿中的含量极微，每吨约含0.1 mg。钋为银灰色金属，能放射出 α 离子，电导率随温度升高而下降，熔点为527 K，沸点为1235 K。

3. 被诺贝尔奖青睐的女性科学家

（1）世界上第一位女性诺贝尔奖获得者

玛丽出生在波兰的华沙，一个非常重视教育的教师家庭。她在巴黎遇到了皮埃尔·居里，他成了她的丈夫和放射性领域的同事。1896年发现的放射性启发了居里夫妇进一步研究这一现象。他们检查了许多物质和矿物质，寻找放射性的迹象。他们发现沥青铀矿比铀的放射性更强，并得出结论，它一定含有其他放射性物质。他们成功地从中提取了两种以前未知的元素，钋和镭，两者的放射性都比铀强。[3]

皮埃尔·居里（Pierre Curie）

玛丽·居里（Marie Curie）

图片源自诺贝尔奖官方网站

1903年的诺贝尔物理学奖分为两等份。一半授予安东尼·亨利·贝克勒尔，以表彰他"发现自发放射性所作出的非凡贡献"；另一半共同授予皮埃尔·居里和玛丽·居里，以表彰他们"共同研究亨利·贝克勒尔教授发现的辐射现象所作出的贡献。"

（2）再中诺贝尔奖的玛丽

1910年，玛丽成功地将镭制成纯金属，证明了这种新元素的存在。她还记录了放射性元素及其化合物的性质。放射性化合物在科学实验和医学领域成为重要的辐射源，用于治疗肿瘤。在获得诺贝尔物理学奖八年以后（1911年），诺贝尔化学奖授予了玛丽·居里，以表彰她通过发现镭和钋元素、分离镭以及研究这一非凡元素的性质和化合物而对化学进步所作出的贡献。

（3）拥有强烈爱国情怀的居里夫人

居里夫人不仅自己在科研上取得了巨大成就，还注重教育和培养下一代。1935年，居里夫妇的大女儿伊雷娜·约里奥·居里（Irène Joliot Curie）也与丈夫弗雷德里克·约里奥（Frederic Joliot）共同获得了诺贝尔化学奖。

玛丽·居里和她的女儿伊雷娜在法国巴黎镭研究所的实验室里
图片源自诺贝尔奖官方网站

居里夫人在一战期间，利用自己的科学知识，为伤员提供X射线检查服务，培养了150名妇女成为X射线照相技师，监督建设了200个战地医院固定放射站，极大地帮助了战争期间的医疗救助工作。

居里夫人在发现镭后，为了尽快使镭服务于人类，她放弃了申请专利，也因此放弃了巨大的经济利益。她的一生是对科学、对国家、对人类无私奉献的典范。玛丽·居里说："生活对我们任何人来说都不容易。但那又怎样呢？我们必须有毅力，最重要的是要有自信。必须相信，我们在某些事情上是有天赋的，而且无论付出什么代价，都必须实现这一点。"

4.钋-210的潜在致癌作用

鉴于钋-210为已知最稀有元素之一，地壳中的含量仅为一百万亿分之一，在通常情况下其对自然环境及人类健康不构成显著威胁。天然钋主要赋存于铀矿石与钍矿石之中。自20世纪60年代起，研究证实烟草烟雾中含有微量放射性钋-210，这被认为是吸烟者患肺癌风险增加的潜在因素之一。

在仓鼠气管注入钋-210和苯并芘（1级致癌物，烟草烟雾中的成分之一）的专门实验中，观察到它们在引发肺肿瘤方面具有协同作用。单独注入苯并芘时，肺癌发生率为7.6%；而在钋-210与苯并芘复合作用下，肺癌发生率分别达到18%和15.9%[4]。

尽管目前尚缺乏充分证据直接证明仓鼠试验中肺癌发病率的上升完全归因于香烟中钋-210的存在，但值得注意的是，吸烟过程中钋-210与其他化学致癌物质的共同吸入可能产生协同效应。戒掉烟草或许是一个不错的选择。

参考文献

[1] 张清建. 居里夫妇与钋和镭的发现 [J]. 大学化学，2000，（02）：52-55+62.

[2] 沙国平，张连英. 化学元素的发现及其命名探源 [M]. 成都：西南交通大学出版社，1996.

[3] 盛根玉. 两次荣获诺贝尔奖的居里夫人 [J]. 化学教学，2011，（10）：64-68.

[4] 王欣，陈兴安，潘颖东. 香烟中钋-210含量及其对人体肺组织所致剂量的研究 [J]. 中国辐射卫生，2000，（03）：129-133.

元素／之思

Ideology of Elements:
Explore the Mysteries of the Chemical World

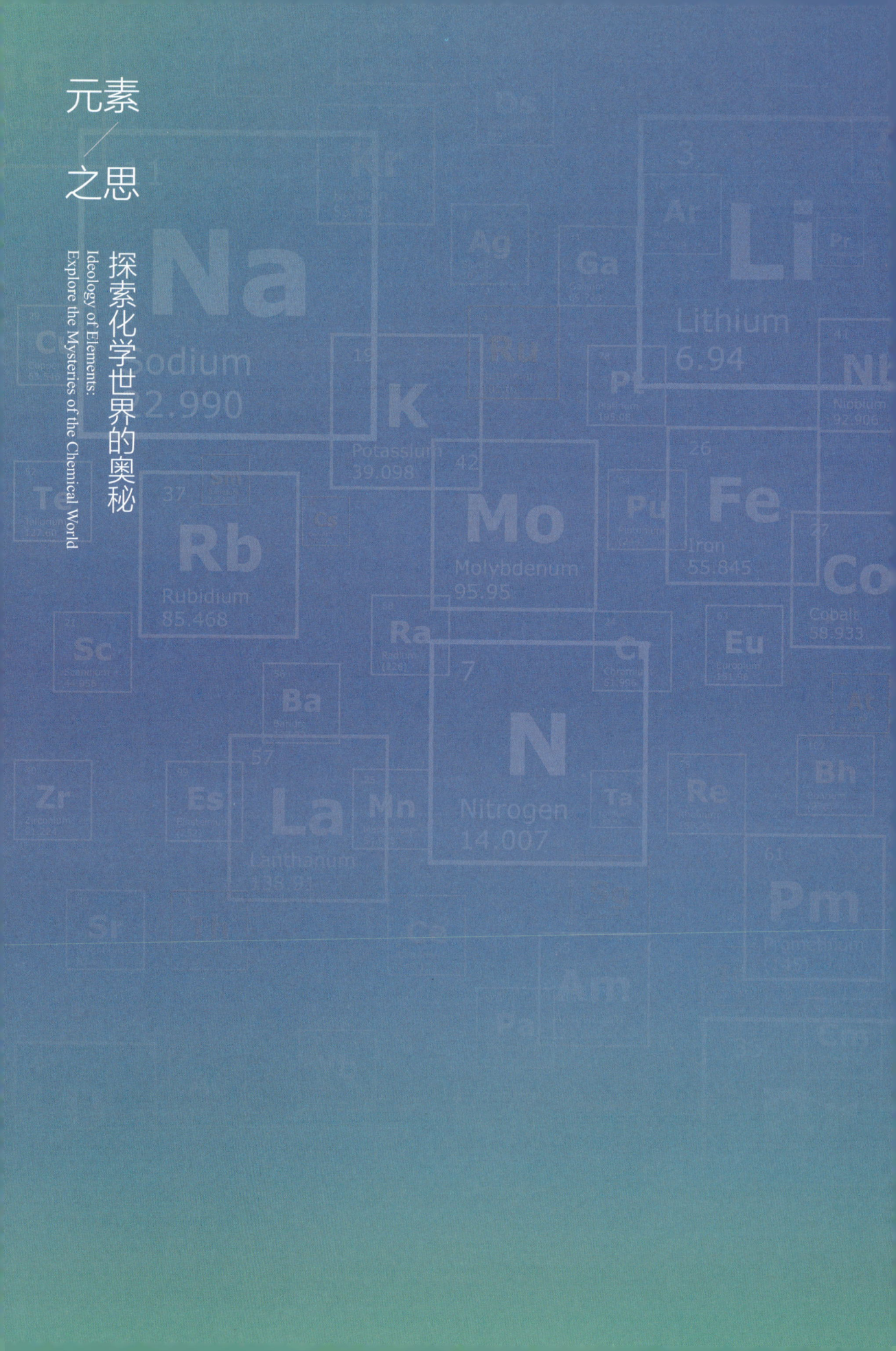

探索化学世界的奥秘

第七章

卤族元素
（ⅦA 族）

虽然，氟至少夺走了我10年生命……但我绝不能停留在已取得的成绩上。在达到一个目标后，要不停地向另一目标冲刺……一个人只有树立自己的崇高目标，并努力去奋斗，才会感到自己是真正的人。❶

——亨利·莫瓦桑❷

亨利·莫瓦桑（Henri Moissan）
图片源自 Alain Tressaud 学术论文❸

❶ 沈玉华, 谢安建. 百合千分胜造化——化学发现与创造思维[M]. 合肥: 安徽大学出版社, 2007: 112.

❷ 亨利·莫瓦桑（Henri Moissan, 1852—1907），法国无机化学家，1906年诺贝尔化学奖获得者。首位成功分离出单质氟的科学家。

❸ Tressaud A. Henri Moissan: Winner of the Nobel Prize for Chemistry 1906. Angew Chem Int Ed. 2006, 45(41): 6792-6796.

一、氟（F）

1. 氟元素发现历史与中英文名称由来

氟元素的发现是一段漫长而复杂的历程，涉及多位科学家的贡献和多次失败的尝试，其中伴随着研究者身体健康的损伤甚至是生命的丧失。下面，我们按照时间顺序回忆氟元素的悲壮发现史。

1529年，德国矿物学家格奥尔格·阿格里科拉（Georgius Agricola）首次探讨了利用萤石（CaF_2）降低矿石熔点的可能性。1670年，德国玻璃工匠施瓦恩哈德（Schwannhard）发现，向萤石中加入强酸会产生一种可腐蚀玻璃的气体。

1777年，法国化学家安东尼·拉瓦锡（Antoine Lavoisier）提出氧化学说，并命名了"制酸元素"（principe oxygène），也就是氧元素。1780年，瑞典化学家卡尔·威尔海姆·舍勒（Carl Wilhelm Scheele）确定施瓦恩哈德发现的气体是一种酸，并命名为"氟酸"。1810年，英国化学家汉弗莱·戴维（Humphry Davy）在英国皇家学会宣布，舍勒制得的气体是由单一元素组成的，并将其命名为"氟气"。1813年至1814年间，戴维尝试通过电化学方法及氯与氟化物反应的化学途径来制备氟，但未获成功，且因实验导致健康受损。1834年，英国科学家迈克尔·法拉第（Michael Faraday）尝试通过电解干燥的熔融氟化物来制取氟，但未成功。1836年，爱尔兰科学家诺克斯兄弟（George Knox 和 Thomas Knox）在实验中发现了氟的迹象，但未能收集到游离的氟，并因中毒受害。1846年，比利时化学家保罗·鲁耶特（Paul Louyet）在重复诺克斯兄弟的实验中，因长期接触氟化物而中毒，不幸去世。1854年至1856年，法国化学家埃德蒙·弗雷米（Edmond Frémy）尝试电解无水CaF_2和无水HF，虽有进展但未能成功收集到氟。1869年，英国化学家乔治·哥尔（George Gore）通过电解法分解HF，得到了少量的游离氟，但随即发生爆炸。自1884年起，法国化学家亨利·莫瓦桑（Henri Moissan）致力于氟的制备研究。1886年6月26日，莫瓦桑在改进的实验装置中，通过低温电解无水氟化氢并加入KHF_2，成功制取了游离态的氟[1]。

氟元素的英文命名为Fluorine，源于拉丁文"fluere"，意为"流动"。拉丁语fluere中第一个音节发音为"弗"，且Fluorine为非金属元素，因此，中文名称依据形声字的造字原则，以"气"字为部首，结合拉丁语中的发音，构造了"氟"这个字。

2. 氟元素基本性质

氟（F）位于第二周期第ⅦA族，属卤族元素，基态电子组态为$[He]2s^2 2p^5$。氟（气）为淡黄色气体，熔点为53.53 K，沸点为85.01 K。氟，作为非金属元素中最为活泼的一员，拥有极强的氧化能力，能够与除稀有气体之外的几乎所有元素发生化学反应。在化工领域，氟是一种关键原料，用于合成氟氯烃等化合物，这些化合物以其化学稳定性好、不燃性、耐热性和低毒性而著称，广泛应用于分散剂和发泡剂的制造。氟塑料，例如聚四氟

1529年	1670年	1777年	1780年	1810年	1813~1814年

阿格里科拉使用萤石(CaF_2)降低矿石熔点。

施瓦恩哈德向萤石中加入强酸，产生腐蚀玻璃的气体。

拉瓦锡提出氧化学说，命名"制酸元素"。

舍勒确定施瓦恩哈德发现的气体是一种酸，并命名为"氟酸"。

戴维宣布舍勒制得的气体是由单一元素组成，并命名为"氟气"。

戴维通过电化学方法和氯与氟化物反应来制取氟，但未成功。

1886年	1869年	1854~1856年	1846年	1836年	1834年

莫瓦桑通过低温电解无水HF并加入KHF_2，成功制取游离态的氟。

哥尔通过电解法分解HF，得到了少量的游离氟。

弗雷米尝试电解无水CaF_2和无水HF，未能成功收集到氟。

鲁耶特重复诺克斯兄弟的实验，因长期接触氟化物而中毒，不幸去世。

诺克斯兄弟在实验中发现了氟的迹象，但未能收集到游离的氟。

法拉第电解干燥的熔融氟化物来制取氟，但未成功。

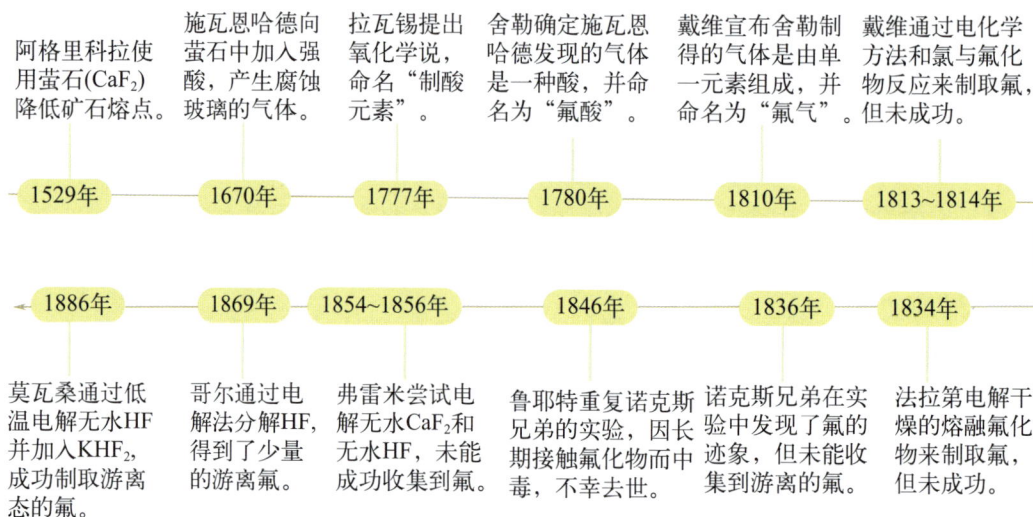

氟元素的发现史 ❶

乙烯，因其卓越的耐腐蚀性能而被誉为"塑料王"。氟橡胶以其耐油、耐强氧化剂、耐光和耐辐射的特性，在航空、宇航、造船和化工等多个重要领域发挥着不可或缺的作用。

3．"打败"门捷列夫的亨利·莫瓦桑

（1）亨利·莫瓦桑生平

莫瓦桑于1852年9月28日出生在巴黎。他的高等教育始于莫克斯学院，后来进入自然历史学院的埃德蒙·弗雷米（Edmond Frémy）实验室，在那里他参加了圣克莱尔·德维尔（Sainte-Claire Deville，1818—1881）和亨利·德布雷（Henry Debray）的讲座。一年后，他转到位于 École 高等研究学院（École des Hautes Études）的德萨姆兰实验室，随后加入索邦大学实验室。师从德布雷和特罗斯特（Troost）之前，他曾领导过自己的一个小型实验室。1879年，他在农学研究所得到了一个初级职位。1880年，他凭借一篇关于氰系列的论文获得博士学位。之后，他成为药学院的助理讲师和高级讲师，并于1886年当选为毒理学教授。1899年，他担任无机化学教授，1900年，他被任命为该学院院长的评审员。同年，他接替特罗斯特担任巴黎大学无机化学教授。

莫瓦桑最初研究过植物叶片中氧气和二氧化碳的交换。然而，他很快就告别了生物学，进入了无机化学领域，他早期的工作聚焦于铁族金属和铬氧化物，同时也对铬盐展开了研究。1884年，他将注意力转向氟化学，制备了该元素的一些有机和磷衍生物。第二年，他发现氟化钾与氟化氢的溶液在一定强度下可保持液态，且可在零摄氏度以下进行电解。又过了一年后，即1886年，他成功地电解了这些溶液，首次分离出氟。他对氟的性质及其与其他元素的反应作了全面的研究。

1891年，他发现了碳化硅。基于对碳化物及其与水的反应的深入研究，他提出了如

❶ 图中时间轴主体颜色设计理念采用氟单质的浅黄色。

下理论：在某些情况下，石油可能是由某些碳化物与水的反应形成的。1892年，莫瓦桑提出了一个理论，他认为在熔融铁的压力下，碳结晶可以合成钻石。他设计并开发了电弧炉，达到了3500 ℃的温度，以协助他的工作，从而生产出微小的人造钻石。他随后用这个熔炉挥发了许多被认为是不溶的物质，并制备了许多新的化合物，特别是碳化物、硅化物和硼化物。他制备了钙、钠和钾的氢化物，证明了它们是不导电的，并用电炉分离了许多金属。

莫瓦桑和他在巴黎大学科学学院的电炉

图片源自 Alain Tressaud 学术论文 [2]

莫瓦桑发表了三百多部著作，他最伟大的作品是《电弧炉》（1897年）、《氟及其化合物》（1900年）和《无机化学论著》（1904～1906年，共五卷）。他是一位优秀的教师，也是一位细致而耐心的实验家。

莫瓦桑曾被选为法国医学会（1888年、1891年）、法国塞纳河卫生委员会（1895年）和法国艺术与制造咨询委员会（1898年）的成员。1887年，他被授予拉卡兹奖。他是1896年的戴维奖得主和1903年的霍夫曼奖得主。

1907年2月20日，他从斯德哥尔摩的诺贝尔奖颁奖典礼回来后不久，在巴黎突然离世。

(2) 莫瓦桑分离氟单质的艰难历程

虽然早在18世纪人们就探索出了氟元素的存在。然而，由于氟的活泼性和毒性，早期的实验者并未能成功分离出单质氟。直到莫瓦桑的出现，才最终实现了这一目标。

在低温下进行电解是制取单质氟的唯一途径。莫瓦桑选择了低熔点的化合物如氟化砷来进行电解。然而，在实验过程中，他发现阴极表面覆盖了一层电解析出的砷，电流中断了。后来，他使用了功率更大的电源，也没有制出氟。此外，他还尝试过电解无水氢氟酸和氟氢化钾溶解于无水氢氟酸中的混合物等方法，但都没有成功。莫瓦桑对失败原因进行了分析，并自制了实验仪器。他把实验仪器中的玻璃零件都用萤石材料制作，以规避氟气与玻璃仪器的反应。最终，在1886年，莫瓦桑成功地用电解法获取了纯氟单质。[3]

"虽然，氟至少夺走了我10年生命……但我绝不能停留在已取得的成绩上。在达到一个目标后，要不停地向另一目标冲刺……一个人只有树立自己的崇高目标，并努力去奋斗，才会感到自己是真正的人。" [4] 这是亨利·莫瓦桑对自己从事氟元素研究的评价。下图为莫瓦桑分离氟单质的艰难历程。

(3) 因分离氟元素获得的诺贝尔奖

1906年的诺贝尔化学奖授予了莫瓦桑，以表彰他在研究和分离氟元素方面做出的巨大贡献，以及发明被科学界广泛采用的以他名字命名的高温反射电炉。

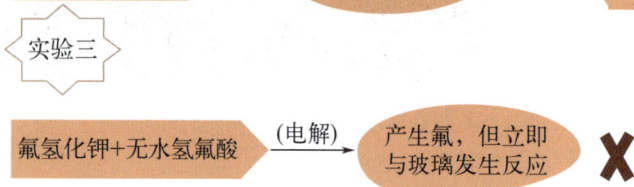

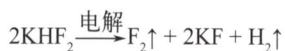

实验一

氟化铅+磷化铜 →(△) 氟化磷 →(氧的混合物并通入电火花) 氟氧化磷 ✗

实验二

氟化砷+氟化钾 → 阴极表面覆一层析出的砷 → 电流中断 ✗

实验三

氟氢化钾+无水氢氟酸 →(电解) 产生氟，但立即与玻璃发生反应 ✗

$$2KHF_2 \xrightarrow{\text{电解}} F_2\uparrow + 2KF + H_2\uparrow$$

实验四

在实验三的基础上，把玻璃仪器换成萤石材料制成的，将萤石加工成螺旋帽，换掉U形铂管的玻璃塞，螺旋帽里装硅粉，检验游离的氟，在该实验成功制备出氟单质

莫瓦桑分离氟单质的艰难历程

莫瓦桑的诺贝尔奖证书和用于生产氟的电解设备
图片源自 Alain Tressaud 学术论文 [2]

其实，1906年诺贝尔化学奖的另一位候选人是大名鼎鼎的门捷列夫，在瑞典皇家科学院化学分部的投票中，莫瓦桑以一票的优势胜出，获得了该年度的诺贝尔化学奖。虽然莫瓦桑的获奖也是实至名归，但门捷列夫未能再次获得提名的机会，因为他与莫瓦桑均于1907年相继去世，这成了历史上的一大遗憾。[5]

4.含氟牙膏

(1) 含氟牙膏的护牙原理

龋齿的产生和含氟牙膏预防龋齿的原理其实就是沉淀溶解平衡和沉淀转化这两个化学过程。牙齿表面有一层硬的组成为 $Ca_5(PO_4)_3OH$（羟基磷灰石）的物质，它是牙釉质的主要成分，在唾液中存在 $Ca_5(PO_4)_3OH$ 的沉淀溶解平衡：

$$Ca_5(PO_4)_3OH \rightleftharpoons 5Ca^{2+} + 3PO_4^{3-} + OH^-$$

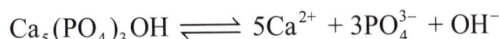

进食后，细菌和酶作用于食物产生有机酸，若长时间与牙齿表面密切接触，有机酸会使 $Ca_5(PO_4)_3OH$ 的溶解平衡朝着"脱矿"即溶解的方向移动，生成的 HPO_4^{2-} 和 Ca^{2+} 向齿外扩散，被唾液冲走，从而易发生龋齿[6]，具体反应为：

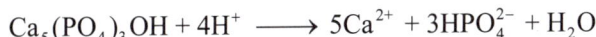

$$Ca_5(PO_4)_3OH + 4H^+ \longrightarrow 5Ca^{2+} + 3HPO_4^{2-} + H_2O$$

如果用含氟牙膏刷牙能够使口腔中溶解的 Ca^{2+} 和 PO_4^{3-} 再次矿化，生成 $Ca_5(PO_4)_3F$（氟磷灰石），$Ca_5(PO_4)_3F$ 比 $Ca_5(PO_4)_3OH$ 更难溶于酸，所以能抵抗酸的侵蚀，达到预防龋齿的目的。[7]

例如，当高浓度氟离子单次作用时（比如牙医把氟化物涂抹在病患的牙齿表面），牙釉质表面会发生复分解反应，生成氟化钙（CaF_2），同时释放出磷酸根离子（PO_4^{3-}）。生成的 CaF_2 相继与牙釉质反应产生氟羟基磷灰石。高浓度氟离子引起的化学反应方程式如下：

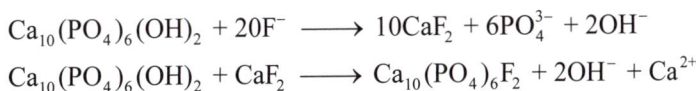

$$Ca_{10}(PO_4)_6(OH)_2 + 20F^- \longrightarrow 10CaF_2 + 6PO_4^{3-} + 2OH^-$$
$$Ca_{10}(PO_4)_6(OH)_2 + CaF_2 \longrightarrow Ca_{10}(PO_4)_6F_2 + 2OH^- + Ca^{2+}$$

相反，当低浓度氟化物溶液长时间作用于牙釉质时（家庭用氟化物漱口或使用含氟牙膏刷牙时），CaF_2 较难生成，牙釉质会转而与氟反应，且反应得很缓慢，形成高结晶度的氟羟基磷灰石。低浓度氟离子引起的反应化学方程式如下：

$$Ca_{10}(PO_4)_6(OH)_2 + 2F^- \longrightarrow Ca_{10}(PO_4)_6F_2 + 2OH^-$$

(2) 含氟牙膏的科学使用

世界卫生组织（WHO）的官方网站"口腔卫生"中提到，适当接触氟化物是预防龋齿的一个重要因素，应鼓励每日两次用含氟（含氟量为1000～1500 mg/kg）牙膏刷牙。

在使用含氟牙膏刷牙后，将多余泡沫吐出且不漱口为有效的防龋方法。国内关于使用含氟牙膏后不进行漱口行为的研究相对较少，目前，大众普遍不能接受刷牙后仅吐出牙膏泡沫而不用清水漱口的做法。[8]

对于6岁以下儿童，若长期处于高氟环境中，如饮用高氟水或吸入含氟煤烟等，过量的氟化物可能参与恒牙钙化过程，从而引发氟牙症，故对于6岁以下儿童，不建议选用含氟牙膏。然而，一旦恒牙完成钙化发育，其内部结构便不再受氟化物影响，故对于成人及6岁以上的儿童和青少年而言，使用含氟牙膏不会导致氟牙症的发生。[9]

5. 氟利昂与空调设备制冷原理

（1）氟利昂究竟为何物？

美国人托马斯·米基利在机缘巧合下研制出了一种稳定、不易燃、不腐蚀且无毒的新型制冷剂，即二氟二氯甲烷（即CFC-12，R12）。1931年，美国杜邦公司将R12工业化，其用来商标注册的名称就是我们今天熟悉的"Freon"（氟利昂）。

（2）氟利昂的工作原理

氟利昂的制冷原理主要基于其在物态变化过程中的吸热和放热特性，具体过程如下：

蒸发吸热：液态氟利昂经节流阀降压后进入蒸发器，在蒸发器内，由于压力突然降低，氟利昂迅速蒸发气化。根据热力学原理，液体汽化时会吸收大量的热量，氟利昂从周围环境（如空调的室内空气或冰箱的冷藏室）中吸收热量，使周围环境温度降低，从而达到制冷的效果。

压缩升压：蒸发后的气态氟利昂被压缩机吸入，压缩机对其进行压缩，使气体的压力和温度升高。此时氟利昂处于高温高压状态。

冷凝放热：高温高压的气态氟利昂进入冷凝器，在冷凝器中，氟利昂与外界冷却介质（如空气或水）进行热交换。由于外界冷却介质的温度相对较低，氟利昂放出热量，逐渐冷却并凝结成液态。

节流降压：液态氟利昂通过节流阀再次降压，然后进入蒸发器，开始新一轮的循环。

通过这样的循环过程，氟利昂不断地在蒸发器内吸热气化，在冷凝器内放热液化，从而将热量从低温物体（如室内空气）转移到高温物体（如室外空气），实现制冷的目的。不过，由于氟利昂会对臭氧层造成破坏，已逐渐被一些对环境更友好的制冷剂所替代。

目前，R134a替代氟利昂成了一种广泛使用的制冷剂，R134a学名为四氟乙烷，化学式为CH_2FCF_3，在常温常压下是一种无色、有轻微醚类气味的气体。它对大气臭氧层没有破坏作用，是一种新型环保制冷剂。与R12制冷剂相比，R134a无毒、不可燃，化学性质稳定，热力值非常接近R12。在使用R12制冷剂的多数领域，均可以使用R134a制冷剂进行替代。

需要注意的是，R134a虽然对臭氧层没有破坏作用，但它仍然属于温室气体。因此，寻找具有更高的制冷效率和更低的温室效应潜力值的替代品仍是一个重要任务。

6. 含氟药物与人类健康

（1）氟元素在药物中的作用

氟原子在所有化学元素中电负性最大，其原子半径较小且可极化性低。与碳原子形成的C-F键是碳原子能够形成的最强单键。由于氟元素的这些独特性质，当化合物中引入氟原子时，其物理、化学及生物特性会发生显著变化。在药物分子中引入氟原子后，可以降低分子内的电子密度，从而增强药物分子的抗分解能力，使药物在人体内具有更持久的效果。

氟原子的原子半径与氢原子的极为接近，因此当分子中的氢原子被氟原子取代时，分子的空间位阻不会产生显著变化[10]。氟原子因其显著的电负性，在取代氢原子后，可导致原分子极性的较大变化。药物分子中引入氟原子后，其药效特性得到明显提升：一是通过改变分子的亲脂性，增强其在生物膜上的溶解度，从而加快在生物体内的吸收与传递速度；二是影响与目标结构（例如蛋白质）的结合作用及代谢途径，提高药物分子的代谢效率；三是改善对生物组织的穿透能力，增强与目标组织或结构的选择性相互作用。这些特性使得含氟药物具备低剂量、高效能、低毒性和强代谢能力等优势[11]。

（2）左氧氟沙星

左氧氟沙星（Levofloxacin）的化学式是 $C_{18}H_{20}FN_3O_4 \cdot HCl \cdot H_2O$，为第三代氟喹诺酮类抗菌药物，由日本第一制药株式会社研发并于1993年上市[12]。作为一款全新的抗菌药物，左氧氟沙星在抗菌机制上独具优势。首先，它通过抑制细菌DNA旋转酶的活性来发挥抗菌作用。DNA旋转酶是细菌复制和修复DNA的关键酶之一，一旦其活性受到抑制，细菌的DNA合成和修复过程将受阻，从而有效消灭细菌。其次，左氧氟沙星还能抑制细菌的RNA和蛋白质合成。RNA在细菌中扮演着重要角色，而蛋白质则是细菌生长和繁殖所必需的。通过抑制RNA和蛋白质的合成，左氧氟沙星能够阻断细菌的正常代谢和功能，进一步削弱其生存能力。此外，左氧氟沙星还具有口服吸收良好、组织分布广泛的特点，它能够迅速被人体吸收并广泛分布于各个组织和器官中，包括血液、肝脏、肾脏等。这使得左氧氟沙星能够更好地发挥抗菌作用，并且能够快速到达感染部位，对细菌进行有效的杀灭。值得一提的是，大部分左氧氟沙星通过肾脏排泄。这意味着它能够通过尿液排出体外，减少药物在体内的积累和副作用的发生。这对于长期使用抗菌药物的患者来说尤为重要，可以降低耐药性的风险。也就是说，左氧氟沙星作为一种第三代氟喹诺酮类抗菌药物，具有广谱抗菌、强效杀菌的特点。其独特的抗菌机制、良好的口服吸收和组织分布以及经肾脏排泄等特点，使其成为治疗细菌感染的重要选择。无论是对于轻度感染还是严重感染，左氧氟沙星都能够提供有效的治疗支持，帮助患者恢复健康。

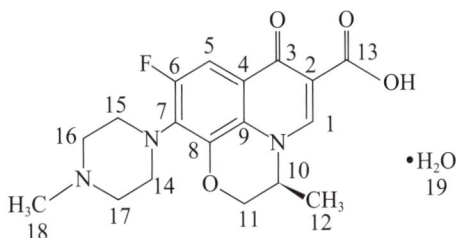

左氧氟沙星

参考文献

[1] 崔博雅，袁振东. 从氟元素发现史中挖掘科学本质观和人文素养[J]. 化学教育（中英文），2022，43（01）：122-126.

[2] Tressaud A. Henri Moissan: Winner of the Nobel Prize for Chemistry 1906[J]. Angew Chem Int Ed，2006，45（41）：6792-6796.

[3] 袁振东，李珊珊. 氟元素的发现：从假说到客观实在[J]. 化学教育（中英文），2020，41（21）：103-107.

[4] 沈玉华，谢安建. 百合千分胜造化 化学发现与创造思维[M]. 合肥：安徽大学出版社，2007：112.

[5] 张安华. 莫瓦桑与人造金刚石[J]. 化学教育，1992，（03）：59-61.

[6]　中华人民共和国教育部.普通高中化学课程标准（实验）[M].北京：人民教育出版社，2003：25.

[7]　韦存容，叶静，马宏佳.用数字化实验探究含氟牙膏背后的化学原理[J].化学教育，2016，37（21）：55-58.

[8]　陈少勇，曾晓娟.刷牙后漱口对含氟牙膏防龋效果的影响[J].全科口腔医学电子杂志，2018，5（23）：27-29.

[9]　白剑峰.成人使用含氟牙膏安全有效[N].人民日报，2007-01-31.

[10]　刘俊，胡金波.神奇的氟元素[J].化学教育（中英文），2019，40（21）：1-3.

[11]　彭智敏.含氟药物的种类及其应用[J].浙江化工，2022，53（10）：8-13.

[12]　李静，黄进，李斌，等.左氧氟沙星的波谱学特征和结构确证[J].精细化工中间体，2022，52（01）：44-47.

解释新的现象，这就是我的任务；当科学家找到他孜孜以求的东西时，他是多么幸福啊，这是一种使心灵愉悦的快乐。❶

——卡尔·威尔海姆·舍勒❷

卡尔·威尔海姆·舍勒（Carl Wilhelm Scheele）
图片源自美国科学历史研究所官方网站

❶ To explain new phenomena, that is my task; and how happy is the scientist when he finds what he so diligently sought, a pleasure that gladdens the heart.
Letter to Johan Gahn.Translation in Mary Elvira Weeks and Henry M. Leicester. The Discovery of the Elements,1956, 223.

❷ 卡尔·威尔海姆·舍勒（Carl Wilhelm Scheele，1742—1786），瑞典化学家，氧气和氯气的最早发现者之一，近代化学的奠基人之一。

第七章
卤族元素（ⅦA族）

二、氯（Cl）

1.氯元素发现历史与中英文名称由来

1771年开始，卡尔·威尔海姆·舍勒（Carl Wilhelm Scheele）历经三年的深入研究，对软锰矿（其主要成分为二氧化锰）进行了详尽的分析。他发现该矿物不溶于稀硫酸和稀硝酸，却能溶于盐酸。在分析沉淀物的过程中，舍勒预测了新金属——锰的存在。然而，处理过程中产生的黄绿色气体引起了他的窒息感，这促使他对这种气体进行了进一步的研究。他观察到该气体具有漂白蓝色纸条、使花朵和叶片褪色、腐蚀金属的能力，并能导致昆虫立即死亡及火焰熄灭。基于这些观察，舍勒推断出这是一种新物质。然而，由于他信奉燃素理论，错误地将其称为"脱燃素的盐酸"，未能正确认识到其作为一种元素的身份。[1]

1774年，克劳德·路易·贝托莱（Claude Louis Berthollet）在得知舍勒关于黄绿色气体的发现后，对该气体进行了深入研究。他确认了该气体具有漂白作用，并将其应用于纺织工业，从而促进了漂染工业的发展。然而，在生产过程中发现，真正影响漂白质量的是次氯酸盐的浓度。为了进一步探究氯气水溶液的性质，1785年，贝托莱将黄绿色气体溶解于水中，并在日光下进行观察。实验结果显示，生成了盐酸并释放出氧气。他认为这是一个简单的分解过程，即氯等于盐酸加上维持生命的空气（氧），并将氯视为盐酸与氧之间的"联合松弛化合物"。尽管当时人们对氯气的组成尚不完全了解，但贝托莱的实验为后续研究奠定了基础，其理论解释也得到了氧化理论的支持。然而，后来的实验证明无法从纯净的黄绿色气体中分解出盐酸和氧气，表明贝托莱忽略了水在分解过程中的作用。

1809年，盖·吕萨克与泰纳基于前人对氯的研究，采取分解方法的反向思路，将纯净的黄绿色气体与氢气混合。实验结果显示，无论在静置、加热或日光照射的条件下，均生成了盐酸气且未产生水分，从而否定了贝托莱的观点。然而，受拉瓦锡氧化理论的影响，他们未能完全依据实验事实，仍坚持认为氯气是一种"基"的氧化物而非元素，对贝托莱的错误认识进行了不彻底的批判。

1810年，戴维采用电解法对氯的本质进行了深入探索。起初，他并未质疑盖·吕萨克的观点，尝试将木炭加热至白热状态并使氯气通过其表面，然而并未获得氧气。这一失败促使他对氯含氧的说法产生了怀疑。经过深入反思与研究，他在11月向英国皇家学会提出了新的见解，通过大量实验事实论证了氯是一种元素而非化合物，从而批判了之前的错误认识，终结了长达半个多世纪的争论。同时，他也对酸的本质进行了思考，认为盐酸的主要成分是氢，氯气中不含氧，氢可能是物质显酸性的主要原因，进而纠正了拉瓦锡关于酸的错误观点[2]。1811年，德国化学家约翰·萨洛莫·克里斯托夫·施维格（Johann Salomo Christoph Schweigger，1779—1857）提出把氯命名为一种"卤素"（由希腊文"盐"和"产生"而来，也就是"生成盐"），因为它具有容易与碱金属结合的能力。当时，这个名称并没有被接受，后来这个名称通用于一组相似元素：氟、氯、溴、碘。1823年，法拉第首次得到液态氯。

氯元素的英文名为 Chlorine，源于希腊语 chloros[3]，意为"绿色"。这是因为氯气在常温常压下是黄绿色的气体。我国清末化学家徐寿，最初把它译为"绿气"。后来，中文名称按照形声字的造字原则，用"气"字头加"绿"字的声部，形成"氯"元素的中文名称，以此表明氯元素可形成黄绿色气体的本质。下图是氯元素的发现历史时间轴。

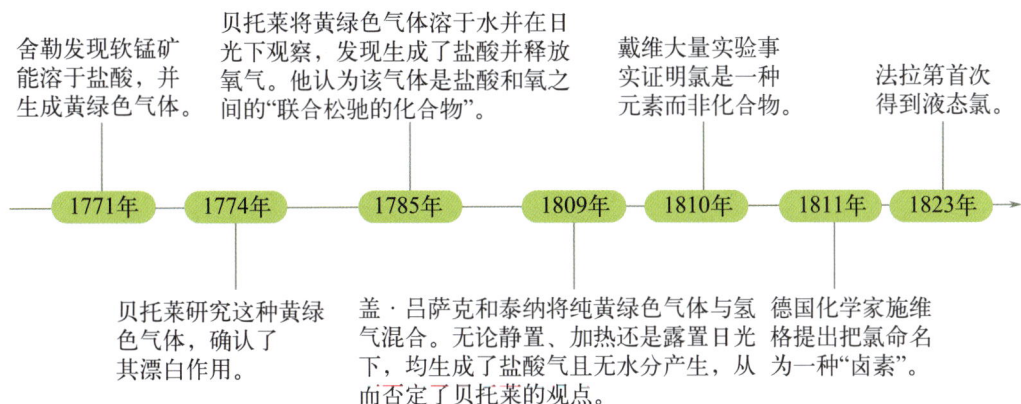

舍勒发现软锰矿能溶于盐酸，并生成黄绿色气体。

贝托莱将黄绿色气体溶于水并在日光下观察，发现生成了盐酸并释放氧气。他认为该气体是盐酸和氧之间的"联合松弛的化合物"。

戴维大量实验事实证明氯是一种元素而非化合物。

法拉第首次得到液态氯。

1771年　1774年　1785年　1809年　1810年　1811年　1823年

贝托莱研究这种黄绿色气体，确认了其漂白作用。

盖·吕萨克和泰纳将纯黄绿色气体与氢气混合。无论静置、加热还是露置日光下，均生成了盐酸气且无水分产生，从而否定了贝托莱的观点。

德国化学家施维格提出把氯命名为一种"卤素"。

氯元素的发现史 ❶

2. 氯元素基本性质

氯（Cl）位于第三周期第ⅦA族，为卤族元素，基态电子组态为 [Ne]$3s^2 3p^5$。氯气常温常压下为黄绿色有刺激性气味的气体，熔点为 172.17 K，沸点为 239.1 K。氯气的化学性质极为活泼，尤其在湿润状态下（湿氯），反应活性显著增强。作为强氧化剂，它能与绝大多数元素直接结合，仅稀有气体以及碳、氮、氧等少数元素除外。这一特性使其在多种化学合成和工业应用中发挥关键作用。常见的漂白粉就是次氯酸钙 [$Ca(ClO)_2$]、氯化钙（$CaCl_2$）和氢氧化钙 [$Ca(OH)_2$] 的混合物。[4]

3. 含氯消毒剂

（1）含氯消毒剂的重要作用

含氯消毒剂是一种常用的消毒剂，其作用主要体现在以下3个方面：一是对病毒的灭活作用。含氯消毒剂能够破坏病毒的蛋白质结构，使其失去活性，从而达到灭活病毒的效果。二是对细菌的杀灭作用。含氯消毒剂能够与细菌细胞内的酶和核酸结合，影响其正常代谢，从而达到杀灭细菌的效果。三是对环境的清洁作用。含氯消毒剂能够清除环境中的污染物，减少病毒和细菌的生存环境，从而降低病菌的传播风险。

❶　图中时间轴主体颜色设计理念采用氯单质的黄绿色。

（2）"有效氯含量"如何计算？

所谓有效氯含量，是指从HI中释放出等量I_2所需的Cl_2质量与特定化合物质量之比，通常以百分比形式表示。

例如，从下列两个化学计量方程可知，1 mol（70.92 g）Cl_2或1 mol（52.5 g）HClO均可生成1 mol I_2：

$$Cl_2 + 2HI \longrightarrow I_2 + 2HCl$$

$$HClO + 2HI \longrightarrow I_2 + HCl + H_2O$$

所以，纯HClO的"有效氯"为70.92/52.5≈135%。常见的漂白剂有pH ⩾ 11的次氯酸钠溶液（含有效氯5%～10%），干燥的$Ca(ClO)_2 \cdot 2H_2O$（含有效氯70%）和漂白粉（含有效氯35%）等，它们可用于一般漂白和公共卫生。在禁忌钙的地方，如硬水的处理和某些牛奶房，应用特别药品LiClO（经硫酸盐稀释至含有效氯40%使用）。

（3）洁厕灵和84消毒液为什么不能同时使用

洁厕灵的主要成分是盐酸，84消毒液的主要成分是次氯酸钠，这两种消毒清洁用品因化学成分不同，如使用不当，可能会对人体造成严重伤害。二者绝对不能在一起混用，因两者会发生化学反应，产生剧毒的氯气。

洁厕灵和84消毒液的反应如下：

$$2HCl + NaClO \longrightarrow NaCl + H_2O + Cl_2$$

如果需要使用这两种清洁用品清洗、消毒马桶时，应该如何操作呢？应该使用洁厕灵进行初步清洁，随后彻底冲洗。之后，采用按比例稀释的84消毒液进行消毒处理。操作过程中，要保持空气流通。

4.氯气泄漏事故的科学处理

氯气可以与体内的组织反应，导致组织损伤和氧化应激。吸入氯气后，会刺激眼睛、鼻子、喉咙和肺部，导致疼痛、流泪、咳嗽和呼吸困难，也会损伤呼吸道黏膜，导致炎症和水肿，甚至导致死亡。氯气与水反应生成盐酸和次氯酸，这些酸性物质可以引起化学烧伤。

在使用或产生氯气的场合，一定要做好防护工作和应急预案。发生氯气泄漏事故时，我们需要遵循科学的步骤和方法。首先，发现氯气泄漏后，应立即启动应急预案，确保人员安全。然后，迅速切断泄漏源，防止氯气继续泄漏。接着，对泄漏区域进行通风换气，降低氯气浓度。同时，使用水或碱液对泄漏的氯气进行处理，减少其对人体和环境的危害。在处理过程中，操作人员应穿戴防护服和使用防毒面具，避免直接接触氯气。处理完毕后，应对现场进行彻底的清理和消毒，确保无残留的氯气。最后，对事故进行调查分析，找出泄漏的原因，防止类似事故的再次发生。在整个处理过程中，始终以科学为导向，确保人员安全和环境保护。[5]

5.美丽的磷氯铅矿

(1) 磷氯铅矿的绚丽色彩

磷氯铅矿的化学式为$Pb_5(PO_4)_3Cl$，属六方晶系矿物，晶体常为六方柱状，有时为小圆桶状或针状，集合体常见晶簇状、粒状、球状和肾状等。它的颜色多样，为各种不同深浅的绿色、黄色、褐色或灰色、白色等，含有少量Cr_2O_3时呈现鲜红或橘红色。

磷氯铅矿❶之一
图片源自马志飞学术论文[6]

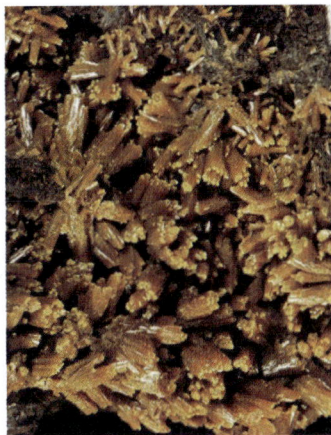

磷氯铅矿之二
图片源自中国地质博物馆官方网站

(2) 磷氯铅矿的显色因子

金属离子Cu^{2+}、Ni^{2+}和Fe^{3+}是矿物晶体常见的致色离子，其中Cu^{2+}与Ni^{2+}通常使矿物呈现绿色，而Fe^{3+}则使矿物呈现黄褐色[7]。例如，当Fe^{3+}浓度较高时，磷氯铅矿倾向于显现黄色；而当Fe^{3+}浓度较低时，其对颜色的影响减弱，此时磷氯铅矿可能因其他未知因素而呈现绿色[8]。

参考文献

[1] 潘振蓓，姜建文.基于科学史的"元探究"教学在化学学科中的应用[J].化学教学，2018，（11）：56-60.

[2] 张文根.科学批判的结晶：氯元素的发现[J].宝鸡文理学院学报（自然科学版），1999，（02）：51-53.

[3] 焦爱芳，顾佳丽.氯元素概念发展史及其教育价值[J].中国教育技术装备，2021，（07）：60-62.

[4] 周公度，叶宪曾，吴念祖.化学元素综述[M].北京：科学出版社，2012.

[5] 丁建华，谭德山.基于项目式学习的氯气泄漏事故的科学处理教学实践[J].教学考试，2022，（50）：41-44.

[6] 马志飞.绿色青草般的磷氯铅矿[J].国土资源科普与文化，2017，（04）：18-21.

[7] 戚长谋.地球化学通论[M].北京：地质出版社，1987：43-46.

[8] 马红艳，崔大安，秦作路，等.广西岛坪磷氯铅矿的谱学特征[J].矿物学报，2006，（02）：165-168.

---

❶ 此矿产于广西桂林恭城瑶族自治县，中国地质博物馆标本。其颜色多样而且非常明亮，具有一定的观赏价值。

智慧和幻想对于我们的知识是同样必要的，它们在科学上也是同等的地位。

化学正在取得异常迅速的成就，而希望赶上它的化学家们则处于不断脱毛的状态。不适于飞翔的旧羽毛从翅膀上脱落下来，而代之以新生的羽毛，这样飞起来就更有力更轻快。❶

——尤斯图斯·冯·李比希❷

尤斯图斯·冯·李比希（Justus von Liebig）
图片源自宾夕法尼亚大学图书馆

❶ [德]尤·李比希著. 化学在农业和生理学中的应用[M]. 刘更另译. 北京：农业出版社，1983.

❷ 尤斯图斯·冯·李比希，（Justus von Liebig，1803年5月12日出生于德国达姆施塔特，1873年4月18日逝世于德国慕尼黑），德国化学家，有机化学之父。作为大学教授，他发明了现代面向实验室的教学方法，因为这一创新，他被誉为历史上最伟大的化学教育家之一。

三、溴（Br）

1.溴元素发现历史与中英文名称由来

1822年，一家德国企业向尤斯图斯·冯·李比希（Justus von Liebig）寄送了一瓶红棕色液体，期望他能鉴定其具体成分。然而，在匆忙中，李比希未进行全面分析便草率地断定该液体为"氯化碘"[1]。1824年，年轻的法国化学家巴拉德（Balard）在研究海藻和废海盐母液时，把海藻烧成灰用热水浸取，再通入氯气，这时除得到紫黑色的晶体碘以外，他还发现在提取后的母液底部，总沉着一层深褐色的液体，有刺鼻的臭味，最后他证明这种深褐色的液体，是一种尚未被人们发现的新元素。1825年，德国化学家卡尔·勒维（Carl Löwig）在秋季给他的导师利奥波德·格美林（Leopold Gmelin）带了一瓶带有难闻气味的红棕色液体，并告诉导师是他在研究克罗茨纳克（Kreiznach）矿泉水的组成时，通入氯气，母液变成了红棕色液体。同年11月30日，巴拉德将《海水中所含的一种特殊物质的报告》寄给巴黎科学院。这份报告中最重要的一点是观察到了这种特殊物质（溴单质）和氯、碘的相似性。1826年巴拉德发表了论文《海藻中的新元素》。另外，他把氯气通到从地中海盐场中获得的废海盐的母液里，第一次获得了溴。开始，巴拉德建议把发现的新元素取名为"muride"，即"卤"，源于拉丁语muria，意为"盐水"。巴黎科学院在1826年8月14日作出裁决，确定了溴元素的发现。

最后，溴元素被命名为Bromine，源于希腊语"bromos"，意为"恶臭"。这一名字源于其特殊的气味，因为溴化合物通常具有令人不悦的臭味。中文名称按照象形字的造字原则，用三点水偏旁加"臭"字，形成"溴"元素的中文名称，表示溴元素单质具有令人不适的刺激性气味，而且在标准温度和压力条件下呈液态。值得注意的是，溴是唯一一个在常温下以液态形式存在的非金属元素。下图是溴元素的发现历史时间轴。

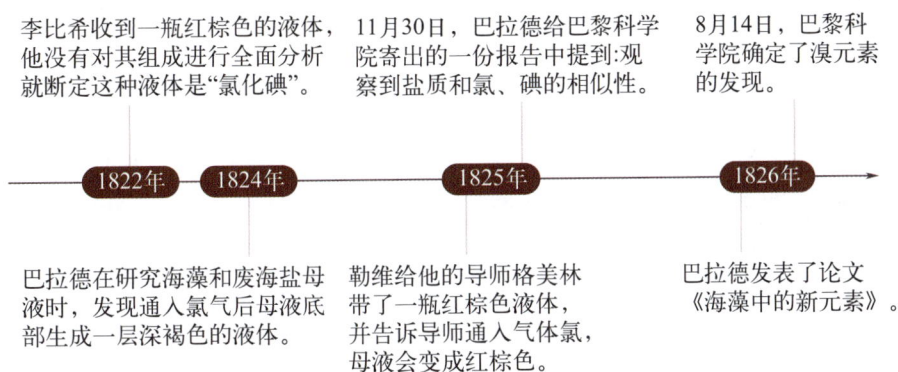

李比希收到一瓶红棕色的液体，他没有对其组成进行全面分析就断定这种液体是"氯化碘"。

11月30日，巴拉德给巴黎科学院寄出的一份报告中提到：观察到盐质和氯、碘的相似性。

8月14日，巴黎科学院确定了溴元素的发现。

| 1822年 | 1824年 | 1825年 | 1826年 |

巴拉德在研究海藻和废海盐母液时，发现通入氯气后母液底部生成一层深褐色的液体。

勒维给他的导师格美林带了一瓶红棕色液体，并告诉导师通入气体氯，母液会变成红棕色。

巴拉德发表了论文《海藻中的新元素》。

溴元素的发现史❶

---

❶ 图中时间轴主体颜色设计理念采用溴单质的红棕色。

2.溴元素基本性质

溴（Br）位于第四周期第ⅦA族，属卤族元素，基态电子组态为 $[Ar]3d^{10}4s^24p^5$。溴常温下呈红棕色液体，易挥发，溴蒸汽带有刺激性的臭味，熔点为266.05 K，沸点为332.0 K。溴及其化合物在多个领域具有重要应用。四溴双酚A（TBBP-A）作为溴系阻燃剂，广泛用于电子设备塑料部件、建筑材料及纺织品的防火处理。在感光材料领域，溴化银因其光敏特性成为胶片和相纸制造的核心成分。医药中，溴化钾、溴化钠和溴化铵通过抑制神经系统活性发挥镇静作用。此外，溴化锂作为环境友好型制冷剂被应用于空调系统，其臭氧层破坏潜势显著低于传统氟利昂类物质。

3.海水提溴

（1）空气吹出法海水提溴工艺

空气吹出法海水提溴的生产过程主要包括酸化、氧化、空气吹出、吸收、蒸馏等。以下是该工艺的主要技术操作和相关化学反应。

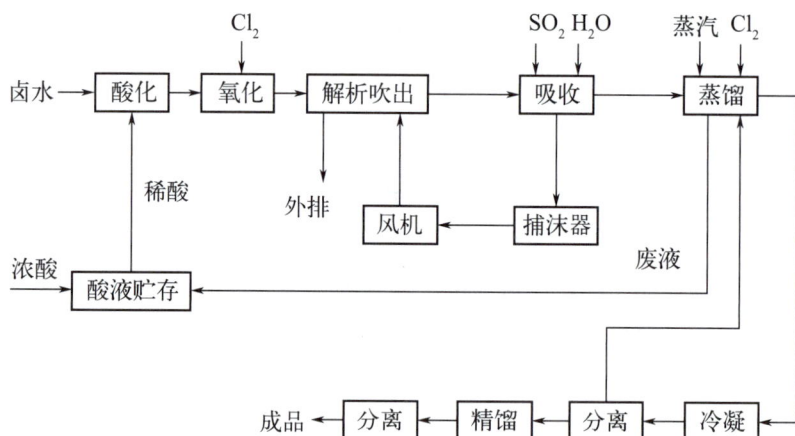

海水提溴工艺流程
图片源自白瑞祥学术论文[2]

① 吹出工序（先酸化、后氧化）

卤水加酸酸化后用氯气将卤水中的溴离子置换成溴分子，利用空气将溴分子从卤水中吹出，化学反应方程式为：

$$2Br^- + Cl_2 = Br_2 + 2Cl^-$$

② 吸收工序（$SO_2 + 2H_2O$）

含有溴分子的空气中的溴被吸收，在酸性条件下重新生成溴化氢，所需 SO_2 由硫燃烧提供。化学反应方程式为：

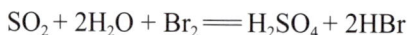

$$SO_2 + 2H_2O + Br_2 = H_2SO_4 + 2HBr$$

③ 蒸馏工序（同时加氯气氧化）

来自吸收后的初级酸完成液，在蒸馏工序通过蒸汽加热，通入氯气将溴离子氧化成溴分子，然后进行水蒸气蒸馏，分离出溴，再通过冷凝、分离等工序得到成品溴[2]。化学反应方程式为：

$$2HBr + Cl_2 \Longrightarrow 2HCl + Br_2$$

溴作为一种重要的资源型精细化工原料，在多个领域具有广泛的应用。海水提溴是海洋化工的重要组成部分。然而，对我国而言，溴产不敷销，对外依存度较高。随着《海水淡化利用发展行动计划（2021—2025年）》的印发，充分利用海水淡化副产的溴资源，有助于延长海水淡化资源利用产业链条，提升我国溴的供给能力。

（2）溴提取中蕴含的地质科学与化学学科知识

地球表面的脱气作用使大量溴不断释放，然而由于溴在硅酸盐中的不溶性，地球上仅存在少数含有溴的稀有矿物，例如溴银矿和氯溴银矿，也即陆地无法储存大量的溴。经过漫长的地质变迁，最终溴在海洋中得以富集。海洋中溴的浓度约为陆地的70倍，这一数据说明地球表面富含溴的水体与海水之间存在的密切联系。死海作为全球溴含量最高的水体之一，其溴浓度达到了陆地平均水平的5000倍，这种异常高的溴含量主要由于近代海水在特定裂谷环境中经历蒸发浓缩过程所致。

自20世纪初以来，依托死海这一优势溴资源基地，中东地区开始发展提溴工艺及相关产业。以色列化工集团与美国雅宝集团在死海地区共同掌握了全球超过40%的溴产能。以色列不仅控制着溴素的生产，还在本国、荷兰及美国构建了完整的溴基产品产业链。

在中国，几个典型的海相盆地如四川盆地、鄂尔多斯盆地、羌塘盆地、江汉盆地等，都经历了地质变迁，其海相地层保留的溴素含量相对巨大。例如，四川盆地海相碳酸盐储层中溴含量最高达到陆地的2000多倍；鄂尔多斯海相地层中溴含量最高为陆地的5000多倍。与此对比，我国几个典型陆相盆地由于没有继承海相物质，整体溴含量相对较低[3]。

通过地质学的研究，可以确定溴元素在地壳中的分布规律及其富集机制，为寻找和评估溴矿资源提供科学依据。同时，化学学科的应用则体现在对溴的提取和纯化过程中，利用化学反应的原理和技术手段，实现从矿物到溴产品的转化。

死海提溴盐田
图片源自孔维刚学术论文[3]

4.含溴药物——氨溴索

氨溴索为英文名称Ambroxol的音译，分子式是$C_{13}H_{18}Br_2N_2O$，结构式如下。

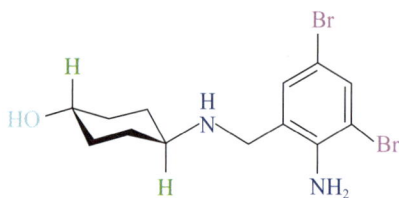

氨溴索（$C_{13}H_{18}Br_2N_2O$）

氨溴索具备显著的黏痰溶解能力及润滑呼吸道的功能，能够促进肺表面活性物质、呼吸液的分泌以及纤毛运动。该药物适用于急慢性呼吸道疾病和支气管分泌异常的治疗，通过稀化黏痰，具有促进黏液排除和溶解分泌物的特性，从而有效减少黏液滞留，显著改善排痰效果和呼吸状况[4]。在治疗过程中，患者的黏液分泌可恢复正常，咳嗽及痰量通常显著减少，使得呼吸道黏膜上的表面活性物质能够发挥其正常的保护功能。因此，氨溴索特别适用于伴有痰液分泌不正常及排痰功能不良的急性、慢性呼吸系统疾病的治疗。

5. 含溴元素各物质间的转化关系知识图谱

在不同的化学环境下，溴能够展现出从−1到+7等多种化合价态，这使得涉及溴的化学反应种类繁多且各具特色。例如，在氧化还原反应中，溴可以作为氧化剂或还原剂参与反应，其化合价的升降直接决定了反应的进行程度和产物的生成。以Br_2为中心含溴元素各物质间的转化关系知识图谱揭示了溴与它所形成的化合物之间的相互转化，这些转化过程在图谱上以直观的箭头和反应条件呈现，有利于读者对溴涉及的化学反应的理解与记忆。

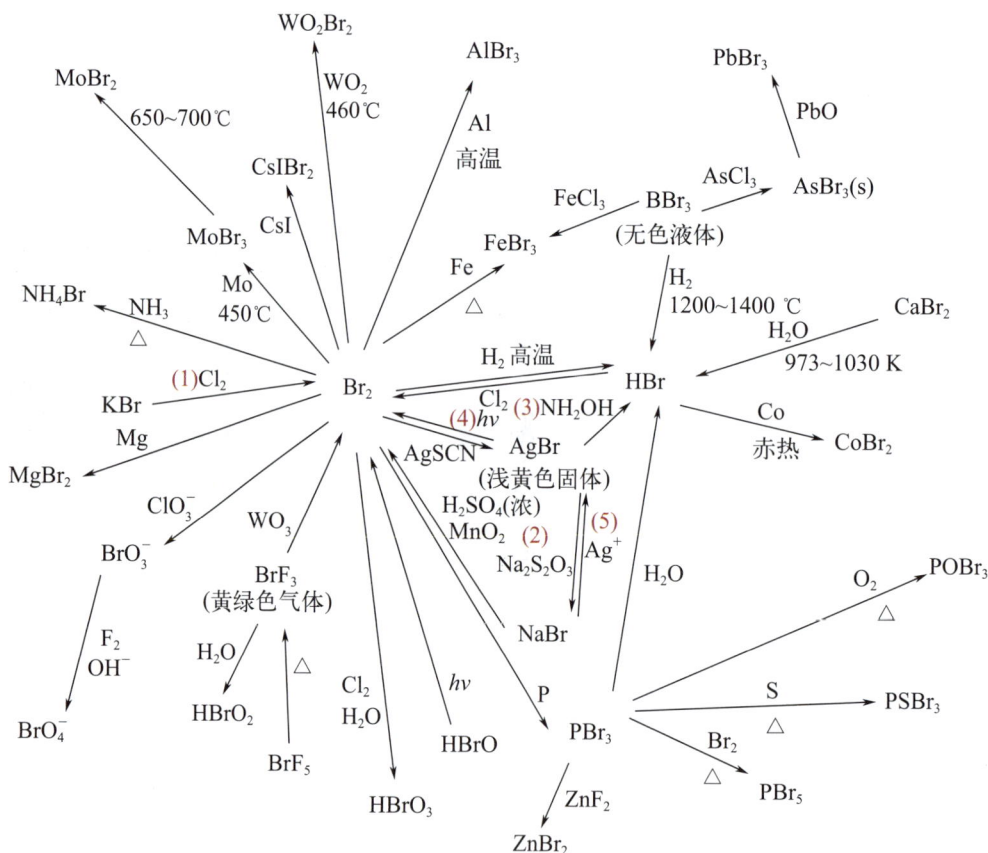

以Br_2为中心含溴元素各物质间的转化关系知识图谱

图中使用红色标注溴及其化合物的重要应用和相关的化学变化，并将具体的化学反应方程式及反应条件附后。现列举几个与实际应用密切相关的反应：

① $2KBr + Cl_2 \Longrightarrow 2KCl + Br_2$，实验室制 Br_2 的方法。

② $AgBr + 2Na_2S_2O_3 \Longrightarrow Na_3[Ag(S_2O_3)_2] + NaBr$，硫代硫酸钠用作定影液，利用这个反应可以溶去胶片上未起作用的溴化银。

③ $2NH_2OH + 2AgBr \Longrightarrow 2Ag + N_2 + 2HBr + 2H_2O$，用此反应可以把银盐还原成金属。用羟氨做还原剂的优点，一方面是由于它有强的还原性，另一方面是它的氧化产物可以脱离反应系统，不会给反应溶液里带来杂质。

④ $2AgBr \xrightarrow{hv} 2Ag + Br_2$，说明溴化银见光易分解。

⑤ $Br^- + Ag^+ \longrightarrow AgBr \downarrow$，可用来检测 Ag^+ 的存在。

6. 与溴失之交臂的李比希

讲到溴元素的发现史，就不得不提科学巨匠李比希。由于疏忽大意，李比希与溴元素的发现失之交臂。虽然李比希在学术界取得了巨大的成功，但错失了溴的发现让他抱憾一生。

1826年，李比希成功建立了世界上第一个公共性质的大学化学实验室——吉森大学化学实验室。这一具有里程碑意义的事件，标志着现代实验组织与教育结合的开始[5]。与传统仅供少数人使用的私人实验室不同，吉森实验室是一个可以同时容纳众多学生的教育和研究中心，体现了近代科学在高等教育机构中的制度化。

李比希创新性地建立了历史上第一个自然科学研究学派，为现代科学研究构建了一种有效的科研组织模式。李比希学派的成功显著体现在其培养出许多著名化学家，如霍夫曼、凯库勒、齐宁等。而那些师从李比希或其门徒的化学家所获得的成就更是数不胜数，仅就诺贝尔奖获得者而言，李比希的弟子们至今仍位居榜首。

李比希在其自传中亦说："任何一个人，如果不能如诗人和艺术家那样，在想象中对所见所闻勾勒出一幅精神图画，那就很难对现象给出一种清晰的认识。"[6]

李比希最为著名的语句当属在《化学在农业和生理学中的应用》一书中的阐述："智慧和幻想对于我们的知识是同样必要的，它们在科学上也是同等的地位。化学正在取得异常迅速的成就，而希望赶上它的化学家们则处于不断脱毛的状态。不适于飞翔的旧羽毛从翅膀上脱落下来，而代之以新生的羽毛，这样飞起来就更有力更轻快。"[7]

恩格斯在《反杜林论》中也说到："因此，当我退出商界并移居伦敦，从而有时间进行研究的时候，我尽可能地使自己在数学和自然科学方面来一次彻底的——像李比希所说的——'脱毛'，八年当中，我把大部分时间用在这上面。"[8]

7. 芳烃溴化反应科学前沿

溴化反应是一类很重要的有机反应。有机溴化物广泛存在于自然界中，并大量应用于医药、农药、染料、香料阻燃剂等化工行业，其在药物合成中尤其重要。有机溴化物还经常被用于形成碳-碳键和碳-杂键等的交叉偶联反应。传统的有机溴化物合成方法不符合绿色合成的要求，存在原子经济性低、不环保等问题。作为一种高效、绿色、有前景的有机合成手段，光催化已成功用于各种有机反应，如氧化反应、还原反应以及C—X（C，O，N，S）键的形成。与具有毒性、腐蚀性和危险性的分子溴（Br_2）和昂贵的 N-溴代琥珀酰亚胺（NBS）相比，无毒且价格低廉的溴化氢（HBr）可作为相对理想的"绿色"溴源参与溴化反应。需要说明的是，HBr中的Br^-必须被活化才能参与溴化反应。中国科学院大连化学物理研究所李灿院士研究团队选择HBr为溴源，创建了一个以有机-无机杂化钙钛矿材料为光催化剂的光催化溴化体系，在可见光照射下，反应可获得高价值的芳香溴化物，并同时获得氢气。

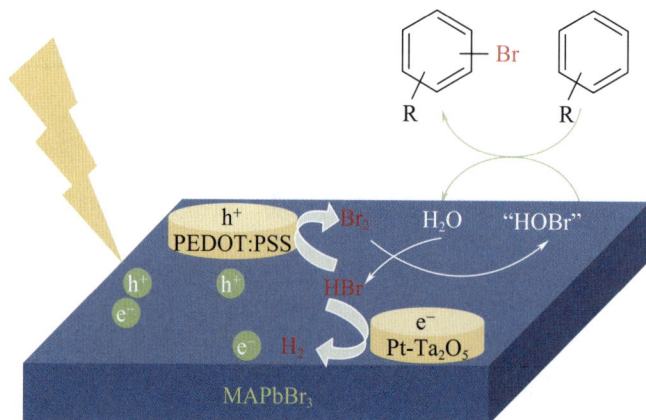

高转化率、高选择性的芳香烃溴化并联产氢气原理示意图❶

图片源自李灿院士学术论文[9]

研究发现，可见光吸收性能强的有机-无机杂化钙钛矿甲基胺溴化铅（$MAPbBr_3$）可以在HBr中稳定存在，并可在可见光照射下分解HBr产生H_2。以$MAPbBr_3$为光催化剂，HBr为溴源，可实现芳香化合物的溴化反应，同时保留了产生H_2的优势。溴化反应是通过亲电取代的方式进行的，反应生成的Br_2会与水反应生成活性溴化物种HOBr，HOBr可能是关键的溴化中间体。这种温和且高效的溴化路径，反应的转化率和选择性均高达99%，可以完成芳香有机物的溴化，还可以用于结构复杂的天然物质和药物的后期功能化[9]。

参考文献

[1] 陆誉文，袁振东. 溴元素发现史上的成功和遗憾及其历史意义[J]. 化学教育（中英文），2022，43（03）：123-127.

[2] 白瑞祥，朱丽丽. 海水提溴过程自控系统研究与开发[J]. 中国盐业，2017，（01）：68-72.

---

❶ 可见光照射下以HBr为溴源，有机-无机杂化钙钛矿$MAPbBr_3$基与Pt/Ta_2O_5和PEDOT:PSS结合催化芳香烃溴化反应。其中Pt/Ta_2O_5作为助催化剂，PEDOT:PSS为导电聚合物聚3,4-乙烯二氧噻吩/聚苯乙烯磺酸盐。

[3] 孔维刚，王登红，刘喜方. 溴——变局之关键资源 [J]. 自然资源科普与文化，2021，（02）：22-25.

[4] 时春华，王波，韩金凤. 盐酸氨溴索与中成药存在配伍禁忌文献概述 [J]. 中国药物滥用防治杂志，2019，25（03）：176-178.

[5] 邢润川，闫莉. 集化学家与化学教育家于一身的一代化学大师李比希——纪念李比希诞辰 200 周年 [J]. 化学通报，2003，（12）：859-864.

[6] [德]李比希著. 李比希文选 [M]. 刘更另，李三虎译. 北京：北京大学出版社，2011.

[7] [德]尤·李比希著. 化学在农业和生理学上的应用 [M]. 刘更另译. 北京：农业出版社，1983.

[8] 恩格斯. 反杜林论 [M]. 北京：人民出版社，2018.

[9] Zhang Y F，Wang H，Liu Y，et al. Aromatic Bromination with Hydrogen Production on Organic-inorganic Hybrid Perovskite-based Photocatalysts under Visible Light Irradiation[J]. Chinese Journal of Catalysis，2022，43（7）：1805-1811.

环境学科的前瞻性就在于，该优先做的是"保健医生"的工作，而不是"急诊室、抢救室"的紧张应急，谈环境问题一定要从长远视角出发。❶

——倪晋仁❷

倪晋仁院士
图片源自北京大学官方网站

❶ [院士风采]倪晋仁：聚沙成塔 滴水穿石 https://news.pku.edu.cn/bdrw/137-292760.html

❷ 倪晋仁，环境水利专家，主要从事流域水沙运动理论、水体污染控制及河流综合治理方面的研究。2015年当选为中国科学院院士。

四、碘（I）

1.碘元素发现历史与中英文名称由来

1811年，法国药剂师伯纳德·库特瓦（Bernard Courtois，1777—1838）从海藻灰母液中意外发现了碘。1813年这一年，有许多人对碘进行了研究，11月29日，一篇由法国化学家尼古拉斯·克莱门特（Nicholas Clement，1779—1841）和查尔斯·伯纳德·德索尔姆（Charles Bernard Desormes，1777—1862）签字的关于《库特瓦先生从一种碱金属盐中发现的新物质》的报告在《物理与化学年报》上发表；12月6日，盖·吕萨克（Gay Lussac）在法国科学院宣读题目为《由库特瓦发现的新物质形成的一种新酸》（*About a new acid formed with the substance discovered by Courtois*）的报告，内容为：由于它的蒸气颜色是紫色，这种新物质被命名为Iodine（来自希腊语iodes，紫色的），具有与氯和氧相似的电学性质；12月10日，汉弗莱·戴维（Humphry Davy）给英国皇家学会写了一封信《对一种高温加热变成紫色蒸气的物质的观察和实验》（*Some experiments and observations on a new substance which becomes a violet coloured gas by heat*），他在信中写道："发现这种物质在某些方面和氯有一些相似之处，这种物质在法国被命名为ione，它的氢化物被命名为hydroionic，衍生物被叫作ionics。我认为可以将ione英译为iodin，能很好地搭配chlorin（1810年，氯）和fluorin（1812年，氟）"；12月20日，盖·吕萨克在法国科学院上发表了《关于碘和氧结合的说明》（*A note about the combination of iodine with oxygen*）[1]。1814年，盖·吕萨克和戴维各自独立证明了碘的元素性质。

在中文命名Iodine时，取其音节"dine"进行音译，并结合元素的性质，使用"石"字旁，形成了"碘"这个中文名称。下图是碘元素的发现历史时间轴。

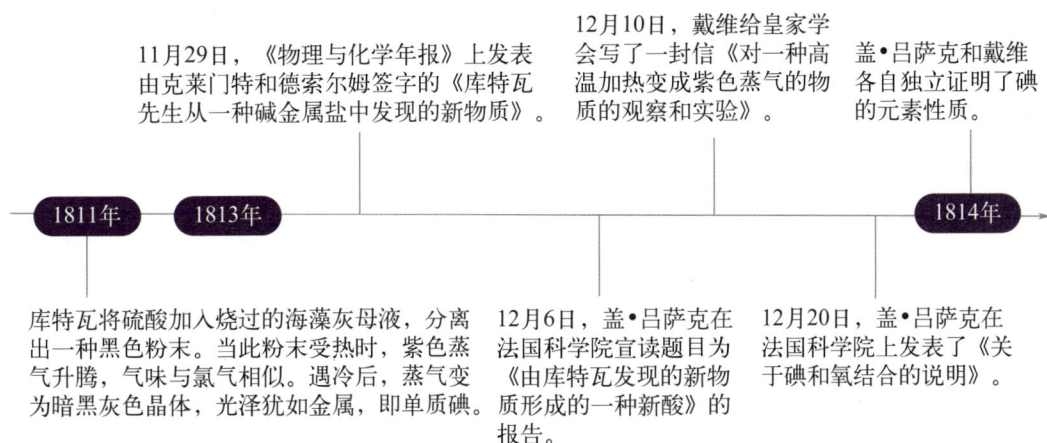

11月29日，《物理与化学年报》上发表由克莱门特和德索尔姆签字的《库特瓦先生从一种碱金属盐中发现的新物质》。

12月10日，戴维给皇家学会写了一封信《对一种高温加热变成紫色蒸气的物质的观察和实验》。

盖·吕萨克和戴维各自独立证明了碘的元素性质。

1811年　1813年　1814年

库特瓦将硫酸加入烧过的海藻灰母液，分离出一种黑色粉末。当此粉末受热时，紫色蒸气升腾，气味与氯气相似。遇冷后，蒸气变为暗黑灰色晶体，光泽犹如金属，即单质碘。

12月6日，盖·吕萨克在法国科学院宣读题目为《由库特瓦发现的新物质形成的一种新酸》的报告。

12月20日，盖·吕萨克在法国科学院上发表了《关于碘和氧结合的说明》。

碘元素的发现史 ❶

---

❶　图中时间轴主体颜色设计理念采用碘单质的紫色。

2.碘元素基本性质

碘（I）位于第五周期第ⅦA族，为卤族元素，基态电子组态为 $[Kr]4d^{10}5s^25p^5$。碘是紫黑色晶体，有金属光泽，性脆，熔点为 386.65 K，沸点为 457.5 K。

碘单质微溶于水，易溶于乙醇、乙醚、氯仿及四氯化碳等有机溶剂。碘能与除贵金属外的几乎所有金属结合，形成相应的碘化物，同时也能与电负性较低的非金属发生反应。此外，碘可与其他卤素相互作用生成卤素互化物。碘以其特征性的淀粉显色反应（形成蓝色复合物）而广泛应用于化学检测领域。

3.科学用"碘"

（1）何为碘伏

碘伏是一种由元素碘与载体聚合物构成的复合物。该复合物通过释放单质碘实现杀菌效能。载体不仅提升了碘的溶解度，还充当了碘持续释放的储存库，从而延长了碘伏的有效作用时间。在众多碘伏类药品中，聚维酮碘是应用最广泛的一种，也被称为聚乙烯吡咯烷酮碘。聚维酮碘以其低毒性、高效性及广谱杀菌性而著称，该物质不仅在医疗消毒领域得到广泛应用，同时也被用于公共卫生、餐具清洁、瓜果处理、食品工业以及环境消毒等多个方面。

聚维酮碘有两种商品形式：一种是作为药品上市的"聚维酮碘溶液"，产品的批准文号为"国药准字"，通常由制药企业生产；另一种则是作为卫生消毒液性质上市的"碘伏消毒液"，其批准文号为"卫消字"，生产企业为消毒用品有限公司或消毒卫生用品厂等非制药企业。对于碘伏类产品的使用和选择，需要明确产品的实际成分和使用目的，选择合适的产品并注意正确的使用方法和贮存条件。医疗机构在临床上应选用药典已收载的、由制药企业生产的聚维酮碘溶液，以确保临床使用的安全性 [2]。

（2）可用于猴痘治疗的聚维酮碘

猴痘病毒，一种与天花病毒相似的病原体，自2022年起在非洲以外地区引起了广泛的关注。猴痘病毒的传播方式、复制机理、发病方式和病程表现都与天花病毒有着惊人的相似性，这使得人们对其潜在的威胁感到担忧。猴痘病毒主要通过直接接触感染者的皮肤或者呼吸道分泌物而传播。此外，它还可以通过飞沫传播，甚至在某些情况下，也可以通过物品表面进行间接传播。这种高度传染性使得猴痘病毒在全球范围内的传播成了一个严重的问题。

猴痘病毒的复制机理也与天花病毒相似。它通过侵入宿主细胞，利用宿主的细胞进行自我复制，从而引发疾病。这种复制机制使得猴痘病毒能够在人体内迅速扩散，导致病情恶化。猴痘病毒的发病方式和病程表现也与天花病毒相似。感染者通常会出现发热、头痛、肌肉疼痛等症状，随后皮肤上会出现红色或紫色的疹子。这些症状通常会持续数周，直到患者康复。面对猴痘病毒的威胁，全球各国都在积极应对。一方面，科学家们正在努力研究猴痘病毒的特性，以便更好地理解其传播方式和复制机理，从而找到更有效的防治方法。另一方面，各国政府也在加强公共卫生管理，以防止猴痘病毒的进一步传播。

实验结果表明，聚维酮碘能够迅速灭活猴痘病毒，同时不会降低中和抗体滴度或影响抗病毒T细胞反应。在人体实验中，聚维酮碘应用于疫苗接种部位可减少病毒脱落，而不改变抗体反应。研究还发现，聚维酮碘软膏显著降低了痘苗病毒从疫苗接种部位的脱落水平，并缩短了病毒脱落的持续时间。总之，局部应用聚维酮碘软膏可减少与天花疫苗相关的病毒脱落和感染。在印度的骆驼痘感染病例中，使用聚维酮碘乳膏有效抑制了传染与并发症，病变逐渐消失，愈合良好[3]。

(3) 健康一"碘"通——环境科学与流行病学的学科融合

碘是人体必需的微量元素，对人体健康有着重要的影响。尽管中国大部分人口都可实现持续充足的碘营养供应，但特定群体仍面临缺碘风险。青藏高原占中国总面积的12.5%，本地区居民碘营养状况不佳，因此被认定为全球主要缺碘区域之一。相较于平原地区，藏族成年人群的碘缺乏率显著较高。在缺碘地区，碘盐作为人体碘的主要来源，对于降低甲状腺肿大及甲状腺功能减退症的发病率具有重要作用。

肥胖女性在妊娠期间特别容易发生碘及其他微量营养素的缺乏。她们的饮食可能富含能量，但必需微量营养素的含量却较低。脂肪摄入的增加可能会干扰碘的吸收，并促进脂肪组织中促炎细胞因子的释放。此外，胰岛素抵抗可能导致肠细胞中碘化钠交联体的表达减少，进而影响碘的吸收。随着肥胖问题的日益严重，缺碘的风险可能会进一步加剧。

另一方面，过量摄入碘可能引发一系列健康问题。碘在体内的过度积累可导致甲状腺功能紊乱，包括亚临床及明显的甲状腺功能障碍，尤其对存在危险因素的个体和老年人影响更为显著。研究表明，含高浓度碘的造影剂使用与甲状腺功能障碍之间存在关联，其中造影剂诱发的甲状腺功能亢进和减退的发病率最高可达15%。此外，妊娠前或妊娠期间接触碘造影剂可能会增加新生儿患甲状腺功能障碍的风险[4]。

国际控制碘缺乏病委员会建议的碘摄入量为：成人（非孕妇）每日150 μg，孕妇每日220～250 μg，哺乳期妇女每日250～290 μg。此推荐量足以满足甲状腺激素合成的需求。世界卫生组织将尿碘中位数超过300 μg/L定义为碘过量，尿碘水平的升高是判断碘过量的重要依据。欧盟设定的碘最高适宜摄入量为每日600 μg，美国则为每日1100 μg。需注意的是，不同个体对碘过量的反应存在差异，部分人群即使摄入较低剂量的碘也可能出现不良反应。老年人、孕妇、胎儿、哺乳期妇女、新生儿以及有甲状腺疾病史的患者属于易受碘过量影响并可能产生不良后果的敏感群体[5]。

北京大学环境科学与工程学倪晋仁院士课题组将全国地下水碘监测结果、地下水碘摄入贡献比例与中国甲状腺疾病流行病学调查的同期数据结合，建立了地下水碘含量与居民尿碘含量之间的关系，揭示了碘摄入与碘代谢之间的联系，指出饮用高碘地下水是影响居民碘营养水平的重要因素。此外，通过建立中国地下水碘含量分布全国地图，揭示了地下水碘元素空间分布特征与不同健康风险之间的联系。与低碘有关的更大的非致癌风险更有可能发生在海拔较高的地区，而与地下水高碘有关的风险则集中在因土地过度利用和密集的人为过度开发而遭受海水侵入的地区。对于环境问题，倪晋仁院士曾说："环境学科的前瞻性就在于，该优先做的是'保健医生'的工作，而不是'急诊室、抢救室'的紧张应急，谈环境问题一定要从长远视角出发。"下图是碘对人类健康构成的潜在风险的示意。

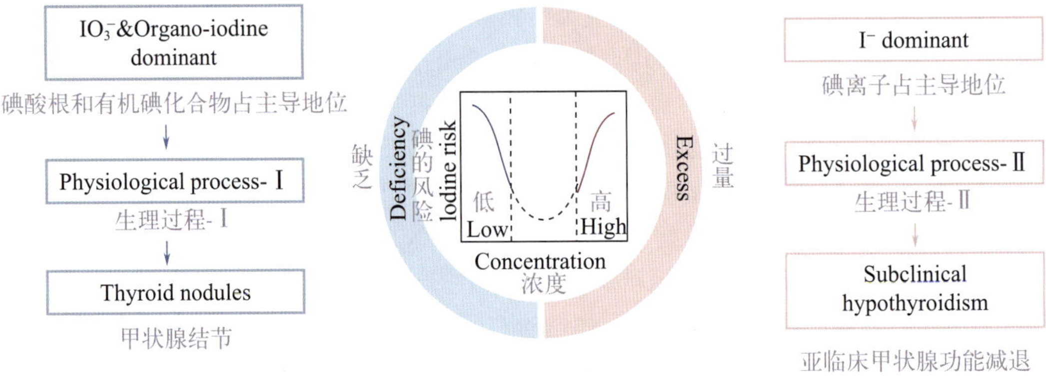

碘对人类健康构成的潜在风险

图片源自倪晋仁院士学术论文[6]，本书引用时略有修改

4. 传统中医学中的含碘食药材

在古代，虽然没有现代化学的概念，但人们已经意识到某些食物对健康的重要性。例如，《本草纲目》云："海藻，咸能润下，寒能泄热引水，故能消瘿瘤、结核、阴肿之坚聚，而除浮肿、脚气、留饮、痰气之湿热，使邪气自小便出也。"《儒门事亲·瘿》云："夫瘿囊肿闷，稽叔夜《养生论》云：颈如岩而瘿，水土之使然也，可用人参化瘿丹，服之则消也。又以海带、海藻、昆布三味，皆海中之物，但得二味，投之于水瓮中，常食亦可消矣。"

这些古代文献都提到通过食用海藻类食物来补充碘，以预防甲状腺疾病。这说明，尽管古代中国人可能没有明确认识到碘元素，但他们已经通过实践观察和经验积累，发现了某些食物与健康之间的联系。

5. 具有高比容量的 I^-/IO_3^- 正极水系电池

对高安全性高能量密度电池需求的不断增长，推动了全球范围内电池氧化还原反应和装置设计方面的研究和创新。中国科学院大连化学物理研究所李先锋研究员团队报道了一种采用含有 I^- 和 Br^- 的高浓度异卤素电解质的水系电池，涉及 I^- 与 IO_3^- 之间的多电子转移过程。电化学过程中产生的中间体溴化物 IBr 和 Br_2 增大了反应速率，减小了氧化和还原之间的电位差。Br^- 存在下的充放电过程示意如下。

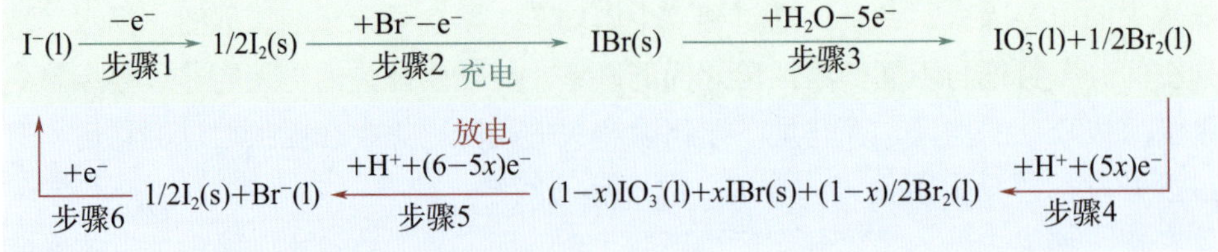

步骤1:$2I^--2e^-\rightarrow I_2$ $E=0.54V$

步骤2:$I_2+2Br^--2e^-\rightarrow 2IBr$ $E=1.02V$

步骤3:$2IBr+6H_2O-10e^-\rightarrow 2IO_3^-+Br_2+12H^+$ $E=1.20V$

步骤4:$Br_2+2e^-\rightarrow 2Br^-$ $E=1.08V$ $\qquad IO_3^-+5Br^-+6H^+\rightarrow IBr+2Br_2+3H_2O$

步骤5:$2IBr+2e^-\rightarrow I_2+2Br^-$ $E=1.02V$ $\quad IO_3^-+2I_2+5Br^-+6H^+\rightarrow 5IBr+3H_2O$

步骤6:$I_2+2e^-\rightarrow 2I^-$ $E=0.54V$

Br^- 存在下的充电（步骤1~3）- 放电（步骤4~6）过程示意❶
图片源自李先锋学术论文[7]

　　当使用6 mol/L I^-电解质实现超过30 mol/L的电子转移时，I^-/IO_3^-正极显示出超过840 A·h/L的高比容量。以Cd/Cd^{2+}为负极的电池具有超过1200 W·h/L的高能量密度。即使在120 mA/cm^{2}的超高电流密度下，也能获得72%的能量效率。该工作表明，具有高能量密度的安全水系电池是可能的，为精细网格化储能甚至电动汽车提供了一种发展选择[7]。

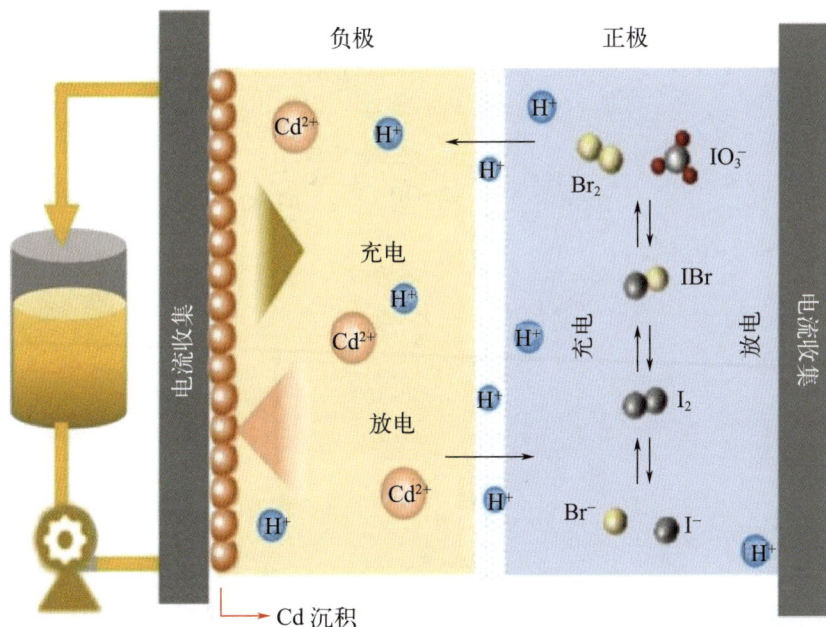

基于碘元素的多电子转移正极（灰色）和镉金属负极（黄色）的高能量密度水系电池示意❷
图片源自李先锋学术论文[7]

6.含碘元素各物质间的转化关系知识图谱

（1）以I_2为中心含碘元素各物质间的转化关系知识图谱

　　与溴元素相似，碘元素在自然界中也以多种形态存在。例如，碘的常见氧化态包括0

---

❶　步骤4~5中的"x"表示IO_3^-的还原量分数，其值在0~1之间，需要具体情况具体分析。

❷　负极区的电解质可以流动，而正极区电解质停留在电极腔中。

（单质碘I_2）、-1（碘离子I^-）和+5（碘酸盐IO_3^-）等，其转化关系构成了一个错综复杂的网络。在这个网络中，I_2分子扮演着核心角色。从I_2分子出发，多种含碘物质可以通过不同的化学反应相互转化。下图是以I_2为中心含碘元素各物质间的转化关系知识图谱。图谱中明确标注了它们之间的转化条件，如温度、压力、光照、pH值等影响因素。

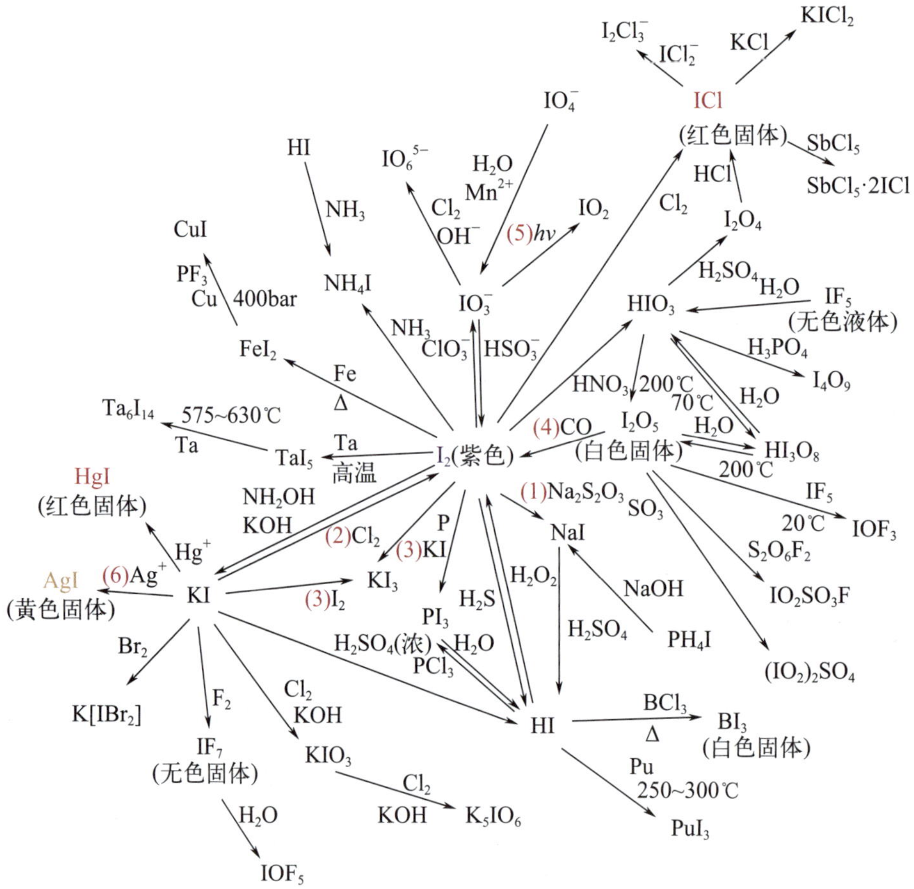

以I_2为中心含碘元素各物质间的转化关系知识图谱

图中使用红色标注碘及其化合物的重要应用和相关的化学变化，并将具体的化学反应方程式及反应条件附后。碘元素相关的几个反应列举如下：

①$2Na_2S_2O_3 + I_2 \longrightarrow 2NaI + Na_2S_4O_6$，硫代硫酸钠是一种中等强度的还原剂，能定量地被碘单质氧化成连四硫酸根，这是滴定分析中碘量法的理论基础。

②$2KI + Cl_2 \longrightarrow 2KCl + I_2\downarrow$，实验室中可通过$Cl_2$从溴化物中置换出$Br_2$。

③$I_2 + KI \longrightarrow KI_3$，卤素单质和卤素离子可以形成多卤化物，使卤素单质在卤化物中溶解度增大，如常使用KI_3代替I_2进行分析滴定。

④$I_2O_5 + 5CO \longrightarrow I_2 + 5CO_2$，在合成氨工厂中可用$I_2O_5$来测定空气中或其他气体中一氧化碳的含量。

⑤ $IO_3^- \xrightarrow{hv} IO_2 + O^-$，碘酸溶液经闪光光解可检测出短寿命的 IO_2 基。

⑥ $I^- + Ag^+ \longrightarrow AgI \downarrow$，可用来检测 Ag^+ 的存在。

（2）Br 与 I 的知识图谱的对比分析

① Br_2 与 I_2 都能与 P 发生反应，但 I_2 只能将 P 氧化成三价的磷化物 PI_3：$3I_2 + 2P \longrightarrow 2PI_3$；而 Br_2 可以先将 P 氧化成三价的磷化物 PBr_3，然后 PBr_3 再被 Br_2 氧化成五价的磷化物 PBr_5：$2P + 3Br_2 \longrightarrow 2PBr_3$，$PBr_3 + Br_2 \xrightarrow{\triangle} PBr_5$。

② Br^- 和 I^- 都能与 Ag^+ 生成固体，Br^- 与 Ag^+ 生成浅黄色固体 AgBr，I^- 与 Ag^+ 生成黄色固体 AgI：$Br^- + Ag^+ \longrightarrow AgBr \downarrow$，$I^- + Ag^+ \longrightarrow AgI \downarrow$，由此，这两个反应都可用来检测 Ag^+ 的存在。

③ 它们的离子化合物都能被 Cl_2 氧化生成其对应的单质：$2KBr + Cl_2 \longrightarrow 2KCl + Br_2$，$2KI + Cl_2 \longrightarrow 2KCl + I_2 \downarrow$。

④ I_2 与 Br_2 都能被 ClO_3^- 分别氧化成 BrO_3^- 和 IO_3^-：$Br_2 + 2ClO_3^- \Longrightarrow 2BrO_3^- + Cl_2 \uparrow$，$I_2 + 2ClO_3^- \longrightarrow 2IO_3^- + Cl_2 \uparrow$。

参考文献

[1] 袁振东，武丹.碘元素概念发展史及其教育价值[J].化学教育（中英文），2020，41（23）：109-113.

[2] 韩保民，胡永胜.碘附（聚维酮碘）名称辨析[J].药学实践杂志，2009，27（05）：388-389.

[3] 袁国栋.猴痘病毒的感染特征与聚维酮碘对其灭杀作用的研究进展[J].抗感染药学，2023，20（01）：6-8.

[4] 刘兴敏，康龙丽.碘元素与健康[J].西藏医药，2023，44（01）：141-142.

[5] 冯艳妮，姚小梅.碘过量的危害及相关机制[J].天津医药，2016，44（11）：1322-1325.

[6] Ma R，Yan M，Han P，et al. Deficiency and Excess of Groundwater Iodine and their Health Associations[J]. Nat Commun，2022，13：7354.

[7] Xie C，Wang C，Xu Y，et al. Reversible Multielectron Transfer I^-/IO_3^- Cathode Enabled by a Hetero-halogen Electrolyte for High-energy-density Aqueous Batteries[J]. Nat Energy，2024，9：714–724.

把元素按原子量的增加排列成纵列，再按原子量的增加水平排列类似的元素，根据这几个一般性的条件可以得出有规律的图表。❶

——门捷列夫❷

德米特里·伊万诺维奇·门捷列夫

❶ When the elements are arranged in vertical columns according to increasing atomic weight, so that the horizontal lines contain analogous elements again according to increasing atomic weight, an arrangement results from which several general conclusions may be drawn.

❷ 门捷列夫（Dmitri Ivanovich Mendeleev, 1834—1907），俄国科学家，发现并归纳元素周期律，依照原子量，制作出世界上第一张元素周期表，并据此预见了一些尚未发现的元素。

五、砹（At）

1.砹元素发现历史与中英文名称由来

1869年，俄国化学家德米特里·伊万诺维奇·门捷列夫（Dmitri Ivanovich Mendeleev，1834—1907）曾预言过85号元素为"类碘"。1940年7月16日，在伯克利大学工作的戴尔·雷蒙德·考尔森（Dale Raymond Corson）、肯尼思·罗斯·麦肯齐（Kenneth Ross Mackenzie）、埃米利奥·塞格雷（Emilio Segrè）把一篇题为"85号人工放射性元素"的文章投寄给有声望的物理杂志"物理评论"。报道上说，他们用回旋粒子加速器加速的α粒子轰击铋靶，得到核反应$_{83}^{209}Bi(\alpha,2n)$的放射性产物。这种产物最可能是类碘的一个同位素，其半衰期7.5 h，质量数为211。反应方程式为：

$$_{83}^{209}Bi + _{2}^{4}He \xrightarrow{\text{高速}\alpha\text{粒子轰击}} _{85}^{211}At + 2_{0}^{1}n$$

在这个反应中，铋-209（原子序数83，质量数209）吸收了一个氦-4原子核（也称为α粒子，原子序数2，质量数4），产生了砹-211（原子序数85，质量数211）和两个中子（n）。从铋-209到砹-211，原子序数的增加来源于α粒子中的两个质子，所以增加了两个质量数，同时多余的两个中子被释放出来。

1943年，在合成同位素^{211}At和^{210}At期间，有一个重要发现，维也纳镭研究所的科学家卡立克（Karlik）和贝尔纳（Bernert）找到了自然界中的砹。由于易于衰变，在地壳中砹的丰度极低，自然存量仅约25克，且多是天然放射性元素的蜕变产物。砹是一个很不稳定的元素[1]。

砹的命名源自希腊文astatos，意为"不稳定"，英文名称为Astatine[2]。中文命名时采用"石"字旁表示砹元素的非金属性质，同时按照形声造字的原则将希腊文astatos的首音节发音"艾"融入其中，从而形成了"砹"字。下图是砹元素的发现历史时间轴。

埃米利奥·塞格雷（Emilio Segrè）❶
图片源自诺贝尔奖官方网站

7月16日，考尔森、麦肯齐、塞格雷报道用回旋粒子加速器加速的α粒子轰击铋靶，得到核反应的放射性产物。这种产物最可能是类碘的一个同位素。

| 1869年 | 1940年 | | 1943年 |

俄国化学家门捷列夫曾预言过85号元素为"类碘"。

维也纳镭研究所的科学家卡立克和贝尔纳找到了自然界中的砹。

砹元素的发现史

❶ 埃米利奥·塞格雷，意大利裔美国物理学家，与佩里耶一起发现了元素锝，与考尔森和麦肯齐一起发现了元素砹，与肯尼迪、西伯格和沃尔一起发现了钚-239及其裂变特性。因与欧文·张伯伦发现反质子而共同获得1959年诺贝尔物理学奖。

2.砹元素基本性质

砹（At）位于第六周期第ⅦA族，属卤族元素，基态电子组态为 $[Xe]4f^{14}5d^{10}6s^26p^5$。依据卤素颜色随分子量及原子序数递增而加深的规律，推测其单质可能呈近黑色固态，受热时升华产生深紫色蒸气（较碘蒸气颜色更深）。虽然砹通常被归入非金属或类金属范畴，部分研究推测其在凝聚态下可能表现出金属特性。[2]

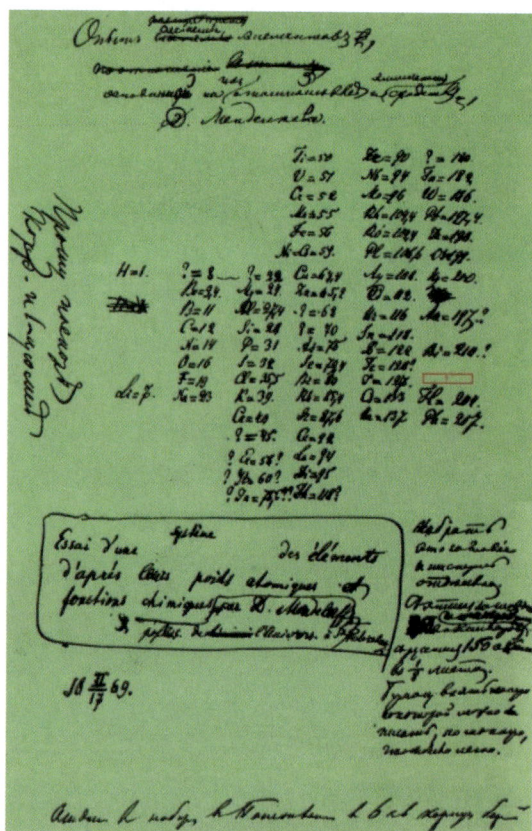

1869年门捷列夫绘制的元素周期表手稿

3.被门捷列夫预言的砹元素——"类碘"

门捷列夫的天才之举在于他为元素周期表留出了空白。他意识到表格上缺失了某些元素，尚未被人们发现。因此，在约翰·道尔顿（John Dalton）、约翰·亚历山大·雷纳·纽兰兹（John Alexander Reina Newlands）和其他人都在排列当时人们已经发现的元素时，门捷列夫为未知的元素留下了空间。更令人惊讶的是，他准确地预测了这些缺失元素的性质。门捷列夫是按以下方式排列的元素周期表："把元素按原子量的增加排列成纵列，再按原子量的增加水平排列类似的元素，根据这几个一般性的条件可以得出有规律的图表。"

门捷列夫曾指出存在一种类碘元素，是一种卤素，性质与碘相似，但分子量比碘大。1869年，在他排布的元素周期表中原子量为127的碘元素右侧，门捷列夫为"类碘"也专门留下了相应的位置（图中红色方框所示）。亨利·格温·杰弗里斯·莫斯莱（Henry Gwyn Jeffreys Moseley）确定类碘的原子序数为85。起初，化学家们根据门捷列夫的推断类碘是一个卤素，就尝试从各种盐类里去寻找它，但是一无所获。后来也有不少化学家尝试利用光谱技术去找这个元素，都没有成功。直到1940年砹元素在实验室中被成功制备。

4.砹与碘的相似性

已经确定砹-211在小白鼠各脏器组织中的分布是有一定规律的。砹-211的固有特性决定了自由砹在血液中会很快被清除，使得大部分砹-211浓集在甲状腺中。而研究过程中，发现其他脏器中摄取砹-211的量很少或甚微；碘存在时，由于其竞争作用，会改变砹-211的分布，使甲状腺中的砹-211大大减少[3]。

砹的主要特性之一是其挥发性，这一点通过从铋靶中利用挥发过程分离出砹可得以体现。在室温条件下，砹能轻易地从玻璃表面挥发，这一现象与碘的升华行为相似。

5. 地球上最稀有的天然元素——砹

之前介绍过吉尼斯世界纪录中最不稳定的自然存在的元素是钫。那么地球上最稀有的天然元素就非第85号元素砹莫属了。其实钫元素在自然界中已经非常稀有了，为什么砹元素更加稀有呢？我们要从砹元素在地球中的产生历程说起。自然界中的砹元素主要产生于放射性元素钋的β衰变。之前我们已经了解了α粒子 ❶和α衰变，接下来介绍β粒子和β衰变。

β粒子指的是放射性物质发生β衰变时所释出的高能量电子或正电子。β衰变有两种：β-衰变与β+衰变。β-衰变会产生电子，而β+衰变会产生正电子。在β衰变过程当中，放射性原子核通过发射电子和中微子转变为另一种核，产物中的电子就被称为β粒子。在正β衰变中，原子核内一个质子转变为一个中子，同时释放一个正电子；在负β衰变中，原子核内一个中子转变为一个质子，同时释放一个电子，即β粒子。[4]

同样作为放射性元素，砹和钫的同位素并不位于放射性衰变的主线上，而是在侧枝上，即均为放射性衰变的副产物。下图是产生天然钫的分枝图。

$^{227}_{89}$Ac每转变100个原子，有99个是发射β粒子，只有一个进行α衰变，因此自然界中存在的天然钫元素十分稀少。

那么，从钋元素衰变生成砹的分枝来看，想要生成砹元素难度更大。下图是三种不同的钋的同位素进行放射性衰变的路径图。首先，天然砹的产生者（钋的同位素）极其稀少，对它们来说，α衰变不仅是主要的，而且实际上几乎是唯一放射性历程，相对应地，它们的β衰变可能性实在是太小太小了。而只有β衰变才能够产生砹元素。

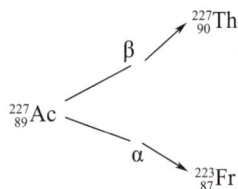

产生天然钫的分枝图

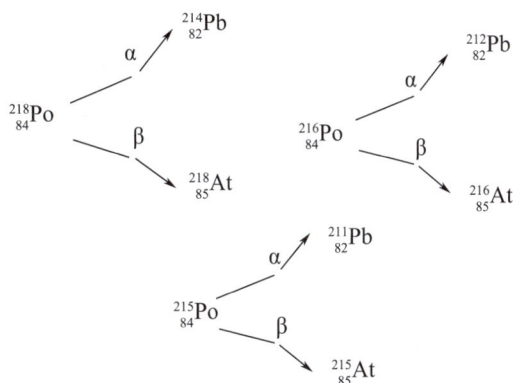

三种不同的钋的同位素进行放射性衰变的路径图

---

❶ α粒子是某些放射性物质衰变时放射出来的粒子，由两个中子和两个质子构成，即氦-4。α粒子质量为氢原子的4倍，速度可达20 000 km/s，带正电荷。

钋-218每进行5000次α衰变才有一次β衰变。对钋-216（七千分之一）和钋-215（二十万分之一）来说，则更糟。说到这两种元素自身的状况，地球上天然钫的数量多一些。它是由半衰期为21年的锕的最长寿命同位素锕-227产生的，锕的含量当然要比能产生砹的极其稀少的钋同位素的数量要多得多。而且与产生砹的β衰变相比，产生钫的α衰变概率也大得多。

参考文献

[1] 沙国平，张连英.化学元素的发现及其命名探源[M].成都：西南交通大学出版社，1996.

[2] 高胜利，杨奇.化学元素新论[M].北京：科学出版社，2019.

[3] 张叔渊，许道权，金树珊，等.砹-211在小白鼠体内的分布及碘存在的影响[J].四川大学学报（自然科学版），1987，（04）：451-457.

[4] Chung T B D（杨裴青钟）.越南平顺省钛矿开采放射性污染对环境的影响与对策[D].华南理工大学，2015.

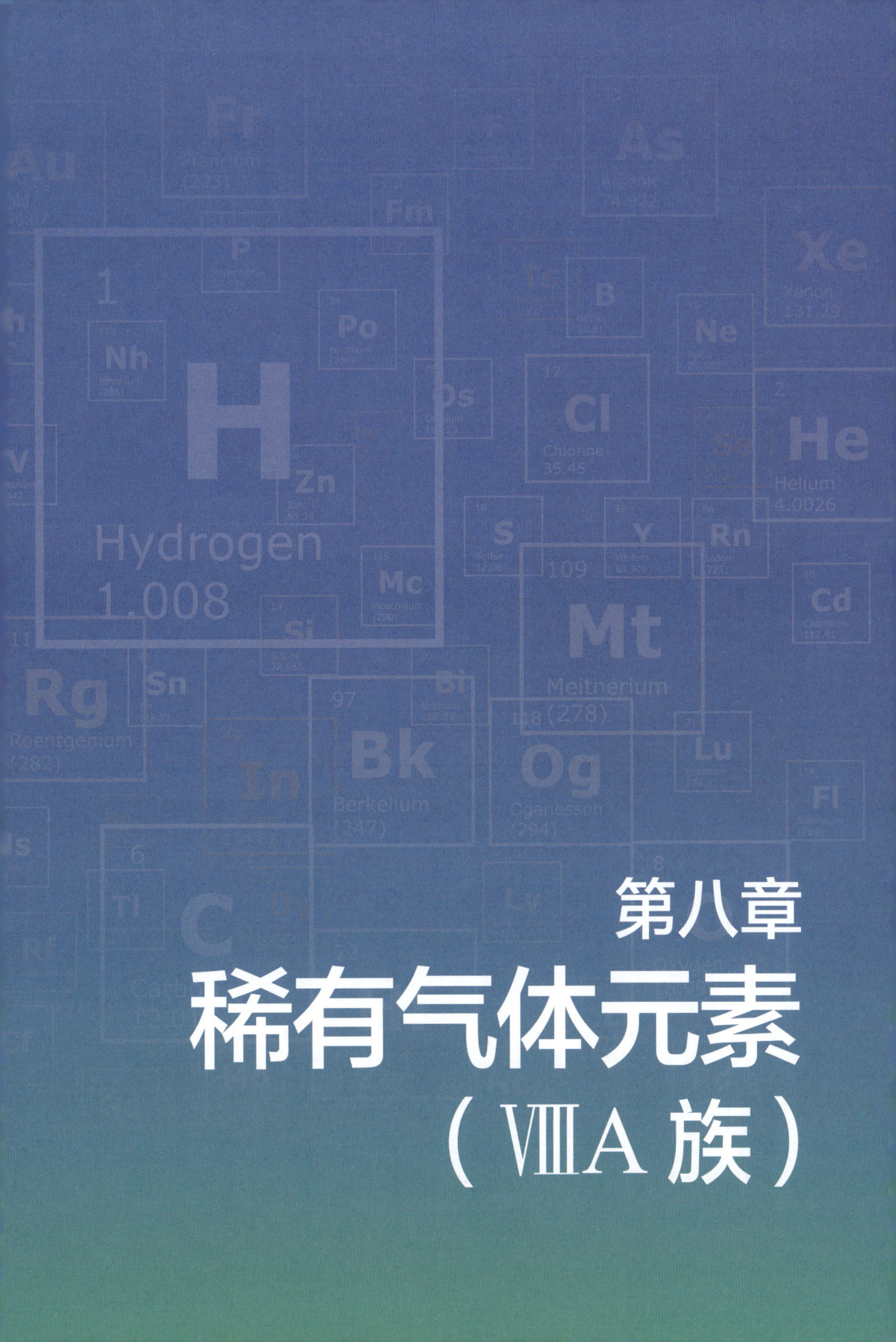

第八章

稀有气体元素
（ⅧA 族）

我早已经说过，这只是超导体带来的众多问题之一。在物理学的一些领域，有许多问题摆在面前，这些问题的解决需要液氦提供低温。❶

——海克·卡末林·昂内斯❷

海克·卡末林·昂内斯
（Heike Kamerlingh Onnes）
图片源自诺贝尔奖官方网站

❶ I have already said that this is only one of the many questions which the superconductors raise. From each field of physics further questions push their way to the fore which are waiting to be solved by measurements at helium temperatures.

❷ 海克·卡末林·昂内斯（Heike Kamerlingh Onnes, 1853—1926），荷兰物理学家，1913年诺贝尔物理学奖得主。1908年，昂内斯使用巧妙的装置将氦冷却为液态。

一、氦（He）

1. 氦元素发现历史与中英文名称由来

早在 1860 年，德国化学家罗伯特·威廉·本生（Robert Wilhelm Bunsen，1811—1899）和物理学家古斯塔夫·罗伯特·基尔霍夫（Gustav Robert Kirchhoff，1824—1887）发明了一种新的分析方法——光谱分析法，相比于传统的化学分析方法，光谱分析具有更高的灵敏度[1]。天文学家通过将天体发出的光谱与化学家得到的元素光谱进行对照，从而分析天体的组成。

1868 年，天文学家诺曼·罗伯特·波格森（NormanRobert Pogson，1829—1891）首先注意到，在太阳谱线中的钠谱线附近，有条亮黄色的谱线不同于钠的 D_1 和 D_2 谱线，这条谱线之后被天文学家称为 D_3 线[2]。然而，当时对光谱的认识不足，许多科学家认为这条线可能是其他已知元素的光谱，甚至否定了氦光谱的存在。

1869 年，雷伊脱（Rayet）指出这条线不是氢的也不是钠的，而是另一个元素的新线。1871 年 4 月 3 日，英国天文学家约瑟夫·诺曼·洛克耶（Joseph Norman Lockyer）的文章中采用了一种"新元素 X"来表述 D_3 线。同年 8 月 3 日，英联邦联合会议上确认了新元素"X"的存在，会议主席开尔文（Kelvin）首先采用"氦"的名称进行表示。1888 年，美国化学家赫列布莱德（Hillebrand）用硫酸处理一种沥青铀矿时获得一种不活泼的气体[3]，这个气体其实就是氦。

在证实氦元素存在之前，1894 年英国化学家威廉·拉姆塞（William Ramsay，1852—1916）和物理学家瑞利勋爵（Lord Rayleigh，1842—1919）已经发现了第一种稀有气体元素——氩。拉姆塞经过对比和研究，确认此前的这种光谱线来自太阳光谱中的氦。然而，由于各种原因，拉姆塞并没有立即公开他的发现。

1895 年，拉姆塞和莫里斯·威廉·特拉弗斯（Morris William Travers，1872—1961）通过实验证实了氦的存在。1900 年，二人用液氢创造的低温环境，在液态空气中分离出了纯净的氦。此时人们已经能够准确地区分物质、元素和原子。到 1905 年，门捷列夫将氦和其他稀有气体元素写进第三版《化学原理》的元素周期表内，氦元素的概念才正式形成[4]。

在波格森观测到 D_3 线之后，法国天文学家皮埃尔·朱·凯撒·詹森（Pierre Jules César Janssen，1824—1907）和洛克耶也观测到了这条谱线。洛克耶经过与其他元素的谱线进行对照发现，已知的元素谱线中并没有与太阳光谱中的 D_3 线相对应的谱线。洛克耶认为这是一种只存在于太阳中而地球中没有的元素，将其命名为氦，英文为 Helium，来自希腊神话中的太阳神赫利俄斯（Helios），意为"太阳"[3]。

氦元素在常温常压下呈气态，故其中文名称依据形声字的构字原则，以"气"为部首，结合希腊语中该元素名称首音节的发音"亥"，从而构成汉字"氦"。下图是氦元素的发现历史时间轴。

- 1860年：本生和基尔霍夫发明光谱分析法。
- 1868年：波格森发现，在太阳谱线中的钠谱线附近有条亮黄色的谱线。
- 1869年：雷伊脱指出这条线不是氢、钠的，而是另一个元素。
- 1871年：4月3日，洛克耶已采用一种“新元素X”的表述。8月3日开尔文首先采用“氦”的名称。
- 1888年：赫列布莱德用硫酸处理沥青铀矿获得一种不活泼的气体。
- 1894年：瑞利和拉姆塞发现气体氩，马登建议这种气体命名为氩。
- 1895年：拉姆塞和特拉弗斯通过钇铀矿产生的气体证实了氦的存在。
- 1900年：拉姆塞和特拉弗斯利用在液态空气中分离出了纯净的氦。
- 1905年：门捷列夫将氦和其他稀有气体元素写进元素周期表。

氦元素的发现史❶

2. 氦元素基本性质

氦（He）位于第一周期第ⅧA族，为稀有气体元素。基态电子组态为$1s^2$。氦是唯一没有气-固-液三相点的物质。氦原子是除氢原子外结构最简单的原子。氦原子的稳定结构使它成为最难反应的元素之一。氦主要用作保护气体、气冷反应堆的工作流体和超低温冷冻剂[4]。

3. 低温超导现象与液氦的发现

海克·卡末林·昂内斯（Heike Kamerlingh Onnes）出生于荷兰格罗宁根，并于1879年获得博士学位。他后来成为莱顿大学的教授，在莱顿大学他建立了一个现代化的实验室，用来进行低温物理实验。当物质被冷却到很低的温度时，它们的性质会发生变化。1908年，昂内斯使用了一种巧妙的装置将氦气冷却成液态，同时对液态氦进行了仔细的研究，液氦也成为冷却不同物质和研究它们在低温下性质的重要工具。1911年，昂内斯发现，在绝对零度以上几开尔文的温度下，汞的电阻完全消失。这种现象后来被称为超导。

1913年诺贝尔物理学奖授予昂内斯，“以表彰他对低温下物质性质的研究，以及将氦气进行液化的突出贡献。”他在诺贝尔奖获奖演说中提到：“我早已经说过，这只是超导体带来的众多问题之一。在物理学的一些领域，有许多问题摆在面前，这些问题的解决需要液氦提供低温。”

下图是昂内斯设计的低温恒温器示意图。当低温恒温器工作时，液氦从液化器中虹吸到打开的处于上部的低温容器中（通过用液态空气冷却的真空管）。液化器可以通过阀门与低温恒温器断开，这样液化器就可以连续工作了。恒温器中同时配有电磁泵提供搅拌功能。

氦的沸点非常低，接近绝对零度，液氦因其低温特性，被用作冷却剂，为低温物理研究提供了可能。在超导技术、磁共振成像技术（MRI）和核磁共振技术（NMR）等低

❶ 图中时间轴主体颜色设计理念采用光谱分析法中氦元素的光谱线特征颜色——亮黄色。

温冷却技术领域，液氦发挥着重要作用。例如在MRI设备中，需要使用超导磁体来产生强大的磁场，而超导磁体只有在极低温度下才能工作。液态氦因其极低的沸点（约-269 ℃）被广泛用于冷却这些超导磁体，使超导磁体的电阻降至零，从而维持稳定的磁场，以允许MRI设备进行高精度的成像。

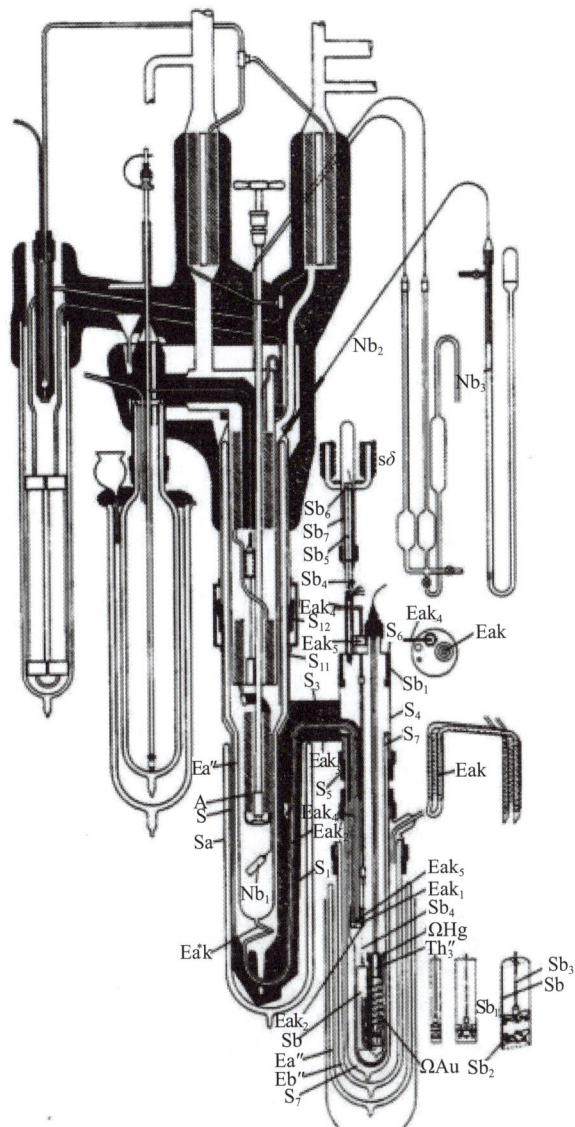

低温恒温器示意图

图片源自Nobel Lectures，Physics 1901—1921

4.氦在潜水气中的应用——氦氧混合气

在潜水时，人体对气体的需求会随深度变化而显著改变。随着深度增加，周围压力和气体密度上升，导致呼吸阻力增大，效率降低。同时，氧气和氮气的分压也会升高，而高的氮气分压则可能导致氮醉。所谓氮醉，全称为"氮气麻醉"，是一种在潜水过程中可能出现的现象。在潜水时，随着下潜深度的增加，水压增大，根据亨利定律，更多的氮气会溶解在血液和组织中。当氮气在体内达到一定浓度时，会对中枢神经系统产生抑制作用，从而引发类似醉酒的症状。一般来说，潜水深度超过30米时，就有较大可能出现氮醉，但也因个体差异而有所不同。

如果改用氦氧混合气或氦氮氧混合气作为潜水气体，用氦气取代部分或大部分氮气，氦气的脂溶性低，其在体内血液中的溶解度比氮气低，可避免麻醉效应，使潜水员在深海中能保持更清晰的思维和更好的运动控制。此外，氦气的密度远低于氮气，有助于减少呼吸阻力，让呼吸更为顺畅，这对极端深度下的潜水安全至关重要。

氦气在组织中的扩散速度比氮气快，下潜返回时的减压过程中能更快释放，缩短减压时间。然而，氦气也有潜在问题，如高导热性可能导致体温过快流失，增加体温过低的风险；同时，氦气也会造成语音失真问题。

5.我国科学家合成首个氦化合物——氦化钠

虽然稀有气体被认为是"惰性元素"，但在高压条件下，它们可能发生化学反应。

氦原子的核外电子结构仅有一个s轨道，该轨道被两个电子完全占据。因此，氦原子具有高达24.59 eV的电离能，这使得氦在化学性质上表现出极高的稳定性，难以与其他元素形成化合物[5]。2016年，南开大学王慧田团队在金刚石高压腔中，成功制备了热力学稳定的Na_2He。Na_2He是氦和钠的化合物，具有萤石型结构，在压力>113 GPa时稳定。He的存在导致了强烈的电子定域，并使这种材料具有绝缘性。电子对定域于立方体内原子间隙，在空的Na_8立方体内形成八中心双电子键[6]。下图是300 GPa下Na_2He的晶体结构。

对氦化合物的系统研究表明，Na_2He是一个立方相稳定化合物（稳定在113 GPa到至少1000 GPa之间），这与之前的理论计算预测相一致。它是一种电子化合物，类似于一种由带正电的离子核和具有强定域价电子作为阴离子组成的晶体。氦原子的嵌入将电子云推开，导致价电子的定域，形成八中心双电子键和较宽的带隙，就像盐类化合物一样。Na_2He的出现改变了氦化学领域的空白，为稀有气体化学提供了新的思路，并将影响我们对化学键和巨行星内部化学过程的理解。

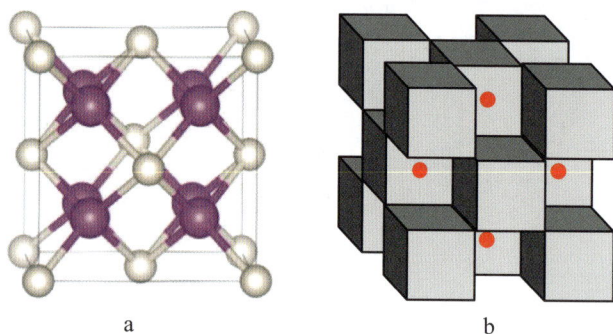

300 GPa下Na_2He的晶体结构 ❶
图片源自王慧田学术论文[6]

---

❶ a，球棍模型（粉色和灰色原子分别代表Na和He）；b，多面体表示法，其中一半的Na_8立方体被He原子占据（如多面体所示），一半被成对电子占据（如红色球体所示）。

6.未来完美能源——氦-3

（1）氦-3核聚变反应

氦-3（^{3}He）是氦的一种同位素，其原子核由两个质子和一个中子组成。氦-3在核聚变反应中具有潜在的应用价值，因为它可以与氘（D）进行聚变反应，生成氦-4（^{4}He）和一个质子（H，也就是氢原子核）。反应方程式如下：

$$^3_2He + ^2_1H \rightarrow ^4_2He + ^1_1H$$

这个反应不仅释放出能量，并且由于生成的是没有放射性的质子，不会产生有害的辐射，这使得氦-3被视为一种理想的未来能源。

（2）月球上的氦-3

氦-3虽被视为一种理想的未来能源，但遗憾的是氦-3在地球上储量非常少。我们知道，太阳的巨大能量来自氢元素的核聚变，而氦-3就是其中的产物之一，太阳风粒子中含有大量的氦-3。由于月球表面几乎没有大气层，整个月球表面都是太阳风粒子的收集体，其长期受到陨石的冲击与太阳风离子的注入。根据嫦娥一号的探测数据测算，月球上的氦-3大约有110万吨。但是大规模利用月球上的氦-3资源目前还面临着较大难题，就目前的技术水平来说，成本实在是太高了。但随着航天技术的发展，利用氦-3发电也许会成为可能。

7.从氢气球与氦气球到飞艇

（1）氢气球与氦气球

氢气球填充的是氢气，氢气极易燃，一旦遇到火源就有可能引发爆炸，因此在使用和储存过程中需要格外小心。而氦气球则采用了稀有气体氦作为填充物，这种气体不仅不会燃烧，而且比空气轻，能够使气球飘浮在空中，同时安全性也大大提高。

从环保角度来看，氢气虽然可以从水分解中获得，看似是一种清洁的能源，但其生产过程往往需要消耗大量电力，且提取效率不高，成本相对较高。相比之下，氦气虽然是一种不可再生资源，但其在自然界中的存量相对丰富，提取过程也日趋成熟和经济，因此在商业使用中更为常见。在应用场景上，氢气球由于其易燃的特性，通常不适用于室内或人群密集的场合，以防万一发生意外。而氦气球则因其安全性高，广泛应用于各种庆典、展览以及儿童娱乐活动中，为人们的生活增添了不少乐趣。

（2）飞艇

飞艇与系留气球是军民两用的重要浮空器，其中飞艇因有独特的动力系统而具备自主飞行能力。作为浮空器中的瑰宝，飞艇依靠轻于空气的气体提供升力。第一次世界大战前后是飞艇发展的黄金时期，英国和法国利用小型软式飞艇执行反潜巡逻任务，而德国则组建了齐柏林飞艇队，用于海上巡逻、远程轰炸及空运等军事活动。然而，由于飞艇体积庞大、速度缓慢、机动性差且易受攻击，加之飞机性能不断提升，军用飞艇逐渐被飞机取代。尽管如此，飞艇在商业领域仍有一定发展空间。1929年，德国制造的大型飞艇兴登堡号，长度达245米，直径超过41米，总重206吨，曾十次往返于美国与德国之间，运

"祥云" AS700载人飞艇演示飞行

图片源自中国航空工业集团

送旅客逾千人。随后，英国和法国也参照齐伯林式设计分别制造了本国的大型飞艇R-100号和阿克隆号。当时，这些飞艇大多采用氢气作为浮升气体，但氢气易燃易爆，存在安全隐患。1937年，"兴登堡"号在着陆过程中因静电火花引发氢气爆炸，导致35人遇难。此后，英、美等国多艘大型飞艇相继失事，使得飞艇的发展陷入停滞状态。

自20世纪70年代以来，科技进步推动了飞艇技术的革新，使其重新焕发活力。现代飞艇的升力主要来源于内部填充的轻质氦气。与传统技术相比，现代飞艇普遍采用安全性更高的氦气作为升力来源，并配备发动机以提供额外的推力和动力。这些发动机不仅支持飞艇的水平移动，还为艇载设备供电。相较于喷气式飞机，飞艇展现出卓越的节能性能和较小的环境破坏影响。上图为中国航空工业集团自主研发的"祥云" AS700载人飞艇。

然而，造价高昂和速度过低使飞艇曾被飞机取代。随着科技进步和新材料应用，现代飞艇安全性大幅提升。采用多种先进技术的新型飞艇，广泛应用于空中摄影摄像及巡逻等领域[7]。同时，无人技术发展和应用使未来飞艇在更多领域发挥更大作用。例如，高空预警飞艇可在高空执行预警侦察任务；警用飞艇进行空中巡航监控；科研飞艇在地磁探测等领域探索和应用等。尽管飞艇存在局限性，但它的独特优点使其在未来航空领域仍具有一定发展前景。

参考文献

[1] 凌永乐.化学元素的发现.北京：商务印书馆，2009.

[2] Lockyer N.The Sun's Place in Nature.London：Macmillan and Co Limited；New York：The Macmillan Company，1897.

[3] 沙国平，张连英.化学元素的发现及其命名探源[M].成都：西南交通大学出版社，1996.

[4] 蒋志武，袁振东.从天文学假说到化学实证：氦元素的发现及其概念的发展[J].化学教育（中英文），2023，44（13）：124-128.

[5] 田艺帆，刘寒雨.高压下惰性元素氦化合物的研究进展[J].高压物理学报，2023，37（03）：3-8.

[6] Dong X，Oganov A，Goncharov A，et al. A Stable Compound of Helium and Sodium at High Pressure[J]. Nature Chem，2017，9：440–445.

[7] 郭盛.矢量推力飞艇起降性能仿真分析研究[D].南京：南京航空航天大学，2020.

霓虹灯管（neon tube）：玻管为直管形或加工成弯曲状的低气压冷阴极辉光放电灯。

管形冷阴极放电灯（tubular cold cathode discharge lamp）：阴极上可能涂有电子发射材料，而且在启动过程中无需外部加热即可通过场致发射而发射电子的放电管。这些灯内充填低气压惰性气体（或几种惰性气体的混合物），可能还充有汞蒸气。灯管内壁可涂以荧光材料。

——摘自 GB/T 19653—2005《霓虹灯安装规范》

二十世纪三十年代上海南京路霓虹纷呈下的"不夜城"

图片源自上海档案信息网

二、氖（Ne）

1.氖元素发现历史与中英文名称由来

1894年，英国化学家威廉·拉姆塞（William Ramsay，1852—1916）和物理学家瑞利勋爵（Lord Rayleigh，1842—1919）发现气体氩。1895年，英国化学家拉姆塞和莫里斯·威廉·特拉弗斯（Morris William Travers，1872—1961）证实了氦的存在。1897年，拉姆塞预见了氖元素的存在。1898年5月，拉姆塞和特拉弗斯制得了氪。同年6月，拉姆塞和特拉弗斯在用化学方法把CO_2、H_2O以及O_2和N_2从空气中除去后，利用分级蒸馏粗氩的方法发现氖。1900年，拉姆塞和特拉弗斯选择了通过液氢所创造的低温（−253 ℃）使氦氖分离的方案，即在低温环境下气态氖液化，而氦继续保持气态，从而获取了纯净的氖单质。1905年，德米特里·伊万诺维奇·门捷列夫（Dmitri Ivanovich Mendeleev，1834—1907）在他最后一版的《化学原理》（*Principles of Chemistry*）中将包括氖在内的5种稀有气体作为新的一族纳入到元素周期表中，以"零族"来命名这一族元素[1]。

氖元素的英文命名为Neon，源于希腊词"neos"，意为"新的"，即从空气中发现的新气体[2]。拉姆塞后来回忆说，"neon"这个名字是他十二岁的儿子提出的。氖元素在常温下呈气态，其中文名称依据形声字的构字法则，以"气"为部首，结合希腊语中"neos"首音节的发音"乃"，从而确立了"氖"这一中文称谓。下图是氖元素的发现历史时间轴。

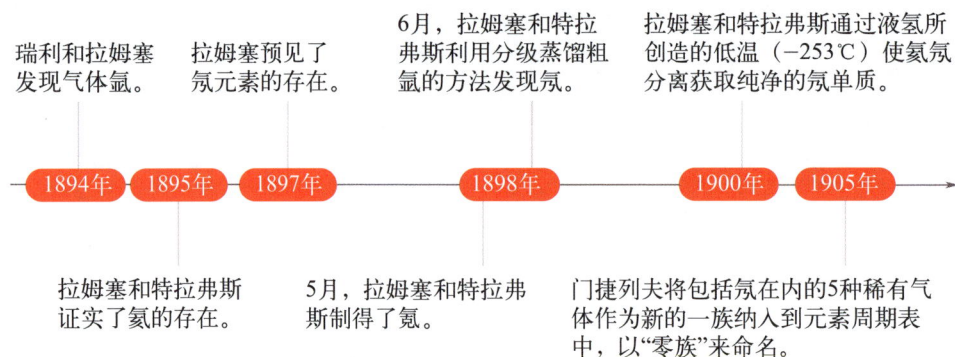

瑞利和拉姆塞发现气体氩。 | 拉姆塞预见了氖元素的存在。 | 6月，拉姆塞和特拉弗斯利用分级蒸馏粗氩的方法发现氖。 | 拉姆塞和特拉弗斯通过液氢所创造的低温（−253℃）使氦氖分离获取纯净的氖单质。

1894年　1895年　1897年　　1898年　　1900年　1905年

拉姆塞和特拉弗斯证实了氦的存在。 | 5月，拉姆塞和特拉弗斯制得了氪。 | 门捷列夫将包括氖在内的5种稀有气体作为新的一族纳入到元素周期表中，以"零族"来命名。

氖元素的发现史❶

2.氖元素基本性质

氖（Ne）位于第二周期第ⅧA族，为稀有气体元素，基态电子组态为[He]$2s^2 2p^6$。氖为无色、无味的气体，熔点为24.48 K，沸点为27.10 K。氖在标准大气压下的密度仅为0.9088 g/L。氖化学性质极不活泼，一般不与其他物质反应形成化合物。

---

❶　图中时间轴主体颜色设计理念采用氖管充电激发后的红色。

3.Neon——霓虹

氖虽然不与其他元素或化合物发生化学反应。然而，当氖作为填充气体被激发时，它可以发出美丽的红色光芒，这使得氖在许多科学实验和工业领域中有重要应用。

氖元素的英文名称为 Neon，英文音标为"/ˈniːɒn/"，读音类似于中文的"霓虹"二字。结合其被激发时发出的红色光芒，国人给氖灯（neon lamp）起了一个既唯美又响亮的名字——霓虹灯。

霓虹灯是一种冷阴极气体放电灯，其结构为两端设有电极的密封玻璃管，内部充填低压气体。当施加数千伏电压于电极时，管内气体被电离并发光。光的颜色由管中气体的种类决定。

4.霓虹灯相关的国家标准

近年来，随着城市化进程的加速和商业活动的增多，霓虹灯作为一种重要的广告和装饰工具，其使用越来越广泛。然而，由于霓虹灯的使用涉及电力、气体等多方面的问题，因此，对其安全性的要求也越来越高。

国家标准《霓虹灯管的一般要求和安全要求》（GB 19261—2009）中将"霓虹灯管"明确为"低气压冷阴极辉光放电灯"，英文名称为"neon lamp"。同时给予氖管和汞氩管定义，即"氖管neon glow lamp"为灯内充填氖气的霓虹灯管。这种灯管的发光，是由氖气辉光放电直接发出红色光。"汞氩管mercury-argon glow lamp"为灯内充有氩气和汞的霓虹灯管。这种灯管的发光，是由辉光放电时汞原子释放出来的紫外线，激发涂敷在灯管内壁上的荧光粉层，经转换发出可见光，或透过彩色玻璃发出可见光。

需要注意的是，自 2017 年 3 月 23 日起，本标准转为推荐性标准，编号改为GB/T 19261—2009，其中提到的灯管的光电性能参数目前依然是具有指导意义的，对于相关生产企业和从业人员应予以知晓。下表是氖管和汞氩管的光电性能参数。

灯管的光电性能参数

序号	灯管类型	色别	启动电压（最大值）/V	灯管电压/V	灯电流/mA	光亮度（最小值）×10^3cd/m^2
1	氖管	红	$1100+1200\,L$	$230+700\,L \sim 270+800\,L$	25	2.0
2	汞氩管	绿	$400+450\,L$	$230+450\,L \sim 270+650\,L$	25	3.5
3		蓝				1.4
4		白				3.5
5		黄				3.2

注：L 为有效长度。充氩气的彩色玻璃霓虹灯管，其光亮度不低于同规格的透明玻管的50%。

另外，还有一些其他国家标准如《灯的控制装置第2-10部分：高频冷启动管形放电灯（霓虹灯）用电子换流器和变频器的特殊要求》（GB 19510.210—2013/IEC 61347-2-10：

2009）和《灯具第2-14部分：特殊要求使用冷阴极管形放电灯（霓虹灯）和类似设备的灯具》（GB 7000.214—2015/IEC 60598-2-14:2009）中都对霓虹灯的性能、质量等提出了具体要求。

　　在早期的标准中，对霓虹灯的要求主要集中在性能和效果上，如亮度、色彩等。而近年来的标准则更加注重安全性，包括电气安全、气体安全、结构安全等。例如，对于霓虹灯的电气系统，要求必须有足够的绝缘和保护措施，以防止电击和短路等危险；对于霓虹灯使用的气体，要求必须符合相关的环保和安全标准，以防有毒气体的泄漏和爆炸等危险；对于霓虹灯的结构，要求必须有足够的强度和稳定性，以防止倒塌和飞散等危险。

参考文献

[1] 蒋志武，袁振东. 氖元素概念的形成和发展及其历史意义[J]. 化学教育（中英文），2024，45（14）：119-123.

[2] 沙国平，张连英. 化学元素的发现及其命名探源[M]. 成都：西南交通大学出版社，1996.

在实验工作中，一个很好的规则是：当差异第一次出现时，寻求放大它，而不是遵循试图摆脱它的自然本能。❶

——瑞利勋爵❷

瑞利勋爵（Lord Rayleigh）
图片源自诺贝尔奖官方网站

❶ It is a good rule in experimental work to seek to magnify a discrepancy when it first presents itself, rather than to follow the natural instinct of trying to get quit of it.

❷ 瑞利勋爵（Lord Rayleigh, 1842—1919），1904年诺贝尔物理学奖得主，他成功地提取了以前未知的元素——纯氩，并分析了它的性质。

第八章
稀有气体元素（ⅧA 族）

三、氩（Ar）

1.氩元素发现历史与中英文名称由来

1785年，英国科学家亨利·卡文迪什（Henry Cavendish，1731—1810）曾将一份大气氮试样在氧存在下反复放电，生成的氮的氧化物以水为溶剂溶出，但最后仍有占总体积1%的气泡不能被水溶解。

1892年，英国物理学家瑞利（Lord Rayleigh，1842—1919）通过多种方法测定气体密度，旨在确定其相对分子质量，以验证普劳特假说。在测量氮气密度的过程中，他发现从空气中获得的一升氮气重量为1.2565 g；而由氨分解得到的氮气，每升的重量仅为1.2507 g。他提出疑问："同为氮元素，空气中的氮与氨中的氮质量是否相同？若非源自空气或氨，而是从其他物质中提取氮进行比较，结果会如何？"基于此，他对氧化氮、硝酸铵、硝石及尿素中提取的氮进行了分别称量，发现每升重量均为1.2507 g。通过这一实验，他得出结论：相较于各类氮化合物中的氮，空气中的氮每升增重5.8 mg。[1]

1894年，英国化学家威廉·拉姆塞（William Ramsay，1852—1916）把空气通入热的铜而除氧，再用烧红的镁将空气中的氮除去，将余下的这种较重的杂质从大气氮中分离出来。从这种杂质的发射光谱研究中，他发现有200多条红色、绿色的谱线是已知的谱线中未见到的。由于这种气体发出的标识光谱是前所未有的，这使得氩的存在更加令人信服。拉姆塞鉴定出这是一种新元素，即氩。同年8月13日，英国科学协会在牛津举行一场盛大的会议上，瑞利和拉姆塞宣布：空气中存在一种约占1%的惰性气体。英国科学协会马登（Marden）建议将这种气体命名为"Argon"（氩）。1895年3月14日，德米特里·伊万诺维奇·门捷列夫（Dmitri Ivanovich Mendeleev，1834—1907）在俄国化学会上宣称：氩的原子量为40。

科学家在探索惰性气体的过程中，发现氩并非单独存在，而是与其他惰性气体混合在一起。由于其在空气中的含量相较于其他同类气体具有显著优势，氩被选定为惰性气体的典型代表并得以广泛认知。实际上，1894年科学家发现的所谓的"氩"并非单一成分，而是由氩与其他惰性气体共同构成的混合物。

由于氩是第一个被发现的稀有气体元素，故氩元素的英文名称"Argon"一词源自希腊语中a-（意为"不"）和ergon（意为"工作"），其原意为"懒惰""不活泼"[2]。氩元素在标准状况下呈气态，依据形声字的造字原则，以"气"为字头，结合希腊语中Argon的近似发音"亚"，从而构成"氩"这一中文名称。下图是氩元素的发现及发展历史时间轴。

2.氩元素基本性质

氩（Ar）位于第三周期第ⅧA族，为稀有气体元素，基态电子组态为$[Ne]3s^23p^6$。氩为无色无味的气体，熔点83.96 K，沸点87.29 K。氩化学性质稳定，常用作保护气、载气等。氩是自然界中第一个发现的稀有气体元素。地质学中用^{39}Ar-^{40}Ar法测地质年龄。

瑞利测氮气密度发现:空气中的氮比氮化合物中的氮每升重5.8 mg。

8月13日，瑞利和拉姆塞宣布：空气中存在一种约占1%的惰性气体。马登建议这种气体命名为"Argon"(氩)。

3月14日，门捷列夫宣称：氩的原子量为40。

| 1785年 | 1892年 | 1894年 | 1895年 |

卡文迪什将大气氮试样在氧存在下反复放电，生成的氮的氧化物以水溶出，仍有占总体积1%的气泡不能被水溶解。

拉姆塞除去空气氧和氮，将余下的较重的杂质分离出来。杂质的发射光谱发现200多条新谱线。因此鉴定出这是一种新元素，即氩。

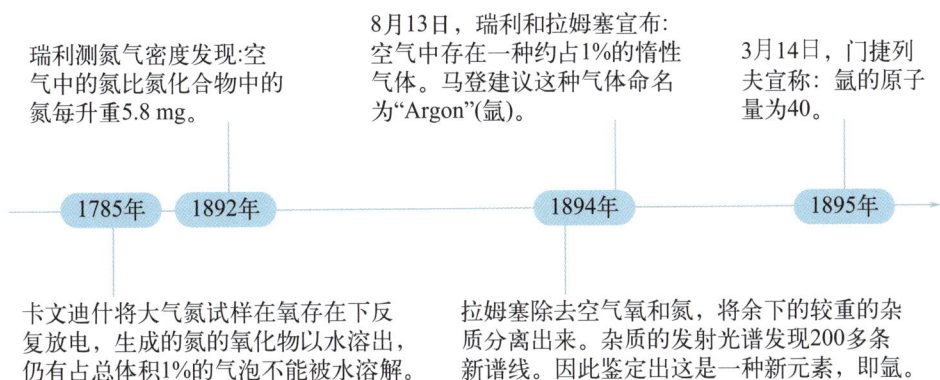

氩元素的发现及发展史 ❶

3. 从氩气的发现看科学研究的严谨态度

(1) 千分之四点六——误差还是差异

差异是一个汉语词语，意思是指区别或不同；也指统一体内在的差异，即事物内部包含着的没有激化的矛盾。

测量值与真实值之间的差异定义为误差，也称绝对误差。在物理实验中，对物理量的测量是不可或缺的环节，这些测量可以是直接的，也可以是间接的。由于仪器精度、实验条件以及环境因素等的限制，测量无法达到无限精确。因此，物理量的测量值与其客观存在的真实值之间不可避免地存在一定的差异，这种差异即被称为测量误差。误差是不可避免的，只能减小不能消失。

对比空气中获得的一升氮气的1.2565 g和利用分解氨、尿素等化合物制得的一升氮气的1.2507 g，二者相差0.046 g，即千分之四点六。这不到千分之五的不同，到底是误差还是差异呢？瑞利就此问题征询英国化学家拉姆塞的意见。二人笃信这绝不可能是误差，这肯定是差异。空气中制得的氮气里肯定还含有一种未知的气体，不同于已知的氮、氧、水蒸气等。正是这种严谨的态度让他们继续去寻找其他证据并发现了这个新元素的存在。

(2) 瑞利与发现氩获得的诺贝尔物理学奖

瑞利勋爵是英国物理学家约翰·威廉·斯特拉特（John William Strutt）的爵位，1904年诺贝尔物理学奖授予瑞利勋爵以表彰他对最重要的气体（空气）密度的研究，并在这些研究中发现了元素氩。

氩的发现不仅填补了科学界的空白，还为其他惰性气体的发现奠定了基础。瑞典皇家科学院院长约翰·爱德华·塞德布洛姆（Johan Edvard Cederblom）在授奖大会上发表讲话时表示："证明存在一种新的元素具有重要意义，而这一发现之所以尤为特殊，是因为它是基于物理研究得出的。研究方法的巧妙和精细在物理史上实属罕见，并为其他惰性气体的发现奠定了基础。当然，物理学也会给予他一个在物理学史上永不磨灭的显著地

---

❶ 图中时间轴主体颜色设计理念采用氩管充电激发后的浅蓝色。

位。因此，授予他诺贝尔物理学奖一定会受到真诚和完全满意的欢迎。"瑞利勋爵在诺贝尔奖获奖演说中曾说："在实验工作中，一个很好的规则是，当差异第一次出现时，寻求放大它，而不是遵循试图摆脱它的自然本能。"

值得一提的是，瑞利的杰出合作伙伴拉姆塞，因在惰性气体领域的开创性发现，同样荣获了当年的诺贝尔化学奖。这对科学伙伴的合作堪称完美无缺，彼此的成就相互辉映，共同推动了物理、化学两大自然科学领域的巨大进步[3]。他们在科学研究的道路上共同探索，互相支持，最终为人类科学发展做出了巨大贡献。

4.氩的用途

（1）氩弧焊

氩弧焊是一种采用氩气作为保护气体的焊接技术，亦称为氩气体保护焊。基于普通电弧焊的原理，氩弧焊利用氩气对金属焊材的保护作用，通过高电流使焊材在被焊基材上熔化成液态，形成熔池，从而实现被焊金属与焊材之间的冶金结合。由于在高温熔融焊接过程中持续供应氩气，避免了焊材与空气中氧气的接触，从而防止了焊材的氧化。[4]

1930年，美国成功研发惰性气体保护焊技术。1957年，中国开始采用钨极氩弧焊方法，该技术适用于不锈钢、高温合金、钛合金及铝合金等多种材料的焊接，广泛应用于核能、航空航天以及冶金等重要工业领域[5]。下图是钨极氩弧焊设备组成示意。

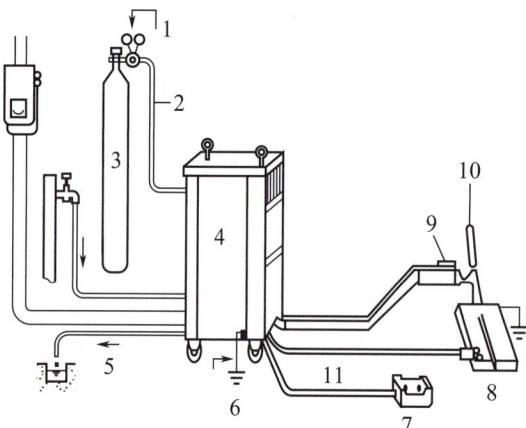

1—减压阀；2—导气管；3—氩气瓶；4—焊接电源及控制系统；5—水管；6—接地电缆；7—遥控单元；8—基材；9—点火开关；10—钨极惰性气体焊枪；11—主电缆

钨极氩弧焊设备组成
图片源自张辉学术论文[6]

氩弧焊之所以广泛应用于工业领域，主要归因于以下优势：首先，使用氩气作为保护气体可有效隔绝空气中的氧气、氮气及氢气等对电弧及熔池可能造成的负面影响，减少了合金元素的损耗，确保获得致密无飞溅且质量上乘的焊接接头；其次，由于采用明弧操作方式，使得整个焊接过程更加直观便捷，有利于提高作业效率和质量控制水平。除此之外，氩弧焊具备包括高效率、大电流密度、热量集中以及高熔敷率等显著特点，从而加快了焊接速度。需要注意的是，该技术易于引弧且存在强烈的弧光和会产生大量烟气，采取适当的保护措施尤为重要。[7]

（2）水肺潜水

水肺潜水，又称为自携式水下呼吸器潜水，是一种潜水方式，潜水员携带一套自给式呼吸装置，包括气瓶、调节器、潜水面罩、潜水服等设备[8]，可以在水下进行较长时间的呼吸和活动。这种潜水方式允许潜水员探索更深的水域，进行水下摄影、观察海洋生物、参与水下考古等多种活动。

之前我们已经接触过氦氧混合气，使用高压氦氧混合气或者氦氧氮三元混合气（trimix，He/O$_2$/N$_2$）作为潜水气，其优势明显。氩气因其低导热性（热导率0.0178 W/(m·K)，约为空气的1/3，氦气的12.5%），主要用于干式潜水服隔热层填充。下表是水肺潜水中氦气与氩气的核心特性与区别。

水肺潜水员在珊瑚礁进行野外调查

图片源自廖芝衡学位论文[9]

水肺潜水中氦气与氩气的核心特性与区别作用

特性	氦气（He）	氩气（Ar）
分子量	4（极轻）	40（较重）
麻醉效应	可忽略不计（深潜安全）	未明确，但分子量高可能引发麻醉风险
呼吸适用性	适用于呼吸气体（混合比例需精确控制）	仅限非呼吸用途（如隔热填充）
热导率	0.1422 W/(m·K)（高导热，需注意体温流失）	0.0178 W/(m·K)（低导热，隔热性能优异）
成本	高昂（全球储量有限，提取成本高）	低廉（工业副产品，易于获取）
应用场景	深海作业、饱和潜水、技术潜水	冷水潜水保温、设备保护

由于氩气分子量较大，重气体会显著增加呼吸阻力，且麻醉效应未经验证，故不参与呼吸气体配制，呼吸禁用。

在冷水深潜中，潜水员可能同时使用氦氧混合气呼吸和氩气填充干衣，兼顾安全与舒适性。氦气的低密度特性可优化呼吸效率，而氩气低导热性可减少环境温度对潜水员的影响。氦气主导呼吸，氩气辅助保温。

（3）使用氩气填充曲面幕墙的"冰丝带"

国家速滑馆的玻璃幕墙外，22条高低盘旋、似环绕飘舞的"冰丝带"引人注目。当内部集成的夜景照明系统启动时，这些丝带仿佛在轻盈曼舞，异彩纷呈，生动展现了滑冰运动的速度与激情。该建筑外立面二层以上采用了高工艺曲面幕墙系统，由3360块玻璃单元构成，其中包括1440块曲面玻璃和1920块平板玻璃，总面积约为18462 m²。特别值得一提的是，幕墙使用的是一种半钢化双超白双银低辐射双夹胶中空玻璃材料，每片由四层8 mm厚的超白弯弧半钢化热浸玻璃组成，中间填充氩气，并设有12 mm厚的中空层。而那些晶莹剔透的"冰丝带"，则是通过超白玻璃彩釉印刷技术精心打造而成的，平均每条长度达到620 m，总长度更是达到了惊人的13640 m。

"冰丝带"（国家速滑馆）使用氩气填充曲面幕墙，氩气主要有以下作用：

提升保温隔热性能。因为氩的导热性比空气低很多，在双层或多层玻璃幕墙的中空层填充氩气后，能有效降低玻璃间的热传导，减少室内外热量的交换，在冬季能更好地保持室内温度，在夏季能阻止室外热量过多传入室内，起到显著的节能效果。

增强隔音降噪效果。氩气的存在增加了中空层的阻尼，能够吸收和阻挡声音的传播，可以有效衰减通过玻璃幕墙传入室内的外界噪声，比如场馆外的交通噪声、人群嘈杂声等，为场馆内营造一个安静、舒适的环境，非常有利于运动员在比赛和训练时集中精力，也能提升观众的观赛体验。

延长幕墙使用寿命。氩气是惰性气体，化学性质稳定，不易与其他物质发生化学反应，填充氩气可以减少中空层内的氧气和水分含量，降低玻璃发生氧化、腐蚀的可能性，特别是对于"冰丝带"这样大型的曲面幕墙结构，长期暴露在自然环境中，能够有效保护玻璃及相关密封材料，延长幕墙的整体使用寿命，减少维护和更换成本。

防止玻璃结露。在一些湿度较大的环境或季节变化时，普通中空玻璃容易在玻璃表面出现结露现象，影响视线和美观，还可能对幕墙结构造成损害。填充氩气后，由于其良好的隔热性能，能使玻璃表面温度更接近室内温度，减少温差，从而有效防止玻璃表面结露，保持幕墙的清晰度和外观整洁。

使用氩气填充曲面幕墙的"冰丝带"
图片源自国家速滑馆官网

5. 氙化合物的首次合成

稀有气体具有特别稳定的电子构型，包括完全填满的 s 轨道和 p 轨道。这使得这些元素相对不容易发生反应，它们在室温下以单原子气体的形式存在。鲍林在 1933 年就预测，较重的惰性气体的价电子被近核电子屏蔽，因此价电子与原子核间的束缚力减弱，可以形成稳定的分子。1962 年，六氟铂酸氙（$XePtF_6$）的制备证实了这一预测，$XePtF_6$ 是第一个含有稀有气体元素的化合物。从那时起，一系列不同的含有氙、氪和氩的化合物从理论上被预测和制备出来。虽然较轻的惰性气体氖、氦和氩被预言在适当的条件下也会发生反应，但它们仍然是元素周期表中最后三种没有稳定化合物的长寿元素。

2000年，芬兰赫尔辛基大学的化学系研究小组进行了一项开创性的实验。实验使用了一个特殊的实验装置，包括氙真空紫外连续放电灯和用于产生HF/Ar混合物的设备。通过在127～160 nm的光谱区域内照射HF/Ar混合物，研究小组利用紫外光的能量来激发HF分子，使其分解。在紫外光的作用下，HF分子分解成氢（H）和氟（F）原子，分解产生的H、F原子与Ar原子反应，形成了HArF。HArF是已知的第一个稳定的氩化合物。

氟化氢在固体氩基体中的光解导致氟氢化氩（HArF）的形成，这已经通过红外光谱探测同位素取代的振动带位置的变化进行了确定。由于离子和共价对其键合的显著贡献，HArF本质上是稳定的，从而证实了计算预测，即氩应该形成稳定的氢化物，其性质与之前报道的氙和氪化合物相似[10]。下图是7.5 K时固体Ar中HArF的红外吸收谱图（注意：纵坐标为吸光率，不同于常见的透光率）。

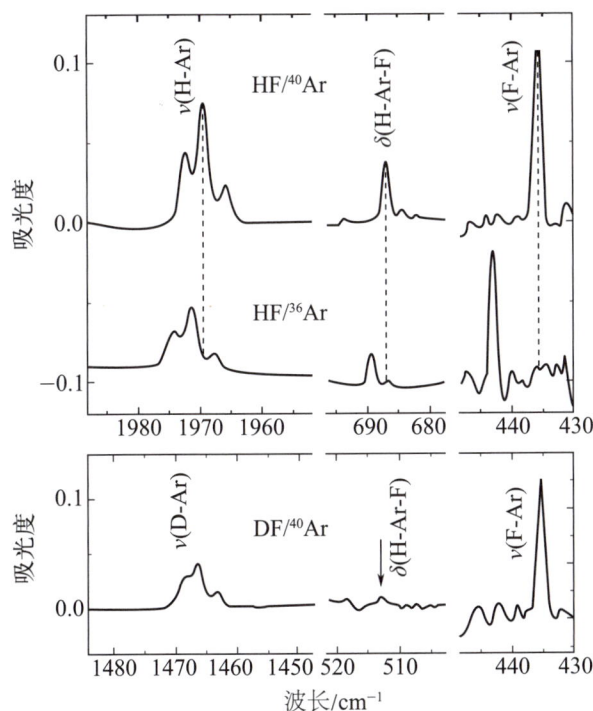

7.5 K时固体Ar中HArF的红外吸收谱图 ❶
图片源自Leonid Khriachtchev学术论文[10]

HArF的成功合成挑战了关于氩作为惰性气体的传统观念，说明在特定条件下，氩可

---

❶ 图中显示了 $^{40}Ar/^{36}Ar$ 和 H/D 同位素取代的效果。低频区的噪声增加是由于检测器在该区域的低灵敏度造成的。光谱数据为 Nicolet 60sx 傅里叶变换红外（FTIR）光谱仪以 1 cm⁻¹ 分辨率记录。

以参与化学反应，证明了氩可以表现出化学活性。HArF 的合成为研究氩的化学性质和开发新的化合物提供了新的可能性。

参考文献

[1] 张赛，袁振东. 氩元素概念的形成和发展与化学思想的演进 [J]. 化学通报，2022，85（08）：1003-1008.

[2] 沙国平，张连英. 化学元素的发现及其命名探源 [M]. 成都：西南交通大学出版社，1996.

[3] 杨旭东."镭铢必铰"与氩元素的发现 [J]. 化学教学，2000，（08）：11-12.

[4] 黄仁青. 高速多线程剪卷焊一体化钢带生产线的设计 [D]. 天津：天津大学，2012.

[5] 卜云峰，郭建琴，黄秋华."双碳"背景下电梯门的焊接工艺技术研究 [J]. 中国高新科技，2023，（03）：113-114+120.

[6] 张辉，陈文革，丁秉钧. 热旋锻法制备的钨铜线材的烧蚀性能 [J]. 中国有色金属学报，2012，22（06）：1697-1704.

[7] 薛勇. 浅谈氩弧焊焊接技术 [J]. 黑龙江科技信息，2014，（09）：25.

[8] 邵薇. 公共安全潜水技术的研究与应用 [J]. 中国应急救援，2019，（04）：26-30.

[9] 廖芝衡. 南海珊瑚群落和底栖海藻的空间分布特征及其生态影响 [D]. 南宁：广西大学，2021.

[10] Khriachtchev L，Pettersson M，Runeberg N，et al. A Stable Argon Compound[J]. Nature，2000，406：874-876.

现在，我要离开某些确定的领域，虽然这些研究很难深入，但是它带来了丰厚的回报。转而进入一些不确定的领域，在那里即使有许多道路是开放的，但只有少数道路可以通向明确的目标。❶

——威廉·拉姆塞爵士❷

威廉·拉姆塞爵士（Sir William Ramsay）
图片源自诺贝尔奖官方网站

❶ But I am leaving the regions of fact, which are difficult to penetrate, but which bring in their train rich rewards, and entering the regions of speculation, where many roads lie open, but where a few lead to a definite goal.

❷ 威廉·拉姆塞爵士（Sir William Ramsay, 1852—1916）1904年诺贝尔化学奖得主。根据元素周期表预测了其他稀有气体，并确定了氖、氪和氙的存在。

四、氪（Kr）

1.氪元素发现历史与中英文名称由来

1894年，英国化学家威廉·拉姆塞（William Ramsay，1852—1916）和物理学家瑞利勋爵（Lord Rayleigh，1842—1919）发现气体氩。1895年，拉姆塞和莫里斯·威廉·特拉弗斯（Morris William Travers，1872—1961）证实了氦的存在。1898年5月，拉姆塞和特拉弗斯通过一种独特的化学方法，从空气中成功提取出了一种新元素。在研究过程中，他们对光谱特征的观察和分析也起到了关键作用。他们注意到氪元素的光谱特征与其他已知气体有很大不同，这使他们能够确定这是一种新元素。此外，他们还通过对新气体的密度测定，将其定位在周期表上的特定位置，从而进一步证实了他们的发现。

1904年，诺贝尔化学奖授予拉姆塞爵士，以"表彰他在发现空气中的惰性气体元素并确定其在元素周期表中的位置方面的贡献"。1904年12月12日的诺贝尔奖演讲中，拉姆塞指出，虽然我们发现这种被我们命名为"氪"或"隐藏"的新气体的密度相对于氢气只有22.5，但我们推测，提纯后它的密度将是氢的40倍，这意味着其原子量为80，因为我们早期的实验证实，它和氩一样，分子量和原子量是相同的。基于这些发现，他们断定存在一种新的元素，并将其命名为Krypton。

拉姆塞在诺贝尔奖获奖演讲中与大家分享："现在，我要离开某些确定的领域，虽然这些研究很难深入，但是它带来了丰厚的回报。转而进入一些不确定的领域，在那里即使有许多道路是开放的，但只有少数道路可以通向明确的目标。"

氪（Krypton）的英文名来源于希腊语"kryptos"，意为"隐藏"或"隐置的"[1]。这个名字非常贴切地描述了氪元素的特点，因为它在空气中隐藏了许多年才被发现。氪元素在标准状况下呈气态，其中文名称依据形声字的造字原则，以"气"为字头，结合希腊语中"kryptos"首音节的近似发音"克"，从而构成该元素的中文名称。下图是氪元素的发现及发展历史时间轴。

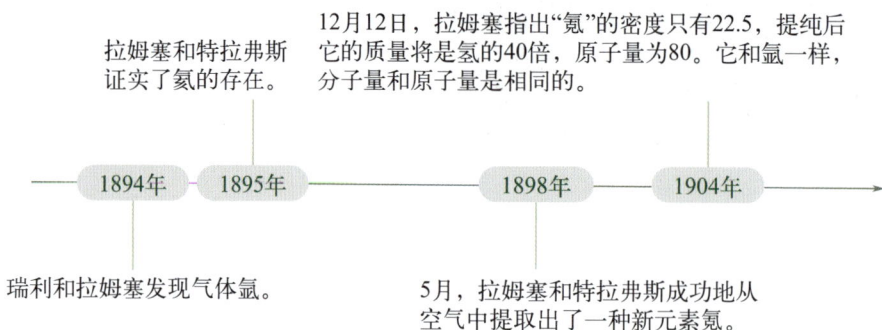

氪元素的发现及发展史❶

---

❶ 图中时间轴主体颜色设计理念采用氪的"气瓶颜色标志"——瓶体颜色：银灰；字体颜色：深绿。

2.氪元素基本性质

氪（Kr）位于第四周期第ⅧA族，为稀有气体元素，基态电子组态为 $[Ar]3d^{10}4s^24p^6$。氪是一种无色无味的气体，其熔点为 116.6 K，沸点为 120.9 K。氪化学性质极不活泼，但并非绝对"惰性"，早在 1963 年就已制备得到 KrF_2 以及 KrF_4。氪与氩、氙的混合气体用作电光源的填充气体，发光强度大，光管寿命长，耐高温。

3.氪的氟化物的合成机理

1996 年，西北核技术研究所借鉴国外研究成果，采用 F_2 和 Kr/Xe 为原料，探索了 KrF_2 与 XeF_2 的热催化合成方法，成功制备出了百克级以上的 KrF_2 与 XeF_2。其中，所合成的 XeF_2 因含有少量杂质而呈现淡黄色非晶态固体形态，经过进一步纯化处理后，可获得纯净的白色晶体。

KrF_2 和 XeF_2 合成过程为：在电加热下将镍催化剂表面温度控制在 740 ℃左右，F_2 在催化剂的热表面解离后形成 F• 并扩散至反应器壁，在用液氮冷冻着的壁上凝结着惰性气体，F• 与固相的惰性气体分子反应生成产物。这种合成设计照顾到了高温下 F_2 的解离和低温下产物的稳定性两个方面[2]。下图是 KrF_2 和 XeF_2 的合成机理。

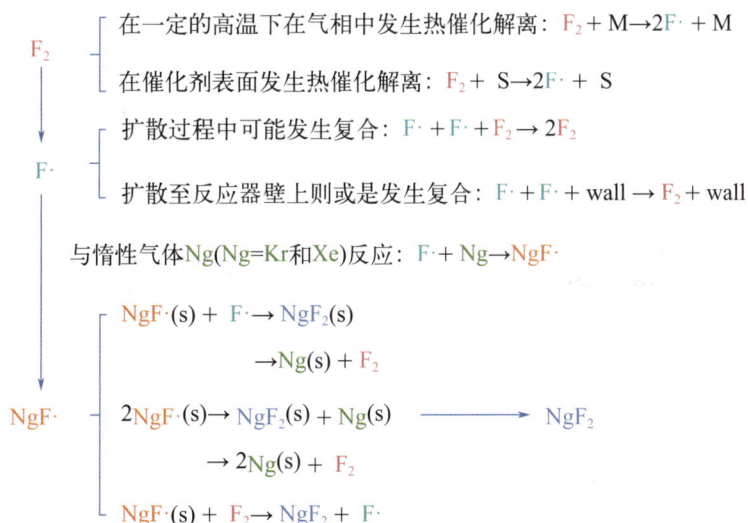

KrF_2 和 XeF_2 的合成机理

4.碳纳米管中的一维 Kr 原子气体

原子作为宇宙的基本构成单元，其运动状态对温度、压力、流体动力学以及化学反应等基础现象有着深远影响。传统光谱学技术能够分析大量原子群体的行为，并通过平均化处理来阐释原子尺度上的现象。然而，这些方法无法揭示单个原子在特定时刻的具体行为模式。

原子的尺寸极为微小，其直径介于0.1～0.4 nm。在气相环境中，原子能够以超过音速（在标准大气压、温度为20 ℃条件下声音在空气中的传播速度约为343 m/s）的速度移动，其速度大约为400 m/s。这使得直接对原子进行成像极具挑战性，实时生成原子连续动态图像仍然是当前科学研究领域面临的一项重大难题。

碳纳米管技术赋予科学家在单原子层面实时且精确地捕获与定位原子的能力。由于氪原子具有较高的原子序数，相较于轻质元素，其更易被观测。这一特性使得研究人员能够如同追踪移动点一般，精准监控氪原子的位置变化。2024年1月22日，英国诺丁汉大学的科研团队成功实现了对惰性气体氪原子的捕获。

该研究团队运用富勒烯（C_{60}）成功将单个氪原子输送至纳米管内。实验中利用先进的透射电子显微镜技术，直接观察到脱离富勒烯笼的氪原子形成了一维气体状态。在脱离载体分子后，由于空间极度狭窄，氪原子仅能在纳米管通道内的一维空间中移动。这些受限的氪原子类似于交通拥堵中的车辆，无法相互穿越，导致其运动速度减慢。研究人员首次实现了对惰性气体原子链的直接成像，从而在固体材料中创造了一维气体。这种固体材料中的一维气体可能具有独特的物理特性，为新材料研发提供了潜在的灵感来源。此项研究标志着化学与物理领域的一个重要突破，对于深入理解原子以及分子行为机制具有重要意义 [3]。

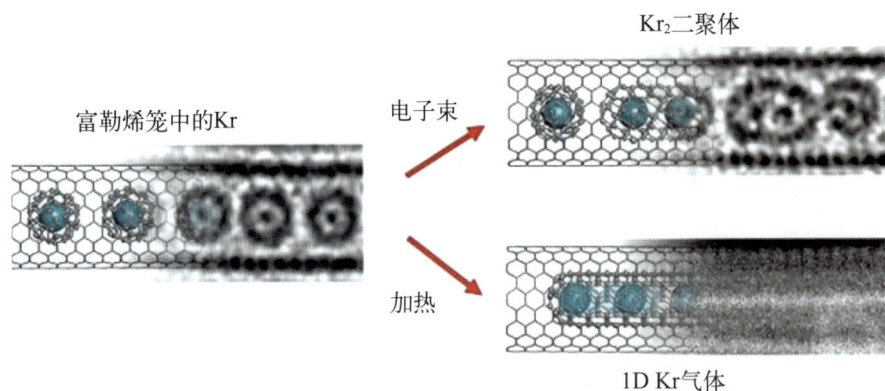

内嵌在富勒烯笼中的氪原子形成氪原子二聚体以及一维的氪气体的过程
图片源自 Andrei N. Khlobystov 学术论文 [4]

5. 一米是多长

说到长度单位，大家应该会想到"米"，而这一个看似简单的单位，其实也有着悠久的历史。随着技术手段的发展，它的定义也在不断变更，并且在变更过程中激发态氪-86的辐射波长曾在一段时间内作为了标准。

（1）长度单位米定义的早期发展历史

1789年法国大革命胜利后，国民公会令法国科学院组织一个委员会来标准度量衡制度。委员会提议了一套新的十进制的度量衡制度，并建议以通过巴黎的子午线上从地球赤道到北极点的距离的一千万分之一（即地球子午线的四千万分之一）作为标准单位。他们将这个单位称为mètre，后来演变为meter，中文译为"米"。

1791年，该方案获得法国国会的正式批准。随后，在1792年至1799年间，由法国天文学家主导，对从敦刻尔克至巴塞罗那的一段距离进行了精确测量。基于此次测量成果，于1799年制作了一根尺寸为3.5 mm×25 mm的铂质标准器——铂杆。此铂杆两端间的距离被定义为一米，并交由法国档案局负责保管，因此也被称作"档案米"。这便是最初对于"米"这一长度单位的定义方式，而作为基准的这根"档案米"至今仍保存于巴黎档案局[5]。

铂铱合金因其高硬度、高熔点、高耐蚀性等特性，在工业上有着广泛的应用，包括作为标准电阻、标准米尺和标准砝码等。因此，铂铱合金被用于制造国际米原器。1889年，国际计量局经过鉴定，在制作好的31只铂铱合金米原器中挑选出与档案米长度最为接近的第6号米原器，作为"国际米原器"。该米原器作为全球最具权威性的长度基准器，被保存在巴黎国际计量局的地下室内。其余的米原器则分配给与会各国，成为各自国家的基准。

1889年对米的定义，即国际铂铱原型的长度。经1889年第一届国际计量大会（General Conference of Weights& Measures，CGPM）批准使用。

下图"尺之原器"是1909年（宣统元年）清政府向国际计量局定制的长度标准器，它是中国最早的一支高精度线纹尺原器。

1889年的国际米原器
图片源自中国科学院西安光学精密机械研究所

宣统元年（1909年）清政府"尺之原器"
图片源自中国计量科学研究院

（2）1960年1 m长度的定义

1960年，第11届国际计量大会决定使用氪-86中特定跃迁所对应的辐射波长来定义"米"。这是首次用自然基准来代替实物基准，1 m定义为^{86}Kr原子在$2p_{10}$-$5d_5$能级之间跃迁的辐射在真空中波长的1650763.73倍。这一变化是为了提高精度，氪-86原子的$2p_{10}$和$5d_5$能级之间所对应的辐射波长$\lambda=606$ nm是橙红色光，其谱线宽度$\Delta\lambda=0.95\times10^{-5}$ nm。[6]

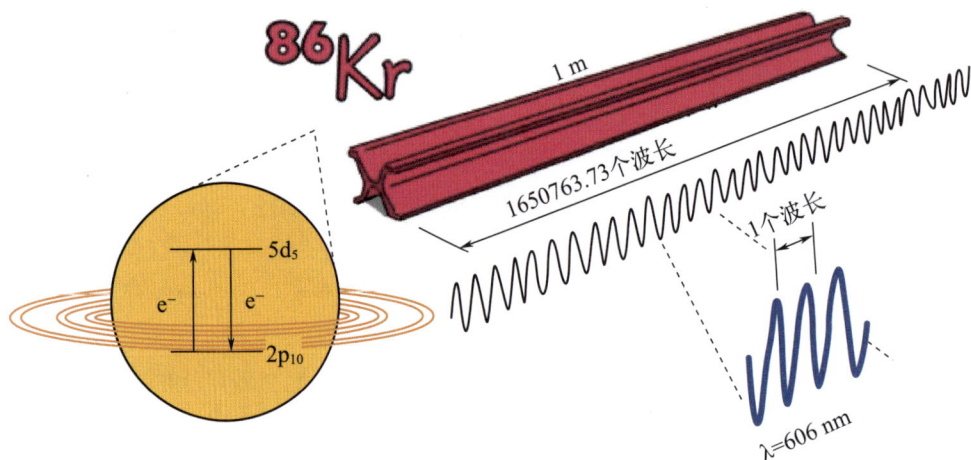

基于^{86}Kr光谱数据的米的定义 ❶

（3）现行长度单位米的定义

1983年，第17届国际计量大会的1号决议取代了1960年的定义，新定义参考了光在特定时间间隔内在真空中传播的距离。为了明确其对光速c的固定数值的依赖，在第26届国际计量大会（2018）第1号决议中改变了定义的措辞。

2019年5月20日起，米的定义更新为：当真空中光速c以m/s为单位表达时选取固定数值299792458来定义米。其中秒是由铯的频率Δv_{Cs}来定义的。这个定义的结果是，一米是光在真空中在1/299792458 s的时间间隔内所走过的路径的长度[7]。

参考文献

[1] 沙国平，张连英. 化学元素的发现及其命名探源[M]. 成都：西南交通大学出版社，1996.

[2] 党海军，黄力，徐前永，等. XeF和KrF的热催化合成及KrF在含氟高能氧化剂NFBF合成中的应用[J]. 无机化学学报，1996，（01）：18-23.

[3] 张佳欣. 氪原子首次捕获并形成一维气体[N]. 科技日报，2024-01-23（004）.

[4] Cardillo-Zallo I，Biskupek J，Bloodworth S，et al. Atomic-Scale Time-Resolved Imaging of Krypton Dimers，Chains and Transition to a One-Dimensional Gas[J]. ACS Nano，2024，18（4）：2958-2971.

[5] 杨小锋. 测井电缆特性测试技术研究[D]. 大庆：东北石油大学，2014.

[6] 刘胜松. 长度单位米的两代量子基准比较[J]. 中国计量，2010，（10）：56-58.

[7] 陈军，李华，邢献军. 国际单位制重大变革初探[J]. 安徽科技，2019，（06）：44-47.

---

❶ 图片绘制理念：图中氪的同位素^{86}Kr用紫红色突出强调，黄色球表示^{86}Kr的$2p_{10}$-$5d_5$能级跃迁，对外释放出一圈一圈的橙红色的辐射波。蓝色的曲线为^{86}Kr的波长，其波长λ=606 nm。而一圈一圈的辐射波，延长其波长的1 650763.73倍则为米原器中米的标准。

我相信再也不会有世界大战了——一场使用核裂变和核聚变的可怕武器的战争。我相信，正是科学家们发现这些可怕的武器的发展所造成的损坏是如此糟糕，现在正迫使我们进入世界历史上的一个新时期，一个和平与理性的时期。在这个时期，世界问题不是通过战争或武力来解决，而是按照世界法则来解决，以一种对所有国家都公平、对所有人民都有利的方式。❶

——莱纳斯·卡尔·鲍林❷

莱纳斯·卡尔·鲍林（Linus Carl Pauling）
图片源自诺贝尔奖官方网站

❶ 译自 https://www.nobelprize.org/prizes/peace/1962/pauling/
❷ 莱纳斯·卡尔·鲍林（Linus Carl Pauling, 1901 —1994），
1954 年诺贝尔化学奖得主，1962 年诺贝尔和平奖得主。

五、氙（Xe）

1.氙元素发现历史与中英文名称由来

1894年，英国化学家威廉·拉姆塞（William Ramsay，1852—1916）和物理学家瑞利勋爵（Lord Rayleigh，1942—1919）发现气体氩。1895年，拉姆塞和莫里斯·威廉·特拉弗斯（Morris William Travers，1872—1961）证实了氦的存在。1898年，拉姆塞和特拉弗斯在5月制得了氪，6月制得了氖。在初步实验中，二人发现最先蒸发的气体中并未检测到氦元素。鉴于此，他们决定对最后蒸发的气体进行检验。然而，受限于当时的实验条件，这一探索过程进展缓慢。直至一个月后，威廉·汉普森（William Hampson，1854—1926）提供了新的仪器，使得研究得以继续。利用新设备，拉姆塞和特拉弗斯成功制备了大量液态空气，并逐步使其蒸发。在蒸发接近尾声时，通过对剩余气体光谱的分析，他们发现了一种看似全新的元素，并将其命名为"Xenon"（氙）[1]。纯氙直到1900年中才制备出来。1962年，第一个稀有气体化合物 $XePtF_6$ 合成。

由于氙元素是最后一个被发现的非放射性稀有气体元素，故氙元素的英文名称"Xenon"一词，源自希腊词xenos，意为"陌生的"，寓指此种元素以前从未被发现，对于人类而言依然还是陌生的。也可理解为人们所生疏的气体，因为它在空气中的含量极少，仅占总体积的一亿分之八。[2]

英语中Xenon的发音为[ˈzenɒn]，近似发音"仙"。由于氙元素在标准状况下为气体，因此中文名称按照形声字的造字原则，将"亻"去掉，用"气"字头加"山"字形成"氙"元素的中文名称。"氙"亦为谐音造字。下图是氙元素的发现及发展历史时间轴。

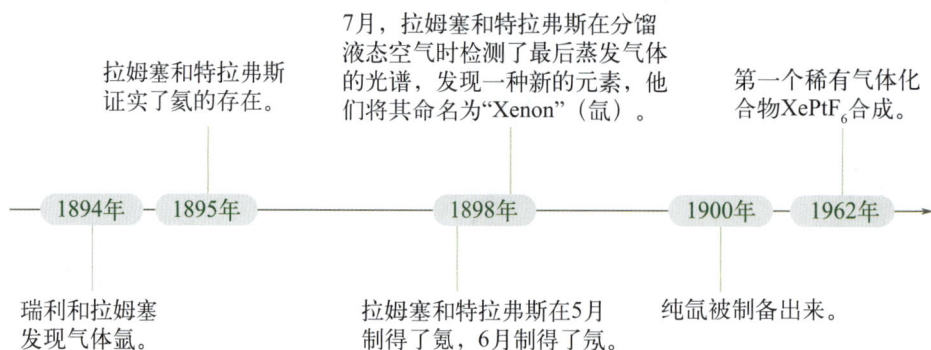

拉姆塞和特拉弗斯证实了氦的存在。

7月，拉姆塞和特拉弗斯在分馏液态空气时检测了最后蒸发气体的光谱，发现一种新的元素，他们将其命名为"Xenon"（氙）。

第一个稀有气体化合物 $XePtF_6$ 合成。

—— 1894年 — 1895年 —————— 1898年 ——————— 1900年 — 1962年 ——→

瑞利和拉姆塞发现气体氩。

拉姆塞和特拉弗斯在5月制得了氪，6月制得了氖。

纯氙被制备出来。

氙元素的发现及发展史❶

2.氙元素基本性质

氙（Xe）位于第五周期第ⅧA族，为稀有气体元素，基态电子组态为 $[Kr]4d^{10}5s^25p^6$。

---

❶ 图中时间轴主体颜色设计理念采用氙的"气瓶颜色标志"——瓶体颜色：银灰；字体颜色：深绿。

氙为无色无味的气体，熔点为 161.3 K，沸点为 166.1 K，化学性质稳定。氙灯能发出紫外线，因此可用于医疗和公共场所杀菌、消毒。

3. 氙元素与人类生活

(1) 氙气医学

氙气吸入麻醉的相关研究已开展了 70 余年，目前人类对氙气的药理学性质、麻醉机制和临床应用等都有了更为深刻的认识。氙气主要通过与 N-甲基-D-天冬氨酸受体结合发挥镇痛作用，且氙分子结构稳定，自身不易发生反应，故对机体的影响相对较小。氙气能够稳定术中血流动力学，还具有保护重要器官的作用，具备理想吸入麻醉药的诸多特性，然而由于价格昂贵，氙气的研究和应用受到制约。随着人类对氙气认知的深化及医学科技的持续进步，氙气在临床麻醉应用中已逐渐受到重视。[3]

氙磁共振技术是一项医学成像领域的重大突破，它使得曾经难以成像的人体肺部区域变得清晰可见。这项技术通过使用无放射性、无毒、可吸入的惰性气体——氙气，作为磁共振信号源，成功地将肺部的磁共振信号增强了 50000 倍以上。这不仅解决了传统磁共振成像技术中肺部气体区域的成像难题，还极大地提升了成像的速度和清晰度。这种快速采样和精准成像技术，为肺部疾病的早期筛查、治疗和研究提供了全新的装备和手段，从而为医生提供更多的诊断和治疗信息。这项技术的突破，不仅提升了医学成像的精度和效率，也为相关疾病的早期诊断和治疗提供了新的途径和希望。[4]

(2) 曾经辉煌的高档汽车大灯——氙灯及其发光原理

氙气大灯，全称高压气体放电灯（high intensity discharge lamp，HID），其核心技术突破了传统钨丝发光原理，通过惰性气体电离实现高效照明。在 LED 技术普及前，该灯型因卓越性能成为高端汽车照明的主流选择。

氙灯核心由抗紫外线石英玻璃管构成，内部充填高纯度氙气、微量水银蒸气及金属卤化物。其设计借鉴高压汞灯架构，采用厚壁石英管以承受约 10 倍标准大气压的内压，同时确保辐射透射效率。石英材料需极高纯度，避免杂质吸收紫外线导致光效损失。电极系统采用差异化设计，阴极以轻质精细结构优化电子发射效率，阳极则通过厚重造型维持热平衡。两电极间距极短（毫米级），需配合高达 1 kA 的直流电流工作，这对电源稳定性提出了严苛要求。下图是氙灯的结构原理。

氙灯发光依赖高压电弧激发。当车辆的 12 V 电源经电子增压装置瞬间升至 23 kV 以上时，石英管内的氙气被高压脉冲击穿电离，形成等离子体电弧。电弧放电过程中，氙气与金属卤化物受激产生连续光谱，其色温范围 4200～6000 K，光谱特性接近自然日光（因含较多蓝绿

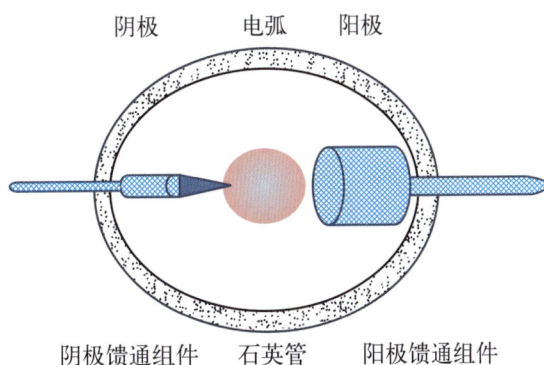

氙灯的结构原理
图片源自 Steffen Franke 学术论文[5]

光成分，实际呈冷白光）。此过程彻底摒弃了卤素灯依赖钨丝热辐射的机制，转而通过气体放电直接生成高亮度光源[6]。

相较于传统卤素灯，氙气灯实现了多重突破：光通量提升至卤素灯的2倍以上，电能-光能转化效率提高超70%，且无灯丝结构使寿命延长至2000～3000小时；光线覆盖更广、穿透性更强，显著改善了夜间行车安全。然而，技术瓶颈集中于高压系统控制：电弧稳定性需精准调节电流以防止电极过热，封装工艺需平衡石英管透光性与机械强度，升压电路可能引发电磁干扰问题。此外，完全点亮需3～5秒电压爬升过程，这对实时照明需求构成了限制[7]。

氙灯技术革新了自爱迪生时代沿袭的照明体系，推动气体放电成为汽车照明新范式。尽管氙灯具备显著性能优势，但含汞设计带来的环境风险与复杂回收流程引发争议。随着LED技术成本下降与光效提升，氙灯因启动延迟、电磁兼容性等问题逐渐退出主流市场。不过，其在极端工况下的稳定性仍保留部分特种车辆应用场景，其工程技术经验亦为新型光源研发提供了关键参数支持。

4.理论假设助力化学反应预测

（1）"氙气消失之谜"的理论解释

自然界中的氙气在大气层中极为稀少，与氩气、氪气等其他稀有气体相比，大气层中超过90%的氙气去向不明，这一现象在科学界被称为"氙气消失之谜"。

CALYPSO（Crystal structure AnaLYsis by Particle Swarm Optimization），即基于粒子群优化算法的晶体结构预测分析软件。该软件由吉林大学超硬材料国家重点实验室设计开发，用来预测在给定的化学成分和外部条件（如压力）下材料的能量稳定/亚稳态晶体结构[8]。

2014年吉林大学超硬材料国家重点实验室马琰铭院士科研团队利用自主发展的CALYPSO结构预测方法，首次从理论上提出在地核的压力和温度条件下，氙（Xe）能够与铁（Fe）或者镍（Ni）发生化学反应，形成一系列稳定的化合物，包括但不限于$XeFe_3$、$XeFe_5$、$XeNi_3$、$XeNi_5$等。

铁作为一种常见金属，其易于氧化的特性使其在多数化学反应中扮演还原剂的角色。然而，理论计算指出，在特定条件下铁与氙气反应的电子转移的方向发生了逆转，即从氙原子向铁原子迁移，导致铁在此过程中表现为带负电的氧化剂，这一现象颇为罕见。这一非常规的电子转移机制，在高压环境下得以实现，进而促进了氙气与铁之间的化学反应。

氪气与氩气，作为与氙气同属一族的元素，在低于400个大气压的条件下，均不与铁或镍发生化学反应。这两种气体在地核环境下无法稳定存在，因而主要存于大气层中。这一现象与大气层中氙气含量稀少而氪气与氩气含量正常的情况相吻合。最新的研究结果挑战了先前关于Xe与Fe不反应的观点，提出地核可能是氙气的储存场所，为解释氙气消失之谜提供了新的视角。[9]

（2）理论假设或模拟在化学中的作用

理论假设在化学反应预测中扮演着至关重要的角色，它们为化学家提供了一种框架，用

于理解、预测和控制化学反应的路径和结果。下表是一些理论模型助力化学反应预测的示例

理论模型助力化学反应预测示例

序号	名称	预测示例
1	量子化学理论	用于描述原子和分子的电子结构。通过这些理论，可以预测分子的稳定性、反应性以及可能的反应途径
2	分子轨道理论	该理论假设分子的电子状态可以由原子轨道的组合来描述。这有助于预测分子的键合特性和可能的电子转移过程
3	过渡态理论	在化学反应中，反应物转化为产物需要经过一个高能的过渡态。通过计算过渡态的能量和结构，可以预测反应的活化能和速率
4	反应动力学理论	该理论假设化学反应的速率可以通过反应物分子的碰撞频率和碰撞的有效性来预测
5	热力学和动力学控制	理论假设反应条件（如温度、压力）可以影响反应的热力学和动力学特性，从而影响产物的选择性
6	立体化学理论	该理论假设分子的空间结构对化学反应的路径和产物有重要影响。通过预测分子的立体化学，可以预测反应的立体选择性
7	计算化学方法	计算化学方法，如密度泛函理论（DFT）和分子动力学模拟，可以基于量子力学原理对化学反应进行预测
8	化学信息学	通过分析大量已知的化学数据，可以建立模型来预测未知的化学反应和性质
9	机器学习和人工智能	这些技术可以用于从大量化学数据中学习模式，预测化学反应的结果，甚至发现新的化学反应规律

通过这些理论假设和方法，化学家可以设计和预测化学反应，优化合成路径，发现新的化合物和材料，以及开发更有效的药物和化学品。随着计算能力的提高和算法的发展，理论化学在化学反应预测中的应用将越来越广泛。但是需要注意到，理论假设需要通过实验来验证，实验结果可以用来修正和完善理论，使其更加准确。因此无论哪种化学理论均需要进行实验验证，实践是检验真理的唯一标准。

5. 不再懒惰的"惰性气体"

1954年，诺贝尔化学奖授予莱纳斯·卡尔·鲍林（Linus Carl Pauling），以表彰他"对化学键性质的研究及其在复杂物质结构解释中的应用"。1962年，诺贝尔和平奖授予鲍林，以表彰他"反对东西方国家之间的核军备竞赛"。

莱纳斯·卡尔·鲍林（Linus Carl Pauling）
图片源自诺贝尔奖官方网站

在1962年的诺贝尔和平奖颁奖典礼上，鲍林呼吁："我相信再也不会有世界大战了——一场使用核裂变和核聚变的可怕武器的战争。我相信，正是科学家们发现这些可怕的武器的发展所造成的损坏是如此糟糕，现在正迫使我们进入世界历史上的一个新时期，一个和平与理性的时期。在这个时期，世界问题不是通过战争或武力来解决，而是按照世界法则来解决，以一种对所有国家都公平、对所有人民都有利的方式。"

1933年，这位颇有影响力的科学家曾预言，原子序数较大的稀有气体可以与氟或氧生成稀有气体化合物，即六氟化氙和六氟化氪（XeF_6 和 KrF_6）及氙的含氧酸（H_4XeO_6）。

自从十九世纪发现稀有气体以来，历经六十多年的探索和尝试，没有制备出任何一种稀有气体的化合物。因为稀有气体成员的化学性质都呈现出极大的惰性，它们的单质被认为是这些元素稳定存在时的唯一形式，被当成最安全的惰性气体。几乎没有人怀疑过稀有气体元素没有化合能力和稀有气体元素的原子结构是一种稳定结构的结论。

1961年7月，鲍林指出："氙在化学上是完全不活泼的。它没有能力形成普通的包含共价键或离子键的化合物。它唯一的化学性质是参与形成包合物晶体。"[10]这位伟大的科学家亦对其先前的预测予以了否定。

历史的发展充满戏剧性，鲍林对其先前预言的否定在第二年（1962年）得到了验证。就在这一年，首个稀有气体化合物——六氟合铂酸氙（$XePtF_6$）奇迹般地被合成，其独特的性质和结构震撼了整个化学界。这一发现不仅标志着稀有气体化学的确立，还开启了稀有气体化学研究的新纪元。

6. 伟大的稀有气体化学创始人

1962年，尼尔·巴特利特（Neil Bartlett，1932—2008）在研究铂的氟化合物过程中，获得了一种淡红色固体。经过分析确认其化学式为 O_2^+（PtF）$^-$。基于氙的第一电离能为 1130 kJ/mol，与氧分子转化为 O_2^+ 所需能量 1110 kJ/mol 相近的事实，他推测在相同条件下可以合成出与 O_2^+（PtF）$^-$ 相似的 Xe^+（PtF）$^-$。随后，巴特利特进行了相应的实验，并成功制备了首个稳定的稀有气体元素化合物。实验结果证实了这一假设，开启了稀有气体化学的崭新篇章。

$XePtF_6$ 生成的化学反应方程式：

$$Xe + PtF_6 \rightarrow XePtF_6$$

除 $XePtF_6$ 外，某些其他金属或非金属的六氟化物 MF_6 也可以生成 $XeMF_6$ 型化合物（如 $XeRhF_6$）；而且用 MF_5 与 Xe、过量氟或者用 MF_5 与氟化氙反应

尼尔·巴特利特（Neil Bartlett，稀有气体化学的创始人）❶
图片源自 Felice Grandinetti 学术论文[10]

---

❶ 拍摄于20世纪60年代，照片中是第一次实现了稀有气体反应的仪器。

均可得到 $XeMF_6$ 型化合物，如 $XePF_6$ 或 $Xe(SbF_6)_2$。

巴特利特的研究成果及其后一系列稀有气体化合物的发现，是对合成化学禁区的一次成功突破，为稀有气体化学开拓了新的领域。对传统原子结构理论及化学键理论构成了重大挑战，为科学界带来了新的视角。

巴特利特是成功制备可长期稳定存在的稀有气体化合物的第一人，也因此被认为是稀有气体化学的创始人。下图是 $XePtF_6$ 的生成反应。

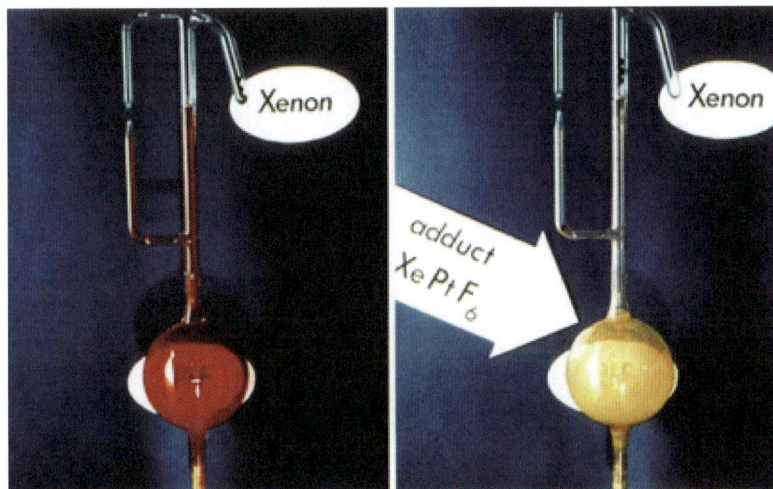

$Xe + PtF_6$ 生成 $XePtF_6$ 的反应 ❶
图片源自 Neil Bartlett 学术论文[11]

7. 稀有气体化学中体现的挑战权威的科学怀疑精神

（1）第一个稀有气体化合物 $XePtF_6$ 的结构新发现

时至 2024 年 8 月，第一例稀有气体化合物"$XePtF_6$"尚未被充分表征。Klemen Motaln[12]等撰文指出了 $XePtF_6$ 的可能结构，其中包含氙（Xe）和六氟合铂（PtF_6）。

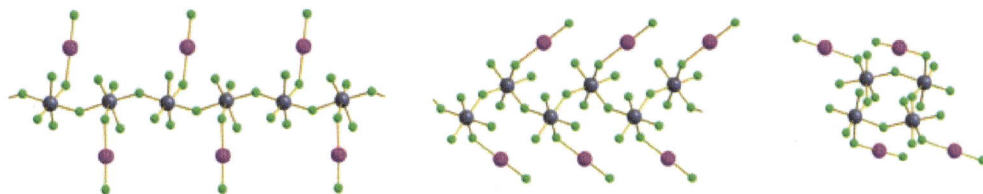

$XePtF_6$ 的结构 ❷
图片源自 Klemen Motaln 学术论文[12]

---

❶ 产生第一个稀有气体化合物的历史性实验在劳伦斯伯克利国家实验室重现。左侧：气体被玻璃封闭隔开；右侧：打破玻璃封闭后形成的黄色反应产物。主要产物（黄色固体）不溶于无水氢氟酸（Anhydrous Hydrofluoric Acid），可能是 $(XeF^+)_n(PtF_5)_n^-$ 聚合体。

❷ 绿色球：F；粉色球：Xe；灰黑色球：Pt。

$XePtF_6$中各元素的化合价分别为+1、+5和-1。其中，Pt处于较高价态，具有氧化性，Xe也表现出氧化性。$XePtF_6$不溶于非极性的四氯化碳，这表明它可能是离子化合物，其中Xe通过配位键与PtF_6相连。PtF_6是一个八面体配合物，Pt位于中心，与6个F原子相连。

具体来说，Xe原子的孤对电子与PtF_6中的Pt原子形成配位键，使Xe原子与PtF_6形成一个分子化合物。这种化合物是稀有气体化合物的一个例子，表明在一定条件下，稀有气体原子也可以与其他原子或分子形成化合物。

（2）稀有气体化合物结构与传统物质结构认识间的鸿沟

"八隅体"理论长久以来被视为传统物质结构领域内的一个基石，它对稀有气体化合物，尤其是氙化合物的合成构成了显著的理论障碍。这一理论指出，稀有气体原子由于其外层电子构型的完整性，通常不易与其他元素形成稳定的化合物。然而，正是这种看似不可逾越的理论边界，激发了科学家们勇于探索未知、挑战传统的勇气与决心。

在氙化合物的合成研究中，巴特利特突破"八隅体"理论的限制，通过创新的实验设计和技术手段，成功合成了一系列前所未有的氙化合物。这些成果不仅丰富了化学学科的知识体系，也为新材料的开发和应用领域带来了新的可能性。

$XePtF_6$被成功制备出以后，更多的科学家也更接受用"稀有气体"对第ⅧA族进行描述，之前的"惰性气体"的名称也逐渐被替代。

勇于突破固有理论和禁区的精神，是推动科学进步的重要动力。在氙化合物的合成研究中，巴特利特不畏艰难，敢于挑战权威，最终实现了对"八隅体"理论的超越，这种精神值得我们学习。

参考文献

[1] 孙博勋.稀有气体的前世今生[J].大学化学，2019，34（08）：8-19.

[2] 沙国平，张连英.化学元素的发现及其命名探源[M].成都：西南交通大学出版社，1996.

[3] 田婧，于泳浩.氙气吸入麻醉的研究进展[J].医学综述，2020，26（03）：577-580+585.

[4] 吴纯新，杨茜茹.让肺部磁共振成像从"不可看"到"看得清"[N].科技日报，2024-03-19（008）.

[5] Schöpp H，Franke S. High-Pressure Xenon Lamps. Handbook of Advanced Lighting Technology[M]. Springer，2017，1105–1109.

[6] 肖军.现代汽车照明系统中的新技术[J].电子技术，2006，（07）：25-29.

[7] 梁柱，任家骏.漫谈轿车灯光系统[J].科技情报开发与经济，2008，（09）：97-99.

[8] Wang Y C，Lv J，Zhu L，et al. CALYPSO: A method for crystal structure prediction[J].Computer Physics Communications，2012，183：2063-2070.

[9] 马琰铭.地核温度和压力条件下氙和铁的化学反应[C]//中国力学学会物理力学专业委员会.第十三届全国物理力学学术会议论文摘要集.吉林大学超硬材料国家重点实验室；2014：1.

[10] Grandinetti F. 60 Years of Chemistry of the Noble Gases[J]. Nature，2022：606.

[11] Lionell Graham, Oliver Graudejus, Narendra K. Jha, Neil Bartlett. Concerning the nature of $XePtF_6$[J]. Coordination Chemistry Reviews, 2000, 197: 321-334.

[12] Motaln K，Gurung K，Brázda P，et al. Reactive Noble-Gas Compounds Explored by 3D Electron Diffraction: XeF_2–MnF_4 Adducts and a Facile Sample Handling Procedure[J]. ACS Central Science，2024，10：1733-1741.

氡更有可能在吸烟者中导致肺癌。事实上，氡使吸烟者面临的肺癌风险估计是非吸烟者的25倍。由于氡和吸烟的协同作用，吸烟者患肺癌的风险更高。

——世界卫生组织❶

2024年5月27日在瑞士日内瓦开幕的第77届世界卫生大会现场
图片源自新华社 连漪　摄

六、氡（Rn）

1.氡元素发现历史与中英文名称由来

1894年，英国化学家威廉·拉姆塞（William Ramsay，1852—1916）和物理学家瑞利勋爵（Lord Rayleigh，1942—1919）发现气体氩。1895年，拉姆塞和莫里斯·威廉·特拉弗斯（Morris William Travers，1872—1961）证实了氦的存在。1898年，拉姆塞和特拉弗斯5月制得了氪，6月制得了氖，7月发现了氙。

1899年，加拿大化学家罗伯特·博伊德·欧文斯（Robert Boyd Owens）和英国化学家欧内斯特·卢瑟福（Ernest Rutherford）注意到钍制品的放射性能够产生气流，当时称为钍射气，后来确定钍射气即氡-220。1900年，居里夫妇曾发现当空气和镭的化合物接触时，空气也会变得具有放射性。同年，德国人弗里德里希·恩斯特·多恩（Friedrich Ernst Dorn）证明当镭经蜕变后，其生成物之一有一种气体，起初称为镭射气，后来被确认为氡-222。1902年，弗里德里希·奥斯卡·吉塞尔（Friedrich Oskar Giesel）在锕化合物中观察到锕射气的形成，即氡-219。后来证明，这几种所谓射气实际上都是一种最重要的放射性惰性气体——氡（Rn）[1]，其是继铀、钍、镭和钋之后发现的第五个放射性元素。1908年，拉姆塞和罗伯特·怀特洛·格雷（Robert Whytlaw Gray）合作测定了镭射气的密度，并确定了它是一种新元素，他们将其命名为"Niton"（氡），这个词来自希腊文niteo，原意是"发光"，因为它在黑暗中能够发光。1923年国际化学会议决定采用其中最稳定的同位素——镭射气为这种元素命名，称为"Radon"。其中，通常指最重要、寿命最长的^{222}Rn，半衰期为3.8 d。同时废弃了"Niton"这一命名。氡的发现是一个逐步的过程，涉及多位科学家，但通常将氡-222的发现归功于多恩，他在1900年首次识别出这种放射性气体。

氡元素的英文命名Radon，来源于Radium（镭），意为"放射"，因为氡元素是由镭蜕变生成的稀有气体族的一种重放射性气体元素，氡也被称为"镭射气"。

"-on"常用作后缀形成名词，表示与某种行为、过程或状态相关的事物或人。在化学领域，后缀"-on"常表示某种事物，例如，proton（质子）、electron（电子）、photon（光子）、argon（氩）。为了保持氡元素与镭元素之间的紧密联系并以示区别，取Radium的前半段"rad-"添加后缀"-on"，从而形成氡元素的英文名称Radon。

中文命名亦如此，Radon的首音节已命名元素"镭"，因此取第二个音节"don"的发音"冬"加"气"字头形成汉字"氡"作为其中文名称。下图是氡元素的发现历史时间轴。

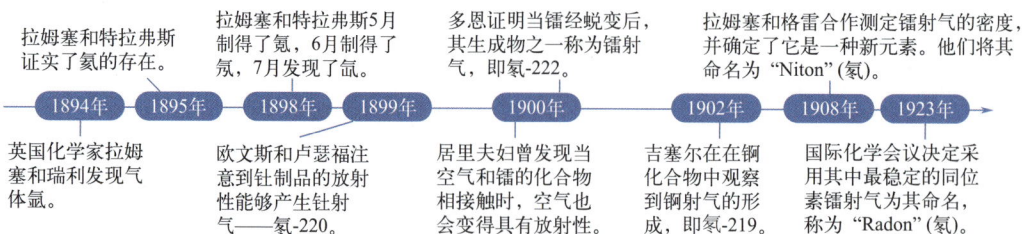

拉姆塞和特拉弗斯证实了氦的存在。

拉姆塞和特拉弗斯5月制得了氪，6月制得了氖，7月发现了氙。

多恩证明当镭经蜕变后，其生成物之一称为镭射气，即氡-222。

拉姆塞和格雷合作测定镭射气的密度，并确定了它是一种新元素。他们将其命名为"Niton"（氡）。

| 1894年 | 1895年 | 1898年 | 1899年 | 1900年 | 1902年 | 1908年 | 1923年 |

英国化学家拉姆塞和瑞利发现气体氩。

欧文斯和卢瑟福注意到钍制品的放射性能够产生钍射气——氡-220。

居里夫妇曾发现当空气和镭的化合物相接触时，空气也会变得具有放射性。

吉塞尔在在锕化合物中观察到锕射气的形成，即氡-219。

国际化学会议决定采用其中最稳定的同位素镭射气为其命名，称为"Radon"（氡）。

氡元素及其他稀有气体元素的发现史

2.氡元素基本性质

氡（Rn）位于第六周期第ⅧA族，为稀有气体元素，基态电子组态为 [Xe] $4f^{14}5d^{10}6s^26p^6$。氡气由含铀矿物衰变而成，存在于岩石、土壤和泉水中，在地壳中平均含量为 4×10^{-16} $g\cdot kg^{-1}$，在海水中的平均含量为 6×10^{-19} $g\cdot L^{-1}$。氡通常以单质形态存在，即氡气。它是一种无色无味的物质，在常温常压下呈气态。氡的化学性质极不活泼，是一种具有放射性的惰性气体。[2]

3.氡气与人体健康

（1）氡辐射的来源

氡气是稀有气体中唯一具有放射性的，其危害性已被医学研究所证实。世界卫生组织的研究报告显示，氡气及其放射性子体的吸入是除吸烟外导致人类肺癌的主要原因，氡气还可能破坏人的神经系统，造成白细胞减少，血凝增加和高血糖症状。

氡气主要来源于铀-238的衰变，而花岗岩是铀的主要赋存岩石之一。花岗岩作为大陆地壳的主要成分，约占地壳体积的22%，与人类生活密切相关。尽管花岗岩为人类提供了丰富的资源和材料，但某些花岗岩也可能导致氡气的释放，从而对人类健康构成威胁。

室内氡气的主要来源为房屋地基的土壤及花岗质基岩。氡气通过地基的裂缝和排水管以及地板之间的空隙进入室内，氡也可以从家庭用水或建筑材料中扩散到空气中，而土壤与裂隙中的氡气浓度亦与邻近的花岗岩类岩体密切相关。

我们在家里和工作中是如何受到氡照射的?

氡
来自基岩和土壤，并会在
室内空气中扩散。

Rn

氡主要通过地基上的裂缝和孔洞以及管道周围的开口从地面进入室内环境。

在一些由天然材料制成的建材和含有工业废料的建材中也能发现氡。

家务劳动时使用的水中可以发现氡。

氡气通过裂隙或孔洞向上迁移至空气和室内环境
图片源自国际原子能机构官方网站

氡的半衰期仅为3.82天，而铀的半衰期则长达45亿年。因此，只要存在铀元素，就会持续不断地产生对人体有害的放射性氡气。在地下和地上的工作场所，职业性氡辐射是相当普遍的。为了降低氡气辐射对人体健康的影响，建议在采用花岗岩作为建筑材料前进行必要的放射性检测；同时，在使用花岗岩作为室内装饰材料的空间里，应保持良好的通风条件[3]。

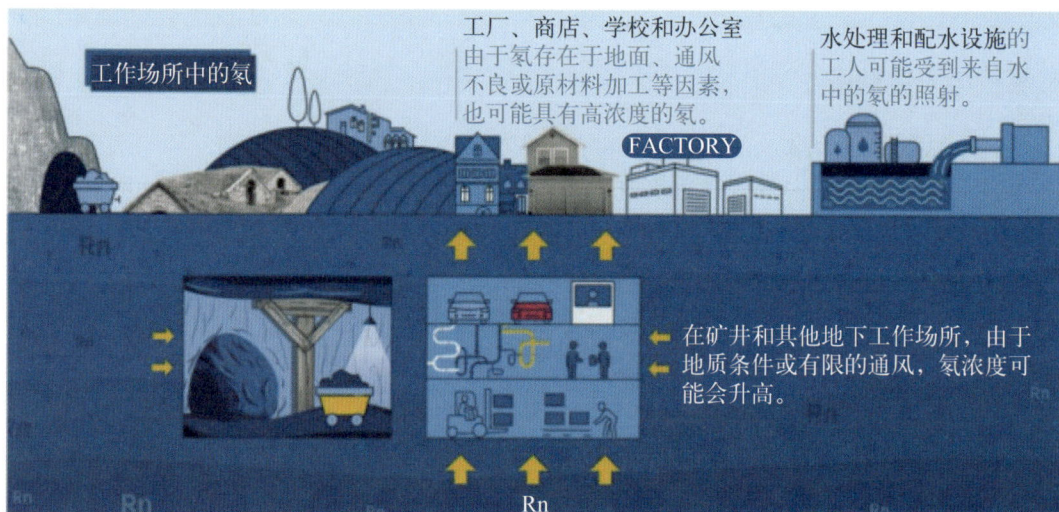

在地下和地上的工作场所中普遍存在的职业性氡照射

图片源自国际原子能机构官方网站

（2）氡对吸烟者的协同致癌

世界卫生组织国际癌症研究机构2012年公布的致癌物清单中将"氡-222及其衰变产物"列为1类致癌物。1类致癌物对人为确定致癌物。国际原子能机构发文表示，氡辐射约占人类辐射照射总量的一半。它是继吸烟之外导致肺癌最重要的原因，并且也是非吸烟者患肺癌的首要原因。据世界卫生组织（WHO）估计，3%至14%的肺癌是由氡导致的。

WHO曾明确表示："氡更有可能在吸烟者中导致肺癌。事实上，氡使吸烟者面临的肺癌风险估计是非吸烟者的25倍。由于氡和吸烟的协同作用，吸烟者患肺癌的风险更高。"。

4. 镭射线和镭射气

（1）镭射线和镭射气的区别

镭射线和镭射气是两个不同的概念，它们的区别主要体现在来源、性质和应用的不同。

"镭射线"通常指由放射性元素镭衰变时发出的射线，这些射线主要包括α射线（阿尔法粒子）、β射线（贝塔粒子）和γ射线（伽马射线）。镭射线的发现是放射性研究的重要里程碑，镭射线能够穿透物质，其中α射线和β射线穿透力较弱，而γ射线穿透力较强。镭射线对生物体有损害，长时间暴露在镭射线下可能增加患癌症的风险。

"镭射气"是自然界中镭的衰变产物，即氡-222，又称为氡气（Radon）。氡气可以存在于自然环境中，例如地下水和土壤中，也可以在室内积聚。氡气衰变产生的α粒子具有放射性。氡气是室内空气污染的潜在来源之一，长期接触可能对人体健康造成危害。

在医学领域，镭射线曾被用于癌症治疗（镭疗），但由于其强烈的放射性，现在已经很少使用。此外，镭射线在科学研究中也有应用，用于物质结构分析等。

作为镭射气的氡气，由于其放射性，并没有特别多地直接应用。根据WHO的信息，"室内氡浓度可以简单地通过小型被动探测器进行测量"，也有外国科学爱好者设计了利用监测氡气浓度变化来预测地震的小发明。此外，尤其需要注意的是，氡气的存在需要在环境监测和健康安全领域中予以关注，以减少人们暴露在氡气中的风险。

（2）贝克勒尔与放射性

1896年，安东尼·亨利·贝克勒尔（Antoine Henri Becquerel）研究新发现的X射线，并同时对铀盐如何受光的影响进行了研究。一次偶然的机会，他发现铀盐可以自发地发出穿透性辐射，这种辐射可以记录在照相底片上。进一步的研究表明，这种辐射源自一种新的物质，而不是X射线辐射。

1903年的诺贝尔物理学奖分为两部分，一半授予贝克勒尔以表彰他"发现自发放射性所作出的非凡贡献"，另一半共同授予皮埃尔·居里和玛丽·居里以表彰他们"共同研究贝克勒尔教授发现的辐射现象所作出的非凡贡献"。

1903年12月11日，贝克勒尔在其诺贝尔奖颁奖典礼上发表了重要演讲。演讲题目为"On Radioactivity，a New Property of Matter（论物质的新性质——放射性）"。基于贝克勒尔彼时的研究和认知，他认为：放射性物质的辐射产生各种化学作用，作用于照相用的物质，α和β射线在这方面最活跃。它使玻璃呈紫色或棕色，碱性盐呈黄色、紫色、蓝色或绿色。在它的作用下，石蜡、赛璐珞（胶片）和纸变成黄色，白磷变成红磷。这种转变中经常伴随着β射线的产生，但α射线也可能同样存在。臭氧是在生命体周围的空气中产生的。不仅是气体，而且液体介质（石油、液态空气）和绝缘固体（如石蜡）在镭辐射穿透后也会电离，在辐射停止作用后，它们还能保持一段时间的导电性能。例如，德国化学家弗里德里希·奥斯卡·吉塞尔（Friedrich Oskar Giesel）观察到，溴化镭的水溶液以每克每天约 $10~cm^3$ 的速率连续释放氧和氢。

同时，贝克勒尔指出镭射线对神经中枢有强烈副作用，甚至可能导致瘫痪和死亡，它们似乎对进化过程中的活组织有特别强烈的影响。据说铷也具有显著的放射活性。除了铀和钍之外，只有镭的特性使它能够被认为是一种与钡有关但又不同的元素。然而，值得注意的是，在普

安东尼·亨利·贝克勒尔
（Antoine Henri Becquerel）
图片源自诺贝尔奖官方网站

通的钡矿物中，即使作为微量元素，也找不到这种物质，它只存在于铀矿物中，在铀矿物中，它与钡一起被发现。

为了纪念发现放射性现象的科学家贝克勒尔，放射性活度的单位以其姓名命名。Bq代表贝克勒尔（Becquerel），是放射性活度的单位，表示每秒钟发生的衰变次数。Bq/m^3表示在每立方米空气中放射性物质的活度，即每立方米空气中放射性衰变的速率。这个单位常用于测量环境中放射性物质的浓度，例如氡气的浓度。

5. 氡元素含量测量与控制相关的国家标准

国家标准《环境空气中氡的标准测量方法》（GB/T 14582—1993）于1993年8月30日联合发布，1994年4月1日正式实施。本标准规定了可用于测量环境空气中氡及其子体的四种测定方法，即径迹蚀刻法、活性炭盒法、双滤膜法和气球法。

国家标准《室内氡及其子体控制要求》（GB/T 16146-2015）于2015年6月2日发布，2016年1月1日正式实施。标准规定，对于室内氡浓度，优先使用以下的年均氡浓度控制值：即对新建建筑物室内氡浓度设定的年均氡浓度目标水平为100 Bq/m^3；对已建建筑物室内氡浓度设定的年均氡浓度行动水平为300 Bq/m^3。此外，当室内氡浓度达到或超过上述浓度控制值时，应根据实际情况进行氡及其子体浓度对相关人员所致年均有效剂量的估算，对剂量估算结果应用以下的剂量控制值：即对新建建筑物室内氡及其子体设定的有效剂量目标水平为3 mSv；对已建建筑物室内氡及其子体设定的有效剂量行动水平为10 mSv。❶

参考文献

[1] 沙国平，张连英. 化学元素的发现及其命名探源[M]. 成都：西南交通大学出版社，1996.

[2] 周公度，叶宪曾，吴念祖. 化学元素综论[M]. 北京：科学出版社，2012.

[3] 马绪宣，刘飞，黄河，等. 花岗岩、氡气与人类肺癌[J]. 地质学报，2023，97（12）：4198-4208.

---

❶ mSv指毫希沃特。希沃特（Sv）与贝克勒尔（Bq）是核辐射领域中两个核心但用途完全不同的物理量单位，它们分别用于描述辐射的生物效应（当量剂量）和放射性物质的衰变强度（衰变速率）。1 Sv = 1 焦耳/千克（生物组织吸收的能量效应）；1 Bq = 1 次衰变/秒（放射性核素每秒衰变次数）。高活度物质（高Bq值）若屏蔽良好（低Sv值），实际剂量可接近0。

第九章

过渡金属元素（部分副族和Ⅷ族元素）

人类生存于地球之上，依靠矿产资源建设文明发达的社会。探索地球的奥秘是人类最早的认知科学，是自然科学的起源，换句话说，没有比认知地球更重要、更基础、更迫切的科学学科。❶

——翟明国 ❷

翟明国院士与其收藏的38亿年的石头
图片源自光明网 ❸

---

❶ 翟明国. 矿产资源形成之谜与需求挑战 [M]. 北京：科学出版社，2016.

❷ 翟明国，前寒武纪与变质地质学家，岩石学家，中国科学院院士，第三世界科学院院士。

❸ 地球密码揭密者：一块石头告诉你，生命大爆发之前，地球到底发生了什么？_光明网

一、钪（Sc）

1.钪元素发现历史与中英文名称由来

1794年，芬兰科学家约翰·加多林（Johan Gadolin）在瑞典小镇于特比发现的一种独特黑色矿石中，成功提取并分离出一种新物质，将其命名为"钇土"。1869年，德米特里·伊万诺维奇·门捷列夫（Dmitri Ivanovich Mendeleev，1834—1907）曾预言"类硼"元素的存在。1878年，瑞士科学家让·夏尔·马里尼亚克（Jean Charls Marignac）成功从"钇土"中分离出多种稀土元素，包括钇（Y）、铽（Tb）、铒（Er）以及镱（Yb）等新元素[1]。1879年，瑞典化学家拉尔斯·弗雷德里克·尼尔逊（Lars Fredrik Nilson）从斯堪的纳维亚半岛采集来的矿样——硅铍钇矿和黑稀金矿中发现其中含有一种新元素，它的特征几乎与门捷列夫预言的第21号元素——"类硼"完全符合。20世纪80年代，我国在离子吸附型稀土矿中发现了规模较大的富钪（Sc）矿床——湖南益将稀土元素（REE）钪矿床[2]。下图是钪元素的发现及发展历史时间轴。

钪元素的英文名称为Scandium，源于拉丁文"Scandin"，意为"斯堪的纳维亚（地名，钪元素的发现地）"。因Scandium的首音节发音"思"但又已经命名了"锶"元素，故取其第二音节发音近似为"亢"，"亢"加"金"字旁形成汉字"钪"作为其中文名称。

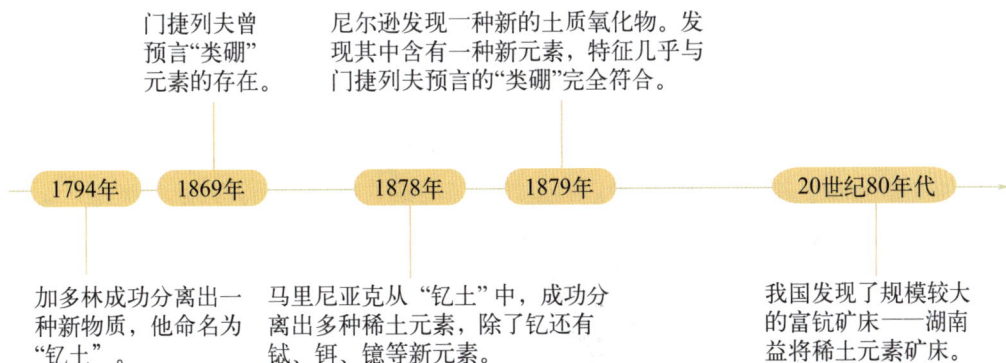

门捷列夫曾预言"类硼"元素的存在。

尼尔逊发现一种新的土质氧化物。发现其中含有一种新元素，特征几乎与门捷列夫预言的"类硼"完全符合。

| 1794年 | 1869年 | 1878年 | 1879年 | 20世纪80年代 |

加多林成功分离出一种新物质，他命名为"钇土"。

马里尼亚克从"钇土"中，成功分离出多种稀土元素，除了钇还有铽、铒、镱等新元素。

我国发现了规模较大的富钪矿床——湖南益将稀土元素矿床。

钪元素的发现及发展史❶

2.钪元素基本性质

钪（Sc）位于第四周期第ⅢB族，为过渡金属元素，也为稀土金属元素，基态电子组态为[Ar]3d¹4s²。钪单质是银白金属，质软。钪位列17个稀土元素之首，是稀土"家族"中最轻的"成员"。它具有延展性好、催化性能优异等特点，是材料界的"多面手"。铝钪合金作为新一代轻质结构材料，经常被用来制造先进高精尖产品关键部位的零部件。钪钠灯因高效节能成为第三代光源，医学中钪-46可用于肿瘤放疗。含钪体育器材因性能过优

---

❶ 图中时间轴主体颜色设计理念采用翟钪闪石呈现的淡黄色。

曾被禁。[3]

3."贵"族金属钪

（1）钪为什么是稀土元素

稀土元素是化学周期表中镧系元素（镧La、铈Ce、镨Pr、钕Nd、钷Pm、钐Sm、铕Eu、钆Gd、铽Tb、镝Dy、钬Ho、铒Er、铥Tm、镱Yb、镥Lu）及与之密切相关的钪（Sc）和钇（Y）共17种金属元素的统称。钪属于典型的高价稀土元素。这一分类源于其化学性质的相似性及矿床的共生特征。虽然钪（Sc）的物理化学性质与其他稀土元素存在差异（例如其d轨道电子结构更接近铝），但其也被归入稀土，主要原因有如下几点。其一是成矿共生性，钪在地质形成中常与镧系元素以及钇元素共同富集于稀土矿物（如黑稀金矿、加多林矿）中，分离难度较大。例如，尼尔逊在提取镱土时意外发现钪，正是因其与稀土矿物的密切关联。其二是化学性质关联性，钪的最外层电子排布（$3d^1 4s^2$）及常见的+3氧化态与镧系元素相似，导致其在离子半径、配位能力等化学行为上与其他稀土元素具有可比性。其三是历史与工业传统因素，稀土元素的命名始于18世纪，当时以氧化物形式分离的"土"状物质均被视为"稀土"，钪的发现与早期稀土研究紧密相关，故沿用此分类。

钪的独特性质使其在高科技领域中（如航天铝合金、固态照明）具有不可替代性，但其资源分散（多伴生于钛、铀矿中）及提取难度进一步强化了其"稀有"属性。学术界及工业界普遍将钪纳入稀土范畴，既体现了地质与化学的关联性，也反映了资源战略的考量。

在国际市场上，交易的钪产品主要包括金属钪和氧化钪，其价格与纯度成正比。2017年，99.99%纯度的氧化钪定价为4600美元/千克，而蒸馏金属钪的价格则高达226000美元/千克，这一价格是当时黄金价格（44445美元/千克）的五倍。在稀土元素中，钪的价格远高于其他轻稀土元素，甚至超过了稀缺的重稀土元素如铽和镝。

铝-镁-钪合金材料打造世界上第一辆3D打印摩托车
——光明骑士
图片源自赵芝学术论文[4]

（2）含钪轻质高强材料

钪是最轻的稀土，并展现出一系列卓越的物理特性。其熔点高达1541 ℃，超越了铁、镍以及稀土元素镧、铈、镨和钕。钪以2832 ℃的高沸点位居前列，仅次于铼（5627 ℃）、钼（5560 ℃）和钴（2870 ℃）。

在当前先进的3D打印技术领域，一种新型高强度铝-镁-钪合金材料展现出了显著优势。该材料的坚固程度超越了大多数用于3D打印的铝硅粉材料。2015年，利用该材料成功打印出了全球首款3D打印摩托车，命名为"光明骑士"。这款摩托车的重量仅35公斤，相较于传统电动摩托车减轻了30%。

（3）我国首个钪矿藏和赤泥提钪前景

20世纪80年代，在湖南汝城县益将乡发现了一种相对富钪的红土矿床，它被认为是中国找到的第一个大型独立钪矿床。

湖南汝城县益将乡含钪的"红土"
图片源自赵芝学术论文[4]

在自然界中，大部分钪元素以分散形式存在于铝土矿之中。在氧化铝的生产过程中，约有98%的钪会转移到产生的废渣中，这种废渣因其红色泥土状外观而被称为赤泥。通常情况下，每生产一吨氧化铝就会伴随产生一到两吨赤泥。赤泥的堆放不仅占用大量土地资源，还对环境造成污染。中国拥有广泛的铝土矿分布，并且在全球氧化铝产能排名第四。以2017年为例，中国的氧化铝产量达到了6902万吨。假设每吨赤泥中含有100～200 g氧化钪，则仅2017年一年所积累下来的赤泥中就含有约7000～14000 t氧化钪。尽管我国已经针对从赤泥中提取钪进行了实验性研究，但尚未实现工业化规模生产。相比之下，俄罗斯已经开始了从赤泥中提取钪的商业化进程。随着技术的进步，有望将赤泥转化为宝贵资源。

4.迈进30 K温区的首个元素超导体

超导性是最有趣的量子现象之一，高临界温度（T_c）元素超导体由于其相对简单的材料组成和潜在的机制而具有重要的科学意义。2023年9月，中国科学院物理研究所靳常青团队实验发现密集压缩钪（Sc）成为第一个T_c突破30 K范围的元素超导体，它与经典的La-Ba-Cu-O或LaFeAsO超导体的T_c值相当。实验结果表明，Sc的超导开始转变温度T_c^{onset}从43 GPa左右的~3 K增加到283 GPa左右的~32 K（其中电阻为零时的转变温度T_c^{zero} ~31 K），远高于液态氖的温度。有趣的是，在实验中，测量到的T_c在达到最大压力之前没有显示出饱和的迹象，这表明在进一步压缩时T_c可能更高[5]。

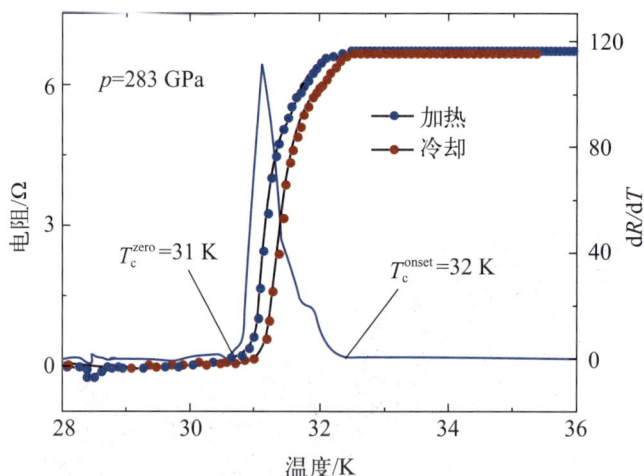

283 GPa下密集压缩钪冷却和升温过程的电阻曲线 ❶
图片源自靳常青学术论文[5]

5. 翟钪闪石——以中国科学家命名的含钪新矿物

（1）翟钪闪石的发现和命名

内蒙古白云鄂博矿床，作为全球最大的稀土矿床，不仅富含铁、铌、钪、钍及萤石等多种矿产资源，而且矿物组成复杂且共生组合多样。据统计，该矿床已发现超过200种矿物，其中包括20种新矿物。近期，在该矿床中又发现了两种新矿物——鄂博铌矿和翟钪闪石。其中翟钪闪石呈现淡黄色或淡蓝色，长柱状，自形至半自形，粒度可达350 μm，是一种含钪的角闪石族矿物，理想化学式为$NaNa_2(Mg_4Sc)(Si_8O_{22})F_2$，钪氧化物平均含量为6.4%，属于单斜晶系[6]。新矿物的发现，不仅丰富了白云鄂博可利用的铌、钪金属选冶矿物种类，促进了资源的高效利用，更体现了人类对自然界物质不断探索、认识并加以利用的过程。

翟钪闪石，这一在我国境内首次发现的含钪新矿物，以翟明国院士的姓氏命名，旨在表彰其在推动我国矿床学研究领域所作出的卓越贡献。翟明国院士在其著作《矿产资源形成之谜与需求挑战》中提到："*人类生存于地球之上，依靠矿产资源建设文明发达的社会。探索地球的奥秘是人类最早的认知科学，是自然科学的起源，换句话说，没有比认知*

---

❶ 其中电阻对温度的偏微分 dR/dT 在升温过程中被绘制出来，以清楚地显示 T_c^{onset} 和 T_c^{zero}。

地球更重要、更基础、更迫切的科学学科。"[7]此外，研究人员还在白云鄂博矿床中首次发现了三种独立的含钪矿物：钪钇石、钪辉石和钪绿柱石[8]。

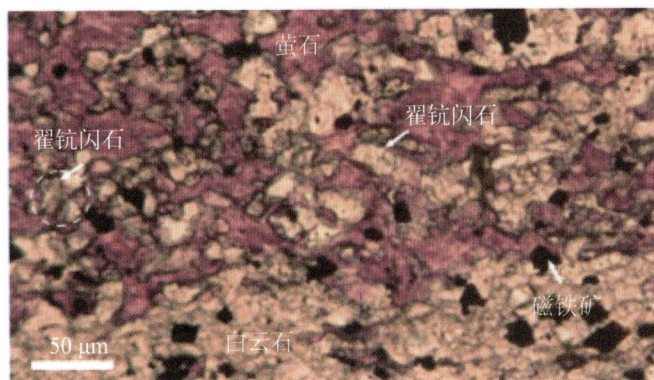

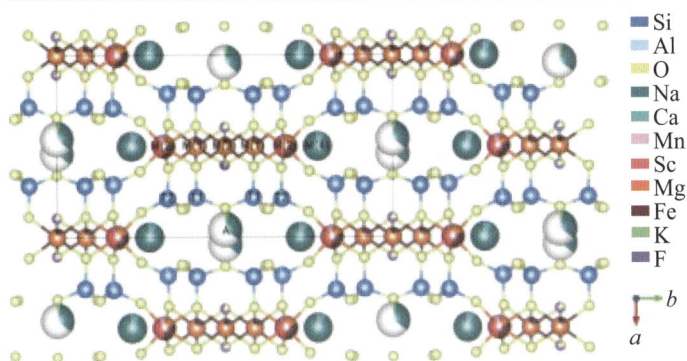

翟钪闪石显微镜下照片和晶体结构图
图片源自佘海东学术论文[6]

翟明国院士题词
图片源自光明网

(2) 成功属于有道德素养和科学素养的人

2015年10月，翟明国院士曾为光明网题词："成功属于有道德素养和科学素养的人"。

成功属于那些不仅具备高尚道德素养，而且拥有深厚科学素养的人。在当今社会，一个人的成功不再仅仅依赖于个人的努力和机遇，更在于其内在的品质和知识储备。有道德素养的人，能够坚守诚信、正直、公正的原则，赢得他人的信任和尊重，从而在人际交往中建立起良好的口碑和人脉资源。而拥有科学素养的人，则能够运用科学的方法和思维去解决问题，不断创新和进步，适应快速变化的社会环境。

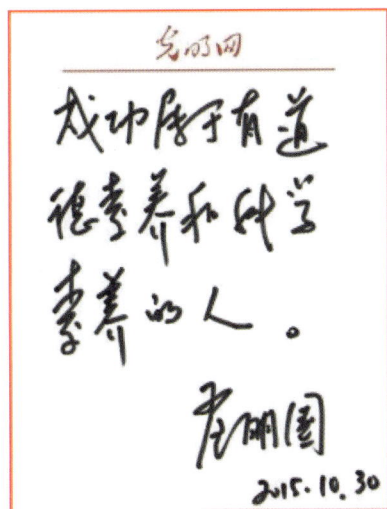

参考文献

[1] 王卫星."钪"世奇材无以抵"钪"[J].新材料产业,2022,(02):76-81.

[2] 中国矿床发现史·湖南卷编委会.中国矿床发现史·湖南卷[M].北京:地质出版社,1996.

[3] 郝万增."光明之子",难以抵"钪"[J].少儿科技,2024,(06):12-13.

[4] 赵芝,王登红,张国华,等.钪——稀散家族中的稀土 稀土家族中的贵族[J].国土资源科普与文化,2019,(03):15-17.

[5] He X,Zhang CL,Li ZW,et al. Superconductivity above 30K Achieved in Dense Scandium[J]. Chin Phys Lett,2023,40:107403.

[6] 佘海东,刘双良,范宏瑞,等.内蒙古白云鄂博矿床发现两种铌、钪新矿物:鄂博铌矿和翟钪闪石[J].地质科学,2024,59(05):1466-1469.

[7] 翟明国.矿产资源形成之谜与需求挑战[M].北京:科学出版社,2016.

[8] 内蒙古白云鄂博矿床又发现两种新矿物[J].稀土信息,2024,(07):6-7.

热爱：干一行爱一行；用心：干任何事情都需要有一个清晰的思路；努力：天道酬勤，努力就会有好运；认真：为人"待人以诚"、做事"一丝不苟"，认真助人成功。❶

——李永舫❷

李永舫院士开展学术讲座
图片源自河海大学官方网站

❶ 院士专家报告会 | 李永舫院士：干一行爱一行，从跟随到引领_研究_材料_聚合物

❷ 李永舫，高分子化学家，长期从事光电功能高分子领域的研究工作。2013年当选为中国科学院院士。

二、钛（Ti）

1.钛元素发现历史与中英文名称由来

　　1791年，英国矿物学家威廉・格雷戈尔（William Gregor，1762—1817）发现钛矿石并意识到存在一种新元素。1795年，德国化学家马丁・海因里希・克拉普罗特（Martin Heinrich Klaproth，1743—1817）进一步预言了该元素，并将它正式命名为钛（Titanium）。1822年，英国科学家威廉・海德・乌拉斯顿（William Hyde Wollaston，1766—1828）在威尔士南部城市梅瑟蒂德菲尔（Merthyr Tydfil）的炼铁厂内发现了一些体积微小的立方形结晶体。这些结晶体展现出金属特有的晶形与色泽，乌拉斯顿初步判断为钛单质，后被证明是错误的。1825年，约恩斯・雅各布・贝齐里乌斯（Jons Jakob Berzelius，1779—1848）采用钾还原氟钛酸钾（K_2TiF_6）的方法，制备了非晶态钛，但所得产物纯度不高。1849年，德国化学家弗里德里希・维勒（Friedrich Wohler，1800—1882）的研究结果表明，乌拉斯顿所发现的结晶物并非钛单质，而是由钛的氮化物与氰化物组成的混合物。同年，维勒和圣克莱尔・德维尔（Sainte Claire Deville，1818—1881）二人在封闭的坩埚中，重复进行了贝齐里乌斯的实验，然而所得产物依旧为氮化钛（TiN）。1887年，拉尔斯・弗雷德里克・尼尔逊（Lars Fredrik Nilson，1840—1899）和斯文・奥托・佩特森（Sven Otto Pettersson，1848—1941）在封闭的钢筒内，通过钠还原四氯化钛（$TiCl_4$）的方法，成功制备出纯度为95%的金属钛单质。1910年，美国化学家亨特（Matthew A. Hunter）制取了纯净的钛单质。1932年，卢森堡科学家威廉・贾斯汀・克罗尔（William Justin Kroll，1889—1973）提出采用镁替代钠还原$TiCl_4$的方法，有望实现钛的工业化生产。1940年，克罗尔对该方法进行了改良，显著提高了钛的产率，此方法后被称为Kroll法。至1948年，美国杜邦（DuPont）公司开始应用此法生产商品级海绵钛。[1]

　　克拉普罗特以希腊神话中天地之神的儿子——泰坦神族（Titans）之名，为这种金属赋予名称，结合元素英文名称构词规律，确定为Titanium。Titanium的首音节发音近似于"太"，故取其发音"太"并添加"金"字旁，形成汉字"钛"作为其中文名称。下图是钛元素的发现及发展历史时间轴。

2.钛元素基本性质

　　钛（Ti）位于第四周期第ⅣB族，为过渡金属元素，基态电子组态为$[Ar]3d^24s^2$。钛单质是暗灰色金属，机械强度大。钛元素在地壳中的平均含量为5.65 g/kg，地壳丰度排序第9。常温或低温下不活泼，为钝化金属。金属钛因其优异的宽温域耐受性、对强酸强碱介质的卓越抗腐蚀性能以及高比强度特性，成为航空发动机关键部件和飞行器承力结构的理想材料，因此被誉为"太空金属"。钛凭借其优异的生物相容性，被选为骨科植入器械（如人工关节、骨接合钉板系统）的首选材料。这种与生命体良好的界面适应性使其在生物医用金属领域也获得"生命金属"的称号。[2]

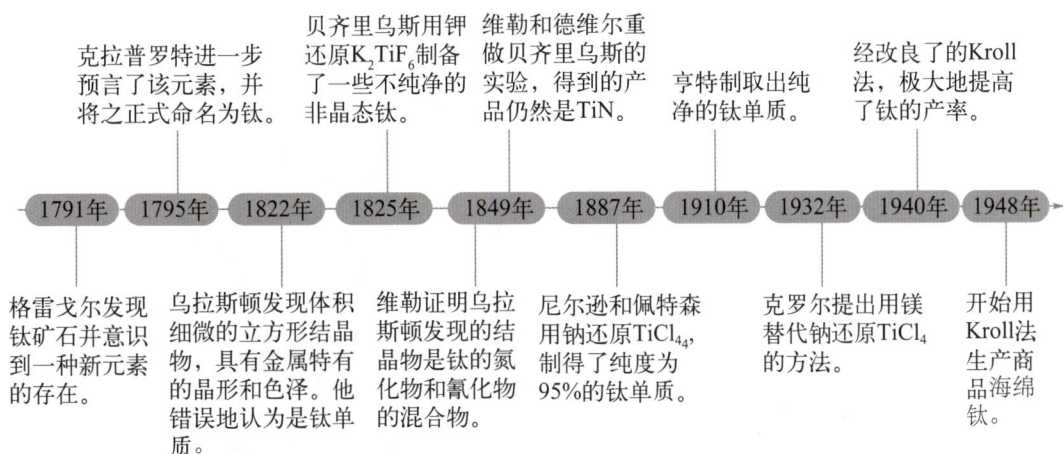

克拉普罗特进一步预言了该元素，并将之正式命名为钛。

贝齐里乌斯用钾还原K_2TiF_6制备了一些不纯净的非晶态钛。

维勒和德维尔重做贝齐里乌斯的实验，得到的产品仍然是TiN。

亨特制取出纯净的钛单质。

经改良了的Kroll法，极大地提高了钛的产率。

| 1791年 | 1795年 | 1822年 | 1825年 | 1849年 | 1887年 | 1910年 | 1932年 | 1940年 | 1948年 |

格雷戈尔发现钛矿石并意识到一种新元素的存在。

乌拉斯顿发现体积细微的立方形结晶物，具有金属特有的晶形和色泽。他错误地认为是钛单质。

维勒证明乌拉斯顿发现的结晶物是钛的氮化物和氰化物的混合物。

尼尔逊和佩特森用钠还原$TiCl_4$，制得了纯度为95%的钛单质。

克罗尔提出用镁替代钠还原$TiCl_4$的方法。

开始用Kroll法生产商品海绵钛。

钛元素的发现及发展史 ❶

3.钙钛矿及其科技前沿

（1）何为钙钛矿

钙钛矿是一类具有ABO_3分子通式的陶瓷氧化物。这类物质最初是在钙钛矿石中以钛酸钙（$CaTiO_3$）的形式被发现的，并因此得名。下图是钛酸钙的结构示意。

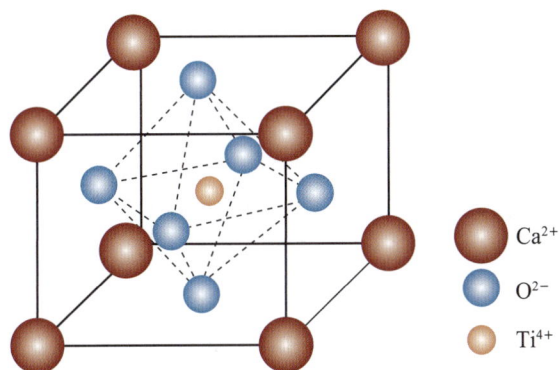

Ca²⁺
O²⁻
Ti⁴⁺

钛酸钙的结构

钙钛矿的英文名称perovskite是以俄罗斯地质学家列夫·佩罗夫斯基（Lev Perovski）的名字命名的。由于此类化合物结构上有许多特性，在凝聚态物理方面研究及应用甚广，所以物理学家与化学家常以其分子式中各化合物的比例（1∶1∶3）来简称之，因此又名"113结构"。下图是钙钛矿的晶体结构示意图。

---

❶ 图中时间轴主体颜色设计理念采用金属钛的灰色。

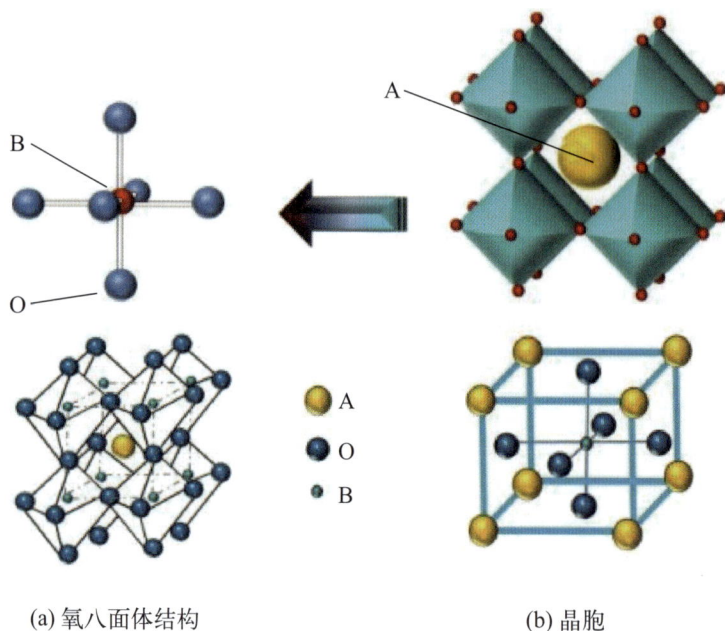

(a) 氧八面体结构   (b) 晶胞

钙钛矿的晶体结构示意

（2）钙钛矿类材料科技前沿介绍

① 解决大规模制备钙钛矿模组中面临的累积效应问题

光伏领域广泛采用的晶硅材料以其单一组分特性著称，由小面积单晶器件组装而成的单晶硅电池在组件放大过程中效率基本保持不变。相比之下，具有大面积模组整体一次性制备优势的多元组分薄膜太阳能电池长期面临组件成品率低和大面积效率低的问题。

作为未来光伏发展的重要方向之一，钙钛矿太阳能电池同样面临着大面积模组效率与成品率降低的挑战。关键原因在于，多元组分的钙钛矿在大面积制备的结晶过程中会出现多种类型的杂质和组分偏析。在大面积制备中，杂质的累积效应严重制约了模组的性能提升，并且还会影响钙钛矿太阳能电池的运行稳定性。

2024年9月上海交通大学赵一新教授团队成功解决了工业化大规模制备钙钛矿模组中面临的大面积引发杂质累积效应的关键科学问题。团队已成功应用30 cm × 30 cm的高性能钙钛矿光伏模组，实现了文献报道中国际领先的22.80%开口面积效率（经第三方认证为22.46%）。该技术有效解决了大面积多元组分钙钛矿薄膜在杂质多、导电性差及均一性不佳等方面的问题，为进一步提升大面积钙钛矿光伏模组的性能提供了重要思路[3]。

② 高效钙钛矿/有机叠层太阳能电池研究方面取得的重要进展

2024年10月中国科学院化学研究所李永舫院士团队基于前期研究，对钙钛矿/有机叠层太阳电池进行了深度探索。该团队针对具有顺反异构特性的1,4-环己二胺分子（图a），系统揭示了其在宽带隙钙钛矿表面钝化机制中的作用，并详细阐述了两种不同构型钝化剂分子引起的钙钛矿表面结构变化，最终筛选出具有优势结构的顺式钝化分子（*cis-*

CyDAI$_2$)[●]。通过结合理论计算与X射线分析，研究了顺反两种钝化剂分子结构对钙钛矿表面的影响，并通过光致发光量子产率测试提取了相应的准费米能级分裂数据（图b），发现经 cis-CyDAI$_2$ 处理后的钙钛矿薄膜展现出更高的理论开路电压。进一步利用紫外光电子能谱和表面开尔文力显微镜等技术手段证实，cis-CyDAI$_2$ 能够提升宽带隙钙钛矿表面的费米能级，减弱表面钉扎效应，从而改善与电子传输层的接触性能。在此基础上，于带隙为 1.88 eV 的宽带隙钙钛矿单结电池中实现了 1.36 V 的开路电压以及 18.4% 的光电转换效率。此外，将此策略应用于构建含窄带隙有机材料底电池的钙钛矿/有机叠层太阳能电池（图 c），达到了 26.4% 的光电转换效率（图 d），第三方认证值为 25.7%，刷新了当前报道的钙钛矿/有机叠层太阳电池最高效率纪录[4]。

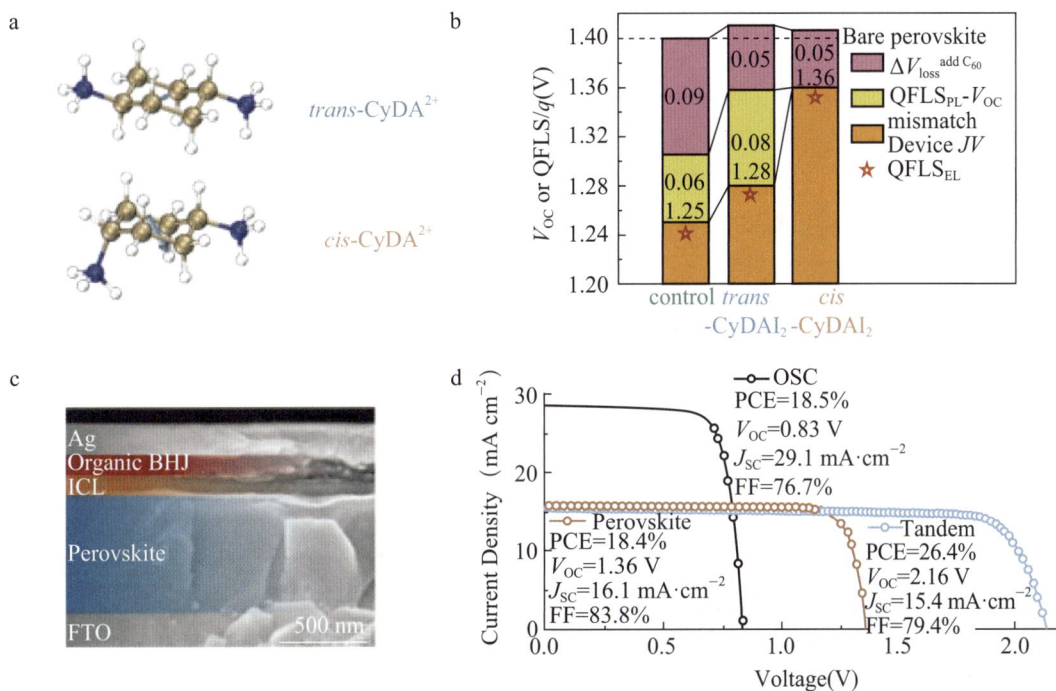

钙钛矿/有机叠层太阳电池及其高效率 [❷]
图片源自李永舫院士学术论文[4]

2024 年 10 月 18 日河海大学举办的《科研感悟：干一行爱一行；有机光伏：从跟随到引领》院士专家报告会中，李永舫院士向与会者分享自己的工作和生活态度："热爱：干一行爱一行；用心：干任何事情都需要有一个清晰的思路；努力：天道酬勤，努力就会有好运；认真：为人'待人以诚'、做事'一丝不苟'，认真助人成功。"

[●]　CyDAI$_2$：1,4-二碘化二铵环己烷。
[❷]　（a）钙钛矿钝化剂 CyDAI$_2$ 化学结构；（b）通过测试不同条件下薄膜的准费米能级分裂和器件的开路电压总结的电压损耗示意图；（c）钙钛矿-有机叠层太阳能电池结构示意图以及扫描电镜截面图；（d）太阳能电池的电流密度-电压曲线。

4. 研究"钛白"的中国科学家

二氧化钛（TiO$_2$）作为一种普遍存在的两性氧化物，通常以白色粉末或固态形式存在。由于其优越的化学稳定性以及持续呈现的白色外观，在商业领域被广泛称为"镜白粉"[5]。因其具有其他白色颜料如锌白、立德粉等不可比拟的高白度、高折射率、高消色力等颜料指标，并且无毒无害，所以被广泛应用在涂料、塑料、造纸等不同的行业[6]。

TiO$_2$材料因其成本效益高、优异的生化惰性、高度稳定性及可回收性等特性，在环境保护领域展现出广泛的应用潜力。利用TiO$_2$的光催化技术能够实现对许多有机污染物的完全矿化与降解，对于促进环境可持续性具有显著意义。此外，由于其适宜的带隙宽度、出色的光电化学稳定性以及简便的制备流程，使得TiO$_2$成为染料敏化、量子点及钙钛矿型太阳能电池中不可或缺的关键材料之一[7]。

张磊是中国科学院福建物质结构研究所研究员，一直致力于TiO$_2$的分子模型"钛氧团簇"的研究，取得了系列成果，使得我国"钛氧团簇化学"研究处于世界前沿。例如，成功合成世界首例类富勒烯型钛氧簇，世界首对同分异构型钛氧簇，世界首例贵金属掺杂型钛氧簇和目前世界最大钛氧团簇。

2019年，为庆祝国际化学元素周期表年，中国化学会编制了"中国青年化学家元素周期表"，其中张磊研究员被选为"钛"元素的代言人。张磊说："在我国的神话传说中，有一位神通广大的老神仙"太白金星"，曾经帮助孙悟空降妖伏魔；在自然界中也有一种叫"钛白"的神奇材料，也就是我们熟知的二氧化钛，它可以借助光将许多污染物进行降解，净化空气，还可以利用光照将水分解成氢气，因此在环境和清洁能源领域都大显神通。此外，钛在金属合金材料方面也有重要应用。"

"钛"元素的代言人张磊在实验室中

图片源自中国化学会

5.诺贝尔化学奖中的含钛催化剂

（1）夏普利斯与手性催化氧化

巴里·夏普利斯（Barry Sharpless）于1941年4月28日在美国宾夕法尼亚州费城出生，为"表彰他在手性催化氧化反应方面的工作"，夏普利斯获得2001年诺贝尔化学奖。

除了手性催化氢化反应的进展外，夏普利斯还开发了用于其他重要反应（氧化反应）的相应手性催化剂。由于氢化反应后双键饱和后变为单键，氢化会去除官能团，而氧化会导致官能团增加，这为构建新的复杂分子创造了新的可能性。

（2）缩水甘油制备中使用的含钛手性配体催化剂

夏普利斯认识到不对称氧化需要催化剂。1980年，夏普利斯成功找到了一种将烯丙醇催化不对称氧化成手性环氧化物的实用方法。该反应利用过渡金属钛（四异丙醇钛）结合手性配体作为催化剂，并生成大量的对映体。

环氧化物是很多种合成中的有用中间产物。这种方法为结构多样性开辟了道路，在学术和工业研究中都有非常广泛的应用。环氧化物（R）-缩水甘油的合成如下图所示，在催化剂存在下，使用氧化剂过氧化叔丁基氢将烯丙醇氧化为环氧化物（R）-缩水甘油（glycidol）。该催化剂是在四异丙醇钛和天然存在的D-酒石酸二乙酯（DET）的反应混合物中形成的。金属同时结合手性配体、过氧化物和反应底物，然后发生手性环氧化。

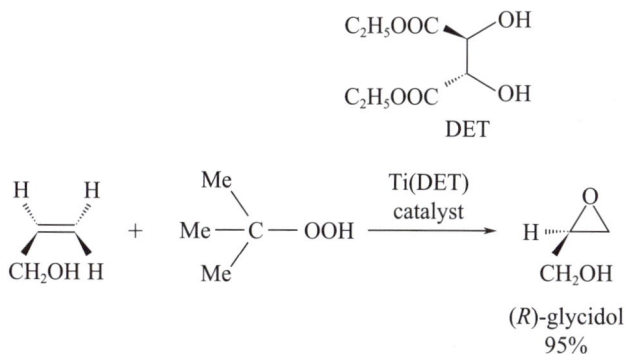

巴里·夏普利斯（Barry Sharpless）
图片源自斯克利普斯研究所

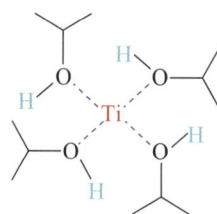

四异丙醇钛的结构式

环氧化物（R）-缩水甘油的合成路线
图片源自诺贝尔奖官方网站

缩水甘油在制药工业中用于生产用作心脏药物的 β- 受体阻滞剂。许多科学家认为夏普利斯的环氧化反应是过去几十年来合成领域最重要的发现。

参考文献

[1] 曹福臣，袁振东. 钛元素的发现及其概念发展 [J]. 化学通报，2020，83（11）：1050-1055.

[2] 周公度，叶宪曾，吴念祖. 化学元素综论 [M]. 北京：科学出版社，2012.

[3] Wang H F，Su S J，Chen Y T，et al. Impurity-healing Interface Engineering for Efficient Perovskite Submodules[J]. Nature，2024，634：1091–1095.

[4] Jiang X，Qin S C，Meng L，et al. Isomeric Diammonium Passivation for Perovskite–organic Tandem Solar Cells[J]. Nature，2024，635：860–866.

[5] 杜延青. 超亲水水下超疏油壳聚糖——二氧化钛复合膜油水分离性能的研究 [D]. 济南：山东大学，2018.

[6] 李化全，邱贵宝，吕学伟. 二氧化钛制备技术研究进展 [J]. 无机盐工业，2024，56（10）：20-27.

[7] 李天晶，颜婷，王颖，等. 溶胶 - 凝胶法制备二氧化钛（TiO_2）颗粒及其在钙钛矿太阳能电池中的应用 [J]. 功能材料，2024，55（11）：11153-11157.

正如在日常生活中，谁最懂得如何应对诸多困难和利用生活中出现的各种机会，谁就是成功者；同样，在科学发现中，谁能够抓住并正确理解所有人都目睹但只有预言家才能解释的现象和含义，谁就是成功者[1]。

——亨利·恩菲尔德·罗斯科[2]

亨利·恩菲尔德·罗斯科（Henry Enfield Roscoe）
图片源自 Lib Quotes 网站

[1] As in common life he who best knows how to meet the many difficulties and to utilise the various opportunities which life presents is the successful man, so in scientific discovery he is successful who is able to seize upon and rightly understand the meaning of the phenomena which all eyes witness but only those of the seer can interpret.

[2] 亨利·恩菲尔德·罗斯科爵士（Henry Enfield Roscoe, 1833 — 1915），英国化学家。他在钒和光化学研究方面的早期工作尤其出名。

三、钒（V）

1.钒元素发现历史与中英文名称由来

　　1802年，墨西哥矿业学校的安德烈斯·曼努埃尔·德尔·里奥（Andres Manuel del Rio）教授在伊达尔戈的卡多纳尔矿中发现了一种褐色铅矿，他认为这种矿石中可能含有一种新金属，并将其命名为panchromium。1831年，瑞典化学家尼尔斯·加布里埃尔·塞夫斯特罗姆（Nils Gabriel Sefström）在与约恩斯·雅各布·贝齐里乌斯（Jons Jakob Berzelius，1779—1848）合作时，在瑞典塔贝里（Taberg）的铁矿石中发现了一种新元素，并将其命名为Vanadium。1865年，亨利·恩菲尔德·罗斯科爵士（Sir Henry Enfield Roscoe）纠正了贝齐里乌斯对钒的错误认识，他通过实验确定了钒的真正原子量，并首次制备出金属钒。19世纪末至20世纪初，普里斯特利（Priestley）等人发现钒酸钠对多种动物具有强烈的毒性。1911年，亨氏（Heinz）在海鞘的血液中发现了高含量的钒。1927年，马登（Marden）和赖奇（Rich）成功地在950 ℃的铁弹中用钙和氧化钙还原钒的五氧化物，制得金属钒。20世纪中叶，大约80种含钒矿物被报道，它们在四种不同的地球化学环境中形成，包括硫化物类、硫酸盐矿物、硅酸盐类和氧化物。20世纪末至21世纪初，研究者开始关注钒在生态系统中的行为及其对人类和生态系统的影响。[1]

　　钒元素的英文命名为Vanadium，来自vanadis，即更广为人知的北欧神话中的挪威女神弗雷娅（Freyja）的名字，暗指钒元素的美丽。

　　中文将Vanadium命名为"钒"，这个名字既保留了原词的首音节，发音近似为"凡"，也体现了该元素的金属特性。下图是钒元素的发现及发展历史时间轴。

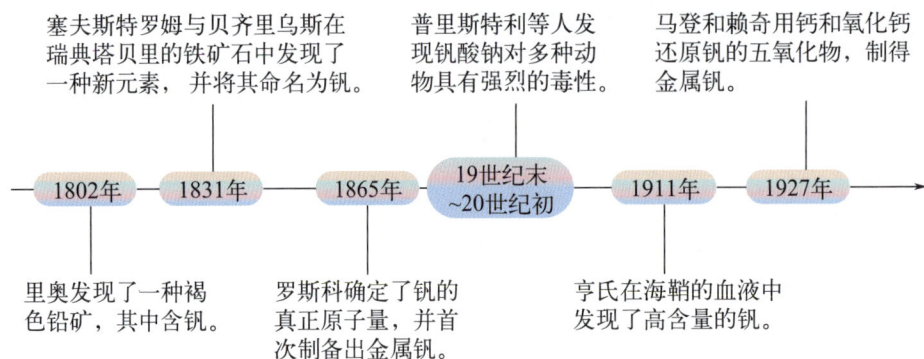

钒元素的发现及发展史❶

2.钒元素基本性质

　　钒（V）位于第四周期第VB族，为过渡金属元素，基态电子组态为[Ar]$3d^34S^2$。单质钒呈银白色，有金属光泽和延展性，常温下不活泼。

---

❶　图中时间轴主体颜色设计理念采用钒化合物多彩的颜色。

钒作为高熔点稀有金属，通常以合金形式应用，其突出的合金化特性使其获得了"金属维生素"的称谓，其中钒钢是其最早实现规模化应用的合金体系。钒化合物的显色特性源于其多变的氧化态：V（V）氧化物呈现黄色至红褐色。VO_2^+水合离子为亮黄色，$[VO(H_2O)_5]SO_4 \cdot H_2O$ 显天蓝色，$VOCl_2$ 呈绿色。V（Ⅳ）碱性化合物多呈棕/黄色系，V（Ⅲ）盐类普遍呈绿色，V（Ⅱ）盐则呈现特征紫色。钒基无机颜料涵盖锆钒黄（$V_2O_5 \cdot ZrO_2$）、铋钒黄（$BiVO_4$）等黄色系，钒锆蓝（$Zr, V^{Ⅳ}$）SiO_4 蓝色系及钛钒锑灰（Ti, V, Sb）O_2 灰色系[2]。

3. 美丽"钒"女神

钒是一种过渡金属，具有多种化合态，从+2到+5，甚至包括罕见的−3。这些化合态的变化可以通过添加或替换配体来改变，进而影响钒的配位环境和电荷转移过程，导致钒化合物的颜色变化。例如，$VO(acac)_2$，（其中acac是乙酰丙酮）在吸收光时呈现蓝色；$Ca_2Ca(V_{10}O_{28}) \cdot 17H_2O$（橙钒钙石），为深红橙色到黄橙色或黄色（部分脱水）；$Mn(V_2O_6) \cdot 4H_2O$（水钒锰石），为胭脂红到酒红色；$Mg(V_2O_6) \cdot 7H_2O$（水镁钒石），极好的辐射群为浅绿色到无色的二辉石晶体，带有深橙色的拉沙石；$BiVO_4$（钒铋矿）为红褐色。

$Ca_2Ca(V_{10}O_{28}) \cdot 17H_2O$（橙钒钙石）

$Mn(V_2O_6) \cdot 4H_2O$（水钒锰石）

$Mg(V_2O_6) \cdot 7H_2O$（水镁钒石）

$BiVO_4$（钒铋矿）

4.钟情于钒的罗斯科

在罗斯科之前，关于钒及其化合物的大部分工作都是由贝齐里乌斯完成的，他制备了他认为是钒的金属（后被证明不是金属钒），并将最高价态的氧化物（酸性）表示为VO_3，类似于CrO_3。贝齐里乌斯的结论是基于他的发现，即钒酸在红热下与氢还原时会不断地失重。通过在氢气流中还原钒酸，他确定了钒的原子量为68.5（O=8）。

罗斯科和他的导师罗伯特·威廉·本生（Robert Wilhelm Bunsen，1811—1899）一起进行了光化学的基础研究，确定了光化学的规律和定量效应。而他最重要的研究是钒、铀、钨和钼的化学性质，以及它们的氧化物和氯氧化物，并首次进行了它们的合成和分离。他还对公共卫生做了重要的研究。他的学术活动使欧文斯学院（维多利亚大学）的化学学科成为英国领先的学科。"正如在日常生活中，谁最懂得如何应对诸多困难和利用生活中出现的各种机会，谁就是成功者；同样，在科学发现中，谁能够抓住并正确理解所有人都目睹但只有预言家才能解释的现象和含义，谁就是成功者。"是罗斯科对如何取得成功的心得。

1865年罗斯科和他的助手爱德华·索普（Edward Thorpe，1845—1925）发明了一种方法，通过这种方法，钒被提取为钒酸铵，加热后产生钒酸。他们从酒液中制备了几磅钒酸铵（1磅=0.4536千克），并继续研究钒化合物。罗斯科和索普与贝齐里乌斯一样，用氢还原钒酸，并得出结论：钒酸的真正分子式是V_2O_5（当O=16时），钒的真正原子量是51.3。为了解释与贝齐里乌斯结果的差异，他们假设贝齐里乌斯认为是钒的物质实际上不是金属，而是一种原子量为67.3的氧化物。罗斯科在研究金属钒时，制备了大量的钒氧化物和氯氧化物（V_2O_2，V_2O_3，V_2O_4，V_2O_5，$VOCl$，$VOCl_2$，$VOCl_3$，$V_2O_2Cl_2$，$V_2O_2Cl_4$，$V_2O_2Cl_6$）、钒酸盐、单氮化物和二氮化物，并测定了它们的固体及其溶液的一些物理和化学性质。

为了获得游离态的金属，他采用了贝齐里乌斯的方法，即用熔化的五氧化二钒和过量钠的混合物加热爆炸。上述方法最终都是生成由混合氧化物组成的黑色粉末。经过多次实验，罗斯科发现生成金属钒的唯一方法是在完全纯氢的气氛中还原一种不含氧的氯化物。罗斯科将金属钒描述为一种浅灰白色的非磁性粉末，相对密度为5.5，在大气压力下不会氧化，甚至不会变色，在室温下也不会分解水。在气流中慢慢加热，它发出明亮的光芒，首先形成棕色氧化物（V_2O或V_2O_2），然后是黑色的三氧化物，蓝色的四氧化物，最后是五氧化物。冷的或热的盐酸和冷的硫酸对它不起作用。在各种浓度的硝酸中，它都剧烈氧化，形成蓝色液体。在他关于钒的第三篇论文中，罗斯科继续研究金属钒的性质和反应，描述了氧化三溴化钒、氧化二溴化钒、原钒酸钠（$Na_3VO_4·16H_2O$）、焦钒酸钠（$Na_4V_2O_7·18H_2O$）、焦钒酸钡、焦钒酸铅、原钒酸银、银和焦钒酸盐的制备。[3]

5.钒电池——全钒液流电池储能技术

（1）全钒液流电池原理介绍

全钒液流电池利用正负极钒离子在充放电过程中价态的变化，实现电能与化学能之间的相互转换，从而达到能量存储与释放的目的。该电池结构由左右两个半电池构成，中间通过隔膜分隔。每个半电池均包含电极、集流板以及钒电解液。

VO^{2+}/VO_2^+ 电对作为正极，V^{2+}/V^{3+} 电对作为负极，硫酸为支持电解液。不同价态的钒离子呈现不同的颜色，其中，正极活性物质 VO^{2+} 为蓝色，VO_2^+ 为黄色；负极活性物质 V^{2+} 为紫色，V^{3+} 为绿色。通过观察电解液的颜色，可以初步判断全钒液流电池的充放电状态。全钒液流电池的工作原理如下图所示。

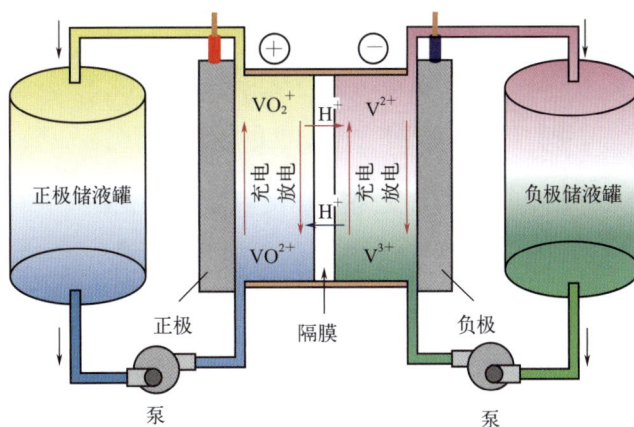

全钒液流电池结构和工作原理
图片源自计东东学术论文[4]

其电极反应如下[5]：

充电过程：

① 正极：$VO^{2+} + H_2O - e^- \rightarrow VO_2^+ + 2H^+$

② 负极：$V^{3+} + e^- \rightarrow V^{2+}$

放电过程：

③ 正极：$VO_2^+ + 2H^+ \rightarrow VO^{2+} + H_2O - e^-$　　$E^{\ominus} = 1.004\ V(vs.SHE)$

④ 负极：$V^{2+} \rightarrow V^{3+} + e^-$　　　　　$E^{\ominus} = -0.225\ V(vs.SHE)$

(2) 全钒液流电池储能技术的应用

全钒液流电池储能技术因其高安全性、长寿命和可扩展性等优势，在多个领域展现出广泛的应用前景。它不仅适用于大规模储能，如平衡电网负荷和储存间歇性可再生能源，还广泛应用于新能源发电领域，包括风能和太阳能。此外，该技术在工业和商业领域用于削峰填谷，提高能源利用效率，降低企业用电成本；在分布式能源系统中为偏远地区、岛屿和微电网提供稳定可靠的电力支持；在电力系统储能中，包括电网侧的调峰调频、电力辅助服务以及用户侧的分布式储能、微电网建设。长时储能领域也是其重要应用之一，尤其在可再生能源的配储、电网侧的储能需求、火电调频的灵活性提升以及城市储能电站的应急保电等方面具有巨大潜力。随着技术进步和成本降低，全钒液流电池储能技术将在更多领域得到应用。

参考文献

[1] 杰拉姆·O·努里亚古. 环境中的钒：化学及生物化学 [M]. 北京：科学出版社，2018.

[2] 陈亚光. 钒元素的化学和应用 [J]. 化学教育（中英文），2017，38（18）：1-5.

[3] Wisniak Jaime, Roscoe Henry Enfield[J]. Educación Química, 2016, 27: 240-248.

[4] 计东东，姜奇，蒋龙，等. 大容量长时储能技术及其在油气行业的应用前景 [J]. 石油管材与仪器，2023，9（01）：6-15.

[5] 周颖. 全钒液流电池关键材料研究 [D]. 武汉：武汉科技大学，2017.

如果说人类的历史是写在书籍里，那么地球的历史则是写在了石头里，藏进了厚厚的岩层中。46亿年地球历史沧海桑田，38亿年生命演化漫漫征程，这些石头是会"说话"的。❶

——施光海❷

施光海（左一）在新疆进行野外考察
图片源自北京政协网

❶ 李京. 施光海：躬行者无疆[N]. 人民政协报，2024-05-17.
❷ 施光海，北京市政协委员，民盟北京市委会高等教育委员会副主任兼秘书长，中国地质大学（北京）博物馆馆长，中国地质大学（北京）珠宝学院教授。

四、铬（Cr）

1.铬元素发现历史与中英文名称由来

1766年，德国矿物学家与地质学家约翰·戈特洛布·莱曼（Johann Gottlob Lehmann，1719—1767）在叶卡捷琳堡（Ekaterinburg）斯维德洛夫斯克地区的别廖佐夫金矿区，发现了一种名为西伯利亚红铅（Crocoite，亦称铬铅）的矿物。1796年，法国化学家路易斯·尼古拉斯·沃克兰（Louis Nicolas Vauquelin，1763—1829）初步分析了这个来自西伯利亚的红铅矿，确定其中除铅外，还有铁和铝。1797年，沃克兰通过将一份矿石粉末与两份浓碳酸钾溶液共同煮沸，成功获得了白色碳酸铅沉淀及一种黄色溶液。同年，沃克兰进一步实验发现，向该黄色溶液中加入汞盐溶液时，会析出棕红色沉淀；加入铅盐溶液时，则会产生鲜黄色沉淀；而加入氯化亚锡的盐酸溶液后，溶液转变为鲜绿色。1798年，沃克兰将这种矿石溶解在盐酸中经过一系列操作得到灰色针状金属，即铬单质[1]。

值得一提的是，秦始皇兵马俑坑中秦俑所佩带的兵刃上就镀有金属铬，说明我国在2000年前就掌握了镀铬的工艺。

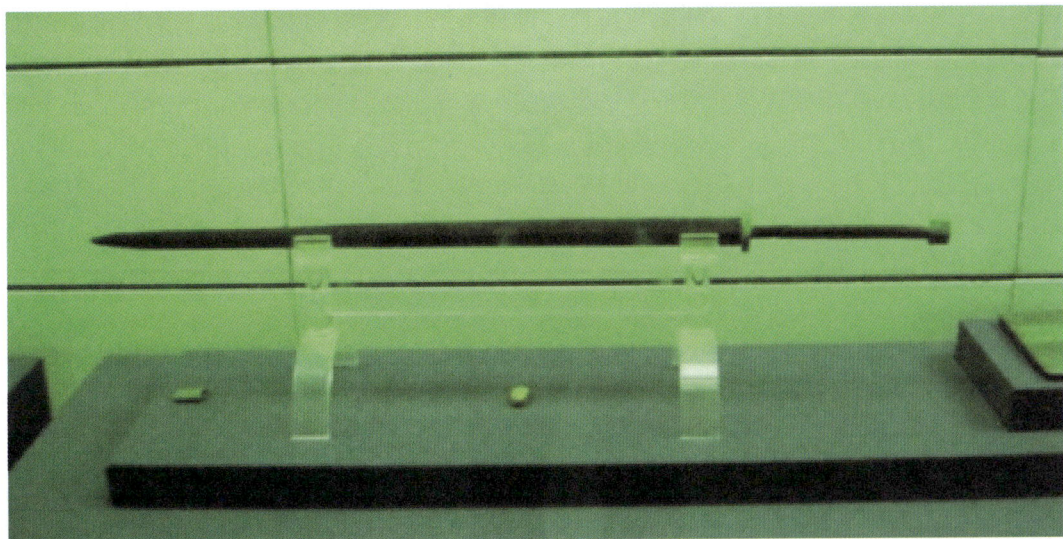

秦兵马俑出土的镀铬青铜剑
图片源自朱仁鹏学术论文[2]

沃克兰根据希腊文"chroma"（意为"颜色"）为新发现的元素命名为"chrom"，意指铬的化合物具有多种颜色。由此得到了铬的英文名称"chromium"和元素符号"Cr"。Chromium的首音节发音近似于"各"，加上表金属性的"金"字旁，构成汉字"铬"作为其对应的中文名称。下图是铬元素的发现历史时间轴。

沃克兰往黄色溶液中加入汞盐溶液则有棕红色沉淀析出；加入铅盐溶液则有鲜黄色沉淀析出；加入氯化亚锡的盐酸溶液则变成鲜绿色。

美国人发明镀铬工艺。

| 2000年前 | 1766年 | 1796年 | 1797年 | 1798年 | 1937年 |

秦始皇兵马俑所佩带的兵刃上镀有金属铬。

沃克兰确定红铅矿中除铅外，还有铁和铝。

沃克兰将1份矿石粉末与2份浓碳酸钾溶液共同煮沸，得到了白色碳酸铅沉淀及一种黄色溶液。

沃克兰将这种矿石溶解在盐酸中得到氯化铅沉淀，然后将所得滤液蒸发干，以提取这种金属的氧化物，并把它置入石墨坩埚中，混合木炭粉末，外面再罩上一只陶土坩埚，并加高热。0.5 h后静置冷却，即得到灰色针状金属，即铬单质。

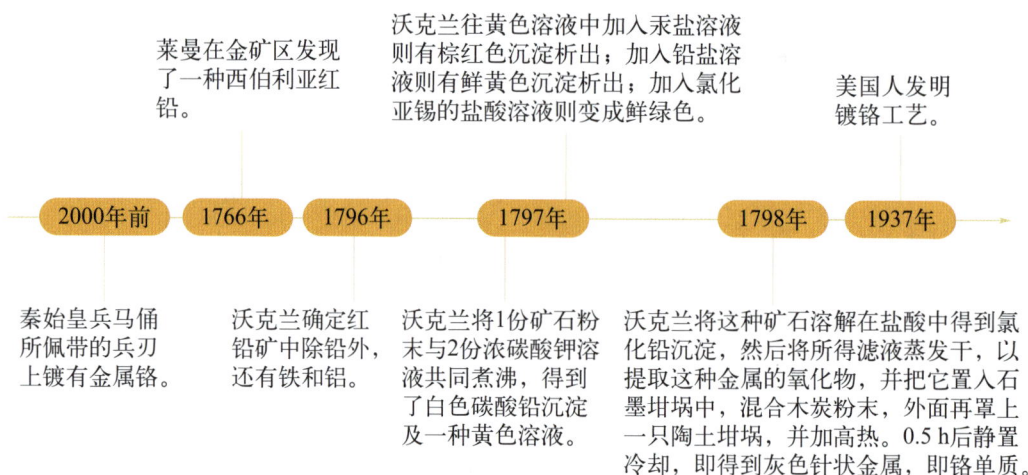

铬元素的发现史 ❶

2. 铬元素基本性质

铬（Cr）位于第四周期第ⅥB族，为过渡金属元素，基态电子组态为$[Ar]3d^54s^1$。铬单质呈银白色金属光泽，其力学性能受纯度调控。高纯态具延展性，杂质引入导致脆性转变。表面钝化膜赋予其常温环境稳定性，高温下则与卤素/硫/氮等非金属发生直接化合。铬化合物的显色规律与其氧化态密切相关：Cr(Ⅱ)的强酸盐呈蓝色；Cr(Ⅵ)物种显示橙黄色，如CrO_3呈紫红色；三价铬衍生物颜色多样，$CrCl_3$为深绿色，$Cr_2(SO_4)_3 \cdot 18H_2O$呈黑紫色，$CrCl_2$则显白色。在不锈钢中，铬作为关键合金化元素（12%左右）可与镍（8%～13%）协同提升材料耐蚀性。[3]

3. 翡翠中的绿色元素——铬

（1）何为翡翠

在古代，翡翠指的是一种栖息于南方的鸟类，其羽毛色彩斑斓，常见有蓝色、绿色、红色及棕色等。通常雄性个体呈现红色，被称为"翡"，而雌性则以绿色为主，故名"翠"。

现在，翡翠指一种名贵玉石，主要由硬玉矿物构成，主要成分为钠铝硅酸（$NaAl[Si_2O_6]$），常含Cr、Ca、Ni、Mn、Mg、Fe等微量元素。纯净的硬玉呈现白色或无色，当少量色素离子以类质同象方式进入硬玉晶格并替代原有质点时，会使硬玉呈现出颜色（此颜色由非主要化学成分引起）。香港宝石学协会提出"翡翠"作为玉石行业传统商品名称已有数百年历史，应用"Fei Cui"来代替"jadeite"作为其命名，推广翡翠的国际化。

（2）翡翠的颜色与其致色元素

在翡翠行业中，有"龙到处有水"的说法，其中"龙"指翡翠上呈现的绿色，由铬致色，色调修饰因子有铁、锰等元素。由于绿色部分透明度较好，铬含量高处区域优先成

❶ 图中时间轴主体颜色设计理念采用铬黄颜料呈现的黄色。

玉，形成龙到处有水、水足水多的神秘感❶。中国地质大学（北京）珠宝学院教授施光海曾说："如果说人类的历史是写在书籍里，那么地球的历史则是写在了石头里，藏进了厚厚的岩层中。46亿年地球历史沧海桑田，38亿年生命演化漫漫征程，这些石头是会'说话'的。"[4]

翡翠的颜色是评估其价值的关键因素之一。通常，颜色越鲜艳、纯净且均匀分布的翡翠，其价值越高。深绿色或帝王绿是最受欢迎和最有价值的颜色，因为它们稀有且美观。此外，颜色的饱和度也极为重要，高饱和度的翡翠更能吸引藏家和鉴赏者的目光。然而，颜色的深浅并不是唯一决定因素，透明度和纹理同样影响翡翠的价值。一个透明度高且纹理细腻的翡翠，即使颜色不是最理想的深绿色，也可能因为其整体美感而具有很高的市场价值。

施光海教授专题讲座现场
图片源自故宫博物院官方网站❶

翡翠主要成分二氧化硅、氧化铝及氧化钠的含量与硬玉化学成分的理论值相近，仅个别样本存在显著偏差。几乎所有颜色的翡翠中均检测到了铁离子，铁离子含量因颜色的不同而有所差异；大多数翡翠中还包含铬、钛和锰离子，而在极少数情况下，镍元素也以微量形式出现。

硬玉中 Cr_2O_3 含量的递减与翡翠绿色调的变浅之间存在明显关联。具体而言，随着 Cr_2O_3 含量的减少，翡翠的颜色由暗绿色逐渐过渡至绿色，最终呈现为浅绿色。紫色的深浅程度与锰离子的含量成正比关系，即紫色越浅，相应的锰含量越低。随着 Fe^{3+} 含量的降低，翡色系的颜色呈现出明显的变浅趋势。这表明 Fe^{3+} 的含量对翡色系的色调深浅具有决定性影响。[5]

4. 重要含铬矿物

有些矿石因其含铬而展现出丰富多彩的颜色，具有一定的宝石价值和收藏意义。含铬的彩色矿石主要包括以下几种：铬铁矿（chromite），这是最常见的含铬矿石矿物，化学式为 $FeCr_2O_4$，是一种深色、黑色至棕黑色的矿物，是铬的主要来源，占全球铬矿石产量的绝大多数。镁铬铁矿（magnesiochromite）是一种富含镁的铬铁矿，化学式为 $(Mg,Fe)Cr_2O_4$ 或简写为 $MgCr_2O_4$，是一种稀有的铬铁矿族矿物，可以作为超镁铁质岩石中的副矿物出现。还有一种稀有的钙铬石榴石，化学式为 $Ca_3Cr_2(SiO_4)_3$，以其亮绿色而闻

❶ 翡翠的特征与现象及其成因机理与行业应用——故宫研究院学术讲坛第一百零二讲、玉文化讲坛第九讲 - 故宫博物院

第九章
过渡金属元素（部分副族和Ⅷ族元素）

名，有时被用作宝石。[6]

西藏罗布莎地幔橄榄岩中不同结构类型铬铁矿石
图片源自周二斌学术论文[6]

钙铬榴石
图片源自中国地质博物馆

在颜料行业，铬黄（chrome yellow）是对基于$PbCrO_4$的黄色颜料的通称，指从黄红色到柠檬黄色的一系列黄色颜料。这些颜料的工业合成流程基本相同，可以通过调节pH值来获得不同彩度的颜料，其主要的产品有三种：中性条件下生成的中铬黄（chrome yellow medium），化学式$PbCrO_4$，是一种略偏橙的黄色单斜晶体；碱性条件下生成的深铬黄（chrome yellow deep/orange），化学式Pb_2CrO_5或写作$PbCrO_4 \cdot PbO$，色相为黄红色；酸性条件下生成的柠檬铬黄（chrome lemon 或 chrome yellow light），化学式$Pb(Cr,S)O_4$，是一种呈现深柠檬黄的铬酸铅与硫酸铅的混合晶体[7]。下图是不同彩度的铬黄颜料。

不同彩度的铬黄颜料 ❶
图片源自 Vanessa Otero 学术论文[8]

有一种俗称鳄鱼皮（crocoite）的稀有矿物，其实是一种铬酸铅矿物，化学式为$PbCrO_4$，以其鲜红色到橙色而闻名，形成于氧化铅和铬矿床中，由于其鲜艳的色彩和独特的晶体结构，经常被用作收藏矿物。

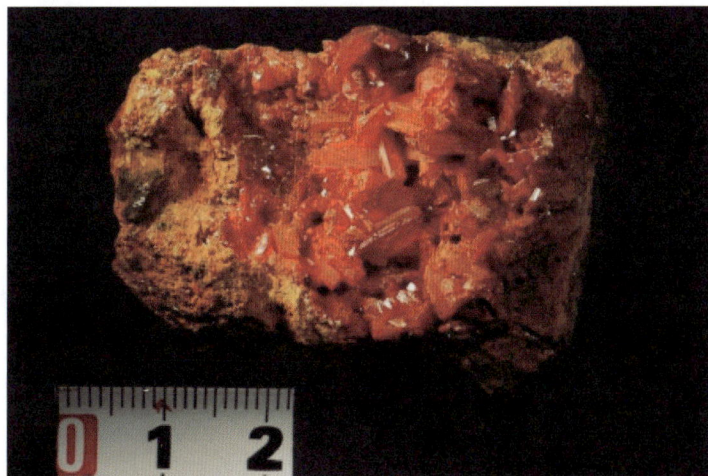

铬铅矿
图片源自吉林大学《无机化学》（第四版）数字课程资源

---

❶　最终的颜色在生产过程中由pH值调节。左边：在低pH下沉淀的铬酸铅和硫酸铅的柠檬黄混合晶体$Pb(Cr,S)O_4$；中间：中性pH下的黄色纯铬酸铅单斜相$PbCrO_4$；右边：在碱性介质中形成的橘红色碱式铬酸铅Pb_2CrO_5（或写作$PbCrO_4 \cdot PbO$）。

5.镀铬工艺与环境保护

（1）风靡一时的镀铬汽车装饰

20世纪初，汽车制造商开始采用镀铬技术来提升车辆的外观。这种闪亮的金属涂层不仅赋予汽车一种奢华感，还具有防腐蚀和耐磨损的特性。随着时间的推移，镀铬装饰逐渐成为汽车设计中不可或缺的一部分，从门把手到轮毂盖，再到排气管，处处可见其身影。

早期汽车的镀铬装饰
图片源自爱卡汽车网站

然而，随着现代设计理念的变化以及消费者对环保意识的提高，传统的镀铬工艺面临着挑战。为了适应市场需求，许多汽车品牌开始探索更加环保且高效的替代方案，如使用塑料或复合材料模拟出类似镀铬的效果，或是采用水基涂料减少有害物质排放。尽管如此，对于那些追求经典美学与独特质感的车型而言，真正的镀铬装饰依然拥有不可替代的魅力。

（2）电镀产业的严重污染及现代低毒工艺

铬是人体必需的微量元素，与脂类代谢密切相关，它能够促进胆固醇的分解和排泄，并在葡萄糖能量因子中发挥重要作用，辅助胰岛素利用葡萄糖。若食物中铬含量不足，可能导致铬缺乏症，进而影响糖类及脂类代谢。动物实验表明，某些铬化合物可通过消化道大量吸收，而进入呼吸道的铬吸收率取决于溶解度，约为30%～50%。三价铬更易于被人体吸收并蓄积于体内。相比之下，如乳酸铬、羟基碳酸铬、磷酸铬及铬酸锌等化合物，在消化道中的吸收率极低，仅为0.1%至1.2%，几乎不被吸收。

铬中毒主要由六价铬引起，不同侵入途径导致临床表现各异。六价铬毒性显著高于三价铬约100倍，可促使血红蛋白转化为高铁血红蛋白，并干扰体内的氧化还原及水解过程。长期接触高剂量六价铬可能引发接触部位溃疡或其他不良反应；摄入过量则会导致肾脏和肝脏损伤、恶心、胃肠道刺激、胃溃疡、痉挛甚至死亡。[9]

国家生态环境标准《电镀污染防治可行技术指南》（HJ 1306—2023）中提到"电镀混合废水"中首先就要预处理去除总铬、六价铬；电镀工艺废气污染物中排在前列的亦有铬酸雾。推广的常用无毒低毒工艺或镀层中的5个项目中就有2个直接与铬相关，为"三价铬电镀及处理工艺"和"铬雾抑制剂"（见下表）。另外的2个项目"替代镀层"中有"装饰性代铬镀层""代硬铬镀层"和"代修复性镀铬"等3项改进工艺；"阳极氧化封闭工艺"中有"无铬封闭部分取代铬酸盐封闭"等改进工艺。足以看出国家层面已经对电镀行业中金属铬的污染充分重视并提出了行之有效的解决办法。

常用无毒低毒工艺或镀层

项目	常用无毒低毒工艺或镀层
无氰/低氰电镀	无氰镀铜：酸性镀铜、焦磷酸盐镀铜、碱性无氰镀铜、其他无氰镀铜
	无氰镀银：硫代硫酸盐镀银、无氰镀银钛、无氰镀银锡、其他无氰镀银
	无氰镀金：碱性亚硫酸盐镀金和金合金
	低氰镀金：柠檬酸盐镀金和金合金
替代镀层	代镉镀层：锌镍合金、锡锌合金、锌钴合金镀层等
	代铅镀层：锡铈合金、锡铋合金、锡银合金、锡铜合金、锡锌合金、锡铟合金镀层等
	装饰性代铬镀层：锡镍合金、锡钴合金、三元合金（锡钴锌、锡钴铟、锡钴铬等）镀层等
	代硬铬镀层：镍钨合金、镍磷合金、镍钼合金、镍钨磷三元合金、镍钨硼三元合金、合金复合镀层、纳米合金电镀替代镀铬、化学镀镍磷合金等
	代修复性镀铬：镀铁等
三价铬电镀及处理工艺	装饰性镀铬：三价铬镀铬取代六价铬镀铬等
	镀锌层：三价铬蓝白色钝化、三价铬彩色钝化、三价铬黑色钝化等
	铝合金转化膜：三价铬钝化膜取代六价铬钝化膜等
阳极氧化封闭工艺	无镍无铬封闭部分取代镍盐封闭、铬酸盐封闭
铬雾抑制剂	非全氟辛基磺酸及其盐类（PFOS）铬雾抑制剂取代PFOS类铬雾抑制剂

（3）欧盟发布的限铬建议

EUROPEAN CHEMICALS AGENCY（ECHA欧洲化学品管理局）已发布"Restriction proposal on chromium（Ⅵ）to cover more substances"，即限制涵盖更多铬（Ⅵ）物质的建议。

建议中明确，欧盟委员会已要求ECHA扩大REACH[1]限制提案的范围，以涵盖至少12种含铬（Ⅵ）物质。

2024年5月8日，ECHA已收到欧盟委员会的最新授权，准备一份可能限制铬（Ⅵ）物

---

[1] REACH 的全称是《化学品的注册、评估、授权和限制》（Registration,Evaluation, Authorisation and Restriction of Chemicals），它是欧盟针对化学品安全管理的核心法规，于2007年6月生效，旨在保护人类健康和环境安全，同时促进欧盟单一市场的化学品自由流通。

质的提案。此更新补充了2023年9月的原始请求，该请求侧重于目前在REACH授权清单上列出的两个条目，即三氧化铬（条目16）和铬酸（条目17）。

　　更新后的指令现在包括REACH授权清单第16至22项和28至31项中指定的铬（Ⅵ）物质。此外，ECHA已被要求在限制提案中考虑未列在授权清单上的其他铬（Ⅵ）物质，特别是铬酸钡（EC编号233-660-5）。这些物质如用作授权的六价铬物质的替代品，可能对工人和公众构成风险。

参考文献

[1] 达璇，袁振东. 从铬铅矿到铬同位素：铬元素的发现及其概念的发展[J]. 化学教育（中英文），2024，45（20）：123-128.

[2] 朱仁鹏，陈晓艳，陶卓民. 对开发我国西北地区科技旅游资源的思考[J]. 安徽农业科学，2009，37（06）：2651-2652+2726.

[3] 周公度，叶宪曾，吴念祖. 化学元素综论[M]. 北京：科学出版社，2012.

[4] 李京. 施光海：躬行者无疆[N]. 人民政协报，2024-05-17.

[5] 楚亚婷. 翡翠颜色形成及后期叠加变化过程[D]. 成都：成都理工大学，2008.

[6] 周二斌，杨竹森，江万，等. 藏南罗布莎铬铁矿床铬尖晶石矿物学与矿床成因研究[J]. 岩石学报，2011，27（07）：2060-2072.

[7] 郑逸轩. 五当召刺弥仁殿纸本壁画传统工艺认知与病害机制研究[D]. 北京科技大学，2024.

[8] Otero V，Pinto J V，Carlyle L，et al. Nineteenth Century Chrome Yellow and Chrome Deep from Winsor&Newton™[J]. Studies in Conservation，2016，62（3），123–149.

[9] 张汉池，张继军，刘峰. 铬的危害与防治[J]. 内蒙古石油化工，2004，（01）：72-73.

人类的生存发展是与矿产资源的开发利用分不开的，可以说人类的文明进化历史就是矿产资源的开发利用史。当今正处信息时代，中华民族将实现伟大的复兴，需要更多的矿产资源支撑和保障，我和我的团队将继续踏遍青山寻突破，努力为祖国多找矿、找大矿、找富矿，继续做出新的贡献。

——周琦[1]

周琦演讲现场
图片源自科普中国[2]

---

[1] 周琦，1964年5月出生，贵州石阡人。自然资源部基岩区矿产勘查工程技术中心主任、研究员、贵州省地矿局

首席科学家。

[2] 科普中国说——周琦：踏遍青山寻突破 科普中国网

五、锰（Mn）

1.锰元素发现历史与中英文名称由来

　　1540年，意大利冶金学家拜伦西欧（Biringuccio）认识到：软锰矿是棕色的，不熔化，把它加入玻璃和陶瓷中，会使玻璃和陶瓷显示紫色。1770年，奥地利科学家卡姆（Kaim）把一份软锰矿粉末和两份黑色助熔剂（即炭粉和碳酸钾的混合物）组成的混合物加热，得到一种蓝白色脆性晶体[1]。1774年，瑞典矿物学家甘恩（Gahn）将一只坩埚盛满潮湿的木炭粉，再把油调过的软锰矿放在木炭正中，用泥密封加热1 h，制备出与纽扣大小相近的锰粒。1785年，德国化学家伊尔斯曼（Ilsemann）用软锰矿、萤石、石灰和炭粉的混合物加热得到了金属锰。下图是锰元素的发现历史时间轴。

　　锰元素的英文命名为Manganese，源于希腊文和拉丁文"mangnes"，意为"磁石，磁铁"。因Manganese的首音节发音近似为"孟"，所以取其发音"孟"加"金"字旁形成汉字"锰"作为其中文名称。

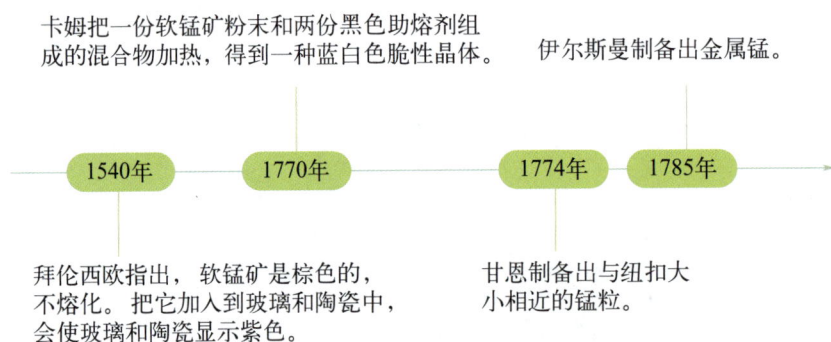

卡姆把一份软锰矿粉末和两份黑色助熔剂组成的混合物加热，得到一种蓝白色脆性晶体。　　伊尔斯曼制备出金属锰。

| 1540年 | 1770年 | | 1774年 | 1785年 |

拜伦西欧指出，软锰矿是棕色的，不熔化。把它加入到玻璃和陶瓷中，会使玻璃和陶瓷显示紫色。　　甘恩制备出与纽扣大小相近的锰粒。

锰元素的发现史 ❶

2.锰元素基本性质

　　锰（Mn）位于第四周期第ⅦB族，为过渡金属元素，基态电子组态为$[Ar]3d^54s^2$。锰单质呈银灰色金属色泽，其力学性能受杂质元素（如C、Si）调控，杂质引入导致脆性转变。锰化学活性较强，表面易形成钝化层，高温氧化生成Mn_3O_4。自然界中锰的氧化物以+2和+4价态为主：如软锰矿（MnO_2）、硬锰矿（$mMnO·MnO_2·nH_2O$）、水锰矿$[MnO_2·Mn(OH)_2]$等[2]。锰的核心应用体现在合金领域——锰钢展现逆向合金化效应：含2.5%～3.5% Mn的低锰钢呈玻璃态脆性，而高锰钢凭借特殊位错强化机制，被用作防护装备（装甲板、弹头）及建筑结构（如1973年上海体育馆网架屋顶）[3]。

---

❶　图中时间轴主体颜色设计理念采用锰元素发生焰色反应呈现的黄绿色。

3. 著名催化剂二氧化锰

在化学反应中，催化剂是一种能够改变反应速率但其本身在反应前后不发生化学变化的物质。二氧化锰（MnO_2）作为一种常见的无机化合物，在许多化学反应中都表现出良好的催化性能。

（1）二氧化锰是如何催化氯酸钾分解的？

采用氯酸钾为原料，二氧化锰为催化剂，采用混合加热法制备氧气，是实验室中一种经典的制氧方法。此方法亦被纳入中学化学教材，成为经典的教学内容及实验课程的优选方案。然而，二氧化锰在此过程中所扮演的催化作用是多位科学家经过近一个世纪的探索才证实的。

1832年，德国化学家约翰·杜布莱纳（Johann Döbereiner）将氯酸钾与经过硝酸处理、水洗并干燥的软锰矿粉末混合，发现氯酸钾可以在较低温度下即发生完全分解，并伴随光和热的产生。杜布莱纳首次发现将氯酸钾与二氧化锰混合加热可以制取氧气，并指出了这一反应中的催化现象。他对二氧化锰的作用提出了疑问，可能是作为热的良导体或电驱动体，但未能给出确切解释。

三年以后，即1835年，约恩斯·雅各布·贝齐里乌斯（Jons Jakob Berzelius，1779—1848）基于包括杜布莱纳在内的多位化学家的工作，正式提出了"催化作用"的概念。19世纪中期到20世纪初，许多化学家对这一催化现象进行了进一步的考察，并就反应机理给出了不同的解释。

1871年，鲍德里蒙（Baudrimont）提出了"反应循环"理论，认为二氧化锰参与了反应，最后又恢复到了原态。1889年，麦克劳德（McLeod）从物理形态变化推测了反应机理，认为氯酸钾与二氧化锰反应，生成高锰酸钾、氯气和氧气。随后，高锰酸钾迅速分解，产生锰酸钾、二氧化锰和氧气。1890年，福勒（Fowler）和格兰特（Grant）提出反应过程中有高价态锰氧化物（Mn_2O_7）的生成，并认为可以起到催化作用的金属氧化物通常是那些能形成不稳定高价态氧化物的物质。1923年，伯罗斯（Burrows）和布朗（Brown）证明二氧化锰不仅仅起接触作用，而是参与了其中的反应。到1928年，麦克劳林（McLaughlin）和布朗确认在反应过程中，氯酸钾中的"氧"被二氧化锰夺取，形成更高价态的锰氧化物 Mn_2O_7。随后，Mn_2O_7 分解，重新生成二氧化锰和氧气[4]。

至此，氯酸钾与二氧化锰联合加热制氧的方案因其效率、条件、成本等方面的优势而广泛传播，并被许多教科书收录为经典案例。该反应过程中所含的催化现象，使其备受重视，亦成为化学理论研究和化学工业领域中至关重要的实务担当。

（2）高稳定性的 γ-MnO_2 电解水催化剂

酸稳定的析氧反应催化剂对于利用质子交换膜（PEM）电解槽太瓦级氢生产是必不可少的。中国科学院大连化学物理研究所研究员肖建平团队与日本物理化学研究所研究员李爱龙、教授中村龙平团队报告了优化二氧化锰的晶格氧结构，使其在 $1\ mol \cdot L^{-1}$ 的 H_2SO_4 中，在 $1000\ mA \cdot cm^{-2}$ 电流密度下维持一个多月的析氧反应。用具有更强的 Mn—O 键从而抑制锰离子溶解的平面氧取代锥体氧，从而达到提高催化剂反应寿命的目的。

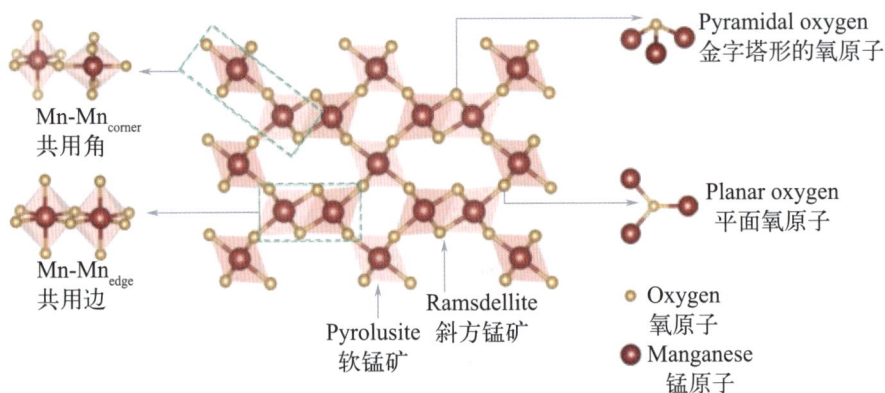

Mn-Mn corner
共用角

Mn-Mn edge
共用边

Pyrolusite
软锰矿

Ramsdellite
斜方锰矿

Pyramidal oxygen
金字塔形的氧原子

Planar oxygen
平面氧原子

Oxygen
氧原子

Manganese
锰原子

γ-MnO₂晶体结构示意图（中文为作者添加）

图片源自肖建平学术论文[5]

计算表明，晶格氧的溶解是失活的瓶颈，与锥体氧相比，平面氧的这一过程在0.2 eV以上是不利的。酸性环境中高稳定性的 γ-MnO₂ 电解水催化剂即使在PEM电解槽中也表现出优异的性能，在2 V下达到2000 mA·cm⁻²；在200 mA·cm⁻²下耐久性超过1000 h。❶这项研究扩大了地球上丰富的PEM电解催化剂的潜力，这可能会减轻对贵金属铱的依赖。

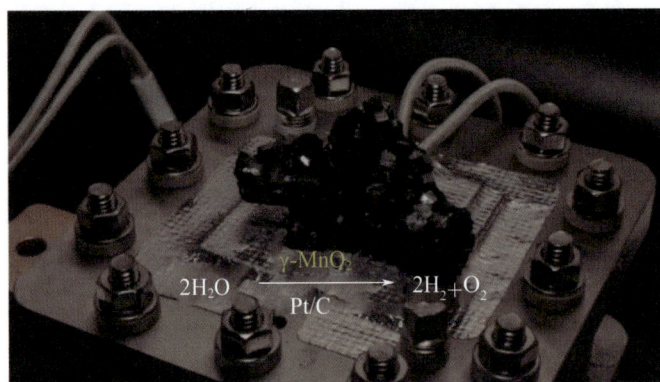

$$2H_2O \xrightarrow[Pt/C]{\gamma\text{-}MnO_2} 2H_2 + O_2$$

酸性环境中高稳定性的 γ-MnO₂ 电解水催化剂

图片源自肖建平学术论文[5]

4. 利用先进生物浸出技术从废弃电池中回收利用锰

由于锰的高需求和原锰资源的稀缺，从废电池中提取锰越来越受到人们的关注。锰生物浸出方法是一种从废电池中回收锰的新方法。将废电池中的锰作为二次资源进行生物浸出可以实现两个目标：减少环境足迹和变废为宝。生物浸出过程可以以更低的运行成本和能源及水的消耗进行操作，并且过程简单，产生的有害副产品数量减少。从次生资源中

---

❶　mA·cm⁻²是电流密度的单位，其中"mA"代表毫安培，"cm⁻²"代表每平方厘米。电流密度是指单位面积上通过的电流，通常用于描述电化学反应、半导体器件和电化学传感器中的电流分布。

生物浸出锰的各种方法，包括氧化还原法、酸解法和络合分解法。

胞外高分子物质（EPS）是微生物在环境条件下分泌的生物大分子。EPS主要由多糖、蛋白质、核酸、脂质等聚合物组成。这些大分子通过静电键、氢键、范德华力连接在一起。由于具有疏水相互作用，各种微生物可以产生多样的EPS，EPS具有细胞间信号转导、分子识别、防御攻击和吸附等不同的功能。微生物产生的EPS可分为两种形式：键合EPS（鞘、包膜聚合物、致密凝胶、薄键聚合物和吸附有机质）和可溶性EPS（可溶性大分子、胶体）。键合EPS的结构分为两种模式：内层紧密结合的EPS（TB-EPS），其形状明显，与细胞表面结合牢固。外层含有松散结合的EPS（LB-EPS），是一个没有明显边界的自由分散层[6]。EPS可以通过以下途径促进生物浸出：①细胞与固体废物的吸附，实现接触式生物浸出；②Fe^{2+}和Fe^{3+}循环的浓度，对高价态锰的还原性攻击更有效；③增加电子转移和金属溶解。铁载体也被认为是一种促进锰生物浸出的方法，因为锰的增溶作用随着铁载体或功能类似物浓度的增加而增强。

微生物代谢产物的应用为从原生矿石和次生资源中提取锰提供了一条新的实用途径。然而，大多数锰生物浸出研究都是在实验室规模上使用合成介质进行的，并且该过程的规模和实施受到限制。未来的锰生物浸出有望通过改变生长介质条件和基因工程来提高生物代谢物的产量。EPS在锰生物浸出中的作用和功能非常重要，图是细胞外聚合物（EPS）的结构和金属吸收机制。

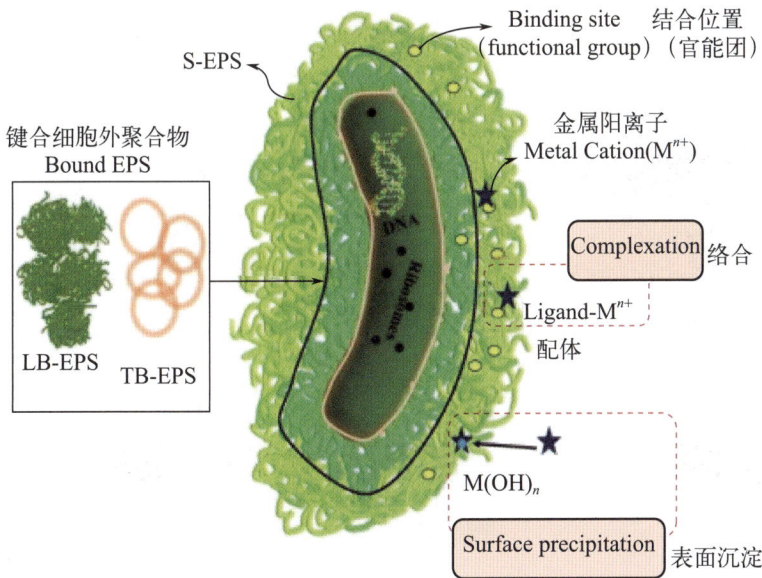

细胞外聚合物（EPS）的结构和金属吸收机制（中文为作者添加）
图片源自Kerstin Kuchta学术论文[6]

5. 把论文写在祖国大地上的地质科学家

周琦，贵州省地矿局首席科学家，从17岁开始在地质队工作，专注于高原寻锰。面对锰矿资源需求量上升和老矿区资源枯竭的挑战，周琦通过地质踏勘和数据分析，从传统

周琦在野外踏勘

图片源自自然资源部中国地质调查局

外生沉积成锰理论转向深部隐伏锰矿的寻找，在西溪堡地区发现了锰矿分布规律，并成功设计钻孔和坑道勘探，证明了新的找矿理论，最终建立了适合中国的锰矿成矿理论和找矿方法。在黔东地区发现并探明了4个世界级超大型锰矿床，改变了中国锰矿在世界的格局，使贵州探明的锰矿资源储量成为亚洲第一。

周琦强调矿产资源勘查开发对国计民生和国家安全的重要性，并提到随着"露头矿"和"浅表矿"的减少，找矿工作转向了隐伏矿、深部矿，难度增大。周琦和团队通过大数据和技术创新，推进矿产资源勘查的数字化转型，建立天、空、地、深的地质数据立体数字化采集体系。团队研发了基于大数据的成矿模式和找矿模型，发现并提交了多个隐伏矿床的找矿靶区，支撑贵州新一轮找矿突破战略行动。

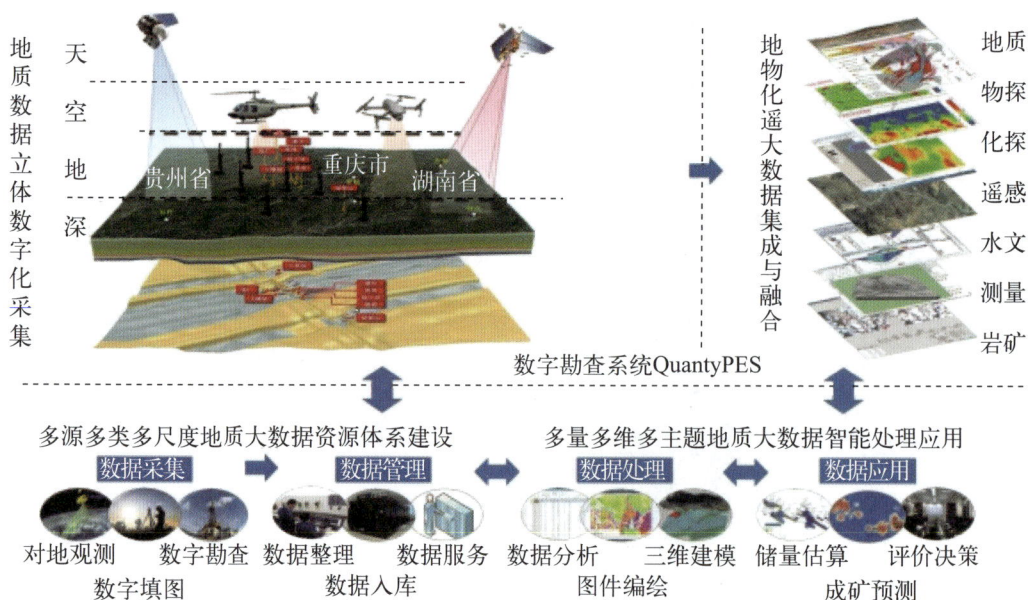

周琦开发的贵州数字勘查系统的工作模式

图片源自周琦学术论文[7]

周琦在科普中国·星空讲坛中说到："人类的生存发展是与矿产资源的开发利用分不开的，可以说人类的文明进化历史就是矿产资源的开发利用史。当今正处信息时代，中华民族将实现伟大的复兴，需要更多的矿产资源支撑和保障，我和我的团队将继续踏遍青山寻突破，努力为祖国多找矿、找大矿、找富矿，继续做出新的贡献。"他的工作不仅改变了世界锰矿资源勘查开发格局，还改写了世界超大型锰矿床主要分布在南半球的历史。他积极鼓励青年科技工作者参与项目工作，并提供指导，以培养新一代地质勘查人才。因其贡献周琦获得了李四光地质科学奖、贵州省最高科学技术奖和全国创新争先奖。

参考文献

[1] 王茜，袁振东. 从软锰矿到锰同位素：锰元素的发现及其概念的发展 [J]. 化学教育（中英文），2023，44（05）：120-125.

[2] 江权. 锰的存在及应用 [J]. 中国锰业，2001，（03）：37-39.

[3] 高胜利，杨奇. 化学元素新论 [M]. 北京：科学出版社，2019.

[4] 李志良. 氯酸钾二氧化锰实验室制氧法探原 [J]. 大学化学，2020，35（12）：268-273.

[5] Kong S，Li A L，Long J，et al. Acid-stable manganese oxides for proton exchange membrane water electrolysis[J]. Nat Catal，2024，7：252–261.

[6] Naseri T，Pourhossein F，Mousavi S M，et al. Manganese Bioleaching：An Emerging Approach for Manganese Recovery from Spent Batteries[J]. Rev Environ Sci Biotechnol，2022，21：447–468.

[7] 周琦，吴冲龙. 基于大数据的智慧探矿模式实验研究与进展 [J]. 地学前缘，2024，31（06）：350-367.

精益求精，决不松懈！

——梁树权[1]

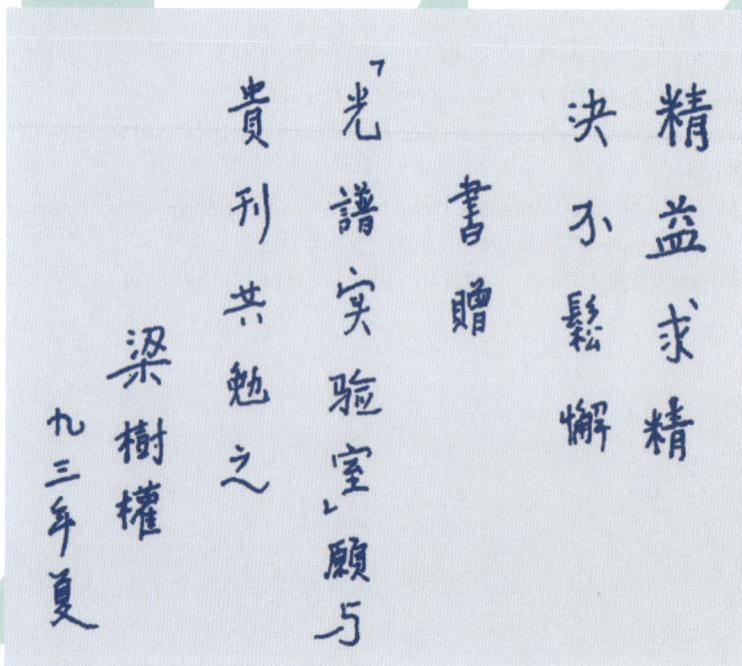

中国科学院学部委员梁树权教授给《光谱实验室》的题词

图片源自梁树权学术论文[2]

[1] 梁树权：中国科学院化学研究所研究员，1955年当选为中国科学院院士。1939年发表的"铁原子量修订"博士论文中的数值，翌年为国际原子量委员会所采纳，并得到长期沿用。

[2] 梁树权. 对我国分析化学界的期望 [J]. 光谱实验室, 1993, (06): 1-3.

六、铁（Fe）

1.铁元素发现历史与中英文名称由来

早期，世界上许多民族都先后掌握了冶铁技术，主要的原料源于陨石。公元前2000年，居住在亚美尼亚山地的基兹温达部落发明了一种有效的冶铁方法。公元前1400年左右，小亚细亚的赫梯人也掌握了冶铁技术。公元前1300年，两河流域北部的亚述人已进入铁器时代。

我国是世界上最早发明冶炼铸铁的国家之一。考古工作者从许多考古发掘的实物推断，我国劳动人民早在约公元前11世纪至公元前771年的周代就已会冶炼铸铁。到了公元前3～4世纪，我国铁器的使用便普遍起来[1]。在15世纪末，首次出现熔铁炉，专门生产生铁。1785年，拉瓦锡将水蒸气通过红热的铁制枪管将H_2O转化为H_2，同时生成Fe_3O_4，其化学反应方程式为：

$$4H_2O + 3Fe \xrightarrow{高温} 4H_2 + Fe_3O_4$$

铁元素的英文命名为Iron，源于拉丁文"ferrum"，意为"坚硬"。汉字"铁"是一个形声字，其在汉字体系中出现得比较晚，最早见于秦代文字，在传世文献中最早见于《尚书·禹贡》。

在《尚书·禹贡》中，"铁"字出现在"华阳黑水惟梁州"这一篇目中。具体内容为："华阳黑水惟梁州。岷、嶓既艺，沱、潜既道，蔡、蒙旅平，和夷底绩。厥土青黎，厥田惟下上，厥赋下中三错。厥贡璆铁银镂砮磬，熊罴狐狸织皮。西倾因桓是来，浮于潜，逾于沔，入于渭，乱于河。"

译文：从华山的南面西至黑水，是梁州地区。岷山和嶓冢山都已经能够种庄稼了，沱江和潜水也都疏通了，蔡山和蒙山的工程也已完工，和水一带的民众也前来报告治理的成绩。这里是一片黑色的土地，土地的质量在九州之中属第七等，应缴纳第八等赋税，也可间或缴纳第七等与第九等赋税。要进贡美玉、铁、银、钢铁、硬石和磬，以及熊、罴、狐、狸四种兽皮。这里的贡道可由西倾山区顺着桓水前来，经过潜水和沔水，然后舍舟登陆，陆行至渭水，由渭水横渡入黄河[2]。下图是铁元素的发现及发展历史时间轴。

铁陨石
图片源自中国地质博物馆官方网站

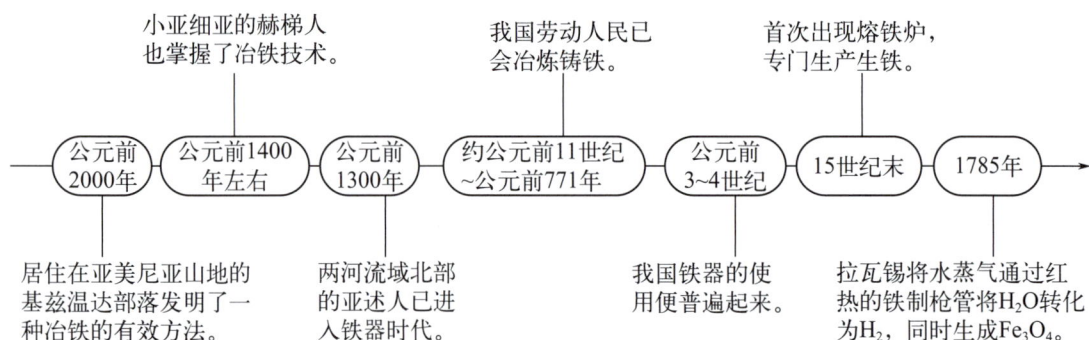

公元前2000年
居住在亚美尼亚山地的基兹温达部落发明了一种冶铁的有效方法。

小亚细亚的赫梯人也掌握了冶铁技术。
公元前1400年左右

公元前1300年
两河流域北部的亚述人已进入铁器时代。

我国劳动人民已会冶炼铸铁。
约公元前11世纪~公元前771年

公元前3~4世纪
我国铁器的使用便普遍起来。

首次出现熔铁炉，专门生产生铁。
15世纪末
拉瓦锡将水蒸气通过红热的铁制枪管将H_2O转化为H_2，同时生成Fe_3O_4。

1785年

2.铁元素基本性质

铁（Fe）位于第四周期第Ⅷ族，为过渡金属元素，其基态电子组态为$[Ar]3d^64s^2$。铁单质呈银灰色金属光泽，具有铁磁性特征，高纯铁具有良好延展性，杂质引入引发脆性转变。熔点 1811 K，沸点 3134 K。块状铁在常规环境因表面钝化膜维持稳定，而极细的铁粉因比表面积效应可引发自燃。电化学腐蚀体系中，杂质铁在潮湿大气中通过微电池反应生成多孔锈层。与酸作用时，稀酸环境发生析氢腐蚀生成Fe^{2+}，稀硝酸则氧化至Fe^{3+}并释放NO；浓硝酸引发钝化形成致密氧化层。高温条件下，铁与硫族元素、卤素剧烈反应生成对应硫化物（FeS）及高价卤化物（$FeCl_3$）。铁在强碱介质中呈现化学惰性[3]。

3.中华优秀传统文化中的"铁"

（1）古诗词中的"铁"

白居易在《琵琶行》中"别有幽愁暗恨生，此时无声胜有声。银瓶乍破水浆进，铁骑突出刀枪鸣。"描绘了一幅深沉的忧愁画面。其中铁骑突出，刀枪鸣响，这一画面通过"铁"字的运用，将读者带入了一个充满紧张气氛和动态冲突的古代战场，让人仿佛能听见金属碰撞的清脆声响，感受到那份凛冽的寒意与不屈的斗志。

辛弃疾在《永遇乐·京口北固亭怀古》中"想当年，金戈铁马，气吞万里如虎。"则展现了一幅英勇无畏的历史画卷。其中"铁"字超越了其物理属性，成了一种文化符号，承载着中华民族面对外侮时展现出的铮铮铁骨与浩然正气。

（2）《梦溪笔谈》中描绘的炼钢

《梦溪笔谈》一书，若依现代科学分类体系审视，其内容至少有三分之一可归入自然科学领域，涉及约二十个相关门类。沈括在自然科学领域的探索精神与认知能力，不仅在宋代时期独树一帜，即便纵观整个中国古代历史，亦难觅能与之比肩者。所以英国科学史家李约瑟博士说《梦溪笔谈》一书是"中国科学史的里程碑"，沈括是"中国整部科学史中最卓越的人物"。书中有《炼钢》篇。

---

❶ 图中时间轴主体颜色设计理念采用铁元素发生焰色反应呈现的无色。

炼钢
沈括（北宋）

世间锻铁所谓"钢铁"者，用柔铁屈盘之，乃以生铁陷其间，泥封炼之，锻令相入，谓之"团钢"，亦谓之"灌钢"。此乃伪钢耳，暂假生铁以为坚，二三炼则生铁自熟，仍是柔铁。然而天下莫以为非者，盖未识真钢耳。予出使至磁州锻坊观炼铁，方识真钢。凡铁之有钢者，如面中有筋，灌尽柔面则面筋乃见。炼钢亦然，但取精铁锻之百余火，每锻称之，一锻一轻，至累锻而斤两不减，则纯钢也，虽百炼不耗矣。此乃铁之精纯者，其色清明，磨莹之则黯黯然青且黑，与常铁迥异。亦有炼之至尽而全无钢者，皆系地之所产。

翻译为现代文如下：

在钢铁的锻造过程中，所谓的"团钢"或"灌钢"，实际上是将熟铁弯曲盘卷，再将生铁嵌入其中，用泥包裹后进行烧炼。经过多次锻打，使熟铁与生铁相互掺杂渗透，从而形成一种硬度较高的钢材。然而，这种钢材并非真正的纯钢，而是借助生铁暂时提高了熟铁的硬度。经过两三次烧炼后，生铁逐渐变为熟铁，最终得到的仍然是熟铁。

在我（沈括）出使河北期间，曾前往磁州的锻坊观察炼铁过程，才得以了解真正的纯钢是如何制成的。在含有钢成分的铁中，如同用小麦面粉和面形成的面团中含有面筋一样，只有将面团中的软面洗净，才能见到面筋。同样地，要得到纯钢，需要取精纯的熟铁进行百余次的烧炼和锻打。每次锻打后都要称重，随着锻打的进行，重量会逐渐减轻，直到多次锻打后重量不再减少，这时得到的便是纯钢。即使再进行上百次的炼制，也不会再有损耗。这种最精纯的铁，其成色清澈光亮，磨光后则显得暗淡、青黑，与普通铁截然不同。此外，也有部分铁在炼尽后完全不含钢质，这主要取决于铁矿的来源[4]。

4. 千年铁府，美丽荫城

原建国先生出生于20世纪60年代末，是土生土长的荫城人。在他的童年记忆中，荫城古镇几乎每家每户都有铁炉，并且擅长打铁技艺。整个村落随处可见堆积如山的古代炼铁炉道。无论是白天还是夜晚，在荫城的大街小巷中都能听到风箱的声音和铁锤敲击的声音。当地居民通常以家庭为单位进行手工艺制作，这种传统手艺代代相传，形成了前店后厂的独特经营模式。随着年龄的增长，这些场景深深地烙印在了他的心中，激发了他对铁器深厚的情感，这份热爱至今仍未改变。原建国在山西省长治市长治县荫城镇创办了"荫城铁器馆"，并任馆长。因"创办荫城

荫城铁器馆
图片源自张瑾学术论文[5]

铁器馆，留住黑铁文化根脉"先进事迹，原建国先生获得"2015爱故乡年度人物"荣誉称号。

位于荫城老十字街西北角的铁器博物馆，自2014年6月8日起对外开放。馆内珍藏了超过1500件精美的铁器实物，这些藏品均为原建国先生所收藏。展品跨越两汉至宋元明清各个时期，涵盖了生产工具、生活用品、战争兵器、宗教信仰、医药用具及殉葬用品等六大类共三十六项，全面展现了中国传统社会的多个方面，对于研究荫城古镇的历史与文化、泽潞地区铁商的发展以及中国黑铁文明具有极其重要的价值[5]。

5. 化学法测定铁原子量的分析化学家和教育家

梁树权院士，作为我国早期致力于元素原子量测量研究的杰出科学家，其学术生涯中的一项重要成就是在攻读德国慕尼黑大学博士学位期间，师从霍尼希施米特（Hoenigschmid）教授，采用化学方法成功测定了铁元素的原子量，精确值为55.850。这一研究成果于1940年被国际原子量委员会正式认可并采纳[6]。

梁树权选择铁、氟、稀土作为里程碑式的研究课题，是基于它们在科学和工业领域的重要性。铁的原子量测定被选为博士论文题目，源于20世纪30年代德国钢铁工业的发展需求，使得相关研究获得了优先资助。铁不仅是生命体中不可或缺的元素之一，而且广泛存在于自然界及实验环境中，这使得其精确原子量的确定极具挑战性。通过消除干扰因素并提高分离纯化技术，梁先生采用化学方法成功测定了铁的原子量，

梁树权院士
图片源自珠海市人民政府官方网站

这一结果至今仍被广泛接受。相比之下，铝的原子量在过去几十年里经历了多次修正（从27.1到26.97再到26.9815），更加凸显了梁树权先生工作的卓越性和持久价值。该研究不仅促进了超净实验室建设，也为原子能与半导体行业所需高纯度材料制备奠定了坚实基础，成为中国化学家对元素周期表贡献的一个亮点[7]。

6. "血液的呐喊"——鲁米诺的神秘蓝色荧光

鲁米诺在碱性溶液中会发生去质子化，形成双负离子。当有氧化剂存在时，鲁米诺的双负离子会被氧化，形成有机过氧化物。这个有机过氧化物很不稳定，会迅速分解，生成激发态的3-氨基邻苯二甲酸，而激发态的分子在回到基态时，会以光子的形式释放出能量，从而产生蓝色荧光。因为血液中的血红蛋白含有铁离子，能催化鲁米诺发光反应，这种发光现象在刑事侦查中常被用于检测血迹。下图为鲁米诺试剂的发光机理。

取适量氢氧化钠固体加入装有水的烧杯中，再加入适量鲁米诺试剂粉末，搅拌均匀。再用另一烧杯加入适量铁氰化钾溶液，并加入适量的过氧化氢溶液，搅拌均匀，最后将两个烧杯同时倒入球形冷凝管，则产生了蓝色荧光，对照组则将铁氰化钾换成蒸馏水，进行

重复实验。下图是鲁米诺在水（左）和铁氰化钾（右）催化下的对照反应实验图。左侧是蒸馏水对照组（无明显反应现象），右侧为铁氰化钾组（蓝色荧光），实验现象证明了铁离子对鲁米诺发光具有催化作用。

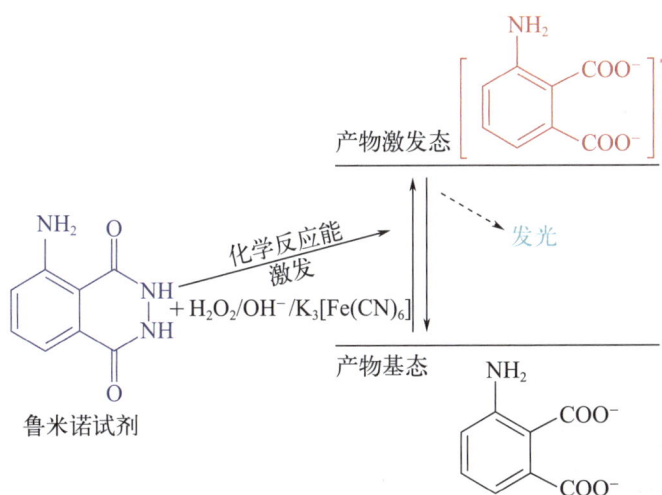

鲁米诺试剂的发光机理

鲁米诺在水（左）和铁氰化钾（右）催化下的对照反应实验图

参考文献

[1] 沙国平，张连英.化学元素的发现及其命名探源[M].成都：西南交通大学出版社，1996.

[2] 王世舜，王翠叶译注.尚书[M].北京：中华书局，2012：72-74.

[3] 周公度，叶宪曾，吴念祖.化学元素综论[M].北京：科学出版社，2012.

[4] 张富祥译注.梦溪笔谈[M].北京：中华书局，2016：59-60.

[5] 张瑾.荫城 铁花四溅的诗篇[J].对联，2024，30（17）：3-9.

[6] 任同祥，周涛，王军，等.元素原子量测量及其演进[J].化学通报，2020，83（04）：377-383.

[7] 周天泽.春风化雨——谨领导师梁树权院士教诲[J].化学教育，2007，（09）：63-64.

一个被先入为主的观点所左右的观察者，可以被认为是一个透过有色眼镜观察物体的人，因此每个物体都呈现出与所使用的眼镜相似的色调。寻求真理的人必须学会以同样坦率的态度观察那些反驳他的观点的事实和那些赞成他的观点的事实。❶

——托尔本·伯格曼❷

托尔本·伯格曼（Torbern Bergman）

❶ An observer swayed by preconceived opinions, may be considered as one who views objects through coloured glasses, so that each object assumes a tinge similar to that of the glasses employed. He who seeks the truth must learn to observe with equal candour those facts which controvert his opinions, and those which favour them.

❷ 托尔本·伯格曼（Torbern Bergman, 1735—1784），是18世纪瑞典著名的化学家和矿物学家。以其1775年发表的《论选择性亲和力》（Dissertation on Elective Attractions）而闻名，该著作包含了当时最大的化学亲和力表格。伯格曼还是首位制得纯钴的科学家。

七、钴（Co）

1.钴元素发现历史与中英文名称由来

1735年，瑞典化学家乔治·勃兰特（Georg Brandt）对来自萨克森哈茨山地区的辉钴矿样品进行了分析，并从中提炼出一种灰色金属。他认定这是一种新元素，且是玻璃中蓝色调的来源，因此被公认为钴元素的发现者。

瑞典化学家托尔本·伯格曼（Torbern Bergman）认为："一个被先入为主的观点所左右的观察者，可以被认为是一个透过有色眼镜观察物体的人，因此每个物体都呈现出与所使用的眼镜相似的色调。寻求真理的人必须学会以同样坦率的态度观察那些反驳他的观点的事实和那些赞成他的观点的事实。"伯格曼决定透过勃兰特的"蓝色玻璃"进行观察，以探究其内部究竟蕴含何种奥秘。1780年，伯格曼最终证实了勃兰特的发现，并在实验室制得纯钴[1]。

1789年，法国化学家安东尼·拉瓦锡（Antoine Lavoisier）在其著作《化学基础论》（Traité Élémentaire de Chimie）中提出了一个包含33种物质的元素列表，并将其分为四组：气体（如氢、氧）、非金属（如硫、磷）、金属（如铁、钴、铜）和土质（如氧化钙、硅石）。在拉瓦锡的元素表中，钴（Cobalt）被列为金属组中的一种元素。这一分类基于当时对钴的化学性质（如金属光泽、可形成氧化物等）的认知。需注意，拉瓦锡的元素表并非现代意义上的"元素周期表"，而是一个基于实验观察的早期元素分类体系。当时的"元素"定义与现代不同，例如拉瓦锡将"热"和"光"也视为元素。

1948年，美国生物学家爱德华·里克斯（Edward Rickes）和英国生物学家莱斯特·史密斯（Lester Smith）几乎同时从肝浓缩物中分离出一种红色晶体，其成分含有大约4.5%的钴，并将其称为"钴胺素"即"维生素B_{12}"[2]。

钴元素的英文命名为Cobalt，源于德文"Kobold"，意为"坏精灵"或"妖魔"。此命名与钴矿的历史紧密相关。在数百年前，德国萨克森州存在一个规模庞大的银铜多金属矿床开采中心，矿工们在此发现了一种外观类似银的矿石。然而，在冶炼过程中，工人因二氧化硫、砷等有毒气体中毒，当时人们将此现象归咎于"恶魔"的作祟。实际上，这个所谓的"恶魔"是辉砷钴矿，它在中世纪欧洲被称为kobalt，后变形为"cobalt"。元素"钴"的中文名称取其英文名称"Cobalt"中第一个音节近似"古"的发音，另加表示金属元素的"金"字旁，从而形成"钴"这个汉字。下图是钴元素的发现及发展历史时间轴。

2.钴元素基本性质

钴（Co）位于第四周期第Ⅷ族，为过渡金属元素，基态电子组态为$[Ar]3d^7 4s^2$。钴单质为银白色，具金属光泽，有强磁性，熔点为1768 K，沸点为3200 K。钴属中等活泼金属，块状纯单质在空气和水中是稳定的，在高温下与氧、硫、氯等非金属作用。在盐酸和稀硫酸中缓慢溶解，遇冷浓硝酸表面钝化，在浓碱中比较稳定。

伯格曼最终证实了勃兰特的发现，并在实验室制得纯钴。

里克斯和史密斯几乎同时从肝浓缩物中分离出一种红色晶体，其成分含有大约4.5%的钴，并将其称为"钴胺素"，即"维生素B$_{12}$"。

1735年　1780年　　　　1789年　1948年

勃兰特分析辉钴矿样品时从中提炼出灰色金属，他认为这是一种新的元素。

在拉瓦锡的元素表中，钴被列为金属组中的一种元素。

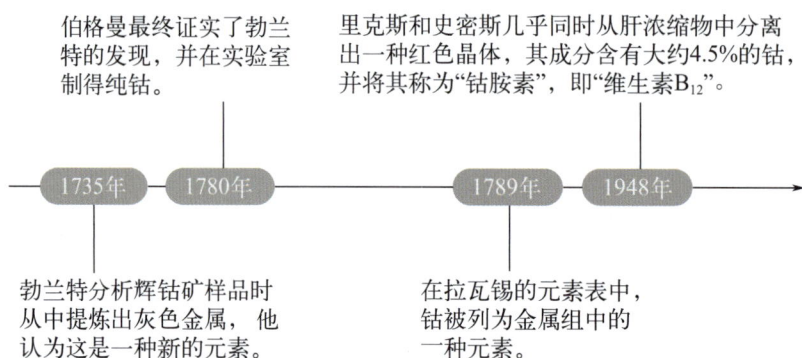

钴元素的发现及发展史 ❶

　　钴作为多功能金属，在能源、化工与材料领域展现出独特价值。在能源领域，钴酸锂（LiCoO$_2$）是锂离子电池核心正极材料，支撑着便携电子设备与电动汽车的发展；钴基催化剂（如Co$_3$O$_4$）可高效驱动电解水反应生产清洁氢气。材料科学中，水合钴盐的变色特性被用于制造湿度敏感材料（如变色硅胶），而钴掺杂的合金具有强磁性，应用于精密电机与传感器。生物医学方面，钴是维生素B$_{12}$的核心元素，参与人体造血与神经功能调节[1]。

3. "钴"为今用

（1）"景泰蓝"中的氧化钴

　　"景泰"作为明代宗朱祁钰在位期间的年号，在金属胎珐琅器发展史上具有特殊地位。清宫造办处珐琅作档案中记载的"景泰款珐琅器"，即指代这一时期具有代表性的御制掐丝珐琅器。

　　在明清两代掐丝珐琅工艺体系中，蓝色釉料的运用呈现出显著的工艺特征。其显色机理源于钴元素的离子置换着色原理，通过氧化钴（CoO）在釉料中的稳定发色，实现了大面积蓝釉的技术突破。这种着色剂具备显色效率高、呈色稳定等技术优势，相较于其他金属氧化物更易实现规模化制备。从烧成工艺角度观察，蓝釉体系在高温熔融过程中表现出优异的物理稳定性，釉层收缩率低，有效规避了烧制过程中的釉裂缺陷。

　　基于釉料制备与烧成工艺的双重优势，蓝色调逐渐成为掐丝珐琅器的主流色系。随着景泰年间制器风格的经典化，后世仿制器物在传承过程中也以蓝色基调为主导。在传播中，"景泰蓝"这一民间称谓逐渐定型，其形成机制存在两种学术解释：一是蓝色主调与景泰年款的视觉关联；另者从语言学角度考证，"蓝"实为"珐琅"二字连读音转的产物，特指带有景泰款识的珐琅器[3]。景泰蓝《和平欢歌》是专门为9.3大阅兵（纪念中国人民抗日战争暨世界反法西斯战争胜利70周年阅兵式）天安门城楼观礼的30国元首设计、创作的国礼。

---

❶　图中时间轴主体颜色设计理念采用金属钴的灰色。

（2）我国钴产业发展历程

我国钴的生产利用起步较晚。1954年，沈阳冶炼厂以锌钴渣为原料生产钴，标志着我国钴生产的开端。该厂通过还原溶解、氧化沉淀产出含钴30%～40%的氢氧化钴，再经焙烧、电炉熔炼、电解精炼得到金属钴。1958年，地质学家在甘肃省金昌市勘探发现金川镍矿，该矿是中国三大多金属共生矿之一，以镍矿为主，同时伴生有钴、铜等元素。其中，镍和钴的产量位居中国首位，尤其是钴的产量，占全国总产量的70%以上，使金川镍矿成为中国重要的钴生产基地[4]。尽管我国钴资源储量相对匮乏，但精炼钴的产量在全球市场占比却达到67%。国内钴生产原料主要来自刚果（金）等国的钴精矿或钴矿中间产品。

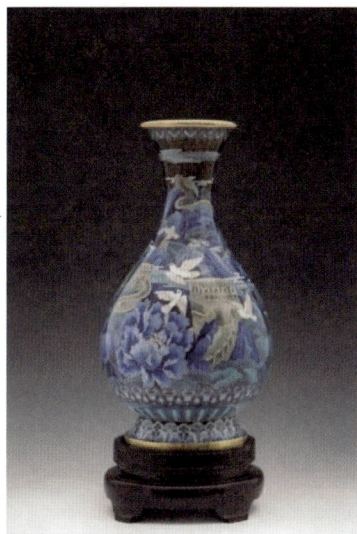

景泰蓝国礼《和平欢歌》

辉钴矿（Cobaltite）：CoAsS❶

4.钴元素科技前沿——动力锂电池中的钴元素

钴是新能源汽车动力锂电池中的关键材料之一，特别是在锂电池的正极材料中。钴酸锂（$LiCoO_2$）和三元材料（如镍钴锰酸锂NMC）是锂电池中常用的正极材料，它们都需要使用钴来提高电池的能量密度和循环稳定性。

正极电解质界面（CEIs）对电池高压阴极的循环稳定性至关重要，但其形成机制和正确的连接仍然是一个谜。南开大学陈军院士团队报告了CEIs的组成在很大程度上受内层亥姆霍兹层（IHL）中丰富的物质控制，并且可以从材料方面进行调整。$LiCoO_2$（LCO）的IHL在充电后发生改变，在富溶剂环境下导致脆弱的富有机CEIs。通过钝化尖晶石 $Li_4Mn_5O_{12}$ 涂层，在充电后获得了富含阴离子的IHL，从而实现了坚固的富LiF的CEIs。原位显微镜显示，富LiF的CEIs在500 ℃时保持机械完整性，与富有机

---

❶ CoAsS的颜色：红银白色，紫钢灰色或黑色。

物的 CEIs 形成鲜明对比，后者在正极中经历严重的膨胀和随后的空洞/裂纹。结果表明，尖晶石涂层 LCO 在 0.05 C 下的比容量高达 194 mA·h/g，在 0.5 C❶下循环 300 次后的容量保持率为 83%[5]。该工艺利用尖晶石涂层调控界面化学，稳定高压 LiCoO₂ 正极材料。

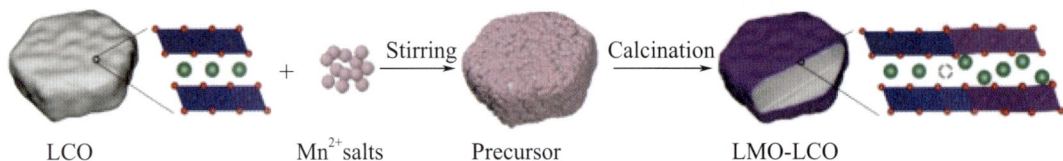

含有尖晶石 Li₄Mn₅O₁₂ 涂层（LMO）的 LiCoO₂（LCO）材料（LMO-LCO）制备工艺示意图
图片源自陈军学术论文[5]

5. 钴元素与维生素 B₁₂

维生素 B₁₂，亦称钴胺素，是独特的维生素之一，其吸收过程依赖于肠道分泌物（内因子）的协助。它是唯一含有必需矿物质"钴"的维生素，因含有钴而呈现红色，也被称为红色维生素。该维生素家族主要由氰钴胺、羟钴胺、腺苷钴胺和甲钴胺四种形式构成。通常所指的维生素 B₁₂ 主要是指氰钴胺。在口服吸收方面，氰钴胺相较于其他三种形式具有更快的吸收速度，紧随其后的是甲钴胺。然而，氰钴胺并不能直接被人体利用，需在体内转化为甲钴胺和腺苷钴胺后方能发挥其生理作用[6]。

氰钴胺与甲钴胺在化学结构上存在差异，导致它们在临床应用及疗效方面有所不同。其中，氰钴胺属于非活性形式的维生素 B₁₂ 制剂，而甲钴胺则是其活性形式之一。

维生素 B₁₂ 间接参与胸腺嘧啶脱氧核苷酸合成，对 DNA 合成至关重要。缺乏维生素 B₁₂ 会导致 DNA 合成受阻，进而引发巨幼细胞贫血。维生素 B₁₂ 对维持人体神经细胞健康非常重要。缺乏维生素 B₁₂ 可能导致神经和精神异常。当用于治疗由维生素 B₁₂ 缺乏引起的巨幼细胞贫血时，这两种药物可以相互替代使用；然而，在处理周围神经病变的情况下，相较于维生素 B₁₂，甲钴胺展现出更优的治疗效果和安全性，因此不建议用维生素 B₁₂ 来替换甲钴胺进行治疗[7]。

---

❶ 在电池测试中，"0.5 C"是一个充电和放电速率的术语，用来描述电池充放电的速度。这里的"C"代表电池的额定容量。具体来说，0.5 C 意味着电池在 1 h 内可以充入或放出其总容量的 50%。换句话说，如果一个电池的额定容量是 100 A·h（安时），那么在 0.5 C 的速率下，它可以在 1 h 内充入或放出 50 A·h 的电量。这个术语常用于描述电池的充放电性能，特别是在评估电池的快速充电能力和放电能力时。例如，一个支持 0.5 C 充电速率的电池，可以在 2 h 内完全充满电（因为它每小时可以充入 50% 的容量）。同样，一个支持 0.5 C 放电速率的电池，可以在 2 h 内完全放电。这种表示方法有助于标准化电池性能的比较，因为它允许不同容量的电池在相同的时间框架内进行比较。

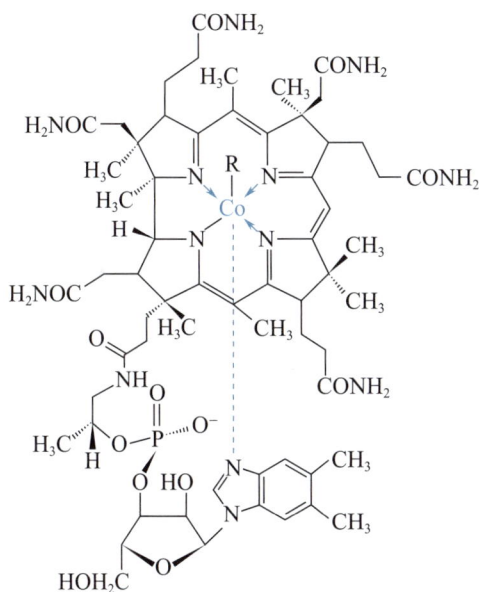

维生素B$_{12}$的化学结构

微量元素钴的缺乏会直接影响维生素B$_{12}$的生理功能，进而可能导致贫血症、阿尔茨海默病以及性功能障碍等疾病的发生。此外，还可能伴随气喘、眼压异常和身体消瘦等症状的出现。钴元素是维生素B$_{12}$的重要组成部分，对人体健康具有重要影响。维生素B$_{12}$的生理功能和钴元素的生物活性密切相关，钴元素的缺乏或过量都可能对人体健康产生不利影响。

参考文献

[1] 曹彦伟，沈超仁，夏春谷，等. 从"精灵"到催化"多面手"的钴元素 [J]. 化学教育（中英文），2019，40（06）：1-9.

[2] 黄新硕，王硕，单鹏飞，等. 从青花瓷到三元锂电池——关键金属钴的前世今生 [J]. 矿物岩石地球化学通报，2022，41（06）：1318-1322.

[3] 李思元，潘妙."景泰蓝"称谓起源及工艺变革 [J]. 装饰，2023，（06）：109-112.

[4] 赵超. 小金属，大用途——听我给你讲"钴"事 [J]. 地球，2023，（06）：12-15.

[5] Liu J X, Wang J Q, Ni Y X, et al. Tuning Interphase Chemistry to Stabilize High-Voltage LiCoO$_2$ Cathode Material via Spinel Coating[J].Angew Chem Int Ed，2022，61：e202207000.

[6] 刘艳萍. 甲钴胺和维生素B$_{12}$的区别 [J]. 开卷有益 - 求医问药，2021，（04）：48.

[7] 曹建英. 维生素B$_{12}$能替代甲钴胺吗 [J]. 大众健康，2022，（12）：60-61.

纵观中国历史，能在学术上取得成就的人，肯定也是热爱祖国的人。爱国是一切学术研究的根本前提，只有把个人命运和国家发展结合在一起，才不会在学术方向上走岔路。❶

——汤中立❷

2001年汤中立院士与金川纪念碑合影留念
图片源自《地球科学与环境学报》❸

❶ 师念，宁薇.汤中立：将国家命运与个人前途紧密结合 [N]. 陕西日报，2021-09-06(009).

❷ 汤中立，中国工程院院士，矿产勘查专家、矿床地质学家，长期从事矿产勘查和岩浆矿床的研究工作，是中国镍矿工业和甘肃省金矿工业的开拓者之一。1986年被甘肃省政府和地矿部联合授予"祖国镍都开拓者"荣誉称号。

❸ 弘扬科学家精神(汤中立院士照片集) [J]. 西安：地球科学与环境学报，2023.

八、镍（Ni）

1.镍元素发现历史与中英文名称由来

镍的认识与应用历史源远流长，中国很早就发现并利用镍了。据史料记载，早在公元前一世纪的西汉时期，我国人民便已开始将镍与铜结合，制造出白铜合金，并用于制作墨盒、烛台、盘子等器物。《春渚纪闻》一书由宋朝何远所著，其中提及"化铜为烂银"的技术，此处的"烂银"实际上指的是白铜。此外，明朝李时珍在其著作《本草纲目》中，以及宋应星在《天工开物》一书中，均详细描述了使用砒矿（即现今所称的砒镍矿）提炼白铜的过程。

1751年，瑞典的矿物学家阿克塞尔·冯·克朗斯泰特（Axel von Cronstedt，1722—1765）取"尼客尔铜"（kupfer-nickel）即"假铜"（现名镍的砷化物矿，又叫红砷镍矿）表面风化后的晶粒与木炭共热，还原出一种白色金属，其性质与铜不同，后来他仔细研究了它的物理、化学性质后，确认是一种新元素。1943年4月，美国《化学教育杂志》刊载了一篇源自国际制镍公司的文章，题为《神秘的白铜》（Paktong），该文详尽阐述了镍元素传入欧洲及其命名与传播的历史过程[1]。1958年，我国145煤田地质队在金川河畔找到三枚孔雀石矿苗，发现金川镍矿。因为这里产镍占全国镍总产量的85%以上，所以人们称它为"镍都"，金川是我国的镍钴生产基地和铂族贵金属的提炼中心[2]。

镍元素英文名称源自克朗斯泰特于1754年的命名，其基于瑞典语"kopparnickel"一词的缩写，意指"铜色矿石"，即最初从中提取该元素的矿石。此名称为德语"kupfernickel"的部分翻译，直译为"铜恶魔"，其中"kupfer"对应英文中的"copper"，"nickel"则源于男性名字"Nikolaus"的昵称，意为"小鬼"或"恶魔"。

镍元素的中文名称"镍"是从"Nickel"音译而来的。使用首音节的发音"臬"加上表示金属含义的"金"字旁，从而形成了今天所熟知的"镍"字。下图是镍元素的发现历史时间轴。

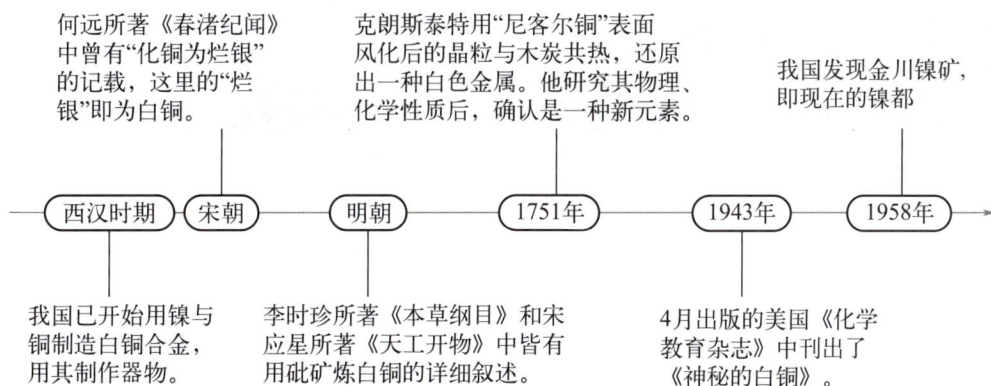

何远所著《春渚纪闻》中曾有"化铜为烂银"的记载，这里的"烂银"即为白铜。

克朗斯泰特用"尼客尔铜"表面风化后的晶粒与木炭共热，还原出一种白色金属。他研究其物理、化学性质后，确认是一种新元素。

我国发现金川镍矿，即现在的镍都

| 西汉时期 | 宋朝 | 明朝 | 1751年 | 1943年 | 1958年 |

我国已开始用镍与铜制造白铜合金，用其制作器物。

李时珍所著《本草纲目》和宋应星所著《天工开物》中皆有用砒矿炼白铜的详细叙述。

4月出版的美国《化学教育杂志》中刊出了《神秘的白铜》。

镍元素的发现史 ❶

---

❶ 图中时间轴主体颜色设计理念采用金属镍的白色。

2. 镍元素基本性质

镍（Ni）位于第四周期第Ⅷ族，为过渡金属元素，基态电子组态为 $[Ar]3d^84s^2$。镍单质呈银白色金属光泽，具有铁磁性和延展特性（熔点1728 K，沸点3186 K）。其表面因有钝化膜常温环境下可维持稳定，高温下氧化生成NiO并可与水蒸气反应释放H_2。化学溶解行为呈选择性：耐盐酸腐蚀但溶于王水；稀硝酸中氧化为Ni^{2+}，浓硝酸中形成钝化层。镍在强碱体系中保持化学惰性，同时展现储氢材料的特性，可逆吸附分子氢。

3. 探索地球宝藏70年的地质队员

在甘肃省金昌市金川公园南大门广场，一座约15米高的纪念碑巍然矗立。碑身上"献给祖国镍都的开拓者"十个大字，字体雄浑苍劲，气势磅礴。碑文详细记载了20世纪50年代我国地质工作者为国找矿的光辉事迹。作为我国镍矿工业的开拓者之一，汤中立的名字被铭刻其上，彰显了他的卓越贡献[3]。在接受《陕西日报》专访时，汤中立曾言："纵观中国历史，能在学术上取得成就的人，肯定也是热爱祖国的人。爱国是一切学术研究的根本前提，只有把个人命运和国家发展结合在一起，才不会在学术方向上走岔路。"

1999年，汤中立在甘肃龙首山—合黎山进行野外考察
图片源自张行勇学术论文[4]

4. 镍基高温超导体

（1）我国科学家发现的首例镍基高温超导材料

超导现象是指某些材料在低温条件下电阻突然变为零，电流可以在材料中无阻力地流动，且具有完全抗磁性的一种现象。高温超导体是指转变温度在液氮沸点77 K以上的超导体，这类超导体可以用液氮降温实现超导态，给研究带来了便利。

尽管铜氧化物的高转变温度（T_c）超导性已经被发现了30多年，但其潜在的机制仍然未知。此前，铜氧化物是唯一一种破例超导体，在77 K以上时，表现出强大的超导性。2023年6月中山大学物理学院王猛教授团队在14.0～43.5 GPa的压力下，高压电阻和互感磁化率测量表明，$La_3Ni_2O_7$单晶具有超导性，最高转变温度达到80 K。高压下的超导相具有$Fmmm$空间群❶的正交结构，镍离子的$3d_{x^2-y^2}$和$3d_{z^2}$轨道与氧的2p轨道强烈结合。两个相邻八面体（青色阴影）之间的Ni-O-Ni角从常压$Amam$空间群中的168°变化到高压$Fmmm$空间群中的180°。密度泛函理论计算表明，超导性的出现与费米能级下σ键带的金属化是一致的，σ键带由顶端氧离子连接Ni—O双分子层的$3d_{z^2}$轨道组成。因此，该发现不仅为Ruddlesden-Popper（鲁德尔斯登-波普尔，简称RP）双层钙钛矿镍氧化物的高T_c超导性提供了重要线索，而且为研究高T_c超导机制提供了以前未知的化合物家族[5-6]。

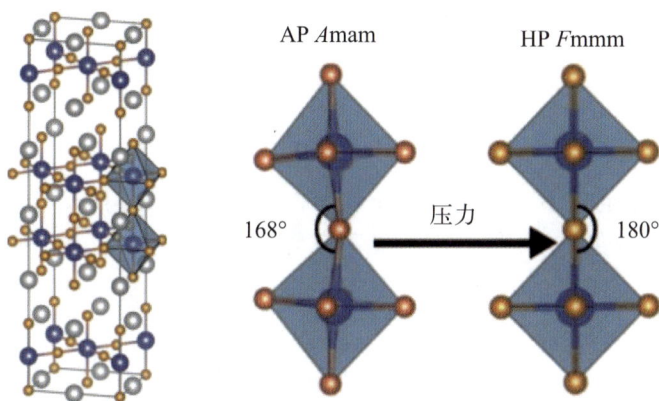

AP $Amam$ HP $Fmmm$

168°   压力   180°

正交结构$La_3Ni_2O_7$的晶体结构❷

图片源自王猛学术论文[5]

（2）镍基高温超导理论取得新进展

追求发现不同于铜基模型的新型高温超导体对解释超导背后的机制具有深远意义，也可能实现新的应用。2024年7月，复旦大学物理学系赵俊团队研究表明，压力的施加有效地抑制了三层镍酸盐$La_4Ni_3O_{10}$-δ单晶的自旋电子秩序，导致超导性的出现，在69.0 GPa下的最高临界温度（T_c）约为30 K。直流磁化率测量证实了在T_c以下存在明显的抗磁响应，表明存在体积分数超过80%的强大的超导相。在正常状态下，观察到一种不寻常的金属行为，其特征是延伸到300 K的电阻随温度线性变化。此外，观察到的层相关超导性暗示了镍酸盐特有的独特层间耦合机制，使它们在这方面有别于铜氧化物。赵俊

---

❶ $Fmmm$ space group是晶体学中的一个特定空间群，它描述了具有四个镜像平面的晶格对称性。这个符号传达了关于晶体结构如何组织以及材料内部原子如何排列的关键信息。在这个符号中，"F"表示面心立方晶格，而"m"表示存在镜像对称性，这对确定固体的物理性质至关重要。$Fmmm$空间群具有独特的对称操作组合，这对其物理性质如导电性和热膨胀有显著影响。

❷ 两个相邻八面体（青色阴影）之间的Ni-O-Ni角从常压（AP）$Amam$空间群中的168°变化到高压（HP）$Fmmm$空间群中的180°。

团队为支撑超导的基本机制提供了重要的见解，同时也引入了一个新材料来探索自旋 - 电荷顺序、宽能级带间结构、层间耦合等不同寻常的金属行为和高温超导之间复杂的相互作用[7]。

2024年4月，西湖大学的研究团队在镍基高温超导理论方面也取得了新的进展。物理学讲席教授吴从军团队与北京理工大学的杨帆教授合作，对镍基$La_3Ni_2O_7$系统中的高温超导现象提出了一种新的超导配对机制，即洪特规则帮助的超导配对，并建立了该系统中超导机制的最简模型。这一机制已经得到了基于密度矩阵重整化群的数值研究的支持。研究团队提出，镍基$La_3Ni_2O_7$具有双层结构，其中水平轨道$3d_{x^2-y^2}$和垂直轨道$3d_{z^2}$的电子自旋通过洪特规则决定，从而在层间建立了反铁磁耦合，这可能支持高温超导配对。这种机制为镍氧化物高温超导现象提供了一种理论解释。这项研究为高温超导材料的研究提供了新的理论基础，并可能对未来的超导技术发展产生重要影响[8]。

5. 因镍与有机催化获得的诺贝尔化学奖

1912年的诺贝尔化学奖共同颁给了维克多·格林尼亚（Victor Grignard）和保罗·萨巴蒂埃（Paul Sabatier）。前者"因为发现了所谓的格氏试剂，这在近年来极大地推动了有机化学的发展"，后者"因为他在细分散金属存在的情况下使有机化合物氢化的方法，从而在近年来极大地推动了有机化学的发展"。获得1912年诺贝尔化学奖的两种方法改变了化学家在实验室中人工制造含碳有机化合物的方式。这两种方法背后的关键在于，它们需要一只帮助之手来连接在常规条件下不可能聚集在一起的分子。

在对一系列化学物质与金属相互作用的细致分析过程中，格林尼亚设计了一种将一个分子中的碳原子与另一个分子中的碳原子连接在一起的新方法。他研究的特定反应要分两个关键步骤进行。第一步，有机卤化物——碳原子与卤素原子（如氯、溴或碘）相连，在乙醚的存在下与镁结合。第二步，加入另一种含碳化合物到溶液中。事实证明，在第一步中，镁与有机卤化物形成的中间化合物非常容易接受另一个含碳化合物，将另外一个碳原子连接在自己的碳上，并在此过程中放出镁。随着这一反应的广泛应用，这种中间体，以其发现者的名字命名为格氏试剂，迅速成为化学家们寻求将更小的前驱分子结合在一起以制造有机化合物的不可或缺的手段。

萨巴蒂埃对有机化学催化反应的兴趣使他成为第一个详细说明使用镍驱动与有机化合物反应的优点的化学家。1897年左右，萨巴蒂埃发明了一种方法，使不饱和有机物吸收氢，形成新的有机化合物。他展示了氢原子是如何与一系列碳化合物中的原子结合的，方法是在高温下将两者的混合物置于精细粉末镍上。在这种情况下，镍暂时充当氢的载体，并使氢能够转移到碳原子上。金属镍可以促进反应过程而不与最终产品相结合，这也大大促进了催化学

保罗·萨巴蒂埃（Paul Sabatier）
图片源自诺贝尔奖官方网站

科的发展。这种氢化反应是一种简单、安全、方便的方法，是许多实验室反应和重要工业过程的基础，其中最主要的是将液体油脂转化为固体脂肪，这也是人造黄油的生产原理。

6. 中国传统镍白铜技术与知识产权保护

镍白铜制造是中国的一项重要冶金技术发明，主要集中在云南和四川。通过海上交通和贸易往来，西方世界与中国直接联系，获取了中国的镍白铜样品。西方科学家和商人对中国的镍白铜进行了研究和分析，以了解其成分和制作工艺。在了解了镍白铜的成分和制作工艺后，西方开始尝试仿制这种合金。例如，奥地利的弗里德里希·冯·格斯多夫（Friedrich von Gersdorf）在1824年注册的专利文件中涉及废弃钴矿料中镍的还原方法和一种合金的制作方法。该合金制作方法与中国镍白铜相似，是铜镍锌三元合金。

西方商人和发明家将仿制的镍白铜技术申请为自己的专利，从而获得了法律保护。格斯多夫的专利文件就是西方近代专利使用中国技术的文本证据之一。获得专利保护后，西方开始大规模工业化生产这种合金，称之为"德国银"。"德国银"实际上是一种铜镍合金，外观似银，由于德国的盖特纳、亨宁格和奥地利的格斯多夫是"德国银"的主要生产者而得名。这种合金因其外观似银且成本较低，被广泛应用于社会生活的各个方面。西方将这些仿制的镍白铜产品商业化，并在市场上推广，使其成为流行的金属合金材料。这些产品不仅在欧洲市场销售，还返销到中国，逐渐取代了中国传统的镍白铜产品。

西方不仅利用了中国的镍白铜技术，还通过专利制度保护了自己的商业利益，并在全球范围内推广了这种材料。这一过程也反映了当时中国在知识产权保护方面的不足，导致我们的原创技术被他国利用并最终取代。中国应从历史中学习，加强对传统工艺技术的保护和改进，以避免类似情况再次发生[9]。

参考文献

[1] 曹宏梅，赖红伟，董树国，等. 微量元素镍概论[J]. 广东微量元素科学，2006，（12）：1-6.

[2] 盛丽. 镍与镍都[J]. 化学教学，2003，（05）：49-37.

[3] 张梅. 汤中立：探索地球宝藏70年[N]. 陕西日报，2023-11-23（006）.

[4] 张行勇. 中国工程院士汤中立：一个地质队员70年的找矿报国路[J]. 科学新闻，2024，26（04）：50-53.

[5] Sun H L，Huo M W，Hu X W，et al. Signatures of Superconductivity near 80 K in a Nickelate under High Pressure[J]. Nature，2023，621：493-498.

[6] Hou J，Yang P T，Liu Z Y，et al.Emergence of High-temperature Superconducting Phase in the Pressurized La$_3$Ni$_2$O$_7$ Crystals[J]. Chin Phys Lett，2023，40：117302.

[7] Zhu Y H，Peng D，Zhang E K，et al. Superconductivity in Pressurized Trilayer La$_4$Ni$_3$O$_{10}$—δ Single Crystals[J]. Nature，2024，631：531-536.

[8] Lu C，Pan Z M，Yang F，et al. Interlayer-coupling-driven High-temperature Superconductivity in La$_3$Ni$_2$O$_7$ under Pressure[J]. Phys Rev Lett，2024，132：146002.

[9] 黄超，梅卓. 中国镍白铜技术发明演变为"德国银"专利的历史考证[J]. 知识产权，2015，（03）：80-83+96.

以铜为镜，可以正衣冠；以古为镜，可以知兴替；以人为镜，可以明得失。❶

——唐太宗李世民❷

《步辇图》❸局部
图片源自建志栋学位论文❹

❶ 骈宇骞译注. 贞观政要[M]. 北京：中华书局，2022.

❷ 唐太宗李世民（599年1月23日—649年7月10日），唐高祖次子，唐朝第二位皇帝（626年9月3日—649年7月10日在位），政治家、战略家、军事家、书法家、诗人。

❸ 《步辇图》卷，唐，阎立本作，绢本，设色，纵38.5 cm，横129 cm。原作现存故宫博物院。贞观十五年（641年）春天，松赞干布派相国禄东赞到长安来迎接文成公主，画幅描绘的是唐太宗李世民在宫内接见松赞干布派来的吐蕃使臣禄东赞的情景。画面右侧居中者为唐太宗，其端坐在由六名宫女抬着的坐榻（又称步辇，图画即以此为名）上。

❹ 建志栋.《历代名画记》研究[D]. 中国美术学院，2016.

九、铜（Cu）

1. 铜元素发现历史与中英文名称由来

铜是人类发现最早的金属之一。里希特尔（Lessiter）著的《世界冶金史大事记》中记载：公元前9000年，西亚出现已知最早的锻打红铜，即较纯的铜单质。公元前4000～5000年左右，红铜制作开始出现在东亚，如在马家窑文化、仰韶文化、大汶口文化遗存里，发现有早期红铜器或有关线索。在文明发祥地之一的西亚，公元前第5千纪后期到前第4千纪上半叶，陶冶时代第二阶段普遍使用砷白铜（Cu、As合金，银白色）器皿。公元前4000年左右，铜的铸造技术已普及。迄今已知世界上最先掌握青铜冶炼技术的文化在两河流域，出土了公元前3500年左右的冶炼青铜器。多年来世界上有许多学者认为，青铜时期是从西亚（即近东）开端。青铜（Cu、Sn合金，青绿色）大约在公元前3500年左右开始于近东地区出现。公元前3000年左右，先传到印度，后来传到中国。锡青铜真正代替砷白铜的统治地位，是到公元前2000年初期[1]。到公元前1600年左右的殷朝，青铜器制造业已很发达。青铜器是用青铜铸造而成的，刚铸造出来的青铜器是金黄色的，称为"金"或"吉金"。但青铜器易被氧化，氧化后的器物表面会形成青绿色的铜锈，因此便有了"青铜"这个名字[2]。据考证，我国在商代晚期铸造司母戊鼎，汉初（公元前1世纪）就已经知道炼制黄铜（Cu、Zn合金，黄色）[3]。

据东晋常璩所撰《华阳国志》卷四载"螳螂县因山名也，出银、铅、白铜、杂药。"从资源上看，螳螂县所出白铜可肯定为镍白铜（Cu、Ni合金，银白色）[4]。明清时期（1368～1912年）镍白铜得到大规模生产。16世纪开始传入欧洲，随即被各国视为珍品，竞相仿制，从而推动了铜镍合金在欧洲的应用。从19世纪20年代起，"德国银"开始在欧洲作为一种重要的金属合金材料，并投入大量生产，用于社会的各个方面[5]。

铜元素的英文命名为Copper，源于拉丁语"cuprum"，而这个词最初来自古罗马时期铜的主要开采地塞浦路斯岛，所以得名cyprium（意为塞浦路斯的金属），后来演变成cuprum，成为英语、法语（cuivre）和德语（kupfer）的来源。铜的化学元素符号Cu也是来源于拉丁语"cuprum"。

据《贞观政要》记载唐太宗李世民至理名言："以铜为镜，可以正衣冠；以古为镜，可以知兴替；以人为镜，可以明得失。"[6]铜的中文名称"铜"来源于古代汉语，与金属的物理特性有关。金属铜也是自古就被认识并被广泛使用的金属元素之一。下图是铜元素的发现及发展历史时间轴。

2. 铜元素基本性质

铜（Cu）位于第四周期第ⅠB族，为过渡金属元素，基态电子组态为$[Ar]3d^{10}4s^1$。铜作为紫红色重金属，兼具优异导电性、导热性和延展性（熔点1357.52 K，沸点2835 K）。干燥环境具有稳定性，但在含CO_2的潮湿大气中缓慢腐蚀生成$Cu_2(OH)_2CO_3$（铜绿）。

西亚出现最早的锻打红铜，即较纯的铜单质（紫红色）。	红铜制作开始出现在东亚。西亚普遍使用砷白铜（Cu、As合金，银白色）器皿。	铜的铸造技术已普及。	在两河流域出土了冶炼青铜器。青铜(Cu、Sn合金，青绿色)开始于近东地区出现。	铜的铸造技术先传到印度，后来传到中国。	青铜真正代替神白铜的统治地位。
公元前9000年	**公元前4000~5000年左右**	**公元前4000年左右**	**公元前3500年左右**	**公元前3000年左右**	**公元前2000年初期**

19世纪20年代	**1368年~1912年**	**317年~420年**	**公元前1世纪**	**公元前13世纪~前11世纪**	**公元前1600年左右**
"德国银"（镍白铜）开始在欧洲大量生产。	明清时期镍白铜得到大规模生产。16世纪开始传入欧洲。	东晋常璩所著《华阳国志》记载已发现镍白铜（Cu、Ni合金、银白色）。	已经知道炼制黄铜(Cu、Zn合金，黄色)。	铸造司母戊鼎。	青铜器制造业已很发达。

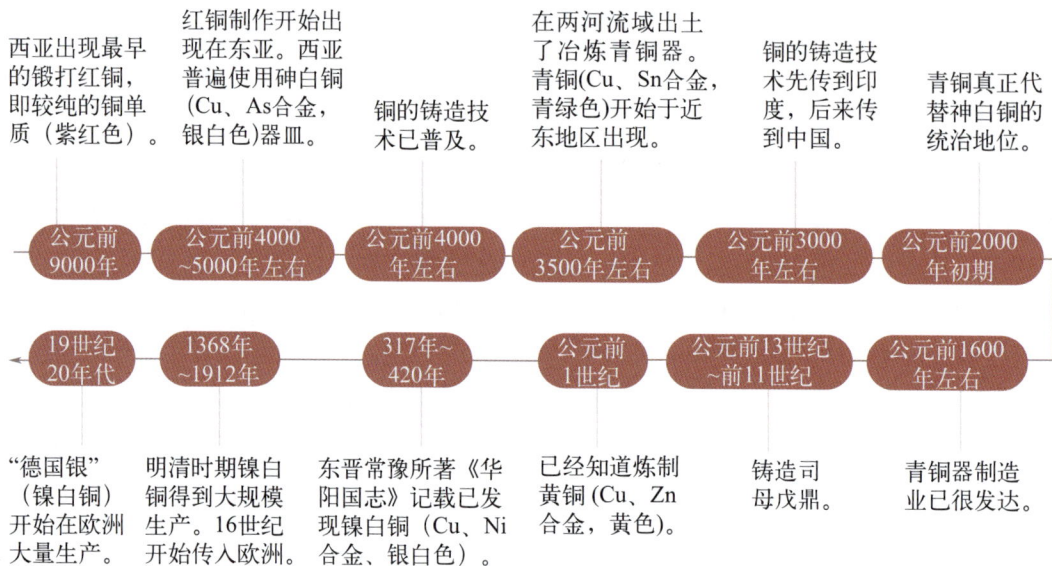

铜元素的发现及发展史 ❶

高温氧化生成 CuO，且能与水蒸气反应。易溶于硝酸，在热浓硫酸中发生氧化反应，但耐稀硫酸／盐酸腐蚀。此外，铜可与卤素、硫直接化合生成对应化合物 [7]。

3. 中国的青铜时代

中国的文化底蕴深厚，人民又具有发现美、欣赏美以及创造美的心灵和巧手，因此我国的艺术历史源远流长，内容丰富多彩。在广袤的文化领域中，青铜器工艺的诞生为中国艺术史增添了一笔极为璀璨的色彩，堪称珍贵的艺术瑰宝。

新石器时代晚期，青铜器兴起，经过时间的磨砺，商周两代时我国的青铜器置于鼎盛时期，却于先秦两代处于没落时期。带有饕餮纹样、体型巨大的司母戊鼎和带有翔鹤、做工精巧的莲鹤方壶是商周时期和春秋时期比较有代表性的器物。这两件器物深刻体现了商周与春秋两个时期的艺术特征、文化内涵及生活气息，展现了不同时代的艺术魅力和器物风格。这些文物的出土不仅揭示了当时民众审美风格的演变轨迹，而且为当代工艺美术的发展积累了宝贵的历史经验和财富，承载着不可忽视的历史意义与艺术价值 [8]。

4. 纳米 Cu_2O 的催化新用途

在碳中和环境下，纳米 Cu_2O 被认为是电化学 CO_2 还原反应（electrochemical CO_2 reduction reaction，以下简称 ECO_2RR）的一种很有前景的催化剂，但其在产物选择性方面的改进仍需大量努力。南开大学程鹏教授课题组提出了一种通过修饰纳米 Cu_2O 表面来控制 ECO_2RR 产物的有效策略。Cu^{2+} 与 $NH_2OH \cdot HCl$ 的摩尔比为 1:0.5，1:1.0、1:1.5、1:2.0、1:2.5、1:4.0 时，分别得到（A）立方、（B）切角立方、（C）截顶八面体、（D）截尾八面体、（E）八面体、（F）星形等 6 种不同结构的 Cu_2O 复合材料。

---

❶ 图中时间轴主体颜色设计理念采用金属铜的紫红色。

司母戊鼎 ❶
图片源自学习强国网站

莲鹤方壶 ❷
图片源自杨培玲学术论文[8]

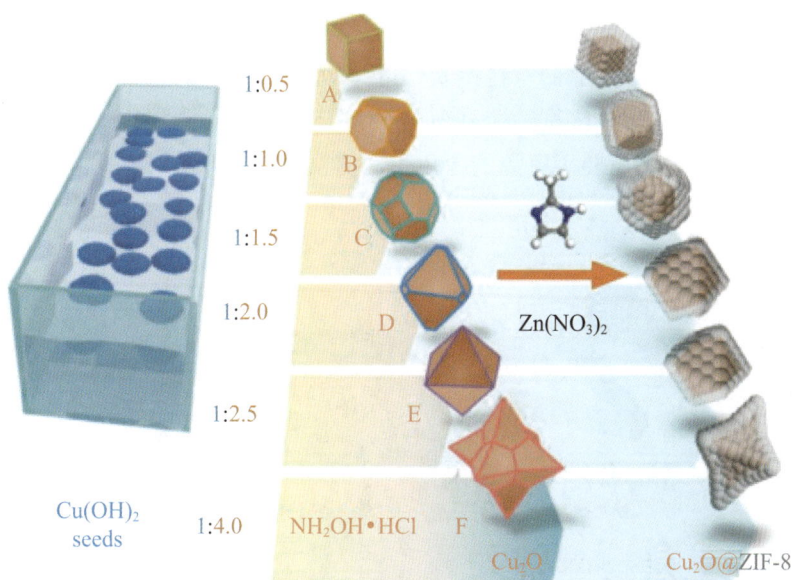

还原剂变量法制备 Cu_2O 纳米颗粒及 Cu_2O@ZIF-8复合材料
图片源自程鹏学术论文[9]

其具体的微观形貌见下图，图中a～f是 Cu_2O 纳米颗粒的SEM（扫描电子显微镜）图像。

---

❶　通高133 cm，口长79.2 cm，口宽112 cm，重875 kg，是目前发现的最大、最重的商周铜鼎。内壁铸铭文3字；长方体，直壁平底，大立耳，四柱足中空，四角有扉棱，腹壁四缘各饰兽面纹和夔纹，耳饰双虎食人纹，足上部饰兽面纹。

❷　方壶通体长为30.5 cm，宽为0.54 m，高为1.26 m，重64.28 kg，壶身为方形。

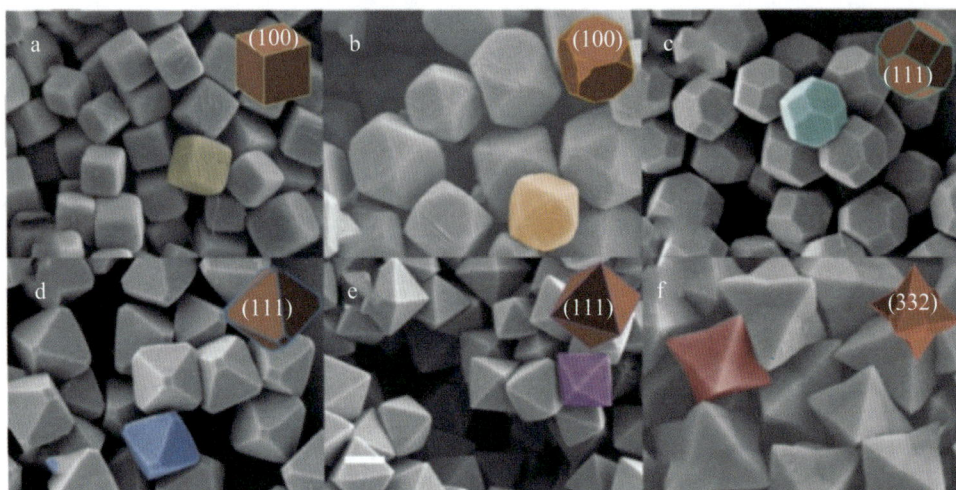

制备的 Cu_2O 纳米颗粒的微观形貌

图片源自程鹏学术论文[9]

　　程鹏教授课题组通过还原剂变量方法控制形成不同晶面纳米 Cu_2O，然后用表面改性的纳米 Cu_2O 材料控制 CO_2 电化学还原制乙烯和合成气。Cu_2O 基催化剂在中性电解质中表现出最高的 C_2H_4 选择性（法拉第效率74.1%），在纳米 Cu_2O 表面引入合适的金属有机框架（MOF）涂层，可获得具有适当 $H_2:CO$ 比例的合成气。该系统策略有望控制 ECO_2RR 产品，提高选择性，为二氧化碳管理和重要碳资源的绿色生产提供可靠的方法[9]。

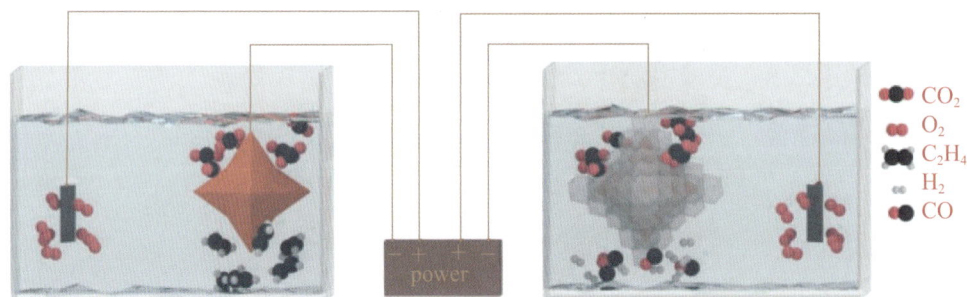

表面改性纳米 Cu_2O 催化 CO_2 还原反应途径示意图

图片源自程鹏学术论文[9]

5.“蓝色血液”——铜蓝蛋白

　　铜蓝蛋白具有悠久的进化历史，在哺乳动物、鸟类和爬行动物中都有发现。基于体外和体内数据，铜蓝蛋白具有多种功能，包括铜转运、抗氧化防御和铁代谢。铜蓝蛋白缺失可导致不同组织中铁的显著沉积和严重的神经病理改变[10]。下图（左）是铜蓝蛋白分子的整体组织。

　　铜蓝蛋白是多铜氧化酶家族的成员，首次分离于1944年。早期的X射线结构研究确认了分子由六个还原酶结构域组成，含有六个铜离子。下图（右）是区域1和6之间的三核铜簇，表明水分子附着在铜上。在三核铜簇中存在双原子物质，可能是两个氧原子。铜蓝蛋白的多功能性质之前已通过多种配体的结合研究得到证实。伊莎贝尔·本托（Isabel Bento）进一步确认了铜蓝蛋白在血浆中的氧化酶作用，并可能在铁的释放和转运中起辅助作用[11]。

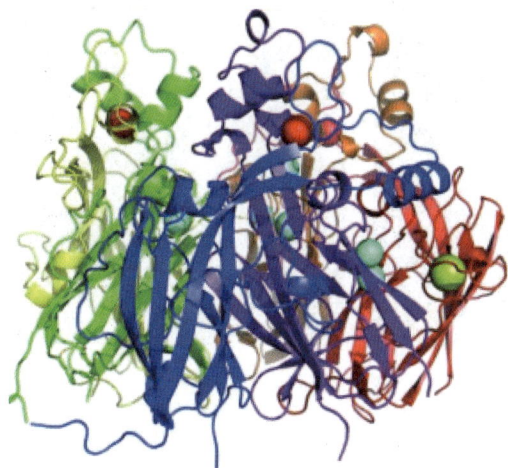

铜蓝蛋白分子的整体组织❶

图片源自 Isabel Bento 学术论文[11]

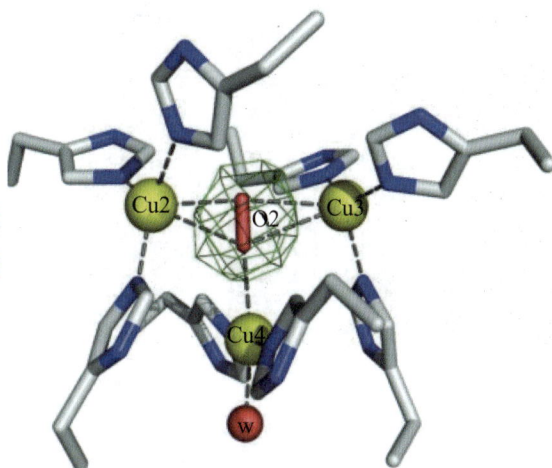

铜蓝蛋白中三核铜簇结构示意图❷

图片源自 Isabel Bento 学术论文[11]

6. 含铜催化剂与诺贝尔化学奖

2022年的诺贝尔化学奖联合授予卡罗琳·贝尔托西（Carolyn Bertozzi）、莫滕·梅尔达尔（Morten Meldal）和巴里·夏普利斯（Barry Sharpless），以表彰他们"对点击化学和生物正交化学的发展"。

化学家努力制造越来越复杂的分子。很长一段时间以来，这是非常耗时和昂贵的。夏普利斯创造了"点击化学"（click chemistry）的概念，它是一种简单而可靠的化学形式，强调反应快速发生，且能避免不必要的副产品。由于点击化学意味着分子构建可以快速有效地结合在一起，2000年左右贝尔托西开始在生物体中使用点击化学。她发明了生物正交反应，这种反应发生在生物体内部，而不会破坏细胞的正常生物化学反应。这些反应现在被用来探索细胞，追踪生物过程，并提高癌症药物的靶向性。

2002年，夏普利斯和梅尔达尔各自独立地开发了一种优雅而高效的化学反应：铜催化叠氮化物-炔烃环加成，这是点击化学的里程碑反应。这一技术现在已被广泛应用，并

---

❶ 这个组织中显示了6个铜氧蛋白结构域（结构域1，2，3，4，5和6分别为红色，橙色，黄色，绿色，蓝色和紫色）和金属结合位点的位置：Cu^{2+}为蓝色球体，Ca^{2+}为橄榄绿色球体，Na^+为红色球体。相对平的底表面和顶部的突起清晰可见。这些数据是用PyMOL程序编制的。

❷ 表明水分子附着在铜Cu上。在三核簇中存在双原子物质，可能是两个氧原子。

被用于药物开发、DNA图谱绘制和新材料的制造。

卡罗琳·贝尔托西
（Carolyn Bertozzi）

莫滕·梅尔达尔
（Morten Meldal）

巴里·夏普利斯
（Barry Sharpless）

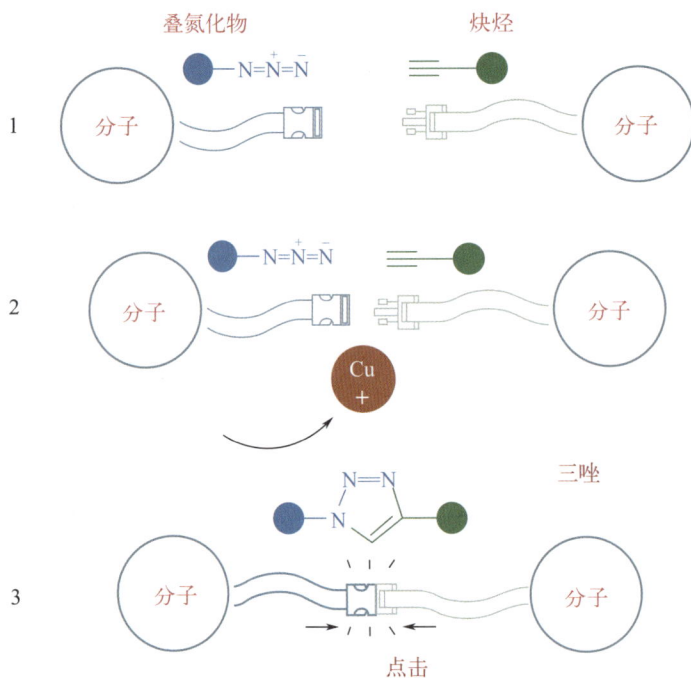

图片源自诺贝尔奖官方网站

改变化学反应的点击反应❶（中文为作者添加）

图片源自诺贝尔奖官方网站

---

❶ 当添加铜离子时，叠氮化物和炔烃的反应非常有效。该反应现已在全球范围内使用，以简单的方式将分子连接在一起。

参考文献

[1] 陈明远，林川."陶-铜体系"——野蛮向文明的过渡[J]. 社会科学论坛，2016，(08)：4-20.

[2] 邹鹏. 三星堆青铜器"炼"成记[J]. 奇妙博物馆，2024，(11)：21-23.

[3] 沙国平，张连英. 化学元素的发现及其命名探源[M]. 成都：西南交通大学出版社，1996.

[4] 梅建军，柯俊. 中国古代镍白铜冶炼技术的研究[J]. 自然科学史研究，1989，8（01）：67-77+98.

[5] 黄超，梅卓. 中国镍白铜技术发明演变为"德国银"专利的历史考证[J]. 知识产权，2015，(03)：80-83+96.

[6] 骈宇骞译注. 贞观政要[M]. 北京：中华书局，2022.

[7] 周公度，叶宪曾，吴念祖. 化学元素综论[M]. 北京：科学出版社，2012.

[8] 杨培玲. 司母戊鼎莲鹤方壶——从纹样和造型研究青铜器的发展[J]. 新美域，2022，(09)：73-75.

[9] Luo H Q，Li B，Ma J G，et al. Surface Modification of Nano-Cu$_2$O for Controlling CO$_2$ Electrochemical Reduction to Ethylene and Syngas[J]. Angew Chem Int Ed，2022，61（11），e202116736.

[10] David S，Patel B N. Ceruloplasmin：Structure and Function of an Essential Ferroxidase[M]. Advances in Structural Biology，JAI Press Inc，2000.

[11] Bento I，Peixoto C，Zaitsev V N，et al. Ceruloplasmin Revisited：Structural and Functional Roles of Various Metal Cation-binding Sites[J]. Acta Cryst，2007，D63：240–248.

凡倭铅，古书本无之，乃近世所立名色。其质用炉甘石熬炼而成。繁产山西太行山一带，而荆、衡为次之。

每炉甘石十斤，装载入一泥罐内，封裹泥固，以渐砑干，勿使见火坼裂。然后，逐层用煤炭饼垫盛，其底铺薪，发火煅红，罐中炉甘石熔化成团。冷定，毁罐取出。每十耗去其二，即倭铅也。此物无铜收伏，入火即成烟飞去。以其似铅而性猛，故名之曰"倭"云。❶

——宋应星❷

升炼倭铅
图片源自《天工开物》❸

❶ 出自宋应星著《天工开物》，"倭铅"即金属锌。

❷ 宋应星（公元1587—1666年），中国明末科学家，字长庚，奉新（今属江西）人。

❸ 杨维增译注. 天工开物[M]. 北京：中华书局，2021.

十、锌（Zn）

1. 锌元素发现历史与中英文名称由来

公元 10 世纪，我国辽代已能冶炼出黄铜，称为"倭铅"，实际为铜锌合金。公元 10~11 世纪，我国已能大规模生产锌[1]。瑞士科学家帕拉赛尔苏斯（Paracelsus）是首位将锌识别为独立金属元素的欧洲人。1538 年，在其著作中，他首次提及菱锌矿，并将其命名为"Zinek"或"Zinken"，同时将锌元素称为"Zinckum"。1637 年，宋应星在其著作《天工开物》中详细记载了利用"炉甘石"提炼"倭铅"（即锌）的过程，具体描述了通过碳酸锌炼制金属锌的方法[2]。1743 年，英国的菲利普·钱皮恩（Philip Champion）采用焦炭还原碳酸锌的方法成功生产出锌[3]。

锌元素的英文名为 Zinc，源于拉丁文"Zincum"，意为"白色薄层"或"白色沉积物"。这个名称反映了锌的一种常见特性，即在空气中锌表面会生成一层薄而致密的碱式碳酸锌膜，这种氧化膜是白色的，可以阻止锌进一步被氧化。

现代汉语中取拉丁文"Zincum"的首音节近似发音"辛"，与表示金属性质的"金"字旁组合，从而形成化学元素"Zinc"的中文名称"锌"。下图是锌元素的发现历史时间轴。

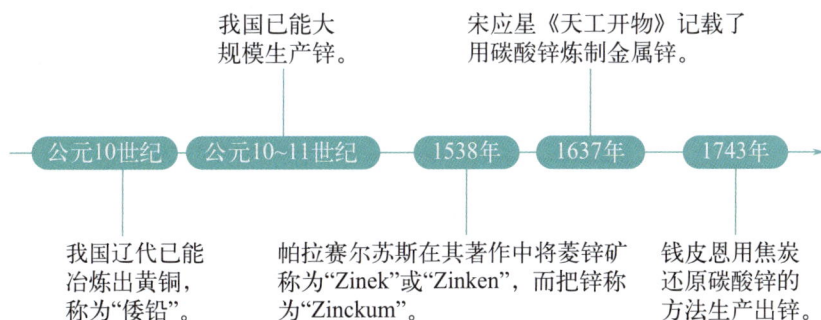

我国已能大规模生产锌。

宋应星《天工开物》记载了用碳酸锌炼制金属锌。

| 公元 10 世纪 | 公元 10~11 世纪 | 1538 年 | 1637 年 | 1743 年 |

我国辽代已能冶炼出黄铜，称为"倭铅"。

帕拉赛尔苏斯在其著作中将菱锌矿称为"Zinek"或"Zinken"，而把锌称为"Zinckum"。

钱皮恩用焦炭还原碳酸锌的方法生产出锌。

锌元素的发现史❶

2. 锌元素基本性质

锌（Zn）位于第四周期第 IIB 族，为过渡金属元素，基态电子组态为 $[Ar]3d^{10}4s^2$。锌单质呈现蓝白色金属光泽，兼具导电性（熔点 692.09 K，沸点 1180 K）。其化学活泼性介于铜与其他中等活性金属之间。潮湿 CO_2 环境中锌表面形成 $ZnCO_3 \cdot Zn(OH)_2$ 钝化膜，高温下可与水蒸气反应生成 ZnO。与稀酸反应释放 H_2，但高纯度锌因表面钝化导致反应速率显著降低。高温下可与多数非金属直接化合。锌表现出两性特性，可溶于强碱生成锌酸盐；极稀硝酸中发生氧化还原反应，生成 Zn^{2+} 与 NH_4^+，即：

---

❶ 图中时间轴主体颜色设计理念采用锌元素发生焰色反应呈现的蓝绿色。

$$4Zn + 10HNO_3(极稀) \rightarrow 4Zn(NO_3)_2 + NH_4NO_3 + 3H_2O。$$

3.《天工开物》与金属锌冶炼

(1)《天工开物》简介

明朝末年的科学家宋应星所著的《天工开物》被誉为中国十七世纪生产工艺百科全书，书中不仅记述了明代居于世界先进水平的科技成就，还大力弘扬了"天人合一"思想和能工巧匠精神。

《天工开物》中记述的在明代居于世界先进水平的科技成就有以下几个方面。一是农业生产，书中记述的先进农业实用技术有精耕细作、砒霜拌种、磷肥施放、水稻变旱稻、甘蔗育秧、杂交培育蚕良种、防治蚕病，以及一举三用水碓等。二是纺织，书中记述了棉、麻、丝、皮、毛的来源和织造，从布衣到龙袍、倭缎，从腰机到花机，应有尽有。其中，明代所制造出的花机在当时是世界上最先进的纺织机械。三是煤的开采，书中记述了在挖煤前首先用竹筒排空瓦斯，然后对巷道进行支护，最后才能挖煤的先进技术，并第一次根据性状和用途对煤做了初步的科学分类，分别是明煤（相当于无烟煤）、碎煤（相当于烟煤）和末煤（相当于褐煤和泥煤）三种。四是钢铁生产，书中记述了我国独创的由铁矿开始，依次炼成生铁和熟铁，再合炼成钢的类似于半连续化的生产系统。五是有色冶金方面，第一次记述了技术难度较大的锌（倭铅）的冶炼并指出黄铜的配比是铜七锌三的比例时延展性最好。六是金属加工方面，书中记述了失蜡铸造和泥模铸造工艺、先进的群炉汇流和连续浇注大件法和"灌钢""生铁淋口"固体渗碳等先进工艺，并绘制了当时世界上最先进的鼓风设备——活塞式风箱图。七是武器，书中记述了半自动爆炸水雷"混江龙"，以及边转边爆的守城武器"万人敌"等。八是航运，书中记述了我国最早采用的一种航行操纵工具——偏披水板（船翼），还总结了我国古代舵工创造的"抢风"（逆风行船）经验，并模糊提出了关于舵和帆的力学原理问题。九是酒曲，书中记述了良种选种法、酸度调节法和分段加水法三种独有的红曲生产的传统的先进工艺。十是轻工、化工，书中记述了许多我国传统名优产品的先进工艺，例如：油脂、冰糖、井盐、天然气、造纸、染料、瓷器、银朱、炭黑、铅丹、胡粉等[4]。

(2) 宋应星所描述的炼锌技术

天工开物（五金第十四卷——附：倭铅）

宋应星❶（明代）

凡倭铅，古书本无之，乃近世所立名色。其质用炉甘石熬炼而成。繁产山西太行山一带，而荆、衡为次之。

每炉甘石十斤，装载入一泥罐内，封裹泥固，以渐研干，勿使见火坼裂。然后，逐

---

❶ 宋应星（公元1587—约1666年），中国明末科学家，字长庚，汉族江右民系，奉新（今属江西）人。万历四十三年（1615）举于乡。崇祯七年（1634）任江西分宜教谕，十一年为福建汀州推官，十四年为安徽亳州知州。明亡后弃官归里，终老于乡。在当时商品经济高度发展、生产技术达到新水平的条件下，他在江西分宜教谕任内著成《天工开物》一书。宋应星的著作还有《野议》《论气》《谈天》《思怜诗》《画音归正》《卮言十种》等，但今已佚失。

层用煤炭饼垫盛，其底铺薪，发火煅红，罐中炉甘石熔化成团。冷定，毁罐取出。每十耗去其二，即倭铅也。此物无铜收伏，入火即成烟飞去。以其似铅而性猛，故名之曰"倭"云。

译文：倭铅在古书里并没有记录，是到了近代才起的名字。炉甘石熬炼后可以制成它。大量产于山西太行山一带，其次是荆州和衡州。每次熬炼都是将十斤炉甘石装进一个泥罐里，罐口涂泥封固，并碾光滑，让它渐渐风干，以防见火时坼裂。然后，一层层地用煤饼把装炉甘石的泥罐垫起来，底下铺柴，点火烧红，罐里的炉甘石就熔化成一团了。冷却后，打碎罐子将其取出来。每十斤炉甘石损耗两斤，剩下的便是倭铅了。倭铅如不用铜收伏，一见火就会生成烟飞去。由于它很像铅又比铅性烈，所以叫它倭铅[4]。

宋应星在《天工开物》中描述的炼锌技术现代化学原理如下：

原料和燃料：使用的原料是炉甘石（菱锌矿，主要成分为碳酸锌 $ZnCO_3$），燃料是煤饼。

冶炼方法：采用泥罐外加热的方式进行冶炼。炉甘石在罐外炭火的高温作用下，经历化学分解反应。此过程中产生的二氧化碳气体通过泥罐缝隙逸出，而固体氧化锌则受到封罐时加入的煤炭饼（碳）的作用，发生还原反应，从而生成金属锌。反应式为：

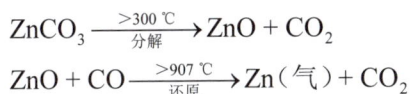

$$ZnCO_3 \xrightarrow[\text{分解}]{>300\,℃} ZnO + CO_2$$
$$ZnO + CO \xrightarrow[\text{还原}]{>907\,℃} Zn(气) + CO_2$$

具体操作：将炉甘石置于泥罐内，并以封泥加固。随后，在罐底逐层铺设煤炭饼，其下铺设薪材以引火。炉甘石在高温下分解成氧化锌和二氧化碳，氧化锌再被还原成金属锌。

冷凝过程：在此过程中，被还原出的锌蒸汽会经由冷凝窝中的通气孔上升至上方的冷凝区，在那里冷却后形成金属锌结晶。

宋应星的这些描述为研究明代炼锌技术提供了重要资料，并且他的记载比欧洲要早，是世界上最早的关于金属锌冶炼的文字记载。

4.我国化学史和分析化学研究的开拓者

王琎教授（1888—1966），字季梁，清末光绪十四年生于福建省闽侯县，祖籍浙江黄岩。王琎教授是我国化学界的老前辈，是我国分析化学和中国科学史研究的先驱者之一。他也是中国科学社和中国化学会创建人之一。王琎教授是我国用新方法研究化学史，即以分析实验结果为依据并与历史考证相结合的方法的一位开拓者，是我国首位确定中国用锌起源问题的科学家。王琎曾说："祖国是具有悠久和光辉的历史的，在科学领域里也有其灿烂辉煌的业绩。科学在中

王琎（1888—1966）
图片源自杨国樑学术论文[6]

国有其过去的光辉史迹，现在有其更好发展的社会条件，就必然有其达到更美好成就之将来。"[5]

镴❶的成分问题一直是中国化学史研究领域的一个难题。历史文献中铅、锡、镴三词的混用，使得后续研究者难以准确追溯镴的具体成分，导致对镴缺乏科学的解释。王琎教授指出，要解决这一问题，需探讨以下三个方面：其一镴的主要成分；其二锌与镴的关系，及其是否为天然存在或人为添加；其三镴与锡之间是否存在关联。通过对《新唐书》记载的铸钱配方中铜、铅、锡含量的计算及实验分析，王琎教授得出结论：镴是铅与锡的合金，与锌无直接联系，而古钱币中微量的锌可能是由铅矿无意中带入的。因此，隋唐以前钱币中的锌含量不足以证明此前中国已发明锌[7]。1956年王琎通过实验得到：中国用锌开始于明朝的嘉靖年间。到此，中国用锌的起源，得到了正确的科学结论。

1991年，周卫荣指出：中国大规模的炼锌生产活动直至明代万历年间才可能开始，宋应星在《天工开物》中提到的"凡倭铅古书本无之，乃近世所立名色"中的"近世"，指的正是这一时期[8]。这进一步证明了用锌始于嘉靖、炼锌始于万历的研究结论。

5. 锌元素在防治儿童疾病中的作用

锌是人体中仅次于铁的微量元素。在健康成年人体内，锌的含量为 $1.4\sim2.3$ g，其中约85%的锌储存于肌肉与骨骼之中，大约11%分布于皮肤组织，而剩余的4%则分布在其他各类组织内。锌元素在十二指肠与空肠部位被吸收，其稳态的调节依赖于肠黏膜顶端细胞膜上的锌转运蛋白及锌结合蛋白。

锌缺乏在全球范围内普遍存在，尤其在发展中国家更为严重。儿童锌缺乏会影响生长发育、免疫功能、物质代谢和生殖功能，并可能导致多种疾病，如呼吸系统疾病、消化系统疾病、神经系统疾病、皮肤疾病和遗传代谢病。在呼吸系统疾病中，补锌被认为对儿童急性下呼吸道感染和肺炎有潜在的预防作用，但尚需更多研究来证实其效果。在消化系统疾病中，补锌已被证明对急性腹泻患儿具有治疗性益处，并可减少腹泻复发风险。在神经系统疾病中，补锌可能对注意缺陷多动障碍（ADHD）和哮喘有一定的治疗效果，但证据尚不充分。在皮肤疾病中，补锌对肠病性肢端皮炎和短暂性新生儿锌缺乏症（TNZD）有显著疗效。在遗传代谢病中，补锌可用于治疗威尔逊病（WD），通过抑制肠道中铜的吸收来降低铜毒性。

锌在人体健康中扮演着重要角色，补锌可以作为这些疾病的预防和治疗手段，但需要根据具体情况进行评估和监测。补充需要在医生指导下进行，以避免过量或不足带来的风险[9]。

6. 催化转化 CO_2 的新型锌基纳米笼材料

$[Zn_{116}]$ 的笼状结构，由6个 $[Zn_{14}O_{21}]$ 簇和8个 $[Zn_4O_4]$ 簇组成，6个 $[Zn_{14}O_{21}]$ 簇和8个 $[Zn_4O_4]$ 簇由32个 trz^{4^-} 阴离子桥接，组装成巨大的灯笼状 $[Zn_{116}]$ 纳米笼。这个独特的纳米笼具有约 0.81 nm $\times$ 1.03 nm 的空腔，边缘距离约 2.37 nm $\times$ 3.65 nm。已经报道了一些大

---

❶ 镴：là，锡和铅的合金，熔点较低，用于焊接铁、铜等金属物件。通常称焊锡，也叫锡镴。

型锌笼，如 $[Zn_{48}]$，$[Zn_{72}]$ 和 $[Zn_{104}]$，$[Zn_{116}]$ 是目前报道的最高核的锌基纳米笼。

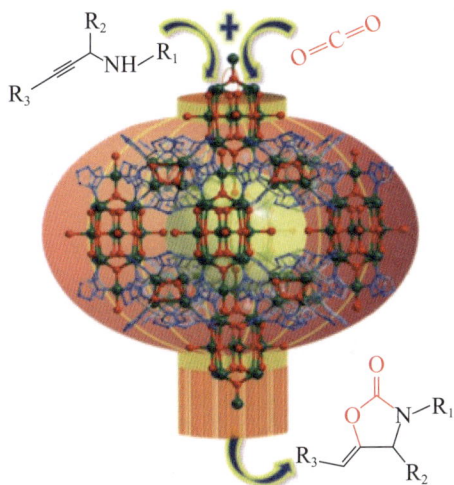

[Zn_{116}] 的笼状结构
图片源自赵斌学术论文[10]

[Zn_{116}] 笼的简化模型❶
图片源自赵斌学术论文[10]

　　根据DFT计算、NMR和FTIR监测，$[Zn_{116}]$ 在有效激活丙炔胺的 $C\equiv C$ 键和 CO_2 的反应方面可发挥重要作用。丙炔胺和 CO_2 以 $[Zn_{116}]$ 作催化剂，在70 ℃下经过12 h可以环化，其催化转化 CO_2 的方程式为：

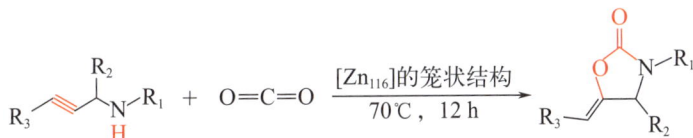

参考文献

[1] 周公度，叶宪曾，吴念祖. 化学元素综论 [M]. 北京：科学出版社，2012.

[2] 许春富. 锌电积能耗及节能研究 [D]. 昆明理工大学，2009.

[3] 沙国平，张连英. 化学元素的发现及其命名探源 [M]. 成都：西南交通大学出版社，1996.

[4] 杨维增译注. 天工开物 [M]. 北京：中华书局，2021.

[5] 王琎. 中国古代金属化学及金丹术 [M]. 北京：中国科学图书仪器公司，1955.

[6] 杨国樑，正棠. 我国化学史和分析化学研究的开拓者——王琎教授 [J]. 化学通报，1982，（09）：41-46.

[7] 刘公园，胡志刚，刘会敏. 中国化学史研究的开拓者——王琎 [J]. 化学教育，2012，33（01）：75-77.

[8] 周卫荣. 中国古代用锌历史新探 [J]. 自然科学史研究，1991，（03）：259-266.

[9] 李东丹，闫洁，杨艳玲. 锌在儿童疾病防治中的价值 [J]. 中国实用儿科杂志，2023，38（10）：745-750.

[10] Cao C S，Xia S M，Song Z J，et al. Highly Efficient Conversion of Propargylic Amines and CO_2 Catalyzed by Noble-Metal-Free [Zn_{116}] Nanocages.[J]. Angew Chem Int Ed，2020，59：8586–8593.

---

❶　为清晰起见，省略了6个 [$Zn_{14}O_{21}$] 和8个 [Zn_4O_4] 构建单元和有机配体。

在岁月的长河中，有些瞬间如同璀璨星辰，虽短暂却永恒。它们或温暖人心，或震撼灵魂，成为生命中不可磨灭的印记。撰写后记，便是为了捕捉这些稍纵即逝的美好，将它们定格于文字之中，让情感得以流淌，记忆得以延续。

每一次回望，都是对过往的一次深情致敬。那些欢笑与汗水交织的日子，那些挑战与成长并存的时刻，无不铸就了今日之我。通过键盘的敲击，将这些片段一一拾起，串联成一部属于自己的心灵史诗，既是对自我历程的回顾，也是对未来道路的期许。

铭记，不仅仅是为了怀念，更是为了从中汲取力量，让每一步前行都更加坚定有力。在文字的世界里，情感得以自由表达，思想得以深刻交流，而那些难以忘怀的瞬间，则化作了最宝贵的精神财富，激励着我不断探索、不懈奋斗！

后记

　　记得是 2014 级材料化学专业这个班级，当时我担任这个班的高分子化学课程的主讲教师。课后有不少学生跟我开玩笑，说我是被化学耽误的政治老师。经过了解得知，这不是对我化学教学能力的怀疑，而是因为我在课堂上不经意间的引导，使得学生对政治学产生了兴趣，也间接帮辅导员做了一些思想教育工作。从那以后，我就想，在把理工科课程讲得有趣、不再让课堂枯燥无味的同时，又引导学生形成正确的价值观，这真是一件有意义的事情。当时，却也不知道"课程思政"的概念。

　　2018 年 9 月 10 日，全国教育大会在北京召开。中共中央总书记、国家主席、中央军委主席习近平出席会议并发表重要讲话，代表党中央向全国广大教师和教育工作者致以节日的热烈祝贺和诚挚问候。9 月 17 日，教育部发布《关于加快建设高水平本科教育全面提高人才培养能力的意见》（教高〔2018〕2 号，以下简称《意见》）。意见指出："强化每一位教师的立德树人意识，在每一门课程中有机融入思想政治教育元素，推出一批育人效果显著的精品专业课程，打造一批课程思政示范课堂，选树一批课程思政优秀教师，形成专业课教学与思想政治理论课教学紧密结合、同向同行的育人格局。"也就是在那时，我正式接触了"课程思政"的概念，并认真思考这个崭新的领域。在教育系统全员学习"全国教育大会"精神时期，又恰逢《意见》出台，作为高校化学教师的我内心萌发了一个在"元素化学"教学中融入思政教育的想法。虽然仅仅是一个小小的念头，但影响却极其深刻。

　　既然有了梦想，那就马上开始行动。我开始在互联网上收集与化学元素有关的各种资料，并花费了大量的时间进行归纳总结，提取有用的素材，然后应用于课堂教学。

　　不知不觉已到 2019 年底。

　　2020 年 5 月 28 日，教育部印发《高等学校课程思政建设指导纲要》（教高〔2020〕3 号，以下简称《纲要》），吹响了全面推进高校课程思政建设的号角，这进一步坚定了我把课程思政融入元素化学教学的信念。根据《纲要》精神，结合元素化学课程的知识体系特点，除了元素发现历史和相关名人外，我着重挖掘每个元素中蕴藏的名人名句、人文历史趣事、科技前沿、科学思维方法等资料。后来，学校也要求在教学大纲和教案中融入课程思政内容，由于我早已进行了相关准备和研究工作，便也不觉得是难事。

　　2022 年 8 月 4 日，科技部、中宣部、中国科协联合印发《"十四五"国家科学技术普及发展规划》，开篇第一句即是"习近平总书记强调，'科技创新、科学普及是实现创新发展的两翼，要把科学普及放在与科技创新同等重要的位置'。"不仅仅是教师，同时还身为科技工作者的我内心再次深受震动。我不禁主动查找原句出处，了解总书记的"两翼理论"来源。原来，早在2016年5月30日，习近平总书记在全国科技创新大会、两院院士大会、中国科协第九次全国代表大会上发表重要讲话，就系统全面地阐释了"两翼理论"，并指出"科技创新、科学普及是实现创新发展的两翼，要把科学普及放在与科技创新同等重要的位置"，"希望广大科技工作者以提高全民科学素质为己任，把普及科学知识、弘扬科学精神、传播科学思想、倡导科学方法作为义不容辞的责任，在全社会推动形成讲科学、爱科学、学科学、用科学的良好氛围，使蕴藏在亿万人民中间的创新智慧充分释放、创新力量充分涌流。"

三个月后（2022年11月），贵州省第六届科学实验展演汇演赛举行，本次大赛第一次开设成人组。之前我更加注重科技创新，而这次，我计划将科学普及与课堂教学深度融合，组队参赛。本人作为参赛队伍的队长和首位参赛队员，全身心投入实验设计和文本写作。在实验室工作到凌晨两点，回到办公室进行文本修改，次日早上第一节课到教室教学的奋斗历程仍记忆犹新。好在最终带领化学专业本科生获得省级三等奖，也算是对自己辛苦付出的一点认可吧。

2023年元旦前，我们全家毫无例外地被病毒击倒。大人和老人全身疼痛难忍、咳嗽剧烈，好在两个孩子症状尚轻。农历癸卯兔年春节，由于身体难以承受长距离旅途颠簸，这也成了近四十年来我唯一一次在异乡度过的新春佳节。第一次没有在春节期间前去看望远在三千余里以外的姥姥也成为当年最大的遗憾，当然也"损失"了我这个年纪还能够拥有的来自老人的"压岁钱"。

那一年，也圆了孩子过年燃放烟花爆竹的心愿，记得当时买了很多适合小朋友燃放的非爆炸类烟花和手持类"电光花"。这些烟花以其外形美观、形状多样、操作简便和相对安全环保而受到人们的喜爱，尤其是小朋友。但同时也存在一定的安全隐患，如在大风天气或闹市区使用时可能会引燃周边的可燃物，操作不当也会对人体造成伤害。借此机会，我也向孩子们讲述了燃放烟花爆竹的危险性和对环境的危害，告知他们每年只有在过年的时候才能燃放，为的是体验一下中国的传统文化和浓浓的年味，同时最大限度地保护生态环境。也尽量用简单的语句、浅显的知识让他们了解不同的化学元素对烟花燃放时颜色的影响。利用节日焰火中的"焰色反应"原理在孩子幼小的心里播下了化学的种子，希望科学普及从我做起，从娃娃抓起。

异乡过年的最大好处在这个时候也体现了出来，亲戚朋友少、走亲访友少，在空间和时间上给了我更多的机会可以静心地思考和更清醒地总结一年来所积淀的点滴。经过总结，大多数主族元素已形成了电子文稿，平均每一个元素的素材文档已有近万字。素材规模远超预期，但我同时注意到文本质量还有待提升。

时光如白驹过隙，随着收集的资料越来越庞大，全部主族元素已形成实质性的课程思政素材文稿，可应用于课堂教学或科学普及推广的条件日趋成熟。为了使素材质量获得质的提升，为了更好地把研究内容应用于教学，同时也为了自己的科学普及使命，经过认真思考后我把课程思政和科学普及融合作为研究主题进行课题申报，希望进行相关学术研究。2024年7月我申报的课题"化学元素中的科普及思政元素挖掘与传播"获得学校规划课题重点课题立项，并获得经费支持。得到课题立项消息，我非常激动也异常开心。开心的是，由于前期研究积淀深厚，专著初稿也已基本成型，项目顺利结题甚至是提前结题应该都是顺理成章的事情。

2024年10月，我赴桂林参加中国化学会第十七届固态化学与无机合成学术会议。会议期间，有幸向国家教学名师、国家杰出青年基金获得者、教育部长江学者特聘教授程鹏老师和国家杰出青年基金获得者、南开大学赵斌教授当面请教。两位老师均是化学学科的大咖，时间紧日程多，能够当面请教实属不易。难能可贵的是程老师给出补充部分过渡元素内容的建议，并要求我仔细思考书籍的命名，使得我"蒙混过关"的心思不复存在。赵老师现场指导后将书籍初稿带回收藏也给予我更大的信心和力量。

为了全书体系的完整性，我当即决定以最快的速度补写第四周期过渡元素相关内容。好在前期的素材收集和整理工作派上了用场，因"偷懒"（时间紧迫）而未能在初稿中亮相的元素得以"重见天日"。千里之遥的程老师利用视频会议逐个元素进行仔细分析和讲解，使得未臻完善的书稿终聊以卒读。程老师严谨治学的态度让我收获颇丰，同时又令我异常感动。何其有幸，书稿得到了化学工业出版社宋林青编辑的认可，宋编辑逐字修改文稿，和我流水作业完善书稿，付出了大量心血。想到自己的著作获得在中央级综合科技出版社、全国百佳图书出版单位、国家一级出版社出版的资格，幸哉！乐哉！

到了开始考虑图书封面设计的阶段。一般而言，封面要简洁明了，除了书名、著者、出版社等基本信息外鲜有其他内容，且常常由出版社负责设计和制作。而我不想这样，由于兼任化学专业英语课程的授课任务，我一直想把中英文元素与作品主题共同融入封面图片，在体现国际视野的同时又展现爱国情怀。想把封面做得更加精美且富有内涵，而不是花里胡哨地吸引读者眼球，这的确不是一件易事。

仔细思索后，我凝练出了提取化学元素英文单词首字母组成"I LOVE CHINA"字样的大体思路。经过反复比较，选取Ideology of Elements（元素之思）或Indium（铟）产生"I"；使用Lithium（锂）、Oxygen（氧）、Vanadium（钒）、Europium（铕）组成"LOVE"；采用Carbon（碳）、Hydrogen（氢）、Iodine（碘）、Nitrogen（氮）、Argon（氩）形成"CHINA"。甚至我也思考将"CHINA"这个单词放在中央形成怀抱祖国的设计理念；或者画出一个心形图案，把"祖国"放在"心"中。总之，为了图书的封面设计，我用了很多心思。

依然记得，为了查找某张图片出处检索了所有能够访问的数据库；依然记得，为了查找某条名人语句仔细阅读了整本英文原著；依然记得，为了某个元素的科技前沿知识从头学习与自己科研方向迥异的学术大咖所著论文；依然记得，为了科学史料素材把诺贝尔奖历史翻了个底朝天。

难以忘怀，凌晨两点钟书桌上温暖的台灯和窗外皎洁的明月；难以忘怀，周末空荡的走廊和办公桌前努力的身影；难以忘怀，课堂上学生求知的眼神和自己被汗水浸湿的衣衫；难以忘怀，实验室里爽朗的笑声和与学生们共享夜宵的幸福时刻。

时至今日，书稿已然完成。一路走来，有受挫停笔的迷茫，有初见雏形的雀跃，人生如逆旅，我亦是行人。不畏将来，不念过往，有梦就去追吧！要相信微弱的光，也能把梦想照亮！

感谢我的家人！

感谢我年近鲐背的姥姥；感谢我逐渐年迈的父母；感谢我挚爱的妻子同时也是我学术道路上的伴侣；感谢我两个亲爱的宝贝！

感谢我的母校！

感谢我德高望重的恩师；感谢我情同手足的同学；感谢我携手并进的同事；感谢我风华正茂的学生！

感谢曾帮助过我的所有亲朋好友！谢谢你们！

本书出版得到了2024年度凯里学院规划课题（重点课题）"化学元素中的科普及思政元素挖掘与传播"（2024ZD008）、凯里学院2023年"金专"（一流本科专业）建设项目"化学"（JZ202303）的资金支持，在此一并表示谢意。

至此搁笔。愿祖国富强！生活如诗！岁月静好！幸福常伴！

季甲

2025年1月于曲园

元素周期表

IUPAC 2013

图例说明：

- 95 — 原子序数
- Am — 元素符号(红色的为放射性元素)
- 镅 — 元素名称(注★的为人造元素)
- 5f⁷7s² → $5f^7 7s^2$ — 价层电子构型
- +2 +3 +4 +5 +6 — 氧化态(单质的氧化态为0，未列入；常见的为红色)
- 243.06138(2)◆ — 以¹²C=12为基准的原子量(注◆的是半衰期最长同位素的原子量)

分区图例：

s区元素	p区元素
d区元素	ds区元素
f区元素	稀有气体

电子层：K L M N O P Q

各周期元素

第1周期
- 1 **H** 氢 $1s^1$ −1 +1 1.008
- 2 **He** 氦 $1s^2$ 4.002602(2)

第2周期
- 3 **Li** 锂 $2s^1$ +1 6.94
- 4 **Be** 铍 $2s^2$ +2 9.0121831(5)
- 5 **B** 硼 $2s^2 2p^1$ +3 10.81
- 6 **C** 碳 $2s^2 2p^2$ −4 +2 +4 12.011
- 7 **N** 氮 $2s^2 2p^3$ −3 −2 −1 +1 +2 +3 +4 +5 14.007
- 8 **O** 氧 $2s^2 2p^4$ −2 −1 15.999
- 9 **F** 氟 $2s^2 2p^5$ −1 18.998403163(6)
- 10 **Ne** 氖 $2s^2 2p^6$ 20.1797(6)

第3周期
- 11 **Na** 钠 $3s^1$ +1 22.98976928(2)
- 12 **Mg** 镁 $3s^2$ +2 24.305
- 13 **Al** 铝 $3s^2 3p^1$ +3 26.9815385(7)
- 14 **Si** 硅 $3s^2 3p^2$ −4 +2 +4 28.085
- 15 **P** 磷 $3s^2 3p^3$ −3 +1 +3 +5 30.973761998(5)
- 16 **S** 硫 $3s^2 3p^4$ −2 +2 +4 +6 32.06
- 17 **Cl** 氯 $3s^2 3p^5$ −1 +1 +3 +5 +7 35.45
- 18 **Ar** 氩 $3s^2 3p^6$ 39.948(1)

第4周期
- 19 **K** 钾 $4s^1$ +1 39.0983(1)
- 20 **Ca** 钙 $4s^2$ +2 40.078(4)
- 21 **Sc** 钪 $3d^1 4s^2$ +3 44.955908(5)
- 22 **Ti** 钛 $3d^2 4s^2$ −1 +2 +3 +4 47.867(1)
- 23 **V** 钒 $3d^3 4s^2$ −1 +2 +3 +4 +5 50.9415(1)
- 24 **Cr** 铬 $3d^5 4s^1$ −2 +1 +2 +3 +4 +5 +6 51.9961(6)
- 25 **Mn** 锰 $3d^5 4s^2$ −3 +2 +3 +4 +5 +6 +7 54.938044(3)
- 26 **Fe** 铁 $3d^6 4s^2$ −2 +2 +3 +4 +5 +6 55.845(2)
- 27 **Co** 钴 $3d^7 4s^2$ −1 +1 +2 +3 +4 +5 58.933194(4)
- 28 **Ni** 镍 $3d^8 4s^2$ −1 0 +1 +2 +3 +4 58.6934(4)
- 29 **Cu** 铜 $3d^{10} 4s^1$ +1 +2 +3 63.546(3)
- 30 **Zn** 锌 $3d^{10} 4s^2$ +2 65.38(2)
- 31 **Ga** 镓 $4s^2 4p^1$ +3 69.723(1)
- 32 **Ge** 锗 $4s^2 4p^2$ −4 +2 +4 72.630(8)
- 33 **As** 砷 $4s^2 4p^3$ −3 +3 +5 74.921595(6)
- 34 **Se** 硒 $4s^2 4p^4$ −2 +4 +6 78.971(8)
- 35 **Br** 溴 $4s^2 4p^5$ −1 +1 +3 +5 +7 79.904
- 36 **Kr** 氪 $4s^2 4p^6$ 83.798(2)

第5周期
- 37 **Rb** 铷 $5s^1$ +1 85.4678(3)
- 38 **Sr** 锶 $5s^2$ +2 87.62(1)
- 39 **Y** 钇 $4d^1 5s^2$ +3 88.90584(2)
- 40 **Zr** 锆 $4d^2 5s^2$ +2 +3 +4 91.224(2)
- 41 **Nb** 铌 $4d^4 5s^1$ −1 +2 +3 +4 +5 92.90637(2)
- 42 **Mo** 钼 $4d^5 5s^1$ −2 +1 +2 +3 +4 +5 +6 95.95(1)
- 43 **Tc** 锝 $4d^5 5s^2$ −3 +2 +4 +5 +6 +7 97.90721(3)◆
- 44 **Ru** 钌 $4d^7 5s^1$ −2 +2 +3 +4 +5 +6 +7 +8 101.07(2)
- 45 **Rh** 铑 $4d^8 5s^1$ −1 +1 +2 +3 +4 +5 +6 102.90550(2)
- 46 **Pd** 钯 $4d^{10}$ 0 +2 +4 106.42(1)
- 47 **Ag** 银 $4d^{10} 5s^1$ +1 +2 +3 107.8682(2)
- 48 **Cd** 镉 $4d^{10} 5s^2$ +2 112.414(4)
- 49 **In** 铟 $5s^2 5p^1$ +1 +3 114.818(1)
- 50 **Sn** 锡 $5s^2 5p^2$ −4 +2 +4 118.710(7)
- 51 **Sb** 锑 $5s^2 5p^3$ −3 +3 +5 121.760(1)
- 52 **Te** 碲 $5s^2 5p^4$ −2 +4 +6 127.60(3)
- 53 **I** 碘 $5s^2 5p^5$ −1 +1 +3 +5 +7 126.90447(3)
- 54 **Xe** 氙 $5s^2 5p^6$ +2 +4 +6 131.293(6)

第6周期
- 55 **Cs** 铯 $6s^1$ +1 132.90545196(6)
- 56 **Ba** 钡 $6s^2$ +2 137.327(7)
- 57~71 **La~Lu** 镧系
- 72 **Hf** 铪 $5d^2 6s^2$ +4 178.49(2)
- 73 **Ta** 钽 $5d^3 6s^2$ −1 +2 +3 +4 +5 180.94788(2)
- 74 **W** 钨 $5d^4 6s^2$ −2 +2 +3 +4 +5 +6 183.84(1)
- 75 **Re** 铼 $5d^5 6s^2$ −3 +2 +4 +6 +7 186.207(1)
- 76 **Os** 锇 $5d^6 6s^2$ −2 +2 +3 +4 +6 +8 190.23(3)
- 77 **Ir** 铱 $5d^7 6s^2$ −3 +1 +2 +3 +4 +5 +6 192.217(3)
- 78 **Pt** 铂 $5d^9 6s^1$ 0 +2 +4 +5 +6 195.084(9)
- 79 **Au** 金 $5d^{10} 6s^1$ −1 +1 +2 +3 +5 196.966569(5)
- 80 **Hg** 汞 $5d^{10} 6s^2$ +1 +2 200.592(3)
- 81 **Tl** 铊 $6s^2 6p^1$ +1 +3 204.38
- 82 **Pb** 铅 $6s^2 6p^2$ −4 +2 +4 207.2(1)
- 83 **Bi** 铋 $6s^2 6p^3$ −3 +3 +5 208.98040(1)
- 84 **Po** 钋 $6s^2 6p^4$ −2 +2 +4 +6 208.98243(2)◆
- 85 **At** 砹 $6s^2 6p^5$ −1 +1 +3 +5 +7 209.98715(5)◆
- 86 **Rn** 氡 $6s^2 6p^6$ +2 222.01758(2)◆

第7周期
- 87 **Fr** 钫 $7s^1$ +1 223.01974(2)◆
- 88 **Ra** 镭 $7s^2$ +2 226.02541(2)◆
- 89~103 **Ac~Lr** 锕系
- 104 **Rf** 𬬻 $6d^2 7s^2$ +4 267.122(4)◆
- 105 **Db** 𬭊 $6d^3 7s^2$ 270.131(4)◆
- 106 **Sg** 𬭳 $6d^4 7s^2$ 269.129(3)◆
- 107 **Bh** 𬭛 $6d^5 7s^2$ 270.133(2)◆
- 108 **Hs** 𬭶 $6d^6 7s^2$ 270.134(2)◆
- 109 **Mt** 鿏 $6d^7 7s^2$ 278.156(5)◆
- 110 **Ds** 𫟼 281.165(4)◆
- 111 **Rg** 𬬭 281.166(6)◆
- 112 **Cn** 鿔 $5d^{10} 7s^2$ 285.177(4)◆
- 113 **Nh** 鿭 $6d^{10} 7s^2$ 286.182(5)◆
- 114 **Fl** 𫓧 289.190(4)◆
- 115 **Mc** 镆 289.194(6)◆
- 116 **Lv** 𫟷 293.204(4)◆
- 117 **Ts** 础 293.208(6)◆
- 118 **Og** 𭀚 294.214(5)◆

镧系（★）

- 57 **La** 镧 $5d^1 6s^2$ +3 138.90547(7)
- 58 **Ce** 铈 $4f^1 5d^1 6s^2$ +3 +4 140.116(1)
- 59 **Pr** 镨 $4f^3 6s^2$ +3 +4 140.90766(2)
- 60 **Nd** 钕 $4f^4 6s^2$ +3 144.242(3)
- 61 **Pm** 钷 $4f^5 6s^2$ +3 144.91276(2)◆
- 62 **Sm** 钐 $4f^6 6s^2$ +2 +3 150.36(2)
- 63 **Eu** 铕 $4f^7 6s^2$ +2 +3 151.964(1)
- 64 **Gd** 钆 $4f^7 5d^1 6s^2$ +3 157.25(3)
- 65 **Tb** 铽 $4f^9 6s^2$ +3 +4 158.92535(2)
- 66 **Dy** 镝 $4f^{10} 6s^2$ +3 162.500(1)
- 67 **Ho** 钬 $4f^{11} 6s^2$ +3 164.93033(2)
- 68 **Er** 铒 $4f^{12} 6s^2$ +3 167.259(3)
- 69 **Tm** 铥 $4f^{13} 6s^2$ +3 168.93422(2)
- 70 **Yb** 镱 $4f^{14} 6s^2$ +2 +3 173.045(10)
- 71 **Lu** 镥 $4f^{14} 5d^1 6s^2$ +3 174.9668(1)

锕系（★）

- 89 **Ac** 锕 $6d^1 7s^2$ +3 227.02775(2)◆
- 90 **Th** 钍 $6d^2 7s^2$ +3 +4 232.0377(4)
- 91 **Pa** 镤 $5f^2 6d^1 7s^2$ +3 +4 +5 231.03588(2)
- 92 **U** 铀 $5f^3 6d^1 7s^2$ +3 +4 +5 +6 238.02891(3)
- 93 **Np** 镎 $5f^4 6d^1 7s^2$ +3 +4 +5 +6 +7 237.04817(2)◆
- 94 **Pu** 钚 $5f^6 7s^2$ +3 +4 +5 +6 +7 244.06421(4)◆
- 95 **Am** 镅 $5f^7 7s^2$ +2 +3 +4 +5 +6 243.06138(2)◆
- 96 **Cm** 锔 $5f^7 6d^1 7s^2$ +3 +4 247.07035(3)◆
- 97 **Bk** 锫 $5f^9 7s^2$ +3 +4 247.07031(4)◆
- 98 **Cf** 锎 $5f^{10} 7s^2$ +3 251.07959(3)◆
- 99 **Es** 锿 $5f^{11} 7s^2$ +3 252.0830(3)◆
- 100 **Fm** 镄 $5f^{12} 7s^2$ +3 257.09511(5)◆
- 101 **Md** 钔 $5f^{13} 7s^2$ +2 +3 258.09843(3)◆
- 102 **No** 锘 $5f^{14} 7s^2$ +2 +3 259.1010(7)◆
- 103 **Lr** 铹 $5f^{14} 6d^1 7s^2$ +3 262.110(2)◆